# "社联"与
# 左翼社会科学运动

周鎏刚 著

中共上海市委党史研究室 编

上海人民出版社

# 前　言

　　20 世纪 30 年代以上海为中心蓬勃兴起的左翼文化运动,至今我们依然可以感受到它的巨大影响。这场文化运动声势浩大,以鲁迅为代表的左翼文化工作者,在文学、戏剧、电影、美术、音乐、出版、哲学社科理论等各个方面,均取得丰硕成果,不仅有力地回击了国民党文化"围剿",而且是中国共产党开始有组织、有纲领地领导文化思想战线斗争的一个标志,书写了中国共产党领导文化工作的辉煌一页。

　　中国共产党加强对文化工作的领导,既顺应了世界无产阶级左翼文化运动的时代潮流,也是出于团结广大左翼文化人、加强宣传工作的自身组织需求。这场运动涉及文化领域的方方面面,影响辐射于全国,以至海外。它以反帝反封建为主旨,主要秉承现实主义的文艺精神,反映底层民众的疾苦,传递社会呼唤公平正义之声,为兴盛于当时中国的社会主义思潮推波助澜,极大地推进了先进文化的大众化传播。就组织效果而言,左翼文化运动的成功发动与迅猛推进,有力地抨击了国民党的黑暗政治,使处于白色恐怖统治下的广大民众看到光明。

　　中国共产党领导的左翼文化运动对国民党文化统制的冲决,关涉到文化话语权与文化领导权的争夺,关系到国家民族的未来。同时,这段历史还是年轻的中国共产党在文化领域实施统一战线的有效尝试。尽管受到从冒险主义到教条主义的两次"左"倾错误的干扰,党的文化工作者还是努力结合实际,特别是在获悉《八一宣言》精神后,迅速着手建立文化界的广泛的抗日统一战线,在这整个过程中所取得的成绩尤为难能可贵。

　　以左联成立为发轫的左翼文学运动,使大革命时期萌发的革命文学更进一步;更为重要的是,它代表着先进文化的前进方向,引领了中国新文化运动发展之路。正如左翼文化运动旗手鲁迅所指出的那样,"现在,在中国,无产阶级的革命的文艺运动,其实就是惟一的文艺运动。"(《黑暗中国的文艺界的现状》)毛泽东在《新民主主义论》中也高度评价:"由于中国政治生力军即中国无产阶级和中国共产党登上了中国的政治舞台",在文学、戏剧、电影、音乐、绘画以至雕刻等方面,"都有了极大的发展"。

左翼文化运动在文艺方面的突破,不仅体现在现实主义的内容拓展,更在于形式方面的积极探索。同时期,左翼文化人士对马克思主义经典著作与先进文艺作品进行了大量翻译,开展了中国社会性质问题的论战,不但加强了自身的理论建设,在社科领域激浊扬清,而且大大拓展了同国外左翼文化界的交流。此外,左翼文化运动还涉及语言学界、新闻出版界、教育界等诸多文化领域,呈现出立体多面的气象,取得丰硕的成果。

左翼文化运动在文化领域开辟了一个新的时代,给后人留下诸多启示。这其中,党如何成功地领导文化工作,特别值得我们汲取历史经验。为了加强对文化工作的领导,中共中央宣传部于 1929 年 10 月成立了中央文化工作委员会,翌年 10 月成立的中国左翼文化界总同盟(文总),又成为党领导左翼文化团体的有力抓手。而在左翼文化运动的具体展开过程中,先后成立的中国左翼作家联盟(左联)、中国社会科学家联盟(社联)、中国左翼美术家联盟(美联)、中国左翼戏剧家联盟(剧联)、中国左翼世界语联盟(语联)、中国左翼新闻记者联盟(记联)、左翼教育工作者联盟(教联)、电影小组、音乐小组等社团,以及活跃其中的党团组织,更是不啻为左翼文化运动的前沿战斗核心。

为了深化中国共产党领导开展左翼文化运动的历史研究,进一步提炼党史国史的历史智慧,藉以资政育人、服务当代,中共上海市委党史研究室联手上海鲁迅纪念馆,组织开展了"上海左翼文化研究课题"的研究工作。从 2014 年至 2016 年先后出版了《"电影小组"与左翼电影运动》《"剧联"与左翼戏剧运动》《"左联"与左翼文学运动》《"美联"与左翼美术运动》《"文总"与左翼文化运动》。2021 年出版了《"音乐小组"与左翼音乐运动》。近年,中共上海市委党史研究室又着力推进教联、记联、社联等各专题的研究工作。

"上海左翼文化研究课题"研究实现了党史职能部门与社会科研力量的整合,课题子项设置侧重分论各"联"与相关左翼文化运动的历史关联。如此课题设计,在有利于发挥相关研究者的学科专长,推进左翼文化的各个领域研究的同时,不免存在着切割历史的缺憾,而事实上,跨界发展在左翼文化人那里并非个案,各"联"的互动也值得进行历史钩沉。尽管存有不足之处,该课题对于深化各"联"的研究,仍具有相当的意义;系列成果的陆续推出,对于推进上海左翼文化研究当不无裨益。希望更多的有识之士向这段历史投以深邃的目光,我们热忱期待。

　　　　　　　　　　　　　　　　　"上海左翼文化研究"丛书编委会

# 目 录
## Contents

一

　　左翼社会科学运动是 20 世纪 30 年代左翼文化运动的重要内容，是左翼文化运动在哲学社会科学领域的直接体现，是中国共产党领导哲学社会科学工作的伟大实践。中国社会科学家联盟（简称"社联"）既是左翼社会科学运动的领导者与组织者，也是左翼社会科学运动的实践主体与支柱。在社联领导的左翼社会科学运动中，左翼社会科学工作者不仅把马克思主义在中国的传播推向了崭新的阶段，对马克思主义中国化进行了有益的探索，而且配合了中国共产党反帝反封建、反法西斯与抗日救国思想的宣传。

　　20 世纪 30 年代，与左翼文学、美术、戏剧、电影和音乐被称作"新兴文学""新兴美术""新兴戏剧""新兴电影"和"新兴音乐"相似，左翼社会科学也被称作"新兴社会科学"或"新社会科学"，这彰显了左翼文化运动在各个思想文化领域的共通与兼容。在时人看来，"新兴"可谓体现新旧更替意蕴的一个标志性词汇,包括:其一,"新兴"指代表无产阶级而非资产阶级,反映无产阶级而非资产阶级的利益、需求与情感;其二,"新兴"指倾向革命而非改良或保守,倡导中国共产党的民主革命纲领与路线,坚持反帝反封建的政治立场与态度;其三,"新兴"指构建的知识及其话语体系占据真理与道义的制高点,与本国国情相结合,与时代发展同进步,与人民群众共命运。通过查阅《中国社会科学家联盟纲领》《中国社会科学家的使命》与《中国社会科学运动的意义》等左翼社会科学运动的纲领性文件,我们可以发现左翼社会科学实际上指马克思主义的社会科学。

社联成立大会通过的《中国社会科学家联盟纲领》一文指出:

马克思主义已经证明是贯通社会科学与自然科学思想的唯一正确的基础。①

社联机关草拟的《中国社会科学家的使命》一文也表明:

在过去社会科学界,唯心史观或所谓社会哲学占着支配的地位,一般社会思想家研究社会现象的出发点不是客观的现实性而是主观的理性。……马克思主义在社会现象领域上,根本扫除了一切唯心神秘学说的残余,发现了社会发展的规律性,它在这一点上,给旧式思想界一个空前致命的打击,所有唯心史观,社会哲学均暴露出它的反科学性。……自然科学发展完完全全地证明辩证唯物论哲学原则的正确,……辩证唯物论无疑地是现代自然科学的唯一救药,……不论社会科学或自然科学都只有在马克思主义的领导下才能够彻底的完成,社会科学家的任务是在具体的运用马克思主义的原则于社会科学与自然科学领域,达到改造的目的。②

社联发起人吴黎平草拟的《中国社会科学运动的意义》一文亦强调:

真正的社会科学,只是从马克思恩格斯始。马克思恩格斯根据无产阶级的立场,并不需要对于现社会作丝毫的掩饰。……马克思恩格斯根据客观的事实,进一步作深入的研究,说明了社会发展的动力,发展的规

---

① 《中国社会科学家联盟纲领》,《新地》月刊第 1 卷第 6 期,1930 年 6 月 1 日;《中国社会科学家联盟的成立及其纲领》,《新思想》月刊第 7 期,1930 年 7 月 1 日;《中国社会科学家联盟的现状》,《世界文化》第 1 期,1930 年 9 月 10 日;《中国社会科学家联盟纲领》,《社会科学战线》第 1 期,1930 年 9 月 15 日。
② 《中国社会科学家的使命》,《社会科学战线》第 1 期,1930 年 9 月 15 日。

律以及发展的前途。只有根据马克思主义,我们才能于现社会有深刻的了解,而彻底地暴露社会一切现象的实质。……马克思主义的胜利,不但明显地表示于社会科学上,而且还表现于自然科学上。……自然科学的这种伟大的进步,完全证明了唯物辩证法的正确。……马克思主义是人类思想发展上最伟大最具体的结晶物。近代历史的发展以及科学的进步,完全证明了马克思主义的正确,……马克思主义不仅仅是斗争的理论而且还是科学上唯一正确的理论。①

值得注意的是,这场左翼社会科学运动助推了 20 世纪 30 年代马克思主义思潮在中国的传播,由此改变了 20 世纪 30 年代追求进步的中国知识分子的政治站位,这一点得到了左翼社会科学工作者的一致认同与肯定。虽已时过境迁、斗转星移,但他们在回忆录中不约而同地追思了当年左翼社会科学作品风行一时的情景,表明了自己正是在左翼社会科学作品的影响下发自内心地信仰马克思主义,最终走上了中国共产党领导的新民主主义革命道路。社联盟员杜埃在回忆录中叙述:"当时上海关于苏联的、日本的进步社会科学书籍的翻译和著作大批出版,理论上有了一个新的飞跃。"②社联盟员韩托夫也在回忆录中直言:"上海当时的工作,中心是恢复革命工人运动和继续发扬上海文化运动的革命传统"③;"除了一些社会科学书籍外,还有一小批关于文艺理论的译本,也包括少数苏联的作品在内。"④社联盟员李正文在回忆录中自白:"我走上革命的道路,并不是旧社会的小学、中学和大学学校教育的结果,而是看课外马克思主义社会科学书籍,社会教育的结果。和我一起参加革命的同学,几乎毫无例外,都是看了社会上的马克思主义社会科学或普罗文艺作品,才思想转变的。"⑤社联盟员汪德彰亦在回忆录中感慨地说:"从我参加社

---

① 梁平:《中国社会科学运动的意义》,《世界文化》第 1 期,1930 年 9 月 10 日。
② 杜埃:《回忆三十年代地下"广州社联"》,史先民编:《中国社会科学家联盟资料选编》,中国展望出版社 1986 年版,第 123 页。
③ 韩托夫:《在纪念大会上的讲话》,上海市哲学社会科学学会联合会编:《中国社会科学家联盟成立 55 周年纪念专辑》,上海社会科学院出版社 1986 年版,第 24 页。
④ 韩托夫:《关于中国社联的一些回忆》,上海市哲学社会科学学会联合会编:《中国社会科学家联盟成立 55 周年纪念专辑》,上海社会科学院出版社 1986 年版,第 118 页。
⑤ 李正文:《在纪念大会上的讲话》,上海市哲学社会科学学会联合会编:《中国社会科学家联盟成立 55 周年纪念专辑》,上海社会科学院出版社 1986 年版,第 27 页。

联起,实际上就是进了地下的社会科学院,不仅学习了马列主义和社会科学,更重要的是在理论联系实际的具体革命斗争中经受了考验,提高了我们的理论水平,坚定了我革命到底的信心,为加入中国共产党进一步奠定了思想上和革命斗争经验的基础。"①

不容置疑的是,中国左翼社会科学运动从酝酿、准备到推进再到壮大绝非从天而降,而关键在于中国共产党在其间的领导与运作。中国共产党自诞生以来就确立了马克思主义的指导思想地位,把马克思主义同反帝反封建的民主革命相结合,注重传播马克思主义与推进马克思主义中国化。在中国共产党人看来,马克思主义既可谓洞察自然界与人类社会的理论工具,又堪称认识世界与改造世界的思想武器,因而坚持以马克思主义指导哲学社会科学工作。早在中国共产党创建与大革命时期,中国共产党已经开始把马克思主义传入中国并与工人运动相结合。到了土地革命战争时期,中国共产党不仅在农村根据地传播马克思主义,而且在国统区传播马克思主义;不仅从正面传播马克思主义,而且站出来深入而系统地批判反马克思主义。令人感慨的是,在白色恐怖笼罩的国统区,尽管中国共产党的生存与运作被迫处于隐秘状态,但其领导的左翼文化运动却相当有声有色,这就要求中国共产党不能停留在间接支援与鼓动左翼社会科学运动上,而必须进行有组织、有策略地直接引领与操控。

基于这样一种政治传承,社联于 1930 年 5 月 20 日在上海应运而生,由此建立了中国共产党在左翼社会科学运动中的组织根基,实现了中国共产党对左翼社会科学运动的组织领导。社联是哲学社会科学领域的左翼文化团体,专门负责哲学社会科学领域的左翼文化运动,它引领左翼社会科学运动坚持正确的政治立场,保障左翼社会科学运动确立科学的理论导向,推动左翼社会科学运动转向大众化,并培养左翼社会科学运动的实践者与支持者。其中,社联的首要责任是向民众传播与普及马克思主义的基础理论,捍卫与坚守马克思主义的思想阵地。有鉴于此,社联成立大会通过的《中国社会科学家联盟纲领》向时人宣告:"有系统地领导中国的新兴社会科学运动的发展,扩大正确的

---

① 汪德彰:《回忆 50 年前中国社联的地下斗争》,上海市哲学社会科学学会联合会编:《中国社会科学家联盟成立 55 周年纪念专辑》,上海社会科学院出版社 1986 年版,第 136 页。

马克思主义的宣传。"①社联机关报《社会科学战线》发表的《中国社会科学家的使命》也通告:"自去年以来,国内新文化运动得着迅速的发展,最近由新兴文学领域而扩张到社会科学界。……在社会科学领域上,它要求马克思主义的领导,它要求对于布尔乔亚的社会学说的批判";"社会科学运动更是不可想象的社会产物,……它正表示新文化运动的进展,它证明旧式封建与资产阶级反动思想的破产,没落,它告诉我们中国社会思想界在开始了空前的变革。"②

与此同时,社联还同左联、美联、剧联等其他左翼文化团体联合作战,助推左翼文化运动从单主体抗争走向多主体抗争,从平面延伸走向立体生长,从只身前行走向复合发展。这在社联与左联的关系上表现得最明显,因而唐弢在《晦庵书话》中把两者比作一种"堂兄弟"关系③,他的这一比喻既深刻又准确,既生动又传神。必须看到,社联与左联在人员配置上存在重叠与交叉,某些盟员一度同时隶属社联与左联,某些盟员在两者间转变组织关系,某些盟员出席或参加彼此召开的会议;社联与左联经常合作出版与发行书刊,推动左翼社会科学与左翼文学联袂登场;此外,社联与左联时常共同签署政治宣言、决议,发动或参加面向实际的政治斗争。也必须看到,社联与左联虽具内生共性与先天交集,但两者的生存与运作情况略有不同。与左联相比,一方面,社联内部的社会贤达和名流没有很多,社联出版的书刊也非常有限、偏少,正如社联盟员韩托夫宣称:"社联是由教授、学者、党的工作者和少数有社会职业和自各省到上海的革命流亡者组成的,是党和非党的统一战线的组织"④;另一方面,社联的社会基础比较广泛,社联的组织建设相对严格,正如社联盟员胡乔木感叹:"由于它的社会基础大,跟青年团组织相似,受到的破坏又小。在各大学、重要的工厂商店都有'社联'的组织,组织活动很活跃。"⑤

---

① 《中国社会科学家联盟纲领》,《新地》月刊第 1 卷第 6 期,1930 年 6 月 1 日;《中国社会科学家联盟的成立及其纲领》,《新思想》月刊第 7 期,1930 年 7 月 1 日;《中国社会科学家联盟的现状》,《世界文化》第 1 期,1930 年 9 月 10 日;《中国社会科学家联盟纲领》,《社会科学战线》第 1 期,1930 年 9 月 15 日。

② 《中国社会科学家的使命》,《社会科学战线》第 1 期,1930 年 9 月 15 日。

③ 唐弢:《晦庵书话》,生活·读书·新知三联书店 2007 年版,第 54 页。

④ 韩托夫:《关于中国社联的一些回忆》,上海市哲学社会科学学会联合会编:《中国社会科学家联盟成立 55 周年纪念专辑》,上海社会科学院出版社 1986 年版,第 120 页。

⑤ 孔海珠:《左翼·上海(1934—1936)》,上海文艺出版社 2003 年版,第 105 页。

　　从横向上说,左翼社会科学运动大致可以包括以下三大主题:(1)左翼社
会科学工作者从正面传播马克思主义。他们宣介与译介了马克思主义的基础
理论,不仅翻译了一批具有重量级的马克思主义经典著作与相关学者著作,而
且论述了一些具有代表性的马克思主义基本理论与概念,在哲学社会科学领
域推动了马克思主义的推广及其运用。(2)左翼社会科学工作者对各色各样
的反马克思主义思想进行理论批判。他们在马克思主义的指导下揭露了反马
克思主义(包括非马克思主义与假马克思主义)思潮的错误,论证了反马克思
主义内在的反科学性与反革命性,尤其是打退了反马克思主义思想在中国社
会与革命问题上对马克思主义的围攻。(3)左翼社会科学工作者推进马克思
主义大众化、通俗化。他们把传播马克思主义与探讨中国情境相结合,与关注
现实社会相结合,并与关心民众生活相结合,在中国实现了马克思主义传播对
象、传播内容与传播话语的大众化,进而在推进马克思主义大众化、通俗化的
过程中继续批判反马克思主义思潮。

　　从纵向上说,左翼社会科学运动大致可以包括以下四个阶段:(1)1928 年
春至 1930 年 5 月社联创立以前,这是左翼社会科学运动的酝酿与准备时期。
在这一阶段,左翼社会科学工作者从日本、苏联或武装斗争的前线云集沪上,
依托创造社等左翼文化团体与中国共产党建立联系,依据各自的学术背景从
事马克思主义的宣介与译介工作,并引发中国社会科学界进入 1929 翻译年。
(2)1930 年春至 1933 年夏社联与社研发生合并以前,这是左翼社会科学运动
的全面推进与壮大时期。在这一阶段,左翼社会科学运动有了坚强的领导与
一致的目标,左翼社会科学工作者团结在社联周围联合作战、共同进退,不仅
从正面传播马克思主义,而且善于并敢于批判反马克思主义,维护马克思主义
的科学性与革命性。(3)1933 年夏至 1935 年春文委、文总机关被破坏,这是
左翼社会科学运动转向大众化的时期。在这一阶段,由于国民党的文化"围
剿"愈演愈烈,左翼社会科学工作者被迫从集体作战转向单兵作战,但开始发
动一场哲学大众化、通俗化运动,使左翼社会科学运动的社会根基愈发牢固,
把马克思主义在中国的传播推向大众化的新阶段。(4)1935 年春至 1937 年
夏全民族抗战爆发,这是左翼社会科学运动与抗日救亡运动相伴相随的时期。
在这一阶段,社联占领了读书生活出版社这一个新的阵地,继续推进哲学大众
化、通俗化运动,并在抗日救亡运动中实现了工作转向,增强了左翼社会科学运

动对抗日救亡运动的引领,扩大了抗日救亡运动在哲学社会科学领域的影响。

二

当左翼社会科学运动落下帷幕时,何干之撰文推出"新社会科学运动"这一说法,进而对"新社会科学运动"这一说法作出精准指向与定位。例如,他诠释了"新社会科学运动"的主要内容。在他看来,"新社会科学运动"不仅包括"输入文明的工作",即推动马克思主义的传播,科学认识马克思主义本身,而且包括"创造理论的工作",即促进马克思主义的应用,科学认识中国社会自身。又如,他揭示了"新社会科学运动"的重要地位与意义,指出:"这种输入和创造工作,是更高级更深入的社会运动的准备工作。"①事实上,"新社会科学运动"这一说法正是时人对左翼社会科学运动的称谓,已经对左翼社会科学运动的业绩和贡献予以历史上最早的概括与归纳。

20世纪80年代以来,对左翼社会科学运动的笔记回忆或口述追忆陆续问世,这批史料证实了社联在左翼社会科学运动中的主体性地位。1982年,中国社科院文学研究所编辑的《左联回忆录》出版,收录了社联发起人关于社联创建及其组织建构与沿革的自述。1983年,中央编译局编著的《马克思恩格斯著作在中国的传播》出版,记载了关于社联及其领导左翼社会科学运动的重大史实与重要事件。1985年与1989年,夏衍与许涤新的回忆录《懒寻旧梦录》与《风狂霜峭录》由生活·读书·新知三联书店相继出版,重温了他们对社联的认识与印象,共同创制了一张左翼社会科学运动的草图。1985年5月20日至24日,上海社联隆重举行了纪念中国社会科学家联盟成立55周年大会,集中收集、整理与考证了一批关于左翼社会科学运动的珍贵史料;1986年,上海市哲学社会科学学会联合会编辑的《中国社会科学家联盟成立55周年纪念专辑》出版;同年,史先民编著的《中国社会科学家联盟资料选编》出版;1990年,上海市档案馆档案史料编研室选编的《社联盟报》出版。可以说,上述史料为接下来的左翼社会科学运动史研究积累了必要的学术资源,提供了丰富的研究材料。

在此基础上,徐素华编著的《中国社会科学家联盟史》于1990年出版。值

---

① 何干之:《近代中国启蒙运动史》,《何干之文集》第2卷,北京出版社1993年版,第8页。

得注意的是,徐素华编著的《中国社会科学家联盟史》可谓我国第一部论述左翼社会科学运动的专著。该书概述了左翼社会科学运动从诞生、壮大到终结的全过程,不仅包括左翼社会科学运动的由来,而且包括社联的创建、组织建构及其沿革,也包括社联的理论宣传、思想论战与政治斗争,但该书并未把左翼社会科学运动视作马克思主义在中国传播的个案加以考察,尚未将左翼社会科学运动传播马克思主义的路线图加以展开。紧接着,周子东等人编著的《民主革命时期马克思主义在上海的传播(1898—1949)》于 1994 年出版。该书选择民主革命时期这一时段,选取上海地区这一地域,对马克思主义在上海的传播进行了系统性地考察,其中第四章专门考察在文化"围剿"中马克思主义的传播与普及,相关论述涉及左翼社会科学运动在传播马克思主义上的表现及其意义,勾勒出左翼社会科学运动在上海从发生到发展的轨迹及其路向,寻绎了社联在左翼社会科学运动中的领导角色及其作用。

与此同时,一批又一批国内学者把目光转移到左翼社会科学运动这一课题上来,相关论文在数量上日益增多,在内容上日趋丰富,在视野上日渐扩大,实现了一系列学术突破与创新。

其一是继续对社联进行组织史考证,对社联在左翼社会科学运动中的主体性地位予以科学述评。有学者撰文概述了社联自创立以来的组织运作内容与过程,叙述了社联在哲学社会科学领域的理论创作与论战及其表现,并评价了社联的理论创作与论战在哲学社会科学领域发挥的作用与引发的影响。[1]有学者则撰文回顾了社联从创立到演变的组织运作概况,并顺带涉及了除上海外其他各地社联的组织运作概况,尤其是在对社联纲领及其具体条目进行文本诠释的基础上,着重论述了社联在传播马克思主义中的一系列途径及其具体表现,进而论证了中国共产党在社联的组织运作中发挥的领导作用与承担的领导职责。[2]也有学者重申了上述关于社联组织运作的说法,并陈述了社

---

[1]　史先民、任守春:《中国社会科学家联盟成立的意义及其历史地位》,《史学月刊》1985 年第 3 期。

[2]　徐素华、于良华:《中国社会科学家联盟概况》,《近代史研究》1986 年第 2 期;徐素华:《中国共产党与中国社会科学家联盟》,中国社会科学院科研局编:《中国共产党与中国社会科学——中国社会科学院纪念中国共产党成立七十周年论文集》,社会科学文献出版社 1991 年版。

联在思想理论上、学科范式上与组织人事上取得的功绩或做出的贡献,但也不遮掩其在理论斗争与政治斗争时暴露出来的某些偏差或缺陷,尤其是在对待马克思主义上普遍存在着公式化与简单化的倾向,还对导致这一倾向出现的政治背景与条件作出了实事求是的回答。①

其二是从组织史研究转向思想史研究,论证左翼社会科学运动对马克思主义思潮的引领与推广。在相关论文中,关于 20 世纪 30 年代马克思主义思潮的讨论可谓我国学者探求与寻找的一个全新的研究路向。例如,有学者揭示了马克思主义思潮在中国传播的三种主体与平台,包括:(1)知识界与舆论界;(2)国民党控制的某些主流报刊;(3)中国共产党领导的左翼文化运动,进而说明了中国共产党领导的左翼文化运动对马克思主义思潮的引领与推广,文化大众化现象在左翼文化运动中崭露锋芒,同时政治因素在左翼文化运动中保持优位。②事实上,在整个左翼文化运动中,左翼社会科学运动对马克思主义思潮的引领最坚决,左翼社会科学运动对马克思主义学说的推广成效也最明显。有学者专门论述了左翼社会科学运动在马克思主义在中国传播史上的相对特殊作用,论证其不仅传播了马克思主义主要是唯物辩证法与唯物史观,扩大了马克思主义在哲学社会科学领域的持续影响,而且在马克思主义的指导下认识中国社会的构造及其演进,最终催生了马克思主义史学尤其是经济史与社会史在中国的从无到有,甚至滋养了马克思主义经济学与社会学在中国的长足进步。③

其三是在思想史研究的同时进行人物研究,叙述左翼社会科学工作者的生平与思想,从整体上转向个体上考察左翼社会科学运动。由于在国民党的文化"围剿"下,绝大多数左翼社会科学工作者不得不在书刊上签注化名,因而

① 武克全:《30 年代中国社联的活动及其历史功绩》,《学术月刊》2000 年第 8 期;王翔:《中国社会科学家联盟对马克思主义的研究和普及》,武汉大学 2021 年硕士学位论文。
② 张太原:《二十世纪三十年代的马克思主义思潮》,《中共党史研究》2011 年第 7 期;张太原:《二十世纪三十年代国民党主流报刊上的马克思学说之运用》,《中共党史研究》2014 年第 2 期。
③ 向燕南:《新社会科学运动与中国社会科学的发展》,《学术研究》2005 年第 4 期;向燕南:《中国社会科学家联盟与中国马克思主义史学的发展》,《史学史研究》1997 年第 4 期;向燕南:《20 世纪二三十年代中国新社会科学运动与史学发展的新境界》,《江海学刊》2008 年第 3 期。

我国学者考证这些左翼社会科学工作者存在一定的困难,只能考察其中某些具有代表性的人物。例如,对社联首任党团书记朱镜我的生平与思想进行专题研究,考察朱镜我在左翼社会科学运动中的领军地位,叙述他对马克思主义基本理论的科学研讨,对中国社会与革命问题的准确研判,以及对国民党反动政治理论的揭批。①又如,对社联骨干人物艾思奇的生平与思想进行专题研究,着重考察艾思奇领衔的哲学大众化、通俗化运动及其专著《大众哲学》,探讨《大众哲学》一书的问题导向、行文逻辑与写作笔法,探究《大众哲学》一书的学术价值、政治意义与社会效益。②再如,对社联其他人物如张如心、沈志远与陈唯实等的生平与思想进行专题研究,考察哲学大众化、通俗化运动中的其他相关人物,论证他们助推哲学大众化、通俗化运动的相对特殊作用,体现他们宣传哲学大众化、通俗化思想的重要侧面影响。③此外,在考察上述人物生平与思想的基础上,评价他们在哲学大众化、通俗化运动中的哲学创作及其思想,以及评说他们在唯物辩证法论战中的哲学批判及其意义。④

需要说明的是,近期发表的论文出现了一种全新的书籍史研究范式。书籍史研究堪称左翼社会科学运动研究的热点与亮点,即从书籍出版、发行与阅

① 朱时雨:《朱镜我与马克思主义在中国的传播》,《社会科学》1983 年第 7 期;朱时雨:《朱镜我与左翼文化》,《浙江学刊》1989 年第 1 期;王慕民:《朱镜我思想研究》,《近代史研究》1988 年第 5 期;赖静华:《朱镜我推进马克思主义大众化研究(1927—1941)》,华东师范大学 2023 年硕士学位论文。

② 叶佐英、卢国英:《艾思奇同志三十年代在上海的哲学活动》,《云南社会科学》1982 年第 1 期;王梅清:《上海时期艾思奇对马克思主义大众化的贡献及其启示》,《江西社会科学》2012 年第 12 期;欧阳军喜:《哲学与革命:艾思奇〈大众哲学〉的政治意义》,《中共党史研究》2013 年第 1 期;樊宪雷:《〈大众哲学〉:马克思主义大众化的成功范例》,《党的文献》2011 年第 5 期;缪柏平:《艾思奇哲学道路研究》,中共中央党校 2004 年博士学位论文;黄甲:《哲学批判中的艾思奇(1933—1947)》,福建师范大学 2014 年硕士学位论文;王梅清:《艾思奇与马克思主义大众化》,武汉大学 2013 年博士学位论文;王红梅:《艾思奇与马克思主义大众化研究》,陕西师范大学 2013 年博士学位论文。

③ 庄祺:《张如心与马克思主义哲学》,中共中央党校 2015 年博士学位论文;王延华:《沈志远与马克思主义哲学》,中共中央党校 2014 年博士学位论文;赵文丹:《陈唯实与马克思主义哲学大众化》,中共中央党校 2012 年博士学位论文。

④ 于良华:《马克思主义哲学在中国的通俗化、大众化》,《毛泽东邓小平理论研究》1987 年第 6 期;侯静:《20 世纪 30 年代学术界对马克思主义大众化的探索和推进》,《党的文献》2011 年第 6 期;张华:《"新哲学"大众化运动研究》,扬州大学 2011 年博士学位论文;耿彦君:《唯物辩证法论战研究》,中国社会科学院研究生院 2003 年博士学位论文。

读的视角揭秘 20 世纪 30 年代马克思主义在中国传播的文化土壤。有学者以
20 世纪 30 年代的"唯物辩证法热"破题,从考察唯物辩证法著作这一个案出
发,以小见大地反映了马克思主义著作在中国的命运与境遇。在他看来,唯物
辩证法著作在当时风靡全国,主要表现出三种类型与特点:一种属于马克思、
恩格斯与列宁撰写的唯物辩证法经典著作,这些经典著作已经出现了诸多中
文全译本,甚至出现了相同著作的不同译本;另一种属于苏、德、法与日等国外
学者撰写的唯物辩证法著作和唯物辩证法教科书;还有一种属于中国学者自
己撰写的唯物辩证法论著和唯物辩证法通俗读物。①

有学者考察了土地革命战争时期马克思主义经典著作的翻译与传播概
况,包括:翻译与传播的社会条件;翻译经典著作的主要类型;翻译经典著作的
基本特点;翻译与传播过程中发生的查禁与反查禁;以及翻译与传播的社会影
响。在他看来,这一时期出现的马克思主义经典著作中译本不仅数量众多,而
且种类齐全;甚至出现了同一马克思主义经典著作的多种中译本;除单行本问
世外,还出现了许多专题文集、论文选与各种丛书;而上述翻译工作在中国共
产党的领导下有计划、有组织地进行。②

有学者考察了民国时期马克思主义经典著作的翻译、出版与发行情况,在
对民国时期马克思主义经典著作进行翻译史整理与总结的基础上,对民国时
期马克思主义经典著作进行翻译学论说与评价,着重叙述了南京国民政府时
期国人尤其是中国共产党人对马克思主义经典著作的翻译情况,描述了南京
国民政府时期国人对马克思主义经典著作的认知与观感,这样一种讨论虽不
是左翼社会科学运动研究的主题与主线,但却是对左翼社会科学运动研究的
补充,有助于反映左翼社会科学运动的文化与思想生态。③

此外,还有学者着眼于国民党的书刊查禁政策及其动作,着眼于中国共产
党的反书刊查禁策略及其动作,比较全面而完整地审视了马克思主义著作在
国民党统治区的传播地图及其路径,再现了马克思主义著作在国民党统治区

---

① 卢毅:《20 世纪 30 年代的"唯物辩证法热"》,《党史研究与教学》2007 年第 3 期。
② 王海军:《土地革命战争时期社会科学工作者对马克思主义经典著作的翻译与传播》,
《马克思主义研究》2013 年第 6 期。
③ 邱少明:《民国马克思主义经典著作翻译史(1912 至 1949 年)》,南京航空航天大学 2011
年博士学位论文。

的出版、流通与阅读情况,不仅从静态上揭示马克思主义著作的数量与种类,而且从动态上说明马克思主义著作从出版到反馈的过程,这样一种讨论证实了国共两党在哲学社会科学领域的交锋,证明了国共两党在书刊出版业与发行业的较量,有助于反映左翼社会科学运动的政治与社会生态。[1]

当然,也有一些学者在考察民主革命时期中国共产党领导哲学社会科学工作的历史进程及其实践经验中注意到社联及其领导的左翼社会科学运动,主要是倾向于探讨中国共产党人视野中的社会科学及其功能,讨论中国共产党对哲学社会科学工作的政治、思想和组织领导,论说马克思主义在哲学社会科学领域的指导思想地位,并且对中国共产党领导下的哲学社会科学工作者进行了学科分类与观点总结,强调他们在构建马克思主义的哲学社会科学知识及其话语体系中发挥了至关重要的作用与影响。[2]

## 三

在中共党史与中国革命史上,左翼社会科学运动不仅是马克思主义在中国传播及其实现中国化的一个经典案例,宣传了中国共产党的革命理念与话语,而且也是中国共产党领导哲学社会科学工作的一个经典案例,冲破了国民党对哲学社会科学的束缚。因此,对左翼社会科学运动的讨论兼具思想史的意义与社会史的意义,既有利于搞清 20 世纪 30 年代左翼文化运动在哲学社

---

[1] 张新强:《1927—1937 年的"禁书":马克思主义著作的出版和流通》,《党史研究与教学》2015 年第 5 期;张国伟:《思想、文化与市场:上海中小型出版社的马克思主义著作出版(1927—1937)》,《党史研究与教学》2019 年第 1 期;刘雨亭:《阅读与革命:二十世纪二十年代中共马克思主义著作经典化的发生》,《中共党史研究》2019 年第 10 期;张新强:《马克思主义著作在中国的出版、流通与阅读(1927—1937)》,中共中央党校 2015 年博士学位论文。

[2] 刘辉:《民国时期中共党人的"社会科学"观初探》,《人文杂志》2008 年第 6 期;龚云:《中国共产党新民主主义革命时期领导哲学社会科学的成就与经验》,《中共杭州市委党校学报》2011 年第 3 期;王海军、王栋:《中国共产党领导创建哲学社会科学的历程与经验——以新民主主义革命时期为例》,《马克思主义理论学科研究》2018 年第 3 期;宋友文、雷冰洁:《中国共产党的社会科学观发轫及其方法论启示》,《北京行政学院学报》2020 年第 3 期;吕惠东:《1930 年代左翼社会科学家群体的多维考察》,《南通大学学报(社会科学版)》2015 年第 3 期。

会科学领域的基本面目，也有利于摸清 20 世纪 30 年代中国共产党领导哲学社会科学工作的实际情况，进而有利于看清 20 世纪 30 年代左翼社会科学工作者集体行动与个体举动的大致情形。

思想史研究与社会史研究虽具各自不同的研究视野，但两者共同推动了中共党史研究从叙事走向实证，正如我国学者唐小兵把"思想文化史"视作聚焦中共党史的"灵魂"，而把"社会文化史"视作追踪中共党史的"肉身"，寄希望于两者"珠联璧合"。①其中，思想史研究可谓中共党史研究的一项基础性工作，主要考察马克思主义在中国传播的进程与马克思主义中国化的进程，考察中国共产党人对马克思主义的认识，考察中国共产党人对马克思主义中国化的探索，尤其借助中国共产党内文件或依托中国共产党人发表的相关言论，考证马克思主义在中国传播及其实现中国化的思想环节。把社会史研究引入中共党史研究并非以社会史研究取代中共党史研究，而是以社会史研究助推中共党史研究，并非叙述社会史本身或描绘社会史变迁，而是探寻中共党史重大事件或重要人物与社会生活的内在关系。也就是说，把中国共产党的思想及其实践置于中国近现代社会的发生与发展中进行考察，既考察社会的政治、经济与文化状况等，又考察社会组织、社会阶级、社会阶层、社会关系、社会意识与社会心理等，从社会生活诸领域探讨中共党史重大事件发生或重要人物出现的复杂而又综合的背景，并探讨其在社会生活诸领域的影响或反响。具体到左翼社会科学运动而言，思想史研究是审视左翼社会科学运动的重点，主要针对左翼社会科学运动的思想维度，即对左翼社会科学书籍、期刊进行文本诠释，对左翼社会科学论文、译文进行论点评述。在此基础上，社会史研究转向针对左翼社会科学运动的实践维度，追溯左翼社会科学运动的发生环境及其机理，挖掘左翼社会科学团体的组织运作及其特征，揭示左翼社会科学人物的言行表现及其轨迹，说明左翼社会科学书刊对普通民众的政治感染及其反馈。

本书尝试从思想史与社会史的视角审视 20 世纪 30 年代中国共产党领导

---

① 唐小兵：《"新革命史"语境下思想文化史与社会文化史的学术路径》，《中共党史研究》2018 年第 11 期。在这样一种研究范式下，相关学术论文已经出现，例如唐小兵：《民国时期中小知识青年的聚集与左翼化——以二十世纪二三十年代的上海为中心》，《中共党史研究》2017 年第 11 期；冯淼：《〈读书生活〉与三十年代上海城市革命文化的发展》，《文学评论》2019 年第 4 期。

的左翼社会科学运动,审视社联在左翼社会科学运动中担负的主体性地位,并审视左翼社会科学团体、左翼社会科学人物与左翼社会科学书刊发挥的关键性作用,这既要把社联看作马克思主义传播史与马克思主义中国化思想史进程中的个案,也要把社联看作国共斗争与争夺文化领导权过程中的个案,更要把社联看作近代上海左翼文化团体生存与运作过程中的个案,由此重新论证左翼社会科学运动的理论价值与实践价值。

从思想史与社会史相结合出发审视左翼社会科学运动必须在史料收集、整理与考证的基础上进行。虽然以往的学者对左翼社会科学运动的讨论已经参考了诸多左翼社会科学书籍、期刊与当事人回忆录,但这些讨论大都停留在总体定性而尚未具体定量上,而本书在史料举证、选择与运用上将紧密围绕左翼社会科学运动的发生与存在,围绕中国共产党对左翼社会科学运动的领导,围绕社联的创建及其组织建构与沿革,围绕社联的内部组织运作及其特征,围绕左翼社会科学人物的思想产生、对话与交流,围绕左翼社会科学书刊的出版与发行,以及围绕普通民众对待左翼社会科学书刊的心态与想法。

事实上,随着《社联盟报》①这一史料的发现与推出,对社联内部组织运作及其特征的考察不仅很有必要,而且已有可能。我们能以此揭示社联工作计划的制定、执行与反馈过程及其自身建设实态,也能以此说明左翼社会科学工作者的集体行动得失,甚至能以此再现社联基层组织的真实图景与社联盟员的真实面目。正因如此,我国学者孔海珠曾把《社联盟报》视作"现今发现的左翼团体机关刊物保存最全、时间最长的一种",从《社联盟报》的各期目录与标题出发对其刊载文章进行了罗列与归类,通过各期目录与标题扫视了社联在1933年至1935年期间的内部组织运作,描绘了社联在组织运作中彰显出来的组织严密性、计划周密性与检查长期性,尤其是评论了领导干部在社联的组

---

① 《社联盟报》于1933年创刊,在1933年至1935年期间连续出版与发行,共计29期。它是社联的内部油印刊物,不仅刊载社联常委会、各部门与各区委制定的工作计划、报告,以此检查社联各级组织的工作执行与进展情况,而且发表社联盟员对工作计划、报告的看法与主张,以此扩大社联盟员的民主讨论与思想交流。这一非常珍贵而重要的史料现今藏于上海市档案馆,并由上海市档案馆档案史料编研室钱根娣选编、戴琼瑗校审,于1990年由档案出版社正式出版。目前,罕见有学者专门对《社联盟报》进行文本研究,除刘爱章:《社联"马列主义的大众化"的意涵、指向及其能力建构——以〈社联盟报〉为重点的考察》,《四川师范大学学报(社会科学版)》2022年第5期外。

织运作中发挥出来的表率与示范作用,正如她这样写道:"在这些文章里可以看出,这些领导者不仅策划而且参与整个行动,所以,指出的问题是中肯的,是爱护盟员和组织的,这样的领导很有威信。"①

具体而言,本书争取在以下四个层面取得学术突破与创新,做到内容上更全面、材料上更细致、结构上更合理。

其一是依托左翼文化运动的时空背景与条件来叙述。文化运动从来都是与政治运动有机统一的,有时甚至对政治运动具有不可替代的反作用。左翼社会科学运动是左翼文化运动的重要内容,身处与左翼文化运动相同的国内外政治环境,这一点集中体现在文化"围剿"与文化反"围剿"上。必须看到,左翼社会科学运动同其他各个领域的左翼文化运动一样,面临着国民党发动的文化"围剿",在艰难环境中支持斗争。也必须看到,左翼社会科学运动同其他各个领域的左翼文化运动又不完全一样,所有运动都具有自身因由。这就要对国民党出台的宣传文化政策、社会科学政策与书刊出版政策进行考察,也要对上海的书刊出版业及其市场动向进行考察,还要对上海市民的读书生活及其心得与体会进行考察。

其二是强调中国共产党的领导及其对左翼社会科学运动的影响。左翼社会科学运动具有鲜明的政治色彩,归因于其反映了中国共产党的指导思想。左翼社会科学运动具有强烈的战斗气息,也归因于其倡导了中国共产党的民主革命纲领与路线。早在社联创立以前,中国共产党已经进入哲学社会科学领域多年,积累了丰富的领导哲学社会科学工作的经验与教训。而自社联创立以来,尽管中国共产党对左翼社会科学运动的领导通过社联来实现,但中国共产党对哲学社会科学工作的指示及其政策却直接决定了左翼社会科学运动的走向与进路。这就要把中国共产党对左翼社会科学运动的领导情况及其政策演变刻画出来,要把中国共产党内的理论建设与思想论争在左翼社会科学运动中的反映呈现出来,尤其要注重对中共六大以来党内相关政治文件与领导言论的考察。

其三是论证社联在左翼社会科学运动中的主体性地位及其作用。社联的创立使左翼社会科学运动有了坚强的组织领导与一致的奋斗目标,使左翼社

① 孔海珠:《左翼·上海(1934—1936)》,上海文艺出版社 2003 年版,第 82、93 页。

会科学工作者有了一个有组织、有纪律的战斗集体,使左翼社会科学工作者与普通民众发生了紧密的组织与思想联系,并引导他们从自发认同马克思主义到自觉信仰马克思主义思潮。此外,社联出版与发行的左翼社会科学书刊也使左翼社会科学运动有了坚固的思想阵地与强大的舆论平台,有利于传播马克思主义、批判反马克思主义并推进马克思主义大众化、通俗化。这就要把对左翼社会科学运动的讨论推向精细化的新阶段,关键在于通过发现微小的思想环节来揭示宏大的思想潮流,既包括对左翼社会科学团体、人物及其发表的代表性作品进行考察,又包括对左翼社会科学书刊及其刊载的代表性论文进行考证。

其四是围绕社联的中心工作对左翼社会科学运动进行专题研究。既已经确定论证社联在左翼社会科学运动中的主体性地位,就不再从左翼社会科学运动的各个阶段出发来依次安排本书的章节结构,而是围绕社联的中心工作来安排本书的章节结构。这种谋篇布局能把非常有限的史料集中运用到若干专题研究上,避免因史料单薄而无法实现讨论精细化的目标与设想,包括:全面揭示左翼社会科学运动发生与存在的背景;真实再现社联的创建、组织建构与沿革及其组织运作内幕;进而叙述社联对马克思主义的宣介与译介表现及其成效;论述社联批判反马克思主义的理论进路及其作用;描述社联推进马克思主义哲学大众化的思想脉络及其影响;在此基础上,对左翼社会科学运动作出历史评价和历史经验总结,为坚持和加强党对哲学社会科学工作的领导提供历史借鉴。

## 第一章

# 左翼社会科学运动发生的背景

## 第一节　宣传战下的哲学社会科学交锋

### 一、国共在哲学社会科学战线的交锋

宣传与组织是现代政党发挥政治影响的两大工作,也是现代政党增进社会认同的两种途径。其中,宣传是组织的前提与基础,组织是宣传的倚靠与保障。宣传政策与机器是政党的发声筒、传声器与留声机,是其政治理念实现从抽象到具体、从精英到大众转化的中介环节。国共政治理念的对决不仅体现在理论选择与价值判断的较量上,而且体现在宣传政策与机器的较量上,这种较量就包括国共在哲学社会科学战线的交锋,这正是左翼社会科学运动发生与存在的最重要政治因由。

国民党认识到从单纯的政治宣传向思想文化复合式宣传转变,同时意识到从依靠其自身宣传机构运作向整合多种文化主管机构运作转变。1931年11月,国民党三届中央第二次临时全体会议对思想文化复合式宣传作出了总体部署,宣称:"宣传之事决不可以党务工作自囿,而必须与文化教育及一切社会事业相沟通,……否则未有不陷于孤调独弹事倍功半者也。"有鉴于此,国民党中央便建议宣传与教育部门"尽量与学术团体及著作界合作","尽量扶植文化出版事业及新闻事业之发展","调查擅长文艺著作、讲演及学术上有素养之人才,设法网罗,使同任宣传工作"。①

社会科学是认识与改造世界的工具,曾被国民党中央视作"高深而有科学根据之宣传"②,自然进入国民党宣传部门的视野与议程。1931年2月5日,国民党中央宣传部向省市党部发出指示:"应将三民主义应用到社会科学、社会问题及文艺的领域里去,依三民主义的原理去树立社会科学的体系,批评和解答各种实际社会问题,及创造新的文艺作品,同时应用学术上的新发明以证实三民主义,使智识分子深刻的接受本党主义。"③1935年12月,国民党中央又训示宣传部普遍推行三民主义的社会科学化,进一步诠释:"应会同教育部中央研究院依据总理遗教,编著哲学教育政治经济社会诸理论学说,使本党理论完全渗透贯彻于各种学说之中,以收潜移默化之效,一扫已往党义自党义,学说自学说,彼此捍隔不入之弊。"④社会科学既是宣传工作的重要领域,也是国民教育的重要内容,同样深受国民党教育部门的重视。1931年11月20日,国民党第四次全国代表大会专门审议、通过了一则《关于党义教育案》,总结了过去进行三民主义宣传与教育的经验与教训,建议把三民主义与社会科学知识及其话语相结合,融入社会科学课程体系与教材体系,如是说:

> 本党负建国之重责,其所举行之主义及政纲政策,必须得人民充分之

---

① 中国第二历史档案馆编:《中华民国史档案资料汇编》第5辑第1编"政治(二)",凤凰出版社1994年版,第307—308页。

② 同上书,第167页。

③ 中国第二历史档案馆编:《中华民国史档案资料汇编》第5辑第1编"文化(一)",凤凰出版社1994年版,第13—14页。

④ 中国第二历史档案馆编:《中华民国史档案资料汇编》第5辑第1编"政治(二)",凤凰出版社1994年版,第567页。

认识与信赖，……盖党义于一般社会科学之外，特立课目，授者虽言之谆谆，听者以其为自作宣传，反觉藐然无味。而普通担任党义教师者，每对于社会科学，根本无基础，以之而讲授宏博渊深之三民主义，自难能尽发扬。……一扫过去特设党义课程之弊病，而渗透党义于各种社会科学书籍中。虽三民主义系一种主义，不可分而为三；但仍分别寓于各种社会科学，自可融会而贯通。①

与国民党相比，这一时期中国共产党的宣传工作在白色恐怖下进行。1928 年 6、7 月，中共六大在莫斯科郊外秘密召开，确立了土地革命战争时期宣传工作的总路线与基调，既包括针对群众的宣传鼓动，又包括针对党内同志的宣传教育，但其重心指向针对群众的宣传鼓动，明确指出："中国共产党在现时情形之下的基本任务即为准备新的广大的革命潮流高涨之到来"；"此种任务需要党的宣传工作之根本变动而增加对于扩大群众工作的注意。"②1929年 6 月 25 日，中共六届二中全会通过了《宣传工作决议案》，通报、纠正了忽视宣传工作等若干认识偏差，并研究、讨论了改进宣传工作的若干实践对策，向全党揭示："宣传教育是实现党的任务的经常的基本工作"；"党的正确的宣传工作，便是最实际的工作，而且有推动党的一切其他工作的伟大作用"；"党不但要依靠宣传工作去接近群众，并且要依靠组织与斗争工作去接近群众，而在这一切工作中都注意到扩大党的政治宣传。"尤其是制定了针对群众的宣传鼓动原则与准绳，强调："宣传既然是党争取广大群众的重要工具，党必须特别注意于反动势力下群众的宣传，而且要用最大的努力与一切反动的宣传斗争，以争取广大的群众到党的政治影响下来"；"党不但要扩大自己的宣传，尤其要注意利用公开群众组织的宣传工作，来帮助党影响广大的工农群众。但群众组织的宣传工作，一定是要站在群众的立场，要更注意从群众本身实际问题，引导群众认识党的主张，与党的宣传工作在群众面前完全代表党的态度是不同。"③

与上述宣传政策相适合，中国共产党非常注重自身宣传机构的建设与运

---

① 中国第二历史档案馆编：《中华民国史档案资料汇编》第 5 辑第 1 编"政治（二）"，凤凰出版社 1994 年版，第 334—335 页。
② 中央档案馆编：《中共中央文件选集》第 4 册，中共中央党校出版社 1989 年版，第 414 页。
③ 中央档案馆编：《中共中央文件选集》第 5 册，中共中央党校出版社 1990 年版，第 249、251—252、261—262 页。

用,不仅发挥支部在宣传工作中的作用,还发挥群众性文化团体在宣传工作中的作用。在发挥支部作用上,于 1928 年 10 月 1 日发布的《中央通告第四号——关于宣传鼓动工作》向全党提出了"使支部成为党内以及对于群众的宣传鼓动工作的基础"这一设想(到了 1929 年 6 月 25 日,中共六届二中全会重申了"支部应成为宣传鼓动工作的基本组织"这一设想),指出:"使支部日常工作的讨论与政治的理论的讨论发生联系,使支部的每个同志都善于在群众中作宣传鼓动工作,善于提出发动和领导争斗的口号。"①在发挥群众性文化团体作用上,中共六大已经向全党提出了"我党同志参加各种科学文学及新剧团体"这一设想,指示他们"参加这些团体会议与提出马克思主义的报告、建议以及报告苏联状况等等"。②在此基础上,中共六届二中全会进一步提出了"适应目前群众对于政治与社会科学的兴趣"这一设想,要求"党应当参加或帮助建立各种公开的书店,学校,通信社,社会科学研究会,文学研究会,剧团,演说会,辩论会,编译新书刊物等工作"。③又因认识到思想文化宣传在宣传工作中的艰巨性与复杂性,意识到党统一领导思想文化宣传工作的必要性与可能性,《中央通告第四号——关于宣传鼓动工作》向全党提出创设"一普通的文化机关以指导和批判全国的思想和文艺"④;中共六届二中全会决定在中央宣传部内专门设立文化工作委员会,负责"指导全国高级的社会科学的团体,杂志,及编辑公开发行的各种刊物书籍"。⑤

至此,中共中央便把思想文化宣传工作的指挥权转移到专业性突出的文化工作委员会上,通过文化工作委员会对群众性文化团体发出指令,依靠文化工作委员会对群众性文化团体进行领导。需要说明的是,中央文委的创建是中国共产党宣传工作上的一个重大的增长点,标志着中国共产党领导的左翼文化运动全面兴起,确立了中国共产党在思想文化宣传中的组织保障,迎来了中国共产党在思想文化抗争中的战略主动,打破了国民党对媒体与舆论工具

---

① 中央档案馆编:《中共中央文件选集》第 4 册,中共中央党校出版社 1989 年版,第 617 页;中央档案馆编:《中共中央文件选集》第 5 册,中共中央党校出版社 1990 年版,第 263 页。
② 中央档案馆编:《中共中央文件选集》第 4 册,中共中央党校出版社 1989 年版,第 419 页。
③ 中央档案馆编:《中共中央文件选集》第 5 册,中共中央党校出版社 1990 年版,第 267 页。
④ 中央档案馆编:《中共中央文件选集》第 4 册,中共中央党校出版社 1989 年版,第 618 页。
⑤ 中央档案馆编:《中共中央文件选集》第 5 册,中共中央党校出版社 1990 年版,第 273 页。

的绝对控制。在此基础上,中国左翼作家联盟、中国社会科学家联盟、中国左翼美术家联盟、中国左翼戏剧家联盟等左翼文化团体与中国左翼文化总同盟相继问世,这就完成了对群众性文化团体的重组与再造,实现了从群众性文化团体向左翼文化团体的转变与革新。当然,中央文委对各左翼文化团体的领导不仅是组织与人事领导,更重要的是思想与政治领导,确保左翼文化运动在马克思主义的指导下正确前行,因而中央文委非常重视左翼社会科学团体的建立与运作。可以说,左翼社会科学同左翼文学、左翼美术、左翼戏剧、左翼电影与左翼音乐一样,都是中国共产党宣传革命思想与文化的重要领域,都是中国共产党发挥政治影响与增进社会认同的重要途径,但左翼社会科学与中国共产党指导思想的关联最紧密,是左翼文学、左翼美术、左翼戏剧、左翼电影与左翼音乐的指示牌与风向标,因而尽管各左翼文化团体身处不同的专业领域,各自从事文学、社会科学、美术、戏剧、电影与音乐创作,但其作品都不无例外地体现了鲜明的革命逻辑与战斗属性。

无论对国民党人还是对中国共产党人而言,社会科学在宣传战中的地位与作用都至关重要,不仅具有理论认知性,对政治、经济与文化等社会现象及其内在联系作出诠释,而且具有社会实践性,在社会变革中体现出指导意义或教育功能,正如瞿秋白在《社会科学研究初步》一书中提倡:"现在是整个社会大流变的时代,中国正是处在大流变的怒潮中,……青年们的责任,不但是在认识和理解社会,尤其是在改造社会。"[1]然而,中国共产党人对社会科学的认识与看法并未停留在社会实践性上,而是进一步揭示了社会科学的阶级属性及其阵营划分,同时宣扬了社会科学是阶级斗争的工具与革命实践的武器。1930 年 3 月,社联发起人柯柏年在《怎样研究新兴社会科学》一书中从阶级属性出发考察了两种既根本对立又截然不同的社会科学,明确指出:

> 在现在的资本主义世界中,社会科学可以分为两大敌对的阵势,一是布尔乔亚汜的社会科学,一是普罗列塔利亚特的社会科学。……布尔乔亚汜的社会科学,其主要的任务,是要尽力建立和维护资本主义制度的理

---

[1] [德]布浪得耳著、杨霄青译:《社会科学研究初步》,上海华兴书局 1930 年版,第 1 页。该书即瞿秋白的《社会科学概论》。1930 年 6 月,上海华兴书局将《社会科学概论》一书重新出版与发行,署名德国人布浪得耳著、杨霄青译,并更名《社会科学研究初步》。

论上的基础,使布尔乔亚氾能够永远地统治社会。至于普罗列塔利亚特的社会科学,其主要的任务是推翻资本主义制度的理论上的基础,指明出资本制度之必然倾覆。……布尔乔亚氾的社会科学,他不能采用唯物辩证法,因为若用唯物辩证法来考察社会生活,就要否定资本主义制度之永远性了。……但愿意这样观察社会生活的,只有新兴阶级——普罗列塔利亚特;能够以这种唯物辩证法去研究社会现象的,也只有新兴社会科学。①

同年2月与9月,另两位社联发起人王学文、朱镜我也发文重申了柯柏年的上述思想,从唯物史观的视野叙述了社会科学阶级属性的由来及其根源,描述了阶级斗争在社会科学界的表现及其动态。例如,王学文一文开宗明义地宣告:"在阶级的社会之中,我们不惟可以看见阶级与阶级间经济上政治上的争斗,同时还可以看见阶级间思想上的冲突。这思想上的冲突,实在是阶级间矛盾的反映,在阶级社会中必然要发生的现象,并且随伴着阶级间矛盾的进展,思想上的冲突也必愈演而愈烈。"②而朱镜我一文表达得尤其深刻而准确,如是说:"思想是社会的存在的观念的反映物,是阶级要求之理论的系统的表白者,所以,在阶级社会未被扬弃之前,在阶级斗争尖锐化的时期,代表各阶级的现实的利害关系的诸种理论,是能够而且必定会产生出来,……如无产阶级和资产阶级这二大阵营,在现实的社会关系上,形成尖锐地对立的状态一样,在思想上,理论的领域上,结局也只有照应地对立着马克思主义和反马克思主义的阵营。"更进一步说:"在阶级矛盾到了不可调和,阶级斗争表示尖锐化的时代,无论统治阶级的御用的理论和思想系统,有怎样多的派别和意见之歧异,但有一点,是它们共通的特质,即绝望地攻击革命的马克思主义。"③

## 二、中国共产党进军社会科学界的早期动作

中国共产党是一个崇尚哲学社会科学的政党。早在左翼社会科学运动出现以前,中国共产党已经率先进入哲学社会科学领域,领导哲学社会科学工

---

① 柯柏年:《怎样研究新兴社会科学》(增订本),上海南强书局1930年版,第23—24页。
② 王昂:《反科学的马克思主义? 还是反马克思主义的"科学"? ——驳郭任远的〈反科学的马克思主义〉》,《新思潮》月刊第4期,1930年2月28日。
③ 谷荫:《中国目前思想界的解剖》,《世界文化》第1期,1930年9月10日。

作,引导时人认识社会与改造社会。实际上,中国共产党进军社会科学界的过程正是马克思主义进军社会科学界的过程,以马克思主义引领社会科学知识及其话语体系的建构,这两者具有内在一致性。

1923 年 6 月中共中央的理论期刊《新青年》改版是中国共产党进入社会科学界的重大表现。时任《新青年》主编的瞿秋白在发刊词中宣布《新青年》是"社会科学的杂志",情不自禁地写道:"况且无产阶级,不能像垂死的旧社会苟安任运,应当积极斗争,所以特别需要社会科学的根本智识,……《新青年》对于社会科学的研究,必定要由浅入深,有系统有规划的应此中国社会思想的急需。……《新青年》既为中国社会思想的先驱,如今更切实于社会的研究,以求智识上的武器,助平民劳动界实际运动之进行。"① 同年 12 月,时任《中国青年》主编的恽代英也表达了早期中国共产党人对社会科学的需求,并把社会科学当作救国的武器。他发表的《学术与救国》一文写道:"要破坏,需要社会科学;要建设,仍需要社会科学。假定社会是一个工厂,社会科学是工厂管理法;有能管理社会的人,一切的人有一种技术,便得一种技术的用,没有管理工厂的人,只有机械,只有像机械样的工人、技术家,工厂永远做不出成绩来。……所以,我们觉得要救中国,社会科学比技术科学重要得多。"②

上海大学的建立与运作同中国共产党进入社会科学界紧密相关。1922年 10 月,国共两党在酝酿建立革命统一战线的过程中,在上海创建了一所以社会科学闻名遐迩的红色学府——上海大学,由国民党元老于右任任校长。1923 年 4 月、6 月,经李大钊引荐,中国共产党早期领导人邓中夏、瞿秋白到上海大学任总务长与教务长,主持上海大学的校务工作。同年 9 月,邓中夏、瞿秋白在上海大学设立社会科学院社会学系,由瞿秋白亲自担任系主任,旨在建构马克思主义的社会科学知识及其话语体系,可谓中国共产党在社会科学界创建的人才储备基地。从 1923 年到 1925 年,除邓中夏、瞿秋白外,该系还聘请蔡和森、恽代英、张太雷与萧楚女等诸多中国共产党人,在社会科学课程的名义下宣讲马克思主义基本理论,回答世界革命与中国革命的基本问题,还讨论与争辩劳动、农民、青年以及妇女等社会问题。例如,瞿秋白主讲的社会学

① 瞿秋白:《〈新青年〉之新宣言》,《新青年》(季刊)第 1 期,1923 年 6 月 15 日。
② 代英:《学术与救国》,《中国青年》第 1 卷第 7 期,1923 年 12 月 1 日。

课程、社会哲学课程与蔡和森主讲的社会发展史课程深受学生欢迎。

上海大学是中国共产党进入社会科学界的早期活动的一个缩影,虽然从建立到终结只存在了不过六年,但它却是大革命时期中国共产党吸收与培养左翼社会科学工作者的一个摇篮,其引发的政治影响与社会反响不可小觑。当时,左翼文化人阳翰笙与李一氓是在上海读大学的两个代表性人物,我们可以从他们的思想进步或转变中体认这一点。

阳翰笙是上海大学社会学系的学生,对自己在上海大学读书期间的社会科学课程印象深刻。他在回忆录中这样叙述:

> 在社会学系,从马列主义哲学、政治经济学、社会发展史,一直到工人运动、青年运动、帝国主义侵略中国史等等,都是以马列主义为中心进行系统的教育。我到了上大才知道,以前读过的一些马列主义的书,都是一知半解、似懂非懂的,实际上就是不懂。……第一个是瞿秋白讲的社会学里面,唯物论、唯心论;唯物史观、唯心史观;历史唯物主义、辩证唯物主义;量变质变、对立统一等等,搞得一脑袋的名词,虽然讲解了,但不是一下子就能弄清楚,要看很多参考书才能懂得,要理解这门学问不简单,……讲到政治经济学,许多内容又不懂了,什么工钱、劳动与资本、价值、价格与利润、剩余价值、空想社会主义、科学社会主义等等,不容易理解,要花很大气力,看很多书。①

尽管李一氓本人不是上海大学的学生,但他经常参加阳翰笙、李硕勋等在上海大学读书的四川籍学生组织的集体学习,因而同样陶醉在社会科学书籍与期刊中,沉浸在社会科学概念与范畴中。他在回忆录中这样描述:

> 五四运动以后,一直爱看各种杂志,这种泛滥杂志的习惯一直保留到今天。五四运动的时候,就开始看《新青年》、《新潮》、《少年中国》。在上海读书的时候,继续看《新青年》。这时的《新青年》已经从北京搬到上海,成为中国共产党的机关报。……我觉得乱七八糟这么一看,经过这么一个长时期的筛选,对我来说是很重要的。加上世界和中国政治、经济形势的变动,我认识到必须走一条正确的能够解决中国社会问题的道路。因此,在思想上否定《现代评论》派,否定《醒狮》派,逐渐形成一个倾向,走

---

① 阳翰笙:《阳翰笙选集》第5卷"革命回忆录",四川文艺出版社1989年版,第89—90页。

《新青年》和《向导》的道路。

当然，同时我也念了一些涉及共产主义的小册子。那时还在读书，见闻有限，这些书只能是在上海出版发行的。记得其中有布哈林的《共产主义ABC》，有陈望道译的马克思、恩格斯的《共产党宣言》，有李汉俊译的《资本论入门》，有恽代英译的考茨基的《阶级斗争》，有李季译的一部篇幅很长的《社会主义史》，有考茨基的《马克思经济学说》。此外，还有中国青年社自己编译的《马克思主义浅说》，新青年社编译的《社会主义讨论集》，瞿秋白写的《社会科学概论》，李季写的半本《马克思传》。这些东西，从马克思主义体系、社会主义体系来讲，虽然是极为简单的，可也未必全看得懂，但对于当时一个青年学生的思想发展来说，却是极为重要的。①

经营书店、出版书籍是中国共产党进入社会科学界的重要举措。1921年9月1日，中国共产党在上海创立了人民出版社，由李达负责宣传工作，秘密出版与发行社会科学书籍。该社在《新青年》上刊登了《人民出版社通告》，公布了该社当年的出版计划，包括马克思全书15种、列宁全书14种、康民尼斯特（即共产主义者）丛书11种与其他书籍9种。②很明显，这一出版计划集中体现了人民出版社对社会科学的推崇与倚重。1923年11月1日，中国共产党又在上海创立了上海书店，并在全国各地建立发行机关及其网络，还在上海大学内部设置书报流通处。上海书店继承了人民出版社的光荣传统，继续出版与发行社会科学书籍，正如该社在《新青年》季刊上刊登的一则广告写道："我们要想在中国文化运动上尽一部分的责任，所以开设这一个小小的书铺子。我们不愿吹牛，我们也不敢自薄，设法搜求全国出版界关于这个运动的各种出版物，以最廉价供献于读者之前，这是我们所愿负而能负的责任。"③由此可见，经营人民出版社与上海书店进一步扩大了中国共产党在社会科学界的领导权与话语权。正是在汲取经营书店、出版书籍前期经验的基础上，中国共产党于1929年在上海创立了一个地下出版机构——华兴书局，地址在康脑脱路（今康定路）762号。在1929年至1931年期间，华兴书局专门出版与发

① 李一氓：《李一氓回忆录》，人民出版社2001年版，第43—44页。
② 《人民出版社通告》，《新青年》第9卷第5号，1921年9月1日。
③ 《上海书店广告》，《新青年》季刊第2期，1923年12月20日。

行马克思主义著作或俄国党史、革命史著作,将其汇编"上海社会科学研究学会丛书"或"中外研究学会丛书"。例如,华兴书局于 1930 年出版了华岗重新翻译的《共产党宣言》,这是《共产党宣言》的第二个中文全译本,并附有英文。又如,华兴书局出版了六种比较罕见的列宁著作中译本,包括《二月革命到十月革命》《国家与革命》《三个国际》《两个策略》《革命与考茨基》以及《左派幼稚病》。

依托文化与学术团体也是中国共产党进入社会科学界的必要举措。土地革命战争时期,上海凭借其特殊的地理位置与文化气息,陆续聚集了一批左翼社会科学工作者,他们包括留学日本归国的朱镜我、彭康、王学文等,留学苏联归国的吴黎平等以及刚从武装斗争前线撤退下来的郭沫若、李一氓等。在国统区的白色恐怖下,尽管中国共产党的生存与运作环境日益险峻,但中共中央却在相当长的一段时间内驻留上海,给这些人提供了组织上的指导与精神上的支持,主持中央工作的周恩来还亲自接见了这些人,而朱镜我、彭康等人都在这一时期入党。①他们依托已有的革命文化团体或学术团体如创造社、太阳社等,在各自的专业领域推进马克思主义在中国的传播。需要说明的是,由于这些新锐斗士的加盟与助阵,创造社的学科背景与学术指向发生了重大调整与变革,从一个单纯的文学团体发展到文学与社会科学统筹兼顾的团体,这不仅体现在创造社出版与发行的书籍或期刊上,出现了专门的社会科学书籍或期刊,也体现在创造社社员发表的论文或译文上,以社会科学论文或译文见长。

创造社开始关注社会科学的重要信号是 1928 年 1 月 15 日《文化批判》的创刊,正如该刊编辑部明确指出:"本来这样的刊物在中国还是一种创试。……我们志愿把各种纯正的思想与学说陆续介绍过来,加以通俗化。"②随着《文化批判》在创造社率先提出了关注社会科学的创刊理念,创造社又相继出版与发行了《流沙》半月刊、《思想》月刊、《日出》旬刊与《新兴文化》等期刊。很明显,上述期刊已经刊登了大量关于哲学、政治、经济、社会与教育等社会科学的论文或译文,向读者宣介了马克思主义基本理论与概念及其在中国的运用。正如左翼文化人成仿吾在《文化批判》创刊号上发表的《祝词》这样

---

① 李一氓:《李一氓回忆录》,人民出版社 2001 年版,第 111 页。
② 编者:《编辑初记》,《文化批判》第 1 期,1928 年 1 月 15 日。

说:"现社会的构成,现世界的趋向,自己的历史,自己的形势——这些都是我们必须明了的问题。问题的简化,问题的把握,在动的状态中——这些尤其是我们必须有的努力。《文化批判》当在这一方面负起它的历史的任务。它将从事资本主义社会的合理的批判,它将描出近代帝国主义的行乐图,它将解答我们'干什么'的问题,指导我们从那里干起。政治,经济,社会,哲学,科学,文艺及其余各个的分野皆将从《文化批判》明了自己的意义,获得自己的方略。《文化批判》将贡献全部的革命的理论,将给予革命的全战线以明朗的火光。这是一种伟大的启蒙。"[1]

中国共产党在社会科学界的早期活动拉开了左翼社会科学运动的序幕,显示了中国共产党领导哲学社会科学工作的强大能力。在思想理论上,中国共产党在社会科学界的早期活动在时人面前宣告了左翼社会科学的根本立场与宗旨,为左翼社会科学运动的展开指明了正确的方向,尤其是在革命当正遭受失败、陷入低潮的危急关头,坚持宣传马克思主义的科学真理与中国共产党的革命思想。在实践上,中国共产党在社会科学界的早期活动为左翼社会科学运动的展开培育了深厚的思想文化土壤,与此同时准备了坚实的思想理论阵地,也有利于中国共产党积累在哲学社会科学领域交锋的经验与教训。在组织上,中国共产党在社会科学界的早期活动为左翼社会科学运动的展开创造了组织条件与干部条件,提供了志愿且能够投身左翼社会科学运动的人才资源,而他们当中的许多人在社联内部发挥了具有关键性的主将与领军人物的作用。

## 第二节　革命理论宣教与革命思想论争

### 一、革命理论宣传与教育

左翼社会科学运动的发生与存在也是当时革命理论宣传、教育与思想论

---

[1]　成仿吾:《祝词》,《文化批判》第 1 期,1928 年 1 月 15 日。

争的结果。对马克思主义的认识不深刻,不善于将马克思主义的基本原理同中国革命的实际相结合,必然给中国革命带来危害,这是中国共产党从革命实践中得出的一条教训。大革命失败后,中国共产党及时对党内右倾机会主义错误予以反思,认识到革命理论宣传与教育的重要性与必要性,对革命理论宣传与教育作出了一系列安排。

当时,由瞿秋白任主编的中共中央机关理论期刊《布尔塞维克》及其刊载的论文比较重视革命理论宣传与教育。其中,时任中共中央宣传部秘书郑超麟发表的《中国革命目前几个重要的理论问题》一文反思了大革命时期党内右倾机会主义错误在思想理论上的表现,检讨了大革命时期党内轻视革命理论宣传与教育的错误,并总结了革命理论宣传与教育同革命实践的内在关系,向全党揭示:"如果说,此次中国革命的失败或挫折之一个原由,是中国共产党指导机关之机会主义错误,那我们可以说,以前的轻视理论就是许多机会主义错误中之一个";"学院式的研究是错误的,因为离开了实际则革命理论本身就成了空想,而不能指导革命运动;轻视理论也是错误的,因为没有有系统的过去的经验来指导,则革命运动终必走入歧途而陷于失败。"①

有鉴于此,中共中央反复提倡在党内进行革命理论宣传与教育。1928 年6 月,中共六大已经向全党发出指示:"加紧党员群众的教育,增加他们的政治程度,有系统的宣传马克思列宁主义"②;"增高一切党员的政治智识。特别应该增高党在广大工农群众中工作和宣传员的理论上的认识。"③同年 10 月 1日,《中央通告第四号——关于宣传鼓动工作》又向全党发出训示:"党的根本缺点在理论的和政治的水平线太低,太幼稚";"首先就要求提高全党的理论程度和政治水平。"④1929 年 6 月 25 日,中共六届二中全会通过的《宣传工作决议案》重申不仅要"扩大马克思列宁主义的宣传并且要普遍这种宣传到工人群众中去",而且要"加强党内马克思列宁主义的理论教育",强调:"为要加强革命思想的领导,党必须在群众中扩大马克思列宁主义的宣传,党应纠正一般同志以为只有在党内应当加强马克思列宁主义的训练,而忽略在党外群众中这

① 超麟:《中国革命目前几个重要的理论问题》,《布尔塞维克》第 1 卷第 7 期,1927 年 12 月 5 日。
② 中央档案馆编:《中共中央文件选集》第 4 册,中共中央党校出版社 1989 年版,第 320 页。
③ 同上书,第 418 页。
④ 同上书,第 616 页。

种思想的宣传,或者以为只有在学生群众中能进行这种宣传,在工人群众中不能进行这种宣传等错误的工作态度";"为要提高党内理论水平线,加强无产阶级的革命理论的教育,党必须有计划的加强马克思列宁主义的理论教育,翻译介绍马克思列宁主义的论著,用马克思列宁主义的理论解释共产国际与中国党的纲领与重要决议案,并且从各种实际政治的社会的问题引证解释马克思列宁主义的理论。"①

　　马克思主义理论研究与建设尤其是翻译马克思主义著作是中共中央落实革命理论宣传与教育的重心。中共六大已经提出"发行马克思,恩格思,斯达林,布哈林及其他马克思主义、列宁主义领袖的重要著作"。②而《中央通告第四号——关于宣传鼓动工作》又提出"有计划的编译与出版马克思列宁主义的重要著作小册子等"。③在此基础上,中共六届二中全会决定在中央宣传部内专门设立翻译科,负责"翻译各种马克思列宁主义的著作,国际上之关于政治经济革命运动苏联状况及各兄弟党的材料"。④反过来看,中国共产党人对翻译马克思主义著作的需求同样明显。1929年2月8日,共产国际执行委员会政治书记处开会讨论即将召开的中共六届二中全会问题,执委会书记库西宁明确指出:

　　　　要让中国同志得到好的马克思主义书籍。很多中国同志对马克思主义书籍的理解只是一个字"列宁"。我们自己知道,为了了解马克思主义,不仅需要阅读列宁的著作,而且也需要阅读马克思和恩格斯的著作。只不过需要把马克思和恩格斯的一些有名的著作译成中文。这不比译成日文复杂,然而在日本已经出版了一系列马克思和恩格斯的著作。⑤

　　1929年12月30日,瞿秋白就莫斯科中山大学(即中国劳动者共产主义

① 中央档案馆编:《中共中央文件选集》第5册,中共中央党校出版社1990年版,第255、270页。
② 中央档案馆编:《中共中央文件选集》第4册,中共中央党校出版社1989年版,第422页。
③ 同上书,第617页。
④ 中央档案馆编:《中共中央文件选集》第5册,中共中央党校出版社1990年版,第273页。
⑤ 中共中央党史研究室第一研究部译:《联共(布)、共产国际与中国苏维埃运动(1927—1931)》第8卷,中央文献出版社2002年版,第72页。

大学)改组事宜致信库西宁,他在第 5 条建议中特别强调:

> (5) 培养翻译和建立人民群众明白易懂的中文和相应其他文字的马克思主义文献:1.通俗易懂的涵盖所有最基本的必要的知识领域的政治常识性读物;2.翻译和修改共产主义大学的教科书和参考书;3.翻译马列主义经典作家著作。所有这些工作也都需要认真地、有计划地和有步骤地去进行。……如果党是群众性的党,而且它也应该是这样的党,对我们的同志,特别是对工人和农民,就不能用俄语、德语或其他语言来进行教育。①

除马克思主义理论研究与建设外,马克思主义理论武装也备受中共中央的关注。1929 年 6 月,中共六届二中全会通过的《组织问题决议案》向全党宣告:"为要提高党内的政治水平,为要加紧对于干部的训练,党首先应加强党内的理论基础,故马克司列宁主义的教育工作应从支部中做起。马克司列宁主义愈能通俗化,愈能使其理论和原则在群众日常生活和斗争中得到根本的认识和了解。"②1933 年 1 月 26 日,中共中央在给满洲各级党部及全体党员的一封信中指出:"党的教育工作,经过党校训练班,研究组和个人的帮助教育每个党员以基本的马克思列宁的理论,知识,这有极大的政治意义。满洲党的组织须有计划的和有系统的进行这个工作。在正发展着的群众革命斗争的实际中,党员和积极分子能很快的了解马克思列宁的理论。"③同年 8 月 19 日,中央组织局在给苏区各级党部的指示信中也强调必须加强马克思主义理论武装,即:"在我们支部的面前,除开提高和组织群众的积极性以外,还摆着一个基本的任务,就是教育党员训练干部的工作";"如果党员群众没有必不可少的理论基础,在环境复杂,对于党对于革命进程有严重意义的时候,就必不能正确地应用适合于环境的策略。"④

显而易见,革命理论宣传与教育是中国共产党的优良传统。不管外部环境如何风云变幻,中国共产党都始终如一地关心与爱护马克思主义理论研究与建设,坚持并及时推进马克思主义理论武装全党,组织党员、领导干部学习。

---

① 中共中央党史研究室第一研究部译:《联共(布)、共产国际与中国苏维埃运动(1927—1931)》第 8 卷,中央文献出版社 2002 年版,第 325 页。

② 中央档案馆编:《中共中央文件选集》第 5 册,中共中央党校出版社 1990 年版,第 237 页。

③ 中央档案馆编:《中共中央文件选集》第 9 册,中共中央党校出版社 1991 年版,第 42 页。

④ 同上书,第 302 页。

实际上,革命理论宣传与教育揭示了左翼社会科学运动发生与存在的党内因素,彰显了革命实践对左翼社会科学运动的紧迫需求,也展现了中国共产党人对左翼社会科学运动的持续重视。反过来看,左翼社会科学运动的发生与存在则给革命理论宣传与教育提供了文本与资料依据,弥补了农村根据地的人才紧缺与枯竭。当然,在土地革命战争时期,受"左"倾教条主义错误的干扰,中国共产党内尚未完全树立对待马克思主义理论的科学立场与态度,某些党员、领导干部把一些看似高深的论述或支离破碎的词句当作理论本身,普遍存在着只阅读经典著作或只背诵领袖话语的本本主义现象,没有很好地做到把理论探索与实践探索有机整合,但中共中央对革命理论宣传与教育的紧密关注及其出台的举措却是正确的,在全党上下营造了思想建党与理论强党的良好环境。

## 二、中国共产党内的思想论争

思想论争是国际共产主义运动中的一个普遍现象。只有经过思想论争,革命的马克思主义才能更加彰显其正确性。20 世纪 20—30 年代,共产国际在思想理论上面临着第二国际社会民主主义者与托洛茨基主义者的进攻,尤其是托洛茨基主义者从内部的进攻。共产国际的思想论争直接影响到中国共产党内,集中体现在一场关于中国社会与革命问题的思想论争上。随着中共六大的召开及其政治决议案的出台,中国共产党接受了共产国际关于中国社会与革命问题的战略构想,如是说:"中国现在的地位是半殖民地","现在的中国经济政治制度,的确应当规定为半封建制度";"中国革命现在的阶段是资产阶级性的民权革命";"推翻帝国主义及土地革命是革命当前的两大任务。"[1]从这一表述可以看出,中国共产党已经认清了中国的基本国情,把中国视作半殖民地半封建社会,进而把中国革命看作反帝反封建的资产阶级民主革命。

然而,托陈取消派却跳出来否定中共六大通过的正确政治决议,反对中共六大制定的正确政治路线。自 1929 年入夏以来,中东路事件的爆发加剧了陈独秀与中共中央关于中国社会与革命问题的思想论争,导致这场思想论争扩

---

[1] 中央档案馆编:《中共中央文件选集》第 4 册,中共中央党校出版社 1989 年版,第 298—299、336、343 页。

大化。8月5日,陈独秀亲自撰写了一封致中共中央信,标志着他站到了中共中央的政治对立面上,不仅谴责中共中央没有认识到社会阶级关系的转变,而且指责中共中央没有意识到统治阶级属性的转变,如是说:"他(指大革命——引者注)确已开始了中国历史上一大转变时期;这一转变时期的特征,便是社会阶级关系之转变,主要的是资产阶级取得了胜利,在政治上对各阶级取得了优越地位。……封建残余在这一大转变时期中,……变成残余势力之残余"①;"你们对他(指蒋介石——引者注)很失望,所以说他不等于资产阶级。……如此说来所谓中国资产阶级之存在,并不是现在实有的这些冒牌的假的资产阶级,只有幻想着在你们头脑中如此这般的资产阶级,才算是中国老牌的真正资产阶级。"②事实上,他已推翻了共产国际、中国共产党关于中国社会与革命问题的战略构想,不再把中国视作半殖民地半封建社会,而视作资本主义社会,不再把中国革命看作反帝反封建的资产阶级民主革命,却看作从资产阶级民主革命向无产阶级社会主义革命的过渡。

针对上述错误言论,中共中央接连发布公告与公开信,在思想上与组织上划清了同托陈取消派的界限。1929年8月13日,《中央通告第四十四号——关于中国党内反对派问题》向全党宣告:

> 中国党内反对派的活动与在各国一样地是与党站在两条路线上,站在对立的路线上来进行分裂党之反革命的工作的。他们在口头上在文字上确也用着列宁的名义来眩惑群众,但中国革命的群众与站在正确路线上的一般党员都会知道他们的活动必然是一切反革命势力的工具,来危害中国革命。现时托洛斯基反对派之乱用列宁名义与考茨基之乱用马克思名义以掩饰其反革命罪恶的并没有两样。

> 我们与托洛斯基反对派斗争的,主要的是思想上理论上的斗争。……托洛斯基反对派不仅在思想上形成反列宁主义的路线,在组织上已纯全做了反革命的工具。现时中国党内反对派同样也在党内形成小组织的活动,这是破坏中国党的统一之最险的企图,是布尔什维克党所绝不容许的。故中国党除掉从思想上与反对派作坚决的斗争外,并要从组

① 中央档案馆编:《中共中央文件选集》第5册,中共中央党校出版社1990年版,第727页。
② 同上书,第732页。

织上遵照共产国际的决议与无产阶级的最高原则,坚决地消灭反对派在党内的任何活动以巩固党的一致。

在与反对派的思想斗争中,各级党部全体同志必须与党内反机会主义残余的斗争联系起来。现在中国机会主义思想关于中国革命问题的见解,正凭借着托洛斯基主义的理论,与他一无二样地来反对现时党的正确路线,企图掩盖过去的机会主义错误。故在现时中国党内斗争的路线,一方面是反对反对派的斗争,一方面必须努力于肃清机会主义残余的斗争,且机会主义复活的企图在中国党内更有他的历史残留的根据,中国党内的托洛斯基反对派又必然要利用这一斗争,以便掩藏在党的组织之内,来扩大他自己的活动范围。因此我党在无产阶级最高原则之下,必须坚决地反对党内任何小组织的活动,反对机会主义残留的复活,以肃清党内各种不正确的思想,以消灭反对派所能利用的党内基础。①

1929 年 10 月 5 日,中共中央政治局又通过了《中央关于反对党内机会主义与托洛斯基主义反对派的决议》,直截了当地揭露了托陈取消派关于中国社会与革命问题的认识偏差,义正辞严地批评了托陈取消派在上述问题中暴露出来的取消主义错误观点与路线,警告全党:

机会主义与托洛斯基主义反对派对于目前中国革命的根本问题都走入了取消主义的观点,最近陈独秀同志致中央的信,便是一个很好的代表。他这信的观点,完全推翻共产国际指导中国革命的一贯的列宁主义的路线;完全推翻六次大会与中央对于目前革命的根本策略而走到了极可耻的取消主义!

他们的观点与路线都是一贯的取消主义,他们分析革命失败的根由是反对共产国际整个的路线;分析中国经济政治的状况,取消了反帝国主义反封建势力的斗争,取消了土地革命,分析革命形势,否认统治阶级的动摇与革命斗争的开始复兴,这样根本把革命都取消了。因此在策略上自然要主张取消一切非法的斗争;罢工与示威,都成为玩弄与盲动了。在组织上自然要成为无政府主义的思想,不要纪律,不要服从上级党的决议

---

① 中央档案馆编:《中共中央文件选集》第 5 册,中共中央党校出版社 1990 年版,第 406—408、410—411 页。

与指示,主张党内和平,一切不正确思想都有权利在党内自由宣传。这便是机会主义与托洛斯基反对派整个的路线。这是很明显的公开的反共产国际,反六次大会,反中央,反党的路线。①

1929年11月13日,中共中央向各级党部及全体同志发出一封公开信,重申:"机会主义——反对派在这时更明显地来阻扰党向敌人的斗争,站在完全与共产国际和党的六次大会以及中央现在所执行的正确路线相反地位,……提出与六次大会完全相反的路线,……以捣乱式来反对讨论问题的范围与每一问题的结束而使每个会议都没有结果,绝不接受任何会议的决议,并坚持自己的意见在组织内公开宣传和活动,坐在家里不参加党的一切工作,以空谈来攻击党现在的策略与行动。这些事实的表现在上海尤其明显。这完全是破坏党的组织原则与党的纪律的行动。"②1930年4月11日,中共中央又向各级党部及全体同志发出一封公开信,揭穿了托陈取消派的真相,即:"现在党内取消派——机会主义及托洛斯基反对派的产生,就是过去出卖大革命的机会主义派及未经过群众斗争,以至害怕群众斗争的小资产阶级分子,看见目前革命的高涨,看见党路线策略的正确,使他们恐惧而不敢进行,自然的离开党离开革命的立场而去投降敌人。"进而揭露了托陈取消派的潜在危害,即:"取消派的基本路线与策略,就是要破坏党的组织,避开革命的道路,取消群众的斗争,夸张与赞扬统治阶级的稳定,企图消灭新兴的革命浪潮,而延长统治阶级的寿命。……党若忽视取消派——机会主义及反对派的作用与活动,结果必然会使党的组织削弱,群众的斗争受到阻碍。这是每个布尔塞维克党员,各级指导机关,绝对不容忽视;而且与取消派——机会主义及反对派的斗争,绝对不容有丝毫怠工的。"③

与此同时,中国共产党内的理论工作者也在中共中央出版的理论期刊《布尔塞维克》上发表了一系列反击托陈取消派的论文。例如,时任中共中央宣传部长的李立三专门撰写《中国革命与取消派》的小册子,其第二章《中国革命的

---

① 中央档案馆编:《中共中央文件选集》第5册,中共中央党校出版社1990年版,第495—496、504页。
② 同上书,第543—544页。
③ 中央档案馆编:《中共中央文件选集》第6册,中共中央党校出版社1989年版,第73—74页。

根本问题》于 1930 年 3 月与 5 月在《布尔塞维克》上发表,揭示了帝国主义统治中国的不争事实,说明了中国封建势力与封建制度的转向现象,考察了中国资本主义的由来及其与帝国主义、封建主义的关系。在他看来,中国的资本主义经济包括商业资本、工业资本与银行资本三种类型,这三者虽然具有不尽相同的地位与作用,但都没有位居中国经济结构的主导地位,不能决定中国经济发展的前途与命运。该文主张:"中国是半殖民地的国家,帝国主义成为最高的统治者,握住了中国经济政治的特权,支配着中国经济政治的生活。"而帝国主义"无论政治上经济上都倚靠着中国的封建势力,同时封建势力的存在也倚靠着帝国主义的扶持",二者已经成为不可分离的关系。①

又如,社联发起人吴黎平在《布尔塞维克》上接连撰文发言,对党内机会主义者关于世界革命与中国革命问题的若干认识误区进行了整理与总结,宣称:"右倾机会主义者,已经和'左'倾的机会主义者混在一起了"②;"列宁主义的党,是在反对'左'倾和右倾机会主义的斗争中,成长起来的。"③在他看来,党内机会主义者与共产国际、中国共产党作出了两种截然不同的政治估计,产生了两种截然不同的政治路线。就世界革命问题而言,"机会主义者,绝对没有看到,更正确点说,不愿意看到世界革命运动发展的事实,看到各国工人阶级的斗争,和殖民地的革命运动";就中国革命问题而言,"机会主义者,只要不是硬闭着眼,总可以看到帝国主义势力的扩大,乡村间豪绅地主阶级势力的恢复以及资产阶级卑躬屈节的投降。……机会主义者把这点完全忘记了,更正确点说,把他完全抛弃了。"因此,"这种估计,和策略路线,是反共产国际的,反党的,而且是违反事实的。"④

## 三、从党内论争走向社会科学论战

共产国际与中国共产党内的思想论争很快波及党外,与 20 世纪 30 年

---

① 立三:《中国革命的根本问题》,《布尔塞维克》第 3 卷第 2、3 合期,1930 年 3 月 15 日;立三:《中国革命的根本问题(续)》,《布尔塞维克》第 3 卷第 4、5 合期,1930 年 5 月 15 日。

② 中共中央党史研究室第一研究部编:《共产国际、联共(布)与中国革命文献资料选辑(1927—1931)》下,中央文献出版社 2002 年版,第 114 页。

③ 同上书,第 162 页。

④ 同上书,第 108、110、113—114 页。

代中国发生的社会科学论战同频共振。这场社会科学论战的起因在于大革命失败后中国社会科学界对中国社会与革命问题的迷茫和混乱,其展开是一个循序渐进的发生、发展过程,首先是关于中国社会性质的论战,进而演化到关于中国社会史的论战,即关于中国社会性质历史追溯的论战。1928年10月,陶希圣在周佛海主编的《新生命》月刊上发表了《中国的社会到底是什么社会》一文,揭开了中国社会科学界关于中国社会性质论战的序幕。1930年1月,上海联合书店出版郭沫若著《中国古代社会研究》,揭开了中国社会科学界关于中国社会史论战的序幕。1931年4月,神州国光社出版的《读书杂志》创刊,该刊在1931年至1933年期间推出4辑《中国社会史论战》专号,引来持不同立场观点的人士在该刊发文立说,标志着中国社会史论战达到了高潮。

当时,改良主义者、自由主义者、社会民主主义者与托洛茨基主义者闻风而来,肆无忌惮地散播错误思想、制造思想混乱。其中,从莫斯科回国的一批托洛茨基主义的追随者,他们深受国际托洛茨基主义的影响,以马克思主义传播者的面目出现,但实际上却散布他们自以为是的主张;他们在社会科学界争夺领导权与话语权,攻击中国共产党,攻击马克思主义,这不得不引起中国共产党的警觉与注意。中国共产党随即介入了这场社会科学论战,通过论战抨击反马克思主义(包括非马克思主义与假马克思主义),表达中国共产党人对马克思主义立场与态度的坚守,并在马克思主义的指导下科学认识中国社会与中国革命。如果说革命理论宣传与教育已经让中国共产党人深刻感到社会科学的重要性日益凸显,那么思想论争尤其是从党内论争走向社会科学论战,更让中国共产党人认识到领导哲学社会科学工作的紧迫性,意识到需要在哲学社会科学领域也创建一个专业性组织。因此,中国共产党迎击社会科学论战可谓左翼社会科学运动发生与存在的又一个标志性事件,这可以从社联出版的期刊与发布的宣言中看出来。

事实上,正是在这场社会科学论战期间,在时任中共中央宣传部长李立三及其秘书潘文郁的策划下,在时任文委书记潘汉年的指导下,一批左翼社会科学工作者例如朱镜我、吴黎平、王学文与李一氓等于1929年11月推出了《新思潮》月刊。但与此前创造社出版的一系列期刊相比,《新思潮》月刊是一本理论批判色彩非常鲜明的期刊,其创刊的直接动因就在于批判反马克思主义。1930年2月,《新思潮》月刊编辑部宣称:"目前关于社会科学的理论书籍杂志是兴盛极了。这是伟大的爆发前的应有而必有的现象;因而各种各样的色彩,似是而非的主张,奇奇怪怪的介绍,有意无意的误解,故意的造作,折衷的饶舌等等的现象也是应有尽有的伴随着。"①与此同时,《新思潮》月刊编辑部发布了一则社会科学征文启事,面向社会科学界的志士仁人征求一批论文,集中回答社会科学论战中的重大焦点问题,声称:"使一般青年能够利用这种机会来畅发其议论,引起广大青年们的关心,促进社会科学理论的普及,我们觉得这一要求是非常正当而且非常急需的。"②上述情况标志着左翼社会科学工作者正式迎击这场社会科学论战,调动了他们参战的主动性、积极性与创造性。

这样一来,《新思潮》月刊便成为中国共产党迎击这场社会科学论战的重要思想阵地,就成为中共中央理论期刊《布尔塞维克》在社会科学界的思想代言人。经过1929—1930年在《新思潮》月刊的工作历练,左翼社会科学工作者不仅获得了参加社会科学论战的实战经验,而且更加坚定了他们创建社联的决心与意志,事实上社联的创建有利于扩大左翼社会科学对社会科学论战的影响,加强左翼社会科学本身具有的理论批判功能。对上述历史经过,当年的参与者和见证人李一氓曾经这样评价:"1928、1929两年之间,以历史唯物论与辩证唯物论为武器,坚决顶住了反马克思主义的各派系的攻击。他们维护了共产党的方针政策,维护了马列主义的尊严。经过两年的实践,这不仅取得了理论战线上的胜利,并且获得了国内广大学生群众的支持。他们逐渐感觉到和左翼作家同盟一样,应该有一个自己的群众组织来更普遍的传播马克思主义。"③1930年5月,社联纲领率先发出了迎击社会科学论战的警报,向时人宣告:"严厉的驳斥一切非马克思主义的思想——如民族改良主义,自由主义,及假马克思主义的理论,如社会民主主

---

① 编者:《编辑杂记》,《新思潮》月刊第4期,1930年2月28日。
② 《新思潮社第一次征文题目并缘起》,《新思潮》月刊第4期,1930年2月28日。
③ 李一氓:《序》,《中国社会科学家联盟史》,中国卓越出版公司1990年版,第2页。

义,托洛茨基主义及机会主义。"①9 月 15 日,社联机关报《社会科学战线》发表的《中国社会科学家的使命》也是一篇代表左翼社会科学工作者迎击社会科学论战的宣言,强调:

中国反马克思主义的理论家,虽然在本质上非常幼稚,然而我们决不能因此便忽略它的作用,……不只在一般政治上而且在各科学界积极表现它的反动作用,如哲学界的旧式封建哲学,张东荪氏的佛教哲学等,经济学界如马寅初,历史学界如主张民生史观的新生命派,艺术界如新月派等等。他们假充科学家的招牌,反对马克思主义。

马克思主义在它的发展史中不但与各种反马克思主义的倾向斗争而且更重要的,它不断的和各种假马克思主义的理论奋斗。……中国假马克思主义倾向在目前主要的有托洛斯基主义派,取消派。托洛斯基主义派则假借许多"左"倾词句,修改马克思主义理论,取消派则公开否认马克思主义的革命性,倾向于改良主义。两种倾向虽然形式上有些不同而本质上同是反马克思主义的机会主义集团,它的作用只有障碍革命运动的发展,帮助反动势力的统治。

综合起来,中国社会科学家主要的任务,一方面坚决地与各种非马克思主义的理论斗争,揭破它的反科学性,阐明革命马克思主义的本质,他方面不客气地与各种假马克思主义的机会主义倾向奋斗,指出它的妥协的,反动的本质,彻底铲除它的影响。②

通过创刊撰文与发表宣言,社联不仅宣示了同共产国际、中国共产党作出的政治决定保持高度一致的政治追求,更赋予了左翼社会科学不同于其他社会科学的革命逻辑与战斗属性,而这一点伴随左翼社会科学运动的整个过程与各个环节,成为左翼社会科学工作者的政治共识与思想共鸣。正是由于坚决地迎击社会科学论战,左翼社会科学才能永葆马克思主义的科学性与革命性。

---

① 《中国社会科学家联盟纲领》,《新地》月刊第 1 卷第 6 期,1930 年 6 月 1 日;《中国社会科学家联盟的成立及其纲领》,《新思想》月刊第 7 期,1930 年 7 月 1 日;《中国社会科学家联盟的现状》,《世界文化》第 1 期,1930 年 9 月 10 日;《中国社会科学家联盟纲领》,《社会科学战线》第 1 期,1930 年 9 月 15 日。
② 《中国社会科学家的使命》,《社会科学战线》第 1 期,1930 年 9 月 15 日。

## 第三节　思潮重现、书市繁荣与查禁笼罩

### 一、危机引发马克思主义思潮重现

　　左翼社会科学运动是在国际国内的多重因素作用下发生与存在的,其国际背景与国内机缘也不容忽视。马克思关于资本主义社会的学说揭示了资本主义社会的基本矛盾是不可调和的,必然引发周期性的经济危机,这是一条颠扑不破的真理。1929—1933 年的资本主义世界经济危机再现了马克思的预言,这场由美国金融市场危机引发的经济危机迅速波及全球。它不仅导致大批银行倒闭、企业破产、工人失业,使各主要资本主义国家的人民生活水平大幅下降,国内无产阶级与资产阶级的经济斗争风起云涌并转向政治斗争,而且因资本主义国家转嫁国内的经济危机,导致各殖民地半殖民地国家遭受了更残酷的经济剥削与政治强暴,各殖民地半殖民地国家的民族解放运动日益高涨,殖民地革命愈发成为动摇整个资本主义制度统治基础的催命符与加速器。此外,它导致各主要资本主义国家加剧碰撞与倾轧,加紧扩军与备战,德意日三国甚至走上了法西斯主义的侵略道路,世界大战的欧亚策源地悄然显现,国际和地区爆发战争的风险愈难管控。

　　与资本主义经济危机带来的大萧条截然相反,苏联社会主义经济建设彰显了举世瞩目的大跨越。从 1928 年至 1932 年,苏联开启了社会主义经济建设的快速发展进程,竟只在第一个五年计划内就已经打造了以重工业主导的现代工业体系,建立了相对健全而完整的国民经济体系,打破了资本主义国家苦心经营的经济封锁与遏制,实现了从落后的农业国向先进的工业国转变的经济与社会奇迹。这一事实震惊了处在经济大萧条中的资本主义世界,吸引了一批来自欧美等国的参观者与考察团,他们将苏联社会主义经济建设的有益经验带回自己的祖国,通过某种政策上的借鉴尽快走出经济危机,就连美国的罗斯福新政亦受其影响。这一事实也宣告了马克思主

义理论的正确性与可行性,展现了社会主义制度的巨大赶超性与社会主义社会的强大生命力,使马克思主义思潮在全球经济危机的背景下重新升温。

在资本主义世界的大洋彼岸,南京国民政府统治下的中国更是陷入了内忧外患的深刻危机。由于长期的军阀混战与频繁的军事"围剿",中国的国民经济举步维艰,走到了大萧条的绝境。在都市,工商业的恢复昙花一现,很快便在外国资本与本国官僚资本的掠夺下凋敝、破产,工人受到剥削、压榨,手工业者与小商人身处生计困境,青年面临失学、失业,导致社会问题频发、社会险象环生。在农村,农业的经营惨淡、冷清,土地兼并与集中此起彼伏,苛捐杂税有增无减,还碰上了连年不绝的战祸与天灾。从 1928 年至 1930 年,陕西、甘肃、山西、河北、河南、绥远、察哈尔与热河八省发生了罕见的大饥荒,农民在饥饿与死亡线上痛苦挣扎,受灾地区饿殍满地。与此同时,日本帝国主义也加快了侵略中国的步伐,发动"九一八"事变、侵占中国东北,进而发动"一·二八"事变、进犯上海,企图在中国建立日本的殖民统治,实现其称霸大陆甚至世界的野心与阴谋,把中国推到了命悬一线的危险时刻,推向了生死存亡的危急关头。然而,蒋介石领导的南京国民政府却奉行"攘外必先安内"这一错误政策,采取对日妥协、退让的立场与态度,背离全国人民的抗日决心与意志,致使大片国土失陷、大好河山沦丧。

全球性经济危机与中国内忧外患交困的政治生态对社会上的民众心理与情绪产生了不可逆转的影响,而这种影响主要表现在两种路向转变上:其一,思想界与文化界对在中国通过建立英法美等国的资本主义制度实现现代化基本失去了信心,涌动着一个谈论马克思主义、社会主义与共产主义的思潮,许多人愿意向苏联及其建立的社会主义制度看齐,对中国救亡图存并最终走向现代化的道路作出重新思考与抉择;其二,由于南京国民政府大肆推行对日不抵抗政策,中国人民面临着亡国灭种的悲惨境遇,这就引起了社会各界尤其是普通民众对国民党专制统治的强烈不满与反抗情绪,而从内心深处对领导抗日救亡运动的中国共产党充满了期待与同情,并对中国共产党提出的一系列抗日救国政策、主张及其口号表示欢迎与拥护。

1933 年 11 月,胡适发表了一篇《建国问题引论》,把马克思主义思潮在中国的重现称作一场"文化评判上的大翻案",感慨地说:

欧战以后,苏俄的共产党革命震动了全世界人的视听;最近十年中苏俄建设的成绩更引起了全世界人的注意。于是马克思列宁一派的思想就成了世间最新鲜动人的思潮了,其结果就成了"一切价值的重新估定":个人主义的光芒远不如社会主义的光耀动人了;个人财产神圣的理论远不如共产及计划经济的时髦了;世界企羡的英国议会政治也被诋毁为资本主义的副产制度了。凡是维多利亚时代最夸耀的西欧文明,在这种新估计里,都变成了犯罪的,带血腥的玷污了。①

夏衍晚年在回忆录中这样描述当时民众心理与情绪变化的情景:

从一九二七年到"九一八"、"一·二八"以前,我们地下党人的社会活动,不管是租房子、住旅馆,或者和书店、报贩打交道,只要你有一点"左"的嫌疑或表现,一般人即使不怀敌意,也是不敢和你接近的,他们怕和共产党打交道会带来危险。可是"九一八"、"一·二八"以后,形势有了明显的改变,就是说人心变了,老百姓反对蒋介石对东北的不抵抗和对十九路军的不支持,这就使他们知道共产党是主张抗日的。过去,我们地下党人租一个亭子间,假如房东察觉到你这个人有左派嫌疑,他会把你赶走,甚至向捕房告密。但是"一·二八"之后,就有了很显著的改变,一般人对左派和共产党就不觉得那样可怕,反而把我们看作是爱国抗日的人了。②

胡适与夏衍的上述两段言论反映了 20 世纪 30 年代国人心路变迁的两种路向,即对社会主义理论、制度与运动的向往与对中国共产党反帝反封建革命纲领尤其是抗日救国思想的支持。实际上,这两种心路变迁的路向是紧密相联、交织的,合奏了马克思主义思潮重现的交响曲。其中,向往社会主义理论、制度与运动的人选择以一种乐观的心态认同中国共产党倡导的反帝反封建革命纲领尤其是抗日救国思想,而支持中国共产党反帝反封建革命纲领尤其是抗日救国思想的人也选择以一种包容的心境接受社会主义理论、制度与运动。必须看到,国人心路变迁的过程虽不等于左翼社会科学运动本身,但却与左翼社会科学运动相伴相随,它是在国民党发动文化"围剿"的时空条件下进行的,在某种程度上冲击了国民党对左翼社会科学运动的文化"围剿",这就孕育了

① 胡适:《建国问题引论》,《独立评论》第 77 号,1933 年 11 月 19 日。
② 夏衍:《懒寻旧梦录》,生活·读书·新知三联书店 1985 年版,第 207 页。

左翼社会科学运动从发生到发展的思想文化条件,并培植了左翼社会科学运动需要的阶级基础与群众基础。反过来看,左翼社会科学运动进一步推动了国人心路变迁的过程,在社会上引发了一阵又一阵愈发强大的左翼反抗心理与情结,并凝聚了一批又一批政治立场与态度愈发左转的民众。

## 二、书业市场的繁荣及其左转

左翼社会科学运动的发生与存在不仅建立在民众心理或情绪变化的思想文化基础上,而且建立在市民社会生长与发育的条件上,尤其是建立在与思想文化宣传紧密相关的书刊出版业的发展上。也就是说,左翼社会科学运动的发生与存在得益于书刊出版业的发展,而书刊出版业的发展反过来受惠于左翼社会科学运动的发生与存在。具体而言,书籍是左翼社会科学的文本载体,书业市场的繁荣对左翼社会科学运动的出现具有不可替代的渲染与衬托作用,事关左翼社会科学书籍的生产、出版与发行,事关左翼社会科学书籍的销售与流通;与此同时,读者是左翼社会科学的文本受众,读者的社会地位与职业直接决定着左翼社会科学的传播对象与范围,读者自身的阅读兴趣与爱好又决定着左翼社会科学对民众的影响广度与深度。

20 世纪 30 年代,上海是中国近代化程度最高的都市与口岸,又有公共租界、法租界与日本人聚居区,位于中外思想文化的交汇点,自然是书业市场的中心,聚集了一大批书店、书摊与图书馆。据 1935 年上海市教育局第四科通俗教育股编辑的《上海市书店调查》记载,1935 年上海市共有书店 261 家,除了近 30 家专门经营旧书的书店外,多数书店兼顾经营各类新书。这些书店经营的书籍包括经史子集、医药卫生、文艺小说、图画与西文等图书。[1]据匿名人士编辑的《上海小书摊之调查》记载,这一时期上海市共有小书摊 1200 多处,它们遍布于南市、租界与闸北。这些小书摊基本上全天营业,同时经销并出租图书,是市民读物的主要供应场所,其主顾有儿童、店员、家庭主妇、工人与妓女。[2]

---

[1] 上海市教育局第四科通俗教育股编:《上海市书店调查》(1935 年),上海市档案馆藏,档案号:S313-1-128-47。

[2] 《上海小书摊之调查》,李文海主编:《民国时期社会调查丛编》(二编)"文教事业卷",福建教育出版社 2014 年版,第 849、857—858 页。

又据 1934 年陈祖怡整理的《上海各图书馆概览》统计,1934 年上海市共有图书馆 81 家,这些图书馆包括四类:学校图书馆、科研文化机构图书馆、其他团体图书馆与公共图书馆。其中,学校图书馆有 44 家,一般只对本校学生开放。科研文化机构图书馆有 12 家,不对外开放。其他团体图书馆有 19 家,对本社会员开放,或经会员推荐可以借阅图书。公共图书馆有 6 家,即上海市立图书馆、上海市立流通图书馆、上海县民众教育图书馆、公共图书馆、《申报》流通图书馆与鸿英图书馆(原名人文图书馆)。①

对上海书刊出版业发展及其市场繁荣一时的景象,作家徐迟在回忆录中提供这样一段描述:

> 在上海,商务印书馆很大,简直像一个皇宫,比中华书局小不了多少,真是琳琅满目呵,走进去就不想出来。那么多的好书,书是香的,是美的,我的魂都掉在里面了。书是贵的,但也真是比较便宜的了,书是那么精彩的东西,几毛钱就买一本了。贵的书买不起就不买,便宜的书就买它一两本,便宜的书不一定不好看,价钱贵的书也不一定那么好。……上海四马路有那么多的书店,外国书店则在南京路上,一家英国的别发公司,一家美国的中美图书公司。在虹口,有一家内山书店,是日本的书店,也卖外国书。外国书贵些,买外国书就上旧书店或旧书摊去买。呵,上海市有那么多的旧书店和旧书摊。②

除书店、书摊与图书馆外,我们还可以从读者这一侧面看出上海书业市场的繁荣。由于印刷技术的发展与受教育机会的增多,上海书业市场的消费者已经从知识阶层扩大到社会各个阶层。以《申报》流通图书馆参加读书指导的读者来说,"大多数是青年的店员、机关办事员、学徒及其他各种企业的从业员。他们的学识大约是高小或初中程度,他们的收入普遍是以二三十元占多数,他们的读书时间平均都只有一二小时"。③《申报》流通图书馆的读者不仅包括上述具有正当职业的人,甚至包括一些经济条件拮据、生活窘迫但却依然愿意读书求知的人。该图书馆表示:

---

① 陈祖怡:《上海各图书馆概览》(1934 年),上海市档案馆藏,档案号:Y8-1-8-86。
② 徐迟:《我爱书店》,范用编:《买书琐记》(上编),生活·读书·新知三联书店 2012 年版,第 61—62 页。
③ 《关于选择学习科目的几个问题》,《申报》第 13 版,1934 年 1 月 13 日。

　　近来我们收到了四封出乎我们意外的来信。写信的主人，一个是贩卖小报，一个是轮船上的水手。还有两个，一是私人家里的汽车夫，一为电车上卖票的。……他们没有较固定的生活，不能有一个较长的读书的计划，不仅如此，他们甚至不能有继续读完一本五百面厚的书的条件。但他们还青年，还要求智识。他们又说，他们的环境实在太坏了，太流动了，他们不知如何是好。他们虽然对于当前的生活不免要引起怀疑，焦虑，但他们并未绝望，要求我们替他们解答。[①]

　　借助于危机引发的马克思主义思潮重现，书业市场的繁荣持续了数年，以致出现了左转的倾向，而其最重要的一个标志就是社会科学书籍的大幅增多。当时，沪上大小书店争相出版与发行社会科学书籍，竞相吸引与调动读者购买社会科学书籍，这种推销虽有书店谋求利润的经济考量，但书业市场却因社会科学书籍的畅销而快速左转，读者也因社会科学书籍的畅销而走进社会科学的知识殿堂，感受社会科学的思想旨趣，进而寻求变革自身与身外世界的出路。关于这一点，我们可以从鲁迅先生于1930年发表在《萌芽》月刊第1卷第4期上的《我们要批评家》一文中看出来。针对1929年以来社会科学界翻译工作的迅猛进展，书刊出版业社会科学书籍的大量问世，以及读者对社会科学书籍的强烈偏爱，他曾评论："从去年以来，挂着'革命的'招牌的创作小说的读者已经减少，出版界的趋势，已在转向社会科学了。这不能不说是好现象。"在他看来，"这回的读书界的趋向社会科学，是一个好的，正当的转机，不惟有益于别方面，即对于文艺，也可催促它向正确，前进的路"。[②]在此背景下，一大批读者自然选择阅读社会科学书籍，通过阅读社会科学书籍把个人自身命运与国家前途相结合，将个人自身发展与社会进步相符合，正如一位署名洪君衡的作者在《申报》上发言：

　　近来有个朋友对我说，现在一般人都感着苦闷，却大半都不能说出苦闷的原因。譬如，农村经济破产，丰年成灾，一般农民只知叫苦连天，并不能梦及这是帝国主义侵略之果。同样，工厂的规模与生产一天天扩大开来，失业的人口反成畸形成长，使天真的工人叫奇称怪。很难有人想到这

---

① 《关于流动生活的人的读书问题》，《申报》第16版，1934年6月1日。
② 鲁迅：《我们要批评家》，《萌芽》月刊第4期，1930年4月1日。

是工业集中,生产力增大,合理化等等的结果。物价实在减低了,为什么还是无人过问呢?很少有人想到这是相对工资的减低,一般贫乏失了购买力的结果。殖民地的工人,终岁劳动而犹不能得一饱,不知他们的血汗正在作育成帝国主义者的繁荣与延长资本主义的寿命的养料。社会中间层的人,天天为着职业担心,彷徨嗟叹,幻想着好梦到来,却有许多人不知道这是帝国主义阶段中中等阶级灭亡的必然的命运。

中国大众在苦闷,世界大众也在苦闷。但如何去理解这苦闷的原因,如何去解除这苦闷呢?

我答道:"你只有学习社会科学。"①

又如,《申报》流通图书馆读书指导部在回答一位叫言普君的读者时强调:

就整个的中国社会来说,民众是一天比一天愚蠢无能,列强的侵略,竟不知道怎样抵抗。把中国弄成了半殖民地,社会崩溃,经济破产,广大的人民生活没有出路。……现在可不同了,我们所以要学社会科学,为的是要使我们眼睛看得清楚,使我们能明白地了解这复杂的社会。不但要令我们个人明白,而且要使大众也睁开眼睛。②

社会科学的实际效用就在这里,这效用不是在眼前的,侥幸的,而不可把握的幸福,而能顾虑到永久的,大多数人的生活。我们从社会科学里找到了应走的道路,并且依照这道路前进,即使个人有时不免于失败,对于大家总还有些帮助,何况这样做去总比闭着眼睛撞要有把握得多呢。而那只知斤斤于一己的幸福,不看一看社会的动向的人,其行为就等于瞎撞。③

随着书业市场的繁荣、社会科学书籍的大幅增多以及读者对社会科学的紧密关注,左翼社会科学运动出现的社会基础与条件已经完全具备,左翼社会科学运动面向的传播与接受对象也日益扩大。对内心向往左翼社会科学的读者而言,学习左翼社会科学不再完全依赖于学校教育,也可以依靠自修来实现,即依靠看课外书来实现。此外,学习左翼社会科学不再限制于读书本身,

---

① 洪君衡:《为什么要读社会科学?怎样读社会科学?》,《申报》第21版,1934年1月7日。
② 《科学的实际效用——答言普君》,《申报》第14版,1934年7月11日。
③ 《社会科学的实际效用(续)——答言普君》,《申报》第12版,1934年7月12日。

甚至可以把读书环节与实践环节相结合,把书本知识与社会经验相结合,这就更容易做到理论联系实际。早在 1930 年 3 月,社联发起人柯柏年已经在《怎样研究新兴社会科学》一书中向读者揭示:"研究新兴社会科学并不一定要进学校,进了学校并不一定就可达到目的。有许多在中学或大学读书的青年们,虽有机会进学校,但学校并没有讲授他们所要研究的新兴社会科学。于是,他们也感觉着:我们虽要研究新兴社会科学,然无从研究呀!"进而向读者推荐自修这一途径:"有志研究新兴社会科学的青年们,你们用不着烦闷! 用不着灰心! 若你没有机会进学校,你就在家里自修! 若你虽进学校然找不到教师讲授,你就自修! 若你受经济之压迫,非从事职业不可,则你可在空闲的时间自修。……至于自修,是没有这种外界的推动力的;是完全出于自动的努力。然而,自动的努力所求得的智识,才是我们自己的智识,才能长久地保存着。……社会科学虽然常与常识不一致,但并不是深奥到不能理解。社会科学有许多不易理解的学说;然并不是不能理解而只是不易理解。"①

## 三、1929:社会科学界的翻译年

在左翼社会科学运动史上,1929 年是具有决定性的,它是马克思主义思潮重现的关键一年,同时也是书业市场繁荣及其左转的关键一年。从社会科学界的视角看,这一年的中国社会科学界迎来了一次新兴社会科学书籍的井喷式丰收,其内容包括哲学、政治经济学与科学社会主义在内的马克思主义三大基础理论,可谓社会科学界的翻译年。而从书刊出版业的视角看,这一年的中国书刊出版业问世了大量由中国人自己翻译的新兴社会科学书籍,这些新兴社会科学书籍的数量远超以往任何一个年份,堪称书刊出版业的社会科学年。当然,无论是社会科学界的翻译年还是书刊出版业的社会科学年,这两种现象都与这一年的世界格局与中国时局的变化紧密相关,都是国际国内的经济、政治动向在哲学社会科学领域的集中表现与反映。

1929 年的世界与中国处在一个全球性经济危机的爆发点上,处在一个革命与反革命此消彼长的转折点上,并处在一个战争与和平何去何从的十字路

---

① 柯柏年:《怎样研究新兴社会科学》(增订本),上海南强书局 1930 年版,第 29—32 页。

口。当时,左翼社会科学工作者依靠收集到的国内外统计数据与报刊资料在
《新思潮》月刊上撰文予以考察。吴黎平考察了这一年世界经济与政治的最新
动向,从资本主义生产合理化倾向到资本主义经济恐慌的酝酿,从杨格计划的
出台到资本主义各国的政治冲突及其引发的战争危险,从资产阶级统治的法
西斯蒂化到社会法西斯主义的出现,从资本主义国内工人阶级的斗争到殖民
地的革命运动,以及苏联经济建设的发展等。在他看来,上述这些动向标志着
"资本主义的基本矛盾日益尖锐化",也"都可以表现资本主义暂时稳定之日趋
动摇,预示重大政治事变之日渐迫近"。① 潘文郁考察了这一年中国工业、交
通、商业、农业与财政等基础经济部门的运营情形,论证这些部门"在过去
1929年的全年中,没有一件是在扩大发展顺利的状态中",并将这一年的经济
衰败状态问罪于帝国主义在中国的长期统治,而假使否认这一事实,就不能正
确看待全国大灾荒的发生、全国交通的大破坏与内地商业的大破产,亦不能认
清帝国主义在中国经济发展中发挥的支配作用及其对中国经济的破坏。在他
看来,"1929年的中国经济是处在破坏停顿危机的状态中",但"1929年的生活
不是空过的,他在将来中国社会历史阶段的转变上,将占着一个非常重要的
地位"。②

　　世界与中国的最新动向深刻影响到哲学社会科学领域。一位署名君素的
作者曾在《一九二九年中国关于社会科学的翻译界》一文中生动地描述了中国
社会科学界进入黄金时期的情景,指出:"1929年这一年的出版界,可以说是
一个关于社会科学的出版物风行一时的年头",并列举了1929年间出版的
155种新兴社会科学书籍目录,现列举如下:

| 书　名 | 著　者 | 译　者 | 书　局 |
| --- | --- | --- | --- |
| 社会科学概论 | 杉山荣 | 李　达、钱铁如 | 昆　仑 |
| 观念形态论 | 青野季吉 | 若　俊 | 南　强 |
| 辩证法的逻辑 | 狄芝根 | 柯柏年 | 南　强 |
| 新唯物论的认识论 | 狄慈根 | 杨东莼 | 昆　仑 |

---

① 吴黎平:《一九二九年之世界》,《新思潮》月刊第2、3合期,1930年1月20日。
② 潘东周:《一九二九年的中国》,《新思潮》月刊第2、3合期,1930年1月20日。

续表

| 书　名 | 著　者 | 译　者 | 书　局 |
|---|---|---|---|
| 康德的辩证法 | 戴溥林 | 程始仁 | 亚　东 |
| 斐希特的辩证法 | 戴溥林 | 程始仁 | 亚　东 |
| 费尔巴哈论 | 恩格斯 | 彭嘉生 | 南　强 |
| 宗教哲学社会主义 | 恩格斯 | 林超真 | 沪　滨 |
| 哲学的唯物论 | 阿德拉斯基 | 高唯均 | 沪　滨 |
| 辩证法的唯物论 | | 李铁声 | 江　南 |
| 现代世界观 | A. Thalheimar | 李　达 | 昆　仑 |
| 旧唯物论的克服 | 佐野学 | 林伯修 | 江　南 |
| 辩证法唯物论 | 狄芝根 | 柯柏年 | 联　合 |
| 辩证法的唯物论 | 狄慈根 | 杨东莼、张乐原 | 昆　仑 |
| 新社会之哲学的基础 | K. Kosch | 彭嘉生 | 南　强 |
| 无神论 | 佐野学 | 林伯修 | 江　南 |
| 唯物史观与社会学 | 布哈林 | 许楚生 | 北　新 |
| 史的一元论 | 蒲列哈诺夫 | 吴念慈 | 南　强 |
| 社会学的批判 | 亚克色利罗德 | 吴念慈 | 南　强 |
| 唯物的社会学 | 赖也夫斯基 | 陆一远 | 新宇宙 |
| 社会进化之铁则 | 萨克夫斯基 | 高希圣 | 平　凡 |
| 社会形式发展史 | | 陆一远 | 江　南 |
| 社会进化论 | 巴恩斯 | 王斐孙 | 新生命 |
| 犯罪社会学 | | 郑　玑 | 北　新 |
| 经济学入门 | 伍尔模 | 龚　彬 | 北　新 |
| 经济学大纲 | 河上肇 | 陈豹隐 | 乐　群 |
| 马克思主义经济学 | 河上肇 | | 启　智 |
| 社会主义经济学 | 河上肇 | 邓　毅 | 光　华 |
| 资本论入门 | 河上肇 | 刘埜平 | 晨　曦 |
| 学生的马克思 | | 吴曲林 | 联　合 |
| 政治经济学 | 拉皮多斯、阿斯托罗维将诺夫 | 陆一远 | 江　南 |

续表

| 书　名 | 著　者 | 译　者 | 书　局 |
|---|---|---|---|
| 工资价格及利润 | 马克思 | 朱应祺、朱应会 | 泰　东 |
| 工资劳动与资本 | 马克思 | 朱应祺、朱应会 | 泰　东 |
| 哲学的贫困 | 马克思 | 杜友君 | 水　沫 |
| 资本论概要 | W.H. Emmett | 汤澄波 | 远　东 |
| 资本论解说 | 博洽德 | 李　云 | 昆　仑 |
| 经济学概论 | 英国平民联盟编 | 丁振一 | 南　强 |
| 经济科学大纲 | 波格达诺夫 | 施存统 | 大　江 |
| 辩证法与资本制度 | 山川均 | 施复亮 | 新生命 |
| 资本主义批判 | 山川均 | 高希圣 | 平　凡 |
| 新演绎学派经济学 | 荒木光太郎 | 刘　弈 | 联　合 |
| 世界经济论 | 高山洋吉 | 高希圣 | 平　凡 |
| 人口问题批评 | 河上肇 | 丁振一 | 南　强 |
| 1928年世界经济与经济政策 | 伐尔茄 | 李一氓 | 水　沫 |
| 资本的集中 | Colman | 曾预生 | 远　东 |
| 产业革命 | 毕尔德 | 王雪华 | 亚　东 |
| 世界大战后的资本集中 | 鲁宾斯泰 | 李　华 | 南　强 |
| 社会农业 | 恰耶诺夫 | 王冰若 | 亚　东 |
| 各国地价税制度 |  | 邓绍先 | 华　通 |
| 唯物史观经济史（上中下） | 山川均、石滨知行、河野密 | 熊得山、施复亮、钱铁如 | 昆　仑 |
| 社会经济发展史 | W. Reimes | 王冰若 | 亚　东 |
| 中世欧洲经济史 | 泷本诚一 | 徐天一 | 民　智 |
| 唯物观的经济学史 | 住谷悦治 | 熊得山 | 昆　仑 |
| 社会主义经济学史 | 住谷悦治 | 宁敦五 | 昆　仑 |
| 马克思经济学说的发展 | 河西太一郎、猪俣津南雄、向坂逸郎 | 萨孟武、樊仲云、陶希圣 | 新生命 |

续表

| 书　名 | 著　者 | 译　者 | 书　局 |
|---|---|---|---|
| 产业理论的发展 | 河西太一郎 | 黄枯桐 | 乐　群 |
| 经济学史 | 小川市太郎 | 李祚辉 | 太平洋 |
| 经济思想史 | 出井盛之 | 刘家鋆 | 联　合 |
| 经济思想十二讲 | 安倍浩 | 李大年 | 启　智 |
| 经济学上的主要学说（上） | | 邓绍先 | 华　通 |
| 经济学方法论 | 凯尼斯 | 柯柏年 | 南　强 |
| 新经济学方法论 | 宽　恩 | 彭桂秋 | 南　强 |
| 现代欧洲经济问题 | P. Price | 刘　穆、<br>曾豫生 | 远　东 |
| 国际统计 | | 陈直夫 | 新宇宙 |
| 国家与革命 | V. I. Ulianoff | | 中外研究学会 |
| 家族私有财产及国家的起源 | 恩格斯 | 李膺扬 | 新生命 |
| 国家论 | 奥本海马尔 | 陶希圣 | 新生命 |
| 世界政治概论 | 吉贡士 | 钟建闳 | 启　智 |
| 欧洲无产政党研究 | | 施复亮 | 新生命 |
| 世界各国左倾政党 | 籐井悌 | 温盛光 | 乐　群 |
| 美国政党斗争史 | 页尔德 | 白　明 | 远　东 |
| 民族的特征与政治的国际化 | 皮霭尔 | 叶秋原 | 联　合 |
| 欧洲政治思想史 | F. I. G. Heanshow | 陈康时 | 远　东 |
| 现代政治思潮 | 贾　德 | 方　文 | 联　合 |
| 欧洲政治学说史 | Dunning | 谢文伟 | 中央政治学校 |
| 欧洲政治史 | 今井登志喜 | 高希圣 | 太平洋 |
| 政治哲学 | | 郑肖厓 | 华　通 |
| 社会主义及其运动史 | Laidler | 杨代复 | 中央政治学校 |
| 英国社会主义史 | 乔治般生 | 汤　浩 | 民　智 |
| 科学的社会主义之梗概 | | 画　室 | 泰　东 |
| 社会主义思想之史的解说 | 久保田明光 | 丘　哲 | 启　智 |
| 基督教社会主义 | | 李　搏 | |

续表

| 书 名 | 著 者 | 译 者 | 书 局 |
|---|---|---|---|
| 科学的社会主义 | 波多野鼎 | 高希圣 | 平 凡 |
| 社会主义伦理学 | 考茨基 | 叶 星 | 平 凡 |
| 社会主义概论 | Cohen | 华汉光 | 远 东 |
| 欧战后社会主义的新发展 | Shadwell | 胡庆育 | 远 东 |
| 近代社会思想史要 | 平林初之辅 | 施复亮、钟复光 | 大 江 |
| 社会主义与进化论 | 堺利彦 | 张定夫 | 昆 仑 |
| 社会思想解说 | 山内房吉 | 熊得山 | 昆 仑 |
| 马克思昂格斯合传 | 李阿萨诺夫 | 李一氓 | 江 南 |
| 革命与考茨基 | V.I. Ulianoff | | 中外研究会 |
| 两个策略 | V.I. Ulianoff | | 中外研究会 |
| 农民与革命 | V.I. Ulianoff | 石 英 | 沪 滨 |
| 社会革命论 | 考茨基 | 萨孟武 | 新生命 |
| 中国革命 | 施高塔倪林 | 王志文 | 远 东 |
| 农业社会化运动 | | | 启 智 |
| 东西学者之中国革命论 | 樊仲云 | | 新生命 |
| 俄国革命史 | 史列泼柯夫 | 潘文鸿 | 中外研究学会 |
| 西洋史要 | | 王纯一 | 南 强 |
| 西方革命史 | 金梁尔、材利果仁 | 高 峰 | 新宇宙 |
| 俄国大革命史 | | | 泰 东 |
| 法国革命史 | 威廉布洛斯 | 孙望涛 | 亚 东 |
| 德意志革命史 | 马 泽 | 李 华 | 春 潮 |
| 近代西洋文化革命史 | 哈 模、多玛士 | 余慕陶 | 联 合 |
| 俄国社会运动史 | 近藤荣藏 | 黄芝葳 | 江 南 |
| 日本社会运动史 | 冈阳之助 | 冯叔中 | 联 合 |
| 世界社会史纲 | 普莱勃拉仁斯基 | 王伯平、徐难先 | 平 凡 |

续表

| 书　名 | 著　者 | 译　者 | 书　局 |
|---|---|---|---|
| 美国社会史 | A. H. Simons | 汤澄波 | 远　东 |
| 古代社会 | 莫尔甘 | 杨东莼 | 昆　仑 |
| 世界社会史 | 上田茂树 | 施复亮 | 昆　仑 |
| 资本主义最后阶段·帝国主义论 | 伊里几 | 刘堃平 | 启　智 |
| 近代帝国主义概略 | | 梁止戈 | 江　南 |
| 帝国主义与石油问题 | 阿讷托 | 温湘平 | 启　智 |
| 帝国主义没落期经济 | 伐尔茄 | 宁敦五 | 昆　仑 |
| 煤油帝国主义论 | 斐西尔 | 闻杰钟 | 明　日 |
| 中国领土内帝国主义者资本战 | 长野朗 | 方　文 | 联　合 |
| 帝国主义之政治解剖 | 皮霭尔 | 叶秋原 | 联　合 |
| 资本主义与战争 | | | 启　智 |
| 帝国主义与文化 | 乌尔佛 | 李之鸥 | 新生命 |
| 帝国主义侵略中国的财团 | "南满洲铁道社"编 | 萧百新 | 太平洋 |
| 帝国主义者在太平洋上之争霸 | | 陈宗熙 | 华　通 |
| 美国与满洲问题 | | 王光新 | 中　华 |
| 西原借款真相 | 胜田主计 | 龚德柏 | 太平洋 |
| 英国帝国主义的前途 | 托洛茨基 | 张太白 | 春　潮 |
| 苏俄宪法与妇女 | 大竹博夫 | 陆宗贽 | 平　凡 |
| 俄国革命与妇女 | 山川均 | 高希圣 | 平　凡 |
| 苏俄的消费组合 | 蒲蒲夫 | 丁华明 | 明　日 |
| 苏联劳动组合 | | 熊之孚 | 泰　东 |
| 苏俄劳动保障 | G. Price | 刘　曼 | 华　通 |
| 苏联之经济组织 | | 张民养 | 泰　东 |
| 苏俄研究小丛书 | | | 南　华 |
| 苏俄的活教育 | Wm. I. Goode | 王西征 | |
| 苏俄十年来之外交 | 西那特 | 胡庆育 | 新生命 |
| 苏俄政治之现况 | | 胡庆育 | 太平洋 |
| 妇女问题与妇女运动 | 山川菊荣 | 李　达 | 远　东 |

续表

| 书　名 | 著　者 | 译　者 | 书　局 |
|---|---|---|---|
| 妇女问题 | | 高希圣、郭　真 | 太平洋 |
| 妇女问题的本质 | 堺利彦 | 吕一鸣 | 北　新 |
| 中国农民问题与农民运动 | | 王仲鸣 | 平　凡 |
| 动荡中的新俄农村 | 欣都士 | 李伟森 | 北　新 |
| 日本的农业金融机关 | 牧野辉智 | 黄枯桐 | 商　务 |
| 饥荒的中国 | 马罗立 | 吴鹏飞 | 民　智 |
| 农村调查 | | 黄枯桐 | 商　务 |
| 新社会政策 | 永井亨 | 无　闷 | 太平洋 |
| 英国住宅政策 | | 刘光华 | 华　通 |
| 生活费指数之编制法 | 国际劳工局 | 丁同力 | 商　务 |
| 工业劳资纠纷统计编辑法 | 国际劳工局 | 莫若强 | 商　务 |
| 劳资对立的必然性 | 河上肇 | 汪伯玉 | 北　新 |
| 近代文化的基础 | H.C. Thomas Ha. Hamm. | 彭芮生 | 启　智 |
| 福特产业哲学 | | 龙守成 | |
| 棒喝主义 | | 龙守成 | |
| 法西斯蒂的世界观 | 巴翁兹 | 刘麟生 | 真善美 |
| 自由主义 | | 罗超彦 | |
| 金圆外交 | 尼埃林、福礼门 | 张伯箴、邱瑞曲 | 水　沫 |
| 慕沙里尼治下的意大利 | | 唐　城 | 中央政治学校 |
| 最近十年的欧洲 | | 胡庆育 | 太平洋 |

紧接着，君素又总结了上述新兴社会科学书籍的出版特点：

第一，是新兴的社会科学抬头。这是新兴阶级的抬头的必然反映。新兴的社会科学在这一年里，可以说已经确确实实地树立了它的存在权了。

第二，是关于经济学的书籍特占多数。

第三，是关于方法论——尤其是唯物辩证法这一类书籍的流行。这就意味着中国的读书界已经有更进一步去研究社会科学的需要之表示。

第四,是关于苏联的研究的书籍和关于帝国主义的书籍,占了不少的数目。

第五,是关于历史方面——如经济史、革命史,及经济学史社会思想史等等——也占了相当的数目。从这一点,可以看到中国的幼稚的思想界已经有渐渐走上系统研究的道路之倾向了。

最后一点,就是这翻译之中,未免有些粗制滥造的缺点。但是这是社会科学运动之初期必有的现象,只要社会科学的运动向前进展,关于这类书籍的批评建立起来,这种缺点是会逐渐消减的。

此外,君素回应了社会上某些人对新兴社会科学书籍大量出版这一事实的敌视与诘难,论证了新兴社会科学走红的必然性及其现实依据,强调:

社会科学的勃兴,本来就不是因为它是时髦,更不要什么"趁着新文艺没落的运命",而是因为客观的需要。换句话说,就是因新兴阶级已经抬头,革命已经深入,客观上需要这种社会科学的帮助来解决当前的问题。我们只要看一看这一年的社会科学的书籍怎样地直接间接地和中国目前的环境和问题有密切的关系(例如这一年关于帝国主义的书籍和关于苏联的研究的书籍,关于经济的书籍特别多,这就是帝国主义加紧压迫中国的反映,和中国人想知道中国自己的经济状态与新兴的社会主义国家的现状的证据),就可以明白它的勃兴不是偶然的了。[1]

实际上,君素编制的这一书目只是1929年中国社会科学界译著出版的一个缩影,但已经证实了社会科学翻译年的出现及其引发的社会科学界左转。从这一年出版的新兴社会科学书籍当中,我们可以看到所谓的新兴社会科学书籍主要是马克思主义著作(包括马克思主义经典著作与日本、俄国等国外马克思主义学者著作以及与马克思主义相关的社会科学著作),这就体现了马克思主义著作对社会科学界的深刻影响,反映了社会科学界对马克思主义著作的紧迫需求,这也就要求左翼社会科学工作者对马克思主义著作从翻译转向研读,把马克思主义对哲学社会科学的指引作用进一步推向深处,在此基础上从马克思主义中寻求中国社会的出路与中国革命的道路。随着社会科学翻译

---

[1] 君素:《一九二九年中国关于社会科学的翻译界》,《新思潮》月刊第2、3合期,1930年1月20日。

年落下帷幕,左翼社会科学工作者愈发认识到在哲学社会科学领域发动左翼社会科学运动实属必然,愈发意识到在哲学社会科学领域建立自己的统一战线很有必要。最终,创建一个由中国共产党领导的左翼社会科学专业性组织就被提上了他们的日程。

## 四、国民党查禁政策的出台及其执行

同其他领域的左翼文化运动一样,由于左翼社会科学运动处于白色恐怖下的国民党统治区,必然成为国民党文化"围剿"的重点对象和内容。这无疑也是左翼社会科学运动发生与存在的真实环境和现实条件。

早在 1929 年 1 月 10 日,国民党中央宣传部制定了《宣传品审查条例》。该条例把"宣传共产主义及阶级斗争者"视作"反动宣传品",发出指示:"各级党部如在所属区域内发现反动刊物","得咨请所在地各级政府先行扣留察勘,再呈请中央宣传部处理之";"反动刊物之查禁、印售反动宣传品机关之查封及其负责人之究办,由中央交国民政府令主管机关执行之"。1932 年 11 月 24 日,国民党中央宣传部又制定了《宣传品审查标准》,重申了把"宣传共产主义及鼓动阶级斗争者"视作"反动的宣传"这一内容,并要求各级党部及其所在地政府遵照执行。①

1930 年 3 月,根据国民党中宣部关于审查宣传品的战略部署,国民政府制定了一部系统而完备的《出版法》,进一步指出:新闻纸、杂志、书籍与其他出版品不得有"意图破坏中国国民党或三民主义者"与"意图颠覆国民政府或损害中华民国利益者",而一经发现违禁出版品,必须"禁止出版品之出售及散布,并得于必要时扣押之";同年 5 月,依据《出版法》的相关条文,国民政府内政部又发布了一部具有可操作性的《出版法施行细则》,统筹安排宣传、内政两部的审查职权及其联合工作机制,亦强调:"未经许可而擅行出版之书籍,概行扣押。"②这样一来,国民党就在立法的基础上把书刊查禁政策从政党主张发展到政权意志,并严令在全国各地推行。

---

① 中国第二历史档案馆编:《中华民国史档案资料汇编》第 5 辑第 1 编"文化(一)",凤凰出版社 1994 年版,第 75—76、89 页。
② 同上书,第 81—82、86 页。

　　1934年4月5日,国民党中央宣传委员会专门设立了中央图书杂志审查委员会,出台了一部《中央图书杂志审查委员会组织规程》。该委员会企图整合既有的党政职能部门,把审查职能全部集中到一个统一的监管机构上,以期"审慎取缔出版刊物,增进审查效能",并在其内部设立文艺组与社会科学组,把文艺与社会科学书刊从全部书刊中单列出来,"每组设组长一人,副组长一人,干事若干人";该委员会又重构了审查书刊的具体流程与步骤,即:"由中央宣传委员会通告各出版机关,将出版书刊稿件送本会审查","遵照中央颁布之宣传品审查条例及审查标准、出版法、出版法施行细则等法令审查一切稿件","每周经审稿件之审查意见,呈报中央宣传委员会备案","每月将经审查通过之书刊稿件名单分别汇成表册,送内政部一份备查"。①由此可见,国民党已经在书刊出版业制定了详细的查禁政策,确立了具体的审查标准,并设立了职能健全而明确的监管机构。

　　而在书刊发行业,国民党的书刊查禁政策则主要表现在邮件检查制度的建立上。1929年8—9月,国民党中央决定在全国重要都市实行邮件检查。8月6日,国民党中央秘书处致函国民党中宣部,指示该部会同重要都市有关部门讨论邮件检查事宜。8月27日,国民党中央秘书处再次致函国民党中宣部,检送经国民党中常会通过的《全国重要都市邮件检查办法》,其第三条指明了邮件检查员的组织建制,即设检查主任一人,设检查员、审查员若干人;其第六条表明了邮件检查员检查邮件的注意事项,将违反宣传品审查条例的邮件送当地高级党部宣传部处理,并将关于治安上或军事上的邮件送当地高级政军机关处理。9月7日,国民党中宣部复函国民党中央秘书处,决定改组邮件检查机构,先于南京、上海、汉口、广州、天津、青岛、北平、哈尔滨八特别市设立邮件检查所,并将此前在南京、上海、北平、广州、郑州以及其他各地设置的邮件检查所一律取消。1930年4月24日,国民党中常会进一步通过了《各县市邮电检查办法》,这就把邮件检查制度从一批重要都市延伸到基层县市,即:"县市之邮件或电报,须要检查与否,由省党部决定,或由县市党部呈请省党部核准";与此同时,"县市发现反动邮件或电报"必须"呈送省党部、省政府",而

---

①　中国第二历史档案馆编:《中华民国史档案资料汇编》第5辑第1编"文化(一)",凤凰出版社1994年版,第4—5页。

"省党部、省政府处理反动邮件或电报"亦必须"呈送上级机关"。①

上述书刊查禁政策的出台揭示了国民党对中国共产党进军书刊出版业与发行业的敌视，说明了国民党对左翼文化人及其作品在书业市场频繁显现的警惕。1929年6月15日，一封国民党中央秘书处致国民政府文官处的公函证实了国民党高层及其要人已经认识到左翼文艺或社会科学书刊引发的社会反响，进而表达了他们面对这一事实的焦急心理与紧张情绪："案据中央宣传部呈称：案奉发下上海特别市党部呈一件，内称：查近日市上发现共党所著刊物颇多，言论荒谬，或诋毁党国，或诱惑青年。查此类书籍，大都在租界内各小书坊寄售，……因销售愈多，阅者愈众，而流毒亦愈深，无志之青年，每为诱惑，幼稚之工农，更易煽动，殊非党国之福。"在此基础上，国民党中宣部草拟了一则《关于取缔销售共产书籍各书店办法》并经国民党中央秘书处批准，指示各级党部借鉴上海特别市党部宣传部的实战经验，其全文如下：

甲　关于取缔销售共产书籍各书店之办法

（一）函国民政府转令上海特别市政府及临时法院随时注意查禁上海各书店销售之书籍，按周报告。

（二）令各地党部宣传部随时审查该区域内书店销售之书籍，如发现有共产书籍时，会同该地政府予以严厉之处分，并随时呈报上级党部。

（三）通令各级党部转知本党党员，应随时随地留心各书店所销售之书籍，如遇发现共产书籍时，立即报告该地高级党部，由高级党部按照前条办法办理之。

乙　关于取缔印刷共产刊物之印刷所及工人办法

（一）请求中央训练部通告各省市印刷业商会及工会，转告该地印刷所及印刷工人，令其不得代印共产书籍及印刷品，并通令全国各党政机关严密注意各印刷所之印刷。

（二）各印刷所及印刷工人，如私印共产书籍及宣传品，一经发觉即行予以严厉之处分。②

---

① 中国第二历史档案馆编：《中华民国史档案资料汇编》第5辑第1编"文化（一）"，凤凰出版社1994年版，第159—162页。
② 同上书，第287—288页。

因左翼文艺或社会科学书刊的封面经常变化而且难以识别,国民党反动当局便把书刊查禁的重点瞄准这些书刊,正如国民党中宣部污蔑:"共产党之宣传最为深刻奸猾,颇得宣传中之秘诀,至其宣传方法有时用本国文字,有时用外国文字,亦有时用种种小说书面,以期蒙蔽其反动宣传者";又如武汉警备司令部向军事委员会委员长南昌行营密报并转行政院:"盖此辈普罗作家,能本无产阶级之情绪,运用新写实派之技术,虽煽动无产阶级斗争,非难实现在经济制度,攻击本党主义,然含意深刻,笔致轻纤,绝不以露骨之名词,嵌入文句,且注重题材的积极性,不仅描写阶级斗争,尤必渗入无产阶级胜利之暗示。故一方煽动力甚强,危险性甚大,而一方又足闪避政府之注意。……每查本部邮件所查获该项刊物之寄发地点,多自上海寄往国内各地,其经过武汉警备区者,已难尽量查禁检扣,而各地流行尤难普遍禁绝。"①

有鉴于此,国民党不仅下令取缔左翼文艺书刊,而且侧重取缔左翼社会科学书刊。1929 年 7 月 11 日,国民党中央执行委员会曾致函国民政府,检送《中央查禁反动刊物表》与《共产党刊物化名表》,同时"通令各级党部并函国民政府通饬各机关一体严密查禁,以泯反动,而遏乱萌"②,而被取缔的左翼社会科学书刊的比例已高于左翼文艺书刊。从 1929 年至 1936 年,国民党中宣部连续数年编制并公布取缔社会科学书刊一览表,依表查禁或查扣了一系列左翼社会科学书刊,这些被查禁或查扣的左翼社会科学书刊数量极大、种类繁多。其中,马克思、恩格斯与列宁著作例如社联发起人吴黎平翻译的《反杜林论》等被取缔,唯物辩证法、唯物史观与俄国革命史教科书例如吴黎平翻译的《辩证法唯物论与唯物史观》等被取缔,哲学社会科学综合性书刊例如社联盟员集体编撰的《社会科学讲座》等被取缔,哲学社会科学指导书或工具书例如中国共产党重要领导人瞿秋白著《社会科学研究初步》与社联发起人柯柏年著《怎样研究新兴社会科学》等也被取缔,就连哲学社会科学通俗读物例如社联研究部长艾思奇著《哲学讲话》等都被一并取缔。③再以 1936 年 4 月内政部核准的图书审查统计表与刊物查禁统计表来看,左翼社会科学书刊依然在国民

---

① 中国第二历史档案馆编:《中华民国史档案资料汇编》第 5 辑第 1 编"文化(一)",凤凰出版社 1994 年版,第 101、232—233 页。

② 同上书,第 218 页。

③ 同上书,第 249、252、254、268、274 页。

党的书刊查禁目录中占据主体,被国民党视作对自身的政权安全最具危害性与破坏性的宣传品。在图书审查中,审查专著 2546 种、社会科学 2325 种、文学 1802 种、史地 898 种、自然科学 684 种、应用科学 667 种、语文 603 种、哲学 367 种、艺术 251 种、宗教 62 种。在刊物查禁中,查禁共产党刊物共计 325 种,其数量远高于其他刊物。①

把取缔书刊与查封书店并举可谓国民党书刊查禁政策的升级,这也表现在对待左翼社会科学上。国民党查封左翼社会科学书店的代表性事例是 1931 年 1—3 月发生的上海华兴书局事件。尽管在国民党查封华兴书局以前,华兴书局的相关人员早已秘密转移,并没有遭受损失,但这一事件表明国民党反动派对左翼社会科学运动的仇视。

华兴书局事件肇始于 1931 年 1 月 11 日时任河南省政府主席刘峙致行政院的一封公函。该公函向上级报告:"案据属府邮件检查员何恩需报称:窃职于一月六日奉派赴邮局检查邮件,查出上海华兴书局图书目录二本,系由上海寄开封河南大学及济汴中学,均系共产党书籍广告,请鉴核等情,并呈华兴书局图书目录两本。据此,查该书目所载多系宣传共产主义,自应查禁,以遏乱源。除饬属查禁外,拟请钧院俯赐通令各省市一体查禁,以杜流传。"29 日,国民党中宣部作出查封华兴书局的决定,由时任国民党中宣部部长刘芦隐签令批准并致函行政院,指出:"查上海华兴书局书目所列各书,经本部审查通令查禁者有《二月革命到十月革命》、《国家与革命》等十一种。其余列宁著两个策略等书,亦系宣传共产主义之刊物。该书局专发行此类书籍,显系共党宣传机关",因而国民党中宣部"呈请中央函交国府转行上海军警机关会同上海特别市党部宣传部及上海特区地方法院设法查封该书局,并由部分令各省市党部宣传部及各地邮检所查禁扣留该书局各种反动刊物"。

2 月 10 日,国民政府文官处向行政院抄送了由国民党中央秘书处签发的批复公函并附国民党中宣部关于查禁华兴书局出版书籍的公函及其书目两则,宣称:"查上海华兴书局书目所列各书,内经职部审查,通令查禁者有列宁著二月革命到十月革命等十一种,其余列宁著两个策略等三十七种,亦系宣传

---

① 中国第二历史档案馆编:《中华民国史档案资料汇编》第 5 辑第 1 编"文化(一)",凤凰出版社 1994 年版,第 150 页。

共党主义之刊物,该书局专发行此类书籍,显系共党宣传机关,应予从严取缔。除密令各省市党部宣传部及各地邮件检查所一体查禁,扣留该书局各种反动刊物外","密函国府转令上海军警机关会同上海特别市党部宣传部及上海特别区地方法院设法查封该书局,以遏反动。"18 日,国民党行政院发函回复国民政府文官处:"准此,除令内政部转行各省市政府饬属一体查禁,一面分令上海市政府及淞沪警备司令部会同市党部、特区地方法院将该书局设法查封,并令河南省政府知照外,相应函复查照转陈。"23 日,时任上海市市长张群发函回复国民党行政院,表示该市已经收悉行政院下发的关于查封华兴书局的密令并决定奉令执行,即:"除函复并令内政部转行各省市政府饬属一体查禁,一面分令上海淞沪警备司令部会同查封,及河南省政府知照外,合行抄发全案,令仰该市政府即便遵照,会同警备司令部、市党部、特区地方法院将该书局设法查封。"

经过国民党从中央到上海市有关部门的一系列饬令,淞沪警备司令部终于下令上海市公安局会同公共租界警务处前往查封,但却发现华兴书局已经关门停业。3 月 23 日,淞沪警备司令熊式辉致函行政院,汇报了查封华兴书局的详细经过与结果,并转呈了由时任上海市公安局局长陈希曾呈交的关于查封华兴书局的报告。事已至此,华兴书局一案因查无踪迹而宣告结束。现将陈希曾呈交淞沪警备司令部的报告摘录如下:"兹据去员复称:遵赴康脑脱路一带详查,并无华兴书局,后询该路第七百六十三号吉泰茶叶店,据称:华兴书局前开在该店隔壁第七百六十二号,后因亏本,已于去年四月间停歇,该老板已赴湖南,现无书籍售卖等语。察看该路第七百六十二号,现仍关闭,贴有招租字样,核与吉泰茶叶店所称各节尚属相符。旋至特区法院及公共租界警务处查询。据警务处云:奉到法院搜查票后,即于本月一日上午九时派探前往唐脑脱路第七百六十二号及七百六十三号吉泰茶叶店等处搜查,并无反动书籍,见一男人由该处走出,随即跟踪至闸北,入长安路长乐里第一三二号等语。复经职等在该管四区二所会同户籍警长藉查户口为由入内暗察,并无反动嫌疑,其住户均系苦力及商人,经转告该所何所长,随时侦查。"①

在取缔书刊与查封书店的同时,国民党也有预谋地进行政治干涉,秘密监

① 中国第二历史档案馆编:《中华民国史档案资料汇编》第 5 辑第 1 编"文化(一)",凤凰出版社 1994 年版,第 300—306 页。

视与迫害左翼社会科学工作者。1930 年 9—11 月,时任国民党中央秘书长陈立夫签发了第 15889 号与第 17739 号公函,正式启动政治干涉。第 15889 号公函(9 月 20 日)明确指出:"查上海地方近有中国社会科学家联盟、左翼作家联盟等反动组织与已经呈请取缔之自由运动大同盟同为共党在群众中公开活动之机关。应一律予以取缔,以遏乱萌。理合检同该项反动组织之简章、报告、刊物、决议案,并抄列该项反动分子名单,呈请钧会察核,转函国民政府密令淞沪警备司令部,及上海市政府会同该市党部宣传部严密侦察各该反动组织之机关,予以查封,并缉拿其主持分子,归案究办。"第 17739 号公函(11 月 8 日)亦强调:"关于上海地方中国社会科学家联盟、左翼作家联盟等七个反动团体,业经本部于本年九月密呈中央常务委员会核准转函国民政府密令淞沪警备司令部及上海市政府会同该市党部严密侦查各该反动团体,予以封闭;并缉拿其主持分子归案究办在案。"①

在国民党中央秘书处两封公函的指示下,国民党对左翼社会科学运动的政治干涉愈发明显,对左翼社会科学工作者的秘密监视与迫害有增无减。1930 年 11 月 14 日,国民党浙江省党部组织部向中央组织部呈交了一则《浙江省中等以上学校内党部或党员侦查校内共产分子办法》,其第四条指明了学校党部与在校党员开展调查工作的权限及其注意事项:

　　A　党员对于其所怀疑之同学应注意下列各点:

　　1. 来往函电及其所发表之文字;

　　2. 思想言论行动及其日常所接近之人;

　　3. 常读之刊物及书籍;

　　4. 出入之神情及常到之处所;

　　5. 对于本党之态度和对于最近政治之批评;

　　6. 对于阶级斗争、无产阶级专政及第三国际等观念若何。

　　B　党部对于其范围相当的学校内之学生应注意下列各点:

　　1. 拟订侦查工作计划,责令各党员分别办理;

　　2. 编查各党员平日的接近同学之名单;

---

① 中国第二历史档案馆编:《中华民国史档案资料汇编》第 5 辑第 1 编"文化(一)",凤凰出版社 1994 年版,第 407、409—410 页。

3. 根据各党员所填其所接近之同学名单,察其相互间的关系,随时分配以适当的侦查工作;

4. 注意校内各种集会结社,并考查其内容;

5. 每周应考查同学之缺席及请假情形。①

国民党浙江省党部组织部呈交中央组织部的这一文件很快得到了国民党高层的重视并推动各地效法。1931年4—5月,国民党调查员章超奉命秘密监视北平各大高校的共产党组织与学生社团组织,并通过与其相关人员的谈话索取这些组织的内部信息与情报。4月,章超向国民党教育部门递交了关于北平社联与左联活动情况的调查报告,不仅叙述了北平社联、左联成立大会的日期与议程,而且描绘了两者的组织结构与领导干部概况,甚至列举了两者的理论纲领与行动纲领。以北平社联来看,该团体于1930年10月16日创立,通过了援助纪念十月革命、韩国革命战士的被捕、确定新兴社会科学杂志的计划、参加工农教育事业以及开始社会政治经济的调查等重大事项,通过了筹备会起草的纲领与宣言,并选出萍水赫等九位执行委员,决定了具体的工作计划;该团体除设立委员会外,设有东南西北四大组,每一大组又设有若干小组,北大、清华、燕大与第一中均设有该团体的小组,而北大小组的骨干包括刘德承、王光汉、李重华与王须仁,并经常在北大东斋与中老胡同十一号开会。②

5月,章超企图混进北平社联内部,以期从组织根基上破坏北平社联,正如他在5月10日撰写的调查报告中踌躇满志地向上级汇报:"超早已得刘德承之允许,介绍加入社会科学家联盟,但访刘数次未得晤见,不意昨日在途相遇,渠已约定于本星期日偕超至某处谈话一次。闻该盟系加入共党之预备团,超入会之后,努力工作,则北平共党机关之所在,重要分子之姓名,及活动详情,不难一举揭破,一网打尽也。"③经过一番亲自打探,章超便向国民党教育

① 中国第二历史档案馆编:《中华民国史档案资料汇编》第5辑第1编"政治(四)",凤凰出版社1994年版,第41—42页。

② 中国第二历史档案馆编:《中华民国史档案资料汇编》第5辑第1编"文化(一)",凤凰出版社1994年版,第414页。

③ 中国第二历史档案馆编:《中华民国史档案资料汇编》第5辑第1编"政治(四)",凤凰出版社1994年版,第79—80页。

部门相继递交了关于北京大学各种团体组织活动情况的报告、关于北大共产党人及其他团体活动情形的报告、关于北平民大共产党及其他组织活动情形的报告、关于北平民大社会科学研究会活动情形的报告以及关于北平高等学校各种社团组织活动情况的综合报告等若干调查报告,除对北平高校学生运动进行总体汇报外,也对北平社联领导的左翼社会科学运动作出具体陈述。

例如,章超于5月28日只身参加了北平民大社会科学研究会召开的第二次筹备会,并于5月30日汇报了这次筹备会的相关情况。据他在调查报告中记载,北平民大社会科学研究会曾于1月在该校校刊公布启事,征求会员,但迄无应者,虽复经筹备会决议发表宣言,依然没有达到法定人数(廿人),故学校无法立案。在第二次筹备会上,郑文贤等八位发起人出席,另有陕西籍数人因恼丧下季求学经费短缺而未出席,当即由郑文贤报告筹备经过,决定拟召集新会员并讨论如何征求会员,即凡出席会员每人于下次筹备会时至少须介绍会员一人。除商讨人事安排外,他们又确定了交由各会员研究并交下次筹备会讨论的研究题目,规定了工作例会的召开时间与地点。①

又如,章超在关于北平高校各种社团组织活动情况的综合报告中说明了北平社会科学研究会的相关情况,强调:"此种组织亦系半公开式,系左翼社会科学作家之变态,其组织殊属简单,研究方法系自新兴社会科学研究起,由浅入深而导入红色的途径,民大亦有是种组织,调查员曾躬参该会,以便乘机侦查其秘密,但两度出席迄未见彼等公开挑起红色旗帜,仅于研究之问题左倾C.P之理论而已,如该社研究之题目第一次为目前中国政治之分析,第二次为中国经济之分析,但尚无正确之结论,俟详报。"②

章超对北平社联与社研的刺探是国民党秘密监视左翼社会科学工作者的一个代表性事例,确证了国民党对左翼社会科学运动的政治干涉。从章超撰写的这些调查报告看,国民党教育部门已对北平社联的组织运作非常熟悉,尤其对北平民大社研的筹备过程了然于目。可以肯定的是,尽管这些信息与情报仅仅出自北平一地,但它们却进一步加深了国民党对社联这种组织及其与

① 中国第二历史档案馆编:《中华民国史档案资料汇编》第5辑第1编"政治(四)",凤凰出版社1994年版,第89页。
② 同上书,第93页。

共产党组织关系的认识,并加剧了国民党对各地左翼社会科学运动的强暴干预与扼杀。而从另一个侧面看,章超撰写的调查报告也在客观上反映了北平左翼社会科学工作者的自我组织与跨校联动情况,彰显了北平左翼社会科学工作者紧跟中共革命并坚守其政治立场的斗争精神。

从秘密监视到迫害是国民党进行政治干涉的必然结果。1932年2月,"一·二八"事变的炮火摧毁了中国公学的校舍,该校将校址从吴淞迁移到法租界辣斐德路(今复兴中路)1260号,并在报刊上登出广告于3月1日恢复开学。开学前,时任中国公学社会学系主任的社联盟员李剑华草拟了请聘教授的名单(其中包括社联盟员何思敬)并交给时任教务长樊仲云,但樊仲云却当面指认何思敬通共,利用职权把何思敬除名,还欲在中国公学煽动学潮,进一步陷害李剑华等其他进步师生。显而易见,樊仲云的此番举动必定得到了国民党上海特别市党部的默许与首肯,堪称国民党迫害左翼社会科学工作者的一个重要事件。对此,何思敬特在1932年6月6日的《申报》上刊登了一则《何畏启事》,化名何畏揭露樊仲云等人"'假冒全体名义'登载启事,以'社联分子'四字横加于我局外人何畏之身,欲藉此诬其师长李剑华教授,混淆是非,蓄意陷害"。并借机证明自己的清白:"今虽公理沦危,宵小昼行,至此辈自谓'拥护党国',未免太玩弄'党国法纪',而践踏社会公论。我一生光明磊落,任何不法陷害不足以损我丝毫。弄火者慎勿自灸其手。然为社会前途教育前途设想,不免寒心。不得已有此数言,谨白。"①

---

① 李剑华:《关于"社联"一些情况的回忆》,史先民编:《中国社会科学家联盟资料选编》,中国展望出版社1986年版,第102—103页;《何畏启事》,《申报》第6版,1932年6月6日。

# 社联的创建及其组织运作

## 第二章
### Chapter 2

## 第一节　社联的创建与组织机构沿革

### 一、社联的创建及其概况

社联的筹备工作是在中共中央宣传部及其文化工作委员会的直接领导下进行的,得到了左翼社会科学工作者的一致支持与配合。关于社联的筹备工作,我们可以通过当事人的回忆录进行考证。

参加社联筹备工作的冯乃超回忆:"第一次会议是在邓初民家开的,当时参加的有潘汉年、吴黎平、熊得山、朱镜我、邓初民、钱铁如、宁敦伍、王学文和我,一共十来个人,商讨筹备社联的事。"[①]

---

① 冯乃超:《回忆社联成立前的一次筹备会》,史先民编:《中国社会科学家联盟资料选编》,中国展望出版社 1986 年版,第 77 页。

参加社联筹备工作的吴黎平回忆:"我当时在中宣部工作,分管文委的事,参加了成立社联的筹备。潘汉年是文委书记,由他出面组织,朱镜我、王学文、林伯修、彭康、潘梓年都是很积极的,具体负责是朱镜我,以后王学文、许涤新也负过责任。"①

参加社联筹备工作的王学文延续了上述两人的说法,但在社联发起人名单中补充了李一氓。他在回忆录中指出:"朱镜我、李一氓、熊得山、邓初民、吴黎平(吴亮平)、林伯修(杜国庠,又名吴念慈)等和我是发起人。"②此外,在社联处于筹备阶段时,左联发挥了某种过渡性作用,集结了一批左翼社会科学工作者,他们在左联内部进行哲学社会科学创作,正如许涤新在回忆录中强调:"参加'左联'的成员并不限于文学创作和文艺批评家;有不少从事哲学社会科学的革命学者,如朱镜我、杜国庠、彭康、李一氓、邓初民、柯柏年、何思敬、王学文、周新民等同志,也参加了'左联'。"③

根据现有的史料推测,社联的筹备工作存在一个反复讨论的过程,建立了筹备委员会,相继召开了若干次筹备会议。尽管我们只能得知社联筹备会议召开的地址,无法得知社联筹备会议召开的准确日期与次数,也无法得知社联筹备会议商讨的具体议程及其相关内容,但从参加社联筹备工作的人员名单来看,既有中共中央宣传部与文委的重要领导例如潘汉年、朱镜我、吴黎平与李一氓等,也有社会科学界的党外人士例如邓初民等,这就已经证明社联的筹建过程征求了党内外人士的诸多建议与意见,也执行和发扬了中国共产党领导哲学社会科学工作的统一战线政策及其民主作风。

1930年5月20日,社联成立大会在上海举行。同月21日,左联出版的《巴尔底山》旬刊发布了署名子西的《中国社会科学家联盟成立》一文,向公众报道了社联成立大会的相关消息,叙述了社联成立大会的召开日期(本来选在5月5日即马克思的生日,后来因五一的工作忙迫而改在20日)、出席人员

① 吴黎平:《关于社联成立前后的点滴情况》,史先民编:《中国社会科学家联盟资料选编》,中国展望出版社1986年版,第78页。
② 王学文:《回忆"中国社会科学家联盟"》,史先民编:《中国社会科学家联盟资料选编》,中国展望出版社1986年版,第80页。
③ 许涤新:《忆社联》,史先民编:《中国社会科学家联盟资料选编》,中国展望出版社1986年版,第90页。

（加入联盟者已有四十余人，当日到会者宁敦伍，邓初民，吴黎平，钱铁如，熊得山，柳岛生，林伯修，朱镜我，蔡泳裳，王学文，董绍明等三十余人）与议程（筹备委员会宣布开会后，公推举宁敦伍担任主席，筹备委员潘汉年报告筹备经过，左联代表田汉等人发表演说，随即通过社联的纲领和组织）。①现将《巴尔底山》旬刊发布的这一版本抄录如下：

中国新兴社会科学运动的发展，已经成为文化运动上的伟大势力。一般从事运动的社会科学家，早就感觉到有统一战线，在马克思主义旗下扩大运动，对假马克思主义者非马克思主义者，施以无情的袭击之必要。目前中国革命高潮的兴起，工人斗争的激进和政治化，土地革命的深入，苏维埃区红军的扩大，促进了统一战线的成功，加紧社会科学运动是必要的。

经过了短期的筹备，大家的意见都要在赤色的五月五日——马克思的生日举行成立大会。后来因五一的工作忙迫，直到五月廿日才开大会，加入联盟者已有四十余人，当日到会者宁敦伍，邓初民，吴黎平，钱铁如，熊得山，柳岛生，林伯修，朱镜我，蔡泳裳，王学文，董绍明等三十余人。筹备委员会宣布开会后，公推举宁敦伍为主席，筹备委员潘汉年报告筹备经过，接着便是左翼作家联盟代表田汉及五卅筹备总会代表和互济会代表的热烈演说。随即通过联盟的纲领和组织，产生了执行委员会及基金筹募委员会。通过组织："编辑委员会"，"出版委员会"，国际及中国经济政治研究委员会等，及创刊联盟机关杂志，出版有系统的社会科学丛书，中国经济研究丛书，及研究刊。联络国内外马克思主义团体及领导国内各地文化运动，参加五卅筹备工作，起草对五卅宣言等提案。

该联盟纲领词长下期刊出。②

同年 6 月 1 日，该文被左联出版的《新地》月刊（即《萌芽》月刊的第 6 期，更名《新地》月刊）转载，而上述两个版本除在文字、标点符号上略有不同外，它们对社联成立大会的出席人数的报道并不完全一致。其中，《巴尔底山》旬刊版本报道三十余人③出席；而《新地》月刊版本则报道四十人④出席。此外，王

①②③　子西：《中国社会科学家联盟成立》，《巴尔底山》第 1 卷第 5 号，1930 年 5 月 21 日。

④　子西：《中国社会科学家联盟成立》，《新地》月刊第 1 卷第 6 期，1930 年 6 月 1 日。

学文、夏衍又在回忆录中陈述了另外两种说法。王学文说："出席成立大会的有四十三人，其中有宁敦伍、邓初民、吴亮平、钱铁如（钱纳水）、熊得山、柳岛生（杨贤江）、林伯修、朱镜我、蔡泳裳、董绍明和我。"[1]夏衍则说："参加成立大会的，有杨贤江、吴亮平、杜国庠、彭康、钱铁如、王学文、朱镜我、许涤新、蔡泳棠等，潘汉年代表'文委'作了筹备工作及'社联'今后的工作计划的报告，成立大会还通过了'社联'纲领，选出了执行委员会，并决定出版机关杂志，介绍和宣传马克思主义。"[2]然而，上述报道、说法并不完全符合史实。吴黎平在回忆录中说："我同潘汉年曾参加过筹备工作，因受王明的迫害，我未能参加成立大会。"[3]许涤新也在回忆录中说："我没有参加它的成立大会，而是在它成立后由杜国庠同志介绍加入的。"[4]彭康因已经被逮捕，不可能出席成立大会。[5]

同年7月1日，社联出版的《新思想》月刊（即《新思潮》月刊的第7期，更名《新思想》月刊）发表了《中国社会科学家联盟的成立及其纲领》一文，向公众宣告了社联业已创立的讯息。其中，公布了社联的组织系统，明确指出："该联盟的最高权力，属于全体会员大会；由会员大会选举七个执行委员，组织执行委员会，处理大会所委定的任务。执行委员会中设有秘书部，宣传部，组织部及总务部四部；又设有中国政治经济委员会，国际政治经济委员会，书报审查委员会，编辑出版委员会，基金筹募委员会，青年问题委员会，计划联盟工作及各该部的本身工作。"而除上述工作外，将于最近期内出版机关杂志——《社会科学战线》。公布了社联的活动状况，强调："已与已有的各处社会科学研究会发生紧密的关系，且将从事发动各校的社会科学研究会，且已与各种革命团体及文化斗争团体连结密切的关系，采取同一的步调。"公布了社联正在扩大组织并征求盟员，强调："现在已有会员四十余人，团体加入者亦有数个：如钱铁

---

① 王学文：《回忆"中国社会科学家联盟"》，史先民编：《中国社会科学家联盟资料选编》，中国展望出版社1986年版，第80页。

② 夏衍：《懒寻旧梦录》，生活·读书·新知三联书店1985年版，第157—158页。

③ 吴亮平：《序》，史先民编：《中国社会科学家联盟资料选编》，中国展望出版社1986年版，第2页。

④ 许涤新：《风狂霜峭录》，生活·读书·新知三联书店1989年版，第62页。

⑤ 霍有光等：《彭康年谱》，西安交通大学编：《彭康纪念文集》，西安交通大学出版社2009年版，第23—26页；龚诞申：《彭康：从文学青年到党的宣传、教育干部》，上海市新四军暨华中抗日根据地历史研究会编：《新四军与上海》，2013年。

如,熊德山,王学文,邓初民,董绍明,蔡泳裳,吴黎平,朱镜我,林伯修,刘楚平,柳岛生,宁敦伍,柯柏年等等。"①此外,该刊编辑部还充当社联的代理人,发文帮助其扩大组织并征求盟员,如是说:"本志即把这一消息,这一组织的内容,及时的告知我们的读者,而且我们很愿意代劳,如读者们有所询问,或欲加入该联盟的,委本志代达亦可";"这是每一个社会科学学徒应该积极的参加,积极的进去工作的组织,……我们一方面希望该联盟扩大其组织,他方面希望读者们之积极的参加!"②

同年 9 月 10 日,左联出版的《世界文化》发表了《中国社会科学家联盟的现状》一文,向公众报告了社联于 1930 年 6 月 22 日为庆祝全国苏维埃区域代表大会的成功而召开一次全体会员大会的情况。据该文记载,这次大会由出席苏区代表大会代表作报告,进而当场讨论并决定了今后的工作方针,即:"拥护苏联拥护苏维埃区域,打倒帝国主义,反对军阀混战,反对中国取消派,创造工农文化。"在此基础上,这次大会由社联秘书作工作报告,既包括社联内部工作经过及现状,也包括社联和各革命团体过去的关系及现状。关于社联的内部工作,这次大会把工作重心落在"筹计出版机关杂志及建立和各学校社会科学研究会的关系"上,明确指出:"联盟内部的研究会需要每个联盟员的参加,使每个联盟员都有工作。加强及扩大联盟本身的组织。出版事业则决定出小丛书,杂志,中国及国际政治经济丛书等等。此外就是筹备公开讲演及补习班。"关于社联和各革命团体的关系,这次大会亦"从文化运动的立场上"强调社联同左联等其他左翼文化团体一样,完全不同于一般意义上的文化与学术团体,认识到"不应该受 Academic 倾向的拘束,更要克服文化主义的倾向,成为真正斗争的文化机关";意识到"特别要注意和各革命团体的关系,……使中国文化运动有平衡及普遍的发展"。③

同年 9 月 15 日,社联机关报《社会科学战线》又发表了《联盟记事》一文,向公众通告了社联创立三个月以来的工作情形。首先,划分职务,设立各种委员会,保障全体工作正常进行,其中的中国政治经济委员会和国际政治经济委

---

① 《中国社会科学家联盟的成立及其纲领》,《新思想》月刊第 7 期,1930 年 7 月 1 日。
② 编者:《编辑杂记》,《新思想》月刊第 7 期,1930 年 7 月 1 日。
③ 《中国社会科学家联盟的现状》,《世界文化》第 1 期,1930 年 9 月 10 日。

员会是社联的专职研究机构;编辑出版委员会除监督直属的各种社会科学杂志外,计划数种小丛书;书报审查委员会计划批评社会科学译著;经济委员会则准备筹募基金。其次,与各革命团体尤其是各左翼文化团体发生经常的联络。与此同时,发动青年社会科学研究会,面向青年社会科学工作者,例如上海革命青年组建的问学社、文艺暑期学校社会科学研究会与闸化社会科学研究会等。在社联机关看来,"发动各学校,各工厂作坊等等的社会科学研究会,为目前社会科学运动的主要的任务,这一工作,不但是全体会员所应时时刻刻注意的问题,只是每一个革命青年,应当担负起来的任务。他应该去他的学校,工厂,作坊,书店等等的社会关系之中,建立这样的团体,一方面研究各种基础理论,他方面进行实际的革命斗争"。再次,扩大组织,集合全中国革命的社会科学研究者,例如吸纳留日革命学生组建的新兴科学研究社全体参加社联,正如社联机关发出号召:"希望散在国内外的革命的马克思主义者,为中国革命,为创造中国新文化,为守护革命的马克思主义,为克服托洛茨基主义和机会主义,为消灭一切反马克思主义的思想,而一齐的在中国社会科学家联盟之下来共同的工作!"此外,开展实际斗争,例如召开庆祝全国苏维埃区域第一次代表大会成功大会,通过拥护苏维埃政权决议,发表拥护苏维埃政权宣言;又如反对受第二国际指导的第三党反革命集团,制定反社会民主主义宣传纲领。①

值得注意的是,社会科学研究会专注于锻炼与培训青年,向社联输送政治立场正确而理论根基扎实的青年社会科学工作者,这一点可以从王学文的回忆录中探寻。王学文如是说:"'社会科学研究会'是1930年下半年在上海成立的。'社会科学研究会'是'中国社会科学家联盟'的兄弟组织。'社研'主要任务是组织进步青年学习研究马列主义基础知识,从中为党培养具有一定马列主义水平的干部。"②他又说,"会上选举我、朱理治、陈孤风几个人负责,成立领导班子。我担任了'社研'第一任党团书记,党团成员有朱理治、陈孤风,后来增加一个小吴,党团和行政领导是一个班子。"③在他看来,"'社联'的成员都是可以写文章、能够翻译和可以讲课的。'社研'的成员主要是各大学的

---

① 《联盟记事》,《社会科学战线》第1期,1930年9月15日。
② 王学文:《回忆"社会科学研究会"》,史先民编:《中国社会科学家联盟资料选编》,中国展望出版社1986年版,第137页。
③ 同上书,第138页。

学生,其中包括党、团员和进步学生,任务是学习马列主义。'社研'在各学校有支部,但也有街道支部。"①他还说,"1931年冬朱镜我同志调到中央宣传部工作,我接任中央文委书记,即不再担任'社研'党团书记。这时'社研'已经发展到八九百人,有几十个支部。……到上海战争后,'社研'成员增至一千二三百人。……大约在1933年下半年,'社研'与'社联'合并。"②另有一则史料也可以证实,即左联出版的《文艺新闻》于1932年1月18日刊登了晨光通讯社发表的《中国社会科学研究会召开第三次代表大会》一文,报道了社研已于1931年10月2日假大东门××学校召开第三次代表大会,五十余个分会和七八十人代表(内有十余人工人)出席,文总及社联代表列席,并作详细政治报告。据该文记载,"当时,会场空气,甚形紧张。所有重大问题,如拥护革命政权,扩大反帝运动,普及新兴社会科学,加强文化斗争,均已讨论通过。并决定今后半年工作计划,扩大组织至数千人。"③

## 二、社联的党团组织建构与沿革

关于社联党团组织的建立,许涤新回忆:"第一任党团的成员五人,就是朱镜我、王学文、潘梓年、杜国庠和彭康,由朱镜我任党团书记。有的同志说,王学文是'社联'第一任党团书记,那是不合于历史事实的。"④王学文表示:"'社联'第一届党团书记是朱镜我,党团成员有潘梓年、彭康(本名彭坚)、杜国庠和我共五人。吴亮平代表中央宣传部参加'社联'工作,李一氓也是代表中央来参加'社联'工作的。"⑤

包括朱镜我、王学文、潘梓年、杜国庠与彭康在内的首届社联党团符合当时的需要与条件:首先,他们都取得了中共党员的政治身份,并在党内担任文

---

① 王学文:《左联和社联的一些关系》,史先民编:《中国社会科学家联盟资料选编》,中国展望出版社1986年版,第130页。

② 王学文:《回忆"社会科学研究会"》,史先民编:《中国社会科学家联盟资料选编》,中国展望出版社1986年版,第140—141页。

③ 《中国社会科学研究会召开第三次代表大会》,《文艺新闻》第45号,1932年1月18日。

④ 许涤新:《风狂霜峭录》,生活·读书·新知三联书店1989年版,第63页。

⑤ 王学文:《回忆"中国社会科学家联盟"》,史先民编:《中国社会科学家联盟资料选编》,中国展望出版社1986年版,第81页。

委委员,直接领导了社联与社研的筹建;其次,他们均参与了中国共产党在社会科学界的早期活动,积累了领导哲学社会科学工作的丰富经验;再次,他们均具有较高的社会科学素养,推出了诸多哲学社会科学译著、译文或论文。此外,吴黎平与李一氓虽不隶属社联党团,但他们代表中共中央宣传部指导社联党团的工作;又因建立统一战线的需要,社联聘请社会科学界的党外人士邓初民出任主席(在社联成立大会上,公推举宁敦伍出任主席,为何改由邓初民出任主席,我们无法从现有史料中得知)。现将他们的早期情况列表如下:

**社联首届党团及其领导人早期情况表**

| 姓 名 | 生年 | 出生地 | 早年求学经历 | 早年革命经历 | 入党时间 |
|---|---|---|---|---|---|
| 朱镜我 | 1901 | 浙江鄞县 | 1913—1918 年在宁波裘村东山书院、宁波师范讲习所与宁波甲种工业学校求学;1920 年考入东京第一高等学校;1921年转入名古屋第八高等学校;1924 年考入东京帝国大学社会学系;1927年夏进入京都帝国大学大学院;精通日、英与德文 | 1927 年 10 月从日本返回上海,参加创造社;1929 年秋任文委委员,开始筹建社联 | 1928 年 5 月① |
| 王学文 | 1895 | 江苏徐州 | 1910 年春东渡日本求学,就读于东京同文书院;1913—1921 年就读于东京第一高等学校预科、金泽第四高等学校;1921—1925 年就读于京都帝国大学经济学部,攻读政治经济学;1925—1927 年在京都帝国大学大学院读研究生,师从日本马克思主义学者河上肇 | 1927 年 4 月从日本返回上海,参加济难会;同年 5 月转赴武汉,在国民党海外部工作;同年 7 月转赴日本京都;同年秋末冬初去台湾;1928 年秋再回上海,参加创造社;1929 年秋任文委委员,开始筹建社联 | 1927 年"四一二"政变后加入共青团;6 月转入中国共产党② |

① 朱时雨:《朱镜我传略》,史先民编:《中国社会科学家联盟资料选编》,中国展望出版社1986 年版,第 158—164 页;王慕民:《朱镜我年谱简编》,王慕民:《朱镜我评传》,宁波出版社 1998 年版,第 359—369 页;王文达:《朱镜我年谱》,浙江省新四军研究会等编:《朱镜我纪念文集》,中共党史出版社 2001 年版,第 305—309 页。
② 王义为:《王学文传略》,史先民编:《中国社会科学家联盟资料选编》,中国展望出版社1986 年版,第 184—189 页。

续表

| 姓　名 | 生年 | 出生地 | 早年求学经历 | 早年革命经历 | 入党时间 |
|---|---|---|---|---|---|
| 潘梓年 | 1893 | 江苏宜兴 | 1911—1914 年在上海大同学院与龙门师范求学；1920—1923 年在北京大学哲学系求学，攻读哲学、逻辑学与新文学 | 1926 年由北京赶赴广州，参加大革命；1927 年由上海返回宜兴，重建中共宜兴县委，并准备发动宜兴暴动；1928—1929 年定居上海，会同创造社领导宣传与教育工作；1930 年任文委委员，开始筹建社联 | 1927 年"四一二"政变后① |
| 杜国庠 | 1889 | 广东澄海 | 1907—1919 年在日本留学，就读于早稻田大学留学生部普通科、东京第一高等学校与京都帝国大学政治经济科，深受日本马克思主义学者河上肇的影响 | 1925 年春由北京返回潮汕，参加大革命，任国民党澄海县党部执委主席；1927 年秋与南昌起义部队会合，并随军撤离潮汕；1928 年 1 月经香港赶赴上海，参加太阳社，组织我们社；1929 年秋任文委委员，开始筹建社联 | 1928 年 2 月② |
| 彭　康 | 1901 | 江西萍乡 | 1914 年考入萍乡中学；1920 年考入日本高等学习预科；1921 年转入鹿儿岛第七高等专科学校；1924 年进入京都帝国大学文科，攻读哲学 | 1927 年 11 月从日本返回上海，参加创造社；1929 年秋任文委委员，开始筹建社联 | 1928 年 5 月③ |

---

① 周云之：《潘梓年传略》，《晋阳学刊》1983 年第 1 期。

② 邱汉生：《杜国庠传略》，《史学史研究》1984 年第 3 期。

③ 霍有光等：《彭康年谱》，西安交通大学编：《彭康纪念文集》，西安交通大学出版社 2009 年版，第 23—26 页；龚诞申：《彭康：从文学青年到党的宣传、教育干部》，上海市新四军暨华中抗日根据地历史研究会编：《新四军与上海》，2013 年。

续表

| 姓　名 | 生年 | 出生地 | 早年求学经历 | 早年革命经历 | 入党时间 |
|---|---|---|---|---|---|
| 吴黎平 | 1908 | 浙江奉化 | 1920年考入上海南洋中学;1923年考入厦门大学经济系;1924年9月转入上海大夏大学;1925年11月进入莫斯科中山大学;精通俄、英与德文 | 1929年秋经欧洲返回上海,在中共中央宣传部工作,并任文委委员,开始筹建社联 | 1925年8、9月间加入共青团;1927年5、6月间转入中国共产党① |
| 李一氓 | 1903 | 四川彭州 | 1919年考入成都联合中学;1921年考入上海浦东中学;1923年考入上海大同大学;同年转入沪江大学;1925年进入东吴大学法科 | 1926年参加北伐战争,任国民革命军总政治部秘书;1927年参加南昌起义,任参谋团秘书长;同年10月经香港赶赴上海,在中共中央宣传部工作;1929年秋任文委委员,开始筹建社联 | 1925年秋② |
| 邓初民 | 1889 | 湖北石首 | 1912年考入武汉江汉大学;1913年5月考入东京法政大学,攻读法律 | 大革命期间身处武汉,任国民党湖北省党部执委常委兼青年部长等职,并在国民党中央农民运动讲习所第一次见到毛泽东;1928年1月到达上海,在暨南大学任教,并会同中国共产党人筹建社联 | 非中共党员③ |

---

① 南京明:《吴亮平传略》,史先民编:《中国社会科学家联盟资料选编》,中国展望出版社1986年版,第144—149页;雍桂良等:《吴亮平生平大事记》,雍桂良等:《吴亮平传》,中央文献出版社2009年版,第342—345页。

② 李一氓:《李一氓回忆录》,人民出版社2001年版,第16—18、27—28、30—32、46、51、86、94、113页。

③ 吴伯就:《邓初民传略》,史先民编:《中国社会科学家联盟资料选编》,中国展望出版社1986年版,第172—174页。

　　这些人在社联党团的领导工作中发挥的作用不尽相同、各有千秋。朱镜我在 1930 年 5 月至 1931 年秋期间任社联党团书记,继而转去上海中央局宣传部工作,但无论在思想上还是在组织上,都并未离开左翼社会科学战线。王学文在 1933 年转入隐蔽战线、从事情报工作前不仅负责社联党团事宜,而且身兼社研党团书记,把左翼社会科学运动推向青年。杜国庠既负责领导社联工作,又参与领导文委、文总工作,长期战斗在左翼社会科学运动的一线,尤其专注于栽培与举荐青年。1930 年,上海劳动大学的许涤新与上海邮政储汇局的蔡馥生均由杜国庠引进社联①;1933 年,在上海泉漳中学任教的艾思奇参加社联,进而出任社联研究部长,这也出自杜国庠的安排②。

　　与上述三人相比,潘梓年、彭康、吴黎平、李一氓与邓初民的领导作用就要相对薄弱一些。潘梓年偏重负责文委、文总的工作,于 1933 年 5 月 14 日与丁玲一同被捕。彭康在社联尚处于筹建中已经遭遇不幸,于 1930 年 4 月在公共租界被捕,并被移交国民党。吴黎平在中宣部工作期间受到王明的打击,被下放法南区地下支部锻炼,于 1930 年 11 月在公共租界被捕,又于 1932 年秋被营救出狱并前往瑞金。李一氓倾向于"能够进入更实际、更有革命意义的活动领域"。在他看来,"我在文化工作委员会,除了参加会议、写点什么东西之外,不像其他的同志非常活跃地领导了这个工作"。③如愿以偿,他也于 1932 年秋前往瑞金。邓初民则因党内"左"倾路线的统治而命途多舛。据史存直回忆,由于社联"对于改良主义的论调当然是不能容忍的",他们"在会上不但对邓初民的著作做了尖锐的批判,甚至把邓初民这个人也开除出社联"。④又据韩托夫回忆,"1932 年秋,暨南大学学生被开除几十名。邓初民参加暨南大学校务委员会,事先事后都不向社联报告。由沈志远、老史和我同意,决定开除邓初

---

① 许涤新:《风狂霜峭录》,生活·读书·新知三联书店 1989 年版,第 50 页;蔡馥生:《我参加中国社联的前前后后》,上海市哲学社会科学学会联合会编:《中国社会科学家联盟成立 55 周年纪念专辑》,上海社会科学院出版社 1986 年版,第 102 页。

② 许涤新:《老艾在上海》,艾思奇文稿整理小组编:《一个哲学家的道路——回忆艾思奇同志》,云南人民出版社 1981 年版,第 34 页。

③ 李一氓:《李一氓回忆录》,人民出版社 2001 年版,第 115—116 页。

④ 史存直:《回忆三十年代的中国社联》,上海市哲学社会科学学会联合会编:《中国社会科学家联盟成立 55 周年纪念专辑》,上海社会科学院出版社 1986 年版,第 116 页。

民的盟籍,并将决议印发给各社联小组"。①

朱镜我调离社联党团书记后,社联党团书记一职便发生了一连串的人员更替。许涤新在回忆录中草拟了一个党团书记接任序列:"王老(指王学文——引者注)是在朱镜我调离'社联'之后,才任书记的。王老调离'社联'之后,党团书记由杜国庠接任。杜老调离'社联'之后,谁当党团书记,我已记不清楚。现在我所能记忆的,有刘芝明、张庆孚、郑彰群、史存直、金则人、许涤新、马纯古、陈处泰,最后的一任党团书记是李凡夫。"②在这里,我们有必要对上述名单进行考证。

史存直与韩托夫于 1931 年秋与 1931 年 5 月中旬参加社联,他们对当时的社联领导机关有这样两段叙述。史存直回忆:

> 当时,"社联"党团由书记沈志远、同我一起从日本回国的郑彰群(即张启夫③——引者注)以及我三人负责。大约在 1932 年的夏天,沈志远突然失踪。据说是因他的一个任团中央负责人的亲戚(即孙际明④——引者注)被捕,他怕受到牵连而躲避起来了。这样,党团书记就由郑彰群担任。党团成员又补了一个陈同生,他当时对外用假名"小张"。不久郑彰群被捕,我就接替了"社联"党团书记的工作。这时,在党团配合我工作的除陈同生之外,还有曾纯钧。从 1932 年夏到 1933 年 8 月 17 日我被捕止,我担任了一年左右"社联"党团书记的职务。⑤

韩托夫回忆:

> 1932 年"一·二八"上海事变之后,我住在沪西区。大约是在二、三月间,在大中中学楼上教室召开了社联第二次全体盟员的大会。由沈志远主持会议,参加会议约有 50 人左右,在我记忆中参加会议的有钱啸秋、林伯修、周新民、邓初民、张启夫兄弟二人,柯柏年、李剑华、张志让、何思

---

① 韩托夫:《关于中国社联的一些回忆》,上海市哲学社会科学学会联合会编:《中国社会科学家联盟成立 55 周年纪念专辑》,上海社会科学院出版社 1986 年版,第 124—125 页。

② 许涤新:《风狂霜峭录》,生活·读书·新知三联书店 1989 年版,第 63 页。

③④ 史存直:《回忆三十年代的中国社联》,上海市哲学社会科学学会联合会编:《中国社会科学家联盟成立 55 周年纪念专辑》,上海社会科学院出版社 1986 年版,第 115 页。

⑤ 史存直:《"社联"活动情况点滴》,史先民编:《中国社会科学家联盟资料选编》,中国展望出版社 1986 年版,第 98 页。

敬等等。这次会议是改组社联的会议。……我被推选参加社联党组。其
成员分工如下：沈志远兼宣传部长；一位日本留学回国的姓史的任组织部
长；我任研究部部长兼社研的党团书记。①

根据这三人的说法，可以得出以下推论：其一，从朱镜我离任到沈志远回
国上任前，社联党团书记的人选包括王学文、杜国庠、刘芝明与张庆孚，又由于
许涤新在回忆录中说张庆孚"大约于'九·一八'到'一·二八'间任社联党团
书记"②，因而张庆孚的领导作用更大；其二，沈志远、张启夫与史存直三人曾
连续担任社联党团书记，沈志远与张启夫的任职时间较短，但史存直的任职时
间较长；其三，在沈志远任党团书记期间，党团成员包括张启夫、史存直与韩托
夫，在张启夫任党团书记期间，党团成员包括史存直与陈同生，而在史存直任
党团书记期间，党团成员包括陈同生与曾纯钧。由此可见，许涤新的回忆录缺
少了一个非常重要的人物即沈志远③。

1933年8月，在远东国际反战大会召开前夕，史存直、张耀华、刘芝明与
蔡馥生等一批社联盟员被国民党逮捕。至此，社联党团书记便出现了空缺，其
更替愈发频繁。许涤新回忆："史存直和蔡馥生被捕后，'文委'决定金则人接
替'社联'党团书记的职务，由我接替老蔡的组织部长的职务，严希纯照旧当党
团的委员。"但金则人上任社联党团书记不到三个月却发生了变故，这一变故
由杜国庠在一个冬天的凌晨前往许涤新位于法租界西爱咸斯路的寓所通知，
其因由可以从两人的一段对话中看出：

杜老说："昨天'文委'开会，几个'联盟'的书记都出席；'社联'的金则
人也出席，代表'文委'主持会议的冯雪峰，他认出金是一个逃兵。中央在
两年前派他到满洲区委(东北三省)当书记，他没有出山海关就卷款(中央
给满洲党的经费)潜逃。……他提出，必须把这个逃兵撤掉。因此，临时取
消会议，叫各联出席的党团书记退席，只留下'文委'的常委，开了一个紧急

① 韩托夫：《关于中国社联的一些回忆》，上海市哲学社会科学学会联合会编：《中国社会科
学家联盟成立55周年纪念专辑》，上海社会科学院出版社1986年版，第120页。
② 许涤新：《忆社联》，上海市哲学社会科学学会联合会编：《中国社会科学家联盟成立55
周年纪念专辑》，上海社会科学院出版社1986年版，第177页。
③ 但沈骥如推翻史存直关于沈志远因害怕被牵连而躲避的说法，他推崇沈志远因生病而
失踪的说法。参见沈骥如：《沈志远传略》(上、下)，《晋阳学刊》1983年第2期、第3期。

会议,决定开除金则人的党籍,撤销他的书记的职务,并决定由你当'社联'党团书记。你有无把握? 敢不敢挑起这一担子?"我考虑了一下,心里想,我已经参加了党团,并且负责了党团的组织工作,这一担子是可以挑起来的。于是我对杜老说:"挑这么重的担子恐怕没有什么经验,能找到有经验的人更好。如果找不到适当的人,就让我试试吧。"杜老说:"'文委'已经做了决定,你就决心干吧! 这么重的担子是不能用试一试的态度去对付的。其次的问题必须马上设法搬家,使金则人没法找到你,才能保证组织的安全。"①

当许涤新担任社联党团书记时,马纯古、严希纯与文泽宏三人参加新一届社联党团。但许涤新这一届社联领导班子维持了不到半年,又接连发生了党团书记更替。1934 年春,许涤新被调到文委、文总工作,出任组织部长,马纯古接任社联党团书记。1934 年秋,严希纯与文泽宏被调离社联党团。到 1934 年 11 月,马纯古也被调离社联党团,改任饶漱石的秘书。陈处泰接任社联党团书记,并持续任职到 1935 年冬,因其同伴暗杀蒋介石、汪精卫而被捕。②但实际上,在社联党团的领导工作中,许涤新一直在发挥作用,他表示:"在陈处泰担任党团书记开始的一二个月,'社联'每次党团会议,我都参加。目的是帮助他熟悉情况,做好工作";"我同陈(指陈处泰——引者注)、李(指李凡夫——引者注)两人每周都要开一次碰头会,除了传达中央决议和'文委'指示外,还讨论国际和国内政治经济问题。"③

## 三、社联的基层组织建构与沿革

在各左翼文化团体中,社联很注重自身的基层组织建设。许涤新回忆:"'社联'同'左联'一样,都有基层组织。'社联'在上海的沪东、沪西、法南等几个区设立区分会,区分会下设分会(直接领导'社联'在学校、工厂或街道的盟员)。'社联'的盟员,最多时达三百余人,其中,知识分子占一半以上,工人店员的成员占不到一半。"④但许涤新的这一说法还比较简单与粗略,这就需要

① 许涤新:《风狂霜峭录》,生活·读书·新知三联书店 1989 年版,第 88—89 页。
② 同上书,第 81—82、89—90 页。
③ 同上书,第 90—91、94 页。
④ 同上书,第 63—64 页。

我们进一步考证。

据韩托夫回忆，社联的基层组织在 1931 年有些发展，盟员人数亦开始增长。他指出："在闸北区有两个社联小组，我和钱啸秋等五个成员编在其中一个街道小组，另外还有一个街道小组。据说在江湾也有两个小组，在高等学校中。劳动大学也有社联的小组。法租界也有两个社联小组。但当时总共社联盟员尚不到百人。"①

自 1932 年第二次全会召开以来，社联便"重点在各大学的高年级青年学生中发展"，"1932 年全上海的社联盟员，连同各大学的青年盟员，只有一百多。当时盟员多数都是党员。各大学支部只有一、二位党员参加社联，大半都是非党的青年群众。"韩托夫强调："1932 年春，我参加社联党组工作之后，由我直接联系的，在交通大学有一个小组，六个成员；大夏大学有五人的社联小组；光华大学也有六、七个人的小组；在沪西小沙渡路圣约翰大学有四个人的小组，其中只有一个党员，还有一位党员不参加社联组织。在沪西有一个小组，公务局小学校长姓帅的同志任组长。闸北区辛垦书店有一个社联小组，由任白戈②当组长。我当时只和组长发生联系，带些重要通知或者重要文件给他们，不参加他们的小组会。"③

在扩大基层组织的同时，社联非常重视小组会建设。正如史存直在回忆录中说："'社联'每周都要开会，学习时事和社会科学理论知识，但多半是讨论政治现实"④；当时，"利用基督教青年会的关系，借用他们的会场举行规模不大的'学术讨论会'。"⑤又如李剑华也在回忆录中说："曾经和我编在一个小组

① 韩托夫：《关于中国社联的一些回忆》，上海市哲学社会科学学会联合会编：《中国社会科学家联盟成立 55 周年纪念专辑》，上海社会科学院出版社 1986 年版，第 123—124 页。

② 但任白戈否认自己曾参加社联，而只在 1933 年下半年参加左联。参见任白戈：《我在"左联"工作的时候》，中国社会科学院文学研究所编：《左联回忆录》（上），中国社会科学出版社 1982 年版，第 370 页。

③ 韩托夫：《关于中国社联的一些回忆》，上海市哲学社会科学学会联合会编：《中国社会科学家联盟成立 55 周年纪念专辑》，上海社会科学院出版社 1986 年版，第 124—125 页。

④ 史存直：《"社联"活动情况点滴》，史先民编：《中国社会科学家联盟资料选编》，中国展望出版社 1986 年版，第 99 页。

⑤ 史存直：《回忆三十年代的中国社联》，上海市哲学社会科学学会联合会编：《中国社会科学家联盟成立 55 周年纪念专辑》，上海社会科学院出版社 1986 年版，第 116 页。

里的有柯柏年、刘芝明、史存直、何思敬、邓初民、张庆孚、钱啸秋等人。在每次
小组会上,我们一般总是先议论国际问题,然后再谈国内问题,议论的中心是
如何坚决反对蒋介石的卖国投降政策。"①除小组会外,社联又在基层组织中
建立若干学习小组,正如韩托夫在回忆录中说:"我记得学习小组有政治经济
学组、哲学组和政法组等。大约一个月召开一次学习讨论会。"具体而言,
"1931年我任哲学小组的组长,只在张志让盟员家中召开过二次讨论会,主要
是请他谈黑格尔的辩证法,这也就是说当时社联理论研究工作是着重于马克
思主义基本原理的学习,而不着重于理论联系实际";"当我任研究部长的时
候,社联的学术研究和讨论,是针对当时各理论小组编出研究的提纲。在我记
忆中,政治经济学小组曾拟好讨论提纲,主要是研究国民党的财政政策内
容,……其他研究小组,也是由各组联系当时的实际,锋芒是对准当时国民党
反动派的"。②

　　韩托夫关于1931—1932年社联基层组织建构的叙述得到了史存直的佐
证。据史存直回忆,在他担任社联党团书记期间(1932年夏至1933年8月),
"党向我们提出了'社会科学大众化'的口号。但当时文委指示我们首先要扩
大社联的组织,要使社联成为大众的组织。于是社联就把接受盟员的标准放
低,接纳了大量的大学生加入社联。这样一来,社联很快就发展到二百人"。
但对社联基层组织扩大及其引发的变化,史存直叙述了自己的看法与见识:
"在小组会上……更经常的则是布置工作和检查工作(据蔡馥生回忆,小组会
的内容包括:上级工作布置和国内外政治形势传达;各组员汇报工作;工作讨
论布置;批评与自我批评③——引者注)。……至于理论研究,则可以说是愈
来愈显得薄弱了。"甚至称社联已经变得像"第二个党":"党组织不断遭到破
坏,往往向社联来要人补充";"党员失去了组织联系,也往往通过社联再接上

---

① 李剑华:《关于"社联"一些情况的回忆》,史先民编:《中国社会科学家联盟资料选编》,中
　　国展望出版社1986年版,第102页。

② 韩托夫:《关于中国社联的一些回忆》,上海市哲学社会科学学会联合会编:《中国社会
　　科学家联盟成立55周年纪念专辑》,上海社会科学院出版社1986年版,第119、
　　126—127页。

③ 蔡馥生:《我参加中国社联的前前后后》,上海市哲学社会科学学会联合会编:《中国社会
　　科学家联盟成立55周年纪念专辑》,上海社会科学院出版社1986年版,第103页。

组织关系"。①这一点在社联盟员汪德彰与邓洁的回忆录中也有类似的陈述。

1934 年春，汪德彰只身来沪寻找中共地下组织，但却是通过社联的组织关系才找到的。他回忆：

> 老邱如约而来，我们畅谈了整整一个上午。我把自己的家庭情况和青少年时代的情况都详细的向他讲了，把我来上海的目的和今后的决心也说了。他微笑着静静地听完后，郑重地告诉我，他是代表中国社会科学家联盟来的，这是党领导的革命组织，由于党现在不发展党员，所以想要革命，参加社联也就和参加党一样。②

1934 年寒假，邓洁、梁宝钿等人从广州前往上海寻找中共地下组织，也是通过社联盟员温健公的关系找到的。邓洁回忆：

> 过了几天，温健公同志又来了，他告诉我们组织上决定我们都参加社联。这真是大大出乎意外，我们来上海的目的是找共产党，不是来参加社联。我们都说我们不想参加社联！温健公同志就滔滔不绝地告诉我们："社联是赤色群众团体，是共产党领导下的革命组织。你们才到上海，不能马上参加党！上海斗争十分艰巨复杂。"③

正因如此，社联的基层组织便不得不采取一系列反侦破举措，以避免组织系统被敌人破坏。蔡馥生在回忆录中说："当时地下党和社联都采取单线联系。参加工作的同志，一般都要受一次秘密工作技术的教育，如通讯地址号码要加减，不能写真号码；不准携带与人合拍相片；非有工作关系，不准询问任何人的职务和地址；要注意背后有人盯梢，在公园开会不准超过两小时；出门工作要准备口供，做什么事、找什么人；家里出了问题，窗上或门上要做标记以及如何散发传单、张贴标语。"④在韩托夫看来，保密、减少联系是非常必要的，他

① 史存直：《回忆三十年代的中国社联》，上海市哲学社会科学学会联合会编：《中国社会科学家联盟成立 55 周年纪念专辑》，上海社会科学院出版社 1986 年版，第 116—117 页。

② 汪德彰：《回忆 50 年前中国社联的地下斗争》，上海市哲学社会科学学会联合会编：《中国社会科学家联盟成立 55 周年纪念专辑》，上海社会科学院出版社 1986 年版，第 131—132 页。

③ 邓洁：《怀念梁宝钿》，上海市哲学社会科学学会联合会编：《中国社会科学家联盟成立 55 周年纪念专辑》，上海社会科学院出版社 1986 年版，第 146 页。

④ 蔡馥生：《我参加中国社联的前前后后》，上海市哲学社会科学学会联合会编：《中国社会科学家联盟成立 55 周年纪念专辑》，上海社会科学院出版社 1986 年版，第 103 页。

回忆:"社联也如党的组织一样,是在极秘密地进行联系和活动的。一般只是单线联系。当时法租界的社联小组是社联组织部长老史联系。沈志远主要和省文委和中央文委联系,当时召开会议不多,主要是个别联系。我主要是和沈志远、钱啸秋、何思敬等联系。"①汪德彰也回忆:"领导者的住址,被领导者是不知道的。每次会见后,再临时约定下次会见的时间和地址。此外,交通员大都是女同志担任,他们一般烫发、涂口红、穿旗袍,着高跟鞋。每星期找你一次,送书籍,或者油印的文件。文件必须当天看完,然后烧掉,决不能过夜。交通员来时,不能和她谈话,如有事找领导,就写张简单的纸条交给她。她将纸条折成小块,藏在高跟鞋鞋跟的机关里带走。"②

当然,社联出版、发行自己的报刊也需要非常谨慎。许涤新在回忆录中叙述了《社会现象》周刊从印刷、邮寄到收款的发行过程,描绘了《社会现象》周刊在发行过程各个环节发生的困难,呈现了编辑人员经营《社会现象》周刊的辛苦劳作。

首先,"按照当时租界的规定,出版刊物必须到'工部局'登记并取得登记证",如果"没有登记证,规模较大、设备较好的印刷厂,就拒绝接受稿件",许涤新等社联盟员"只好找小印刷厂,小厂老板虽然接受我们的生意,但总是提高印刷费"。其次,"记得当时的《社会现象》只印了三千份,每印一期就必须购一期的白报纸,马上送到印刷厂去。……这三千份刊物,至少要用几个人到工厂装入大皮箱。装好,由老马、老文、老唐和我,有时还有一位姓王的学生来帮忙,各自叫黄包车把箱子拉到住所。"再者,该刊虽可以通过代售人寄出,并在郑家木桥的一家潮州人开的糖果店设立通讯处,但"各地的代售人,只管分送刊物,不管收钱",而"各地收了刊物而寄钱来的,寥寥无几",这就导致"写稿的几位同学,谁也没有拿过一文钱稿费";倘若没有找到代售人,则由许涤新他们自己寄出,"只好一本本地卷好,再贴上收件人的签条"。面对因经费紧张而难以维系的尴尬状况,许涤新不得不哀叹:"用于印刷费、购白报纸费和邮费,每

① 韩托夫:《关于中国社联的一些回忆》,上海市哲学社会科学学会联合会编:《中国社会科学家联盟成立 55 周年纪念专辑》,上海社会科学院出版社 1986 年版,第 124 页。

② 汪德彰:《回忆 50 年前中国社联的地下斗争》,上海市哲学社会科学学会联合会编:《中国社会科学家联盟成立 55 周年纪念专辑》,上海社会科学院出版社 1986 年版,第 132 页。

期大约支出七十多元,如此下去,财源枯竭,怎么得了!?"有鉴于此,"唐漫归主张进行募集第二次资金,大家同意他的主张"。尽管如此,"当我们出到第七期的时候,国民党通过工部局,对《社会现象》发出查禁的命令;摆在马路旁的报摊中的这一个刊物,都被没收了。设在郑家木桥的那家糖果店,被租界工部局传讯,花了一笔钱,才把老板放出来"。①

　　到许涤新领导社联党团时(1933年冬至1935年2月),社联的基层组织既包括"交通、复旦、大夏、光华等大学的小组",又包括"闸北、小沙渡、杨树浦一带工厂中的工人读书班"。②但在这一阶段,社联盟员的数量却明显下降。关于这一点,许涤新在回忆录中有感而发:"人数下降的原因,一是有些人调离'社联'参加其他革命单位,一是不少人被国民党反动派逮捕后送进牢狱;再则学生成员流动性相当大,往往毕业后即离开上海。……而在王明'左'倾路线的统治下,'社联'在政治上的冒险主义和组织上的关门主义都是人数下降的更重要原因,……在'社联'党团书记时期,我执行的是'左'倾路线;这个错误是无法推诿的。"③

　　许涤新的上述回忆符合史实。据《社联盟报》(1933—1935)记载,社联的组织系统曾在1933年12月期间被破坏,直接导致其基层组织及其盟员遭受重大损失,其日常工作被迫暂缓甚至暂停。社联沪西区、沪南区与沪东区均向常委会汇报了这一情况:"我们组织曾受到很大的损失,有许多盟员被捕了,有许多盟员是离开了。非但新的工作,无从发展;就连原有的组织,亦日渐削弱"④;"1933年12月以来,国民党法西斯蒂进一步向革命势力进攻,检举,逮捕,密侦,监视,焚书禁书,多管齐下,有许多同志被捕或跑开了,有好些分会、小组停顿或无形中解体"。⑤

　　尽管如此,社联的基层组织继续生存与发展下去。从1933年秋至1934

① 许涤新:《风狂霜峭录》,生活·读书·新知三联书店1989年版,第52、55—57页。
② 许涤新:《忆社联》,史先民编:《中国社会科学家联盟资料选编》,中国展望出版社1986年版,第91页。
③ 许涤新:《风狂霜峭录》,生活·读书·新知三联书店1989年版,第64—65页。
④ 《社联沪西区三月计划》(1934年4月),上海市档案馆编:《社联盟报》,档案出版社1990年版,第103页。
⑤ 《沪南区七周工作报告》(1934年5月25日),上海市档案馆编:《社联盟报》,档案出版社1990年版,第106页。

年任社联江湾区委书记的郑伯克回忆:"区委由三人组成","区委下面设有小组","联系我们的是王翰";"有复旦大学、持志大学、爱国女中的学生,还有教师,也有部分社会青年";"我们工作就是学习研究马列主义理论,发展社员,发动和组织群众参加斗争,节日写标语、散传单等。"①1933年秋参加社联光华大学小组的朱启銮回忆:"上海光华大学与高中部同在沪西大西路一个校园内";"校内除大学与高中部有党的支部外,主要社团有左联与社联";"除学习与发展组织外,社联还进行了一些宣传教育活动。"②1935年5、6月间参加社联复旦大学小组的蒋宗鲁在回忆录中说:"郑通骘是复旦社联小组的负责人,王翰是代表上级来领导复旦社联小组的","经常来领导我们小组的是陈延庆(即王翰,当时叫大陈),还有陈家康(当时叫小陈)和胡乔木";而在社联复旦大学小组内部,"除传达上级指示外,经常讨论上海和校内斗争形势,……常读在巴黎出版的中文《救国时报》。这报纸由王翰同志从外面带来,在组内阅读后,结合实际进行讨论。那一段时间学习最集中的问题是反法西斯统一战线问题,有季米特洛夫在第三国际第七次大会上的报告,好像在开始时还读过王明的什么报告"。③1934年冬任社联沪西区委委员的汪德彰负责工运工作,便把社联的组织基础扎根在工人阶级中,正如他饱含深情地回忆:

> 一个星期六的晚上,我在杨树浦的一位湖南籍的进步工人家里,同几位工人一起学习、讨论。我的籍贯虽然是湖北,但我是在湖南长大,可以讲一口湖南话,所以就和那位工人认作同乡,这样也便于经常来往。这次我们学习的内容是资本家是如何剥削工人的。我从商品的两重性、价值与价格、劳动力的商品化,一直谈到剩余价值。……一步步谈到必要劳动时间和剩余劳动时间等许多问题,逐步揭露资本家通过剩余价值来剥削工人的秘密。④

① 郑伯克:《有关社联的一些情况》,上海市哲学社会科学学会联合会编:《中国社会科学家联盟成立55周年纪念专辑》,上海社会科学院出版社1986年版,第200页。
② 朱启銮:《回忆光华社联》,上海市哲学社会科学学会联合会编:《中国社会科学家联盟成立55周年纪念专辑》,上海社会科学院出版社1986年版,第140—141页。
③ 蒋宗鲁:《回忆复旦社联》,上海市哲学社会科学学会联合会编:《中国社会科学家联盟成立55周年纪念专辑》,上海社会科学院出版社1986年版,第137—138页。
④ 汪德彰:《回忆50年前中国社联的地下斗争》,上海市哲学社会科学学会联合会编:《中国社会科学家联盟成立55周年纪念专辑》,上海社会科学院出版社1986年版,第134—135页。

## 第二节　社联的纲领、组织章程与相关宣言

### 一、社联纲领与组织章程及其重大意义

社联、社研一经创立,左翼社会科学运动便具备了强大的先锋队与充足的预备队。其中,社联是左翼社会科学运动的先锋队,居于左翼社会科学运动的领导与组织地位;社研是左翼社会科学运动的预备队,居于左翼社会科学运动的外围与辅助地位。具体而言,社联对左翼社会科学运动的领导包括思想领导与组织领导两个层面:在思想上,通过了《中国社会科学家联盟纲领》,揭示了左翼社会科学运动的理论特色,指明了左翼社会科学运动的发展路向;在组织上,通过了《中国社会科学家联盟简章》,建构了左翼社会科学运动的组织根基,确立了左翼社会科学运动的日常运作机制。

在这里,我们有必要对社联纲领与社联简章进行文本考察,发掘其内在的历史内涵及其特点。社联纲领是在社联成立大会上讨论、通过的,既表现了社联发起人的集体智慧与意志,也反映了他们的整体情感与思绪。若按照时间顺序排列,这一纲领曾被陆续刊登在左联出版的《新地》月刊第 6 期(于 1930年 6 月 1 日出版)、社联出版的《新思想》月刊第 7 期(于 1930 年 7 月 1 日出版)、左联出版的《世界文化》第 1 期(于 1930 年 9 月 10 日出版)与社联出版的《社会科学战线》第 1 期(于 1930 年 9 月 15 日出版)上。这四个版本的社联纲领并未在内容上出现调整、修改或增减,只在文字与标点符号上略有不同。值得注意的是,社联机关报《社会科学战线》发表的这篇纲领同时使用了中文、英文与德文三种语言,这表明社联很早就注意到扩大自身国际影响的必要性,并开始有准备地与国际左翼社会科学组织取得联系,以谋求建立国际统一战线。现将社联纲领全文抄录如下:

中国社会科学家联盟纲领

在全世界革命斗争日益紧张,中国革命巨浪正在高潮之际,革命理论

的研究与发挥,遂成为中国每个进步的社会思想家的切身的任务;"没有革命的理论,就没有革命的运动"这句名言,是我们所应当牢牢地记住的。在这样紧张的时期,中国的一切社会思想家,实在是负担着非常重大的责任。

马克思主义已经在全世界上占着胜利,在社会科学上,不必说,就是在自然科学上,也是如此。只有根据于马克思主义的理论,自然科学方能获得稳固的基础,脱离现在西欧资产阶级自然科学的危机,而进入新的发展的阶段。马克思主义已经证明是贯通社会科学与自然科学思想的唯一正确的基础。

但是马克思主义,不仅限于理论,它的伟大的特点,还在它是和实际运动相联系的,理论与行动的合一,是马克思主义的一个基本原则。谁要是空谈理论,而不作实际行动,那他就决不是一个真正的马克思主义者。

马克思主义的胜利,就是资产阶级也不得不承认了。以生产手段私有制雇佣劳动制为基础的资本主义社会,自然把否定这一制度的马克思主义,看做洪水猛兽似的死敌。资产阶级用尽一切方法,想来破坏马克思主义,它既不能以整个思想的体系,来和马克思主义相对抗,于是就假冒马克思主义篡改马克思主义,抛弃马克思主义的革命精髓,使之成为自由主义的学说。这种企图,形成了各国的社会民主主义。

社会民主主义的影响,反过来,在马克思主义者的内部引起了非马克思主义的倾向,如取消派,托洛茨基派;他们想以表面"左"倾的辞句或明显的机会主义的理论,来涂改革命的马克思主义。现时在全世界上,在中国,这都是对于革命的马克思主义的一个切身的危险,革命的马克思主义,是在反幼稚的"左"倾,及机会主义的右倾的斗争中锻炼出来的;谁要是不和社会民主主义作斗争,不和社会民主党影响下的托洛茨基派及机会主义派作斗争,那末,他就不是一个真正的马克思主义者。

在这样的形势之下,革命的马克思主义者,就决不能不有一种团结来光大和发挥革命的理论,以应用于实际,所以我们发起"中国社会科学家联盟",我们的主要任务是:

一、以马克思主义的观点,分析中国及国际政治经济,促进中国革命。

二、研究并介绍马克思主义理论,使它普及于一般。

三、严厉的驳斥一切非马克思主义的思想——如民族改良主义,自由主义,及假马克思主义的理论——如社会民主主义,托洛茨基主义及机会主义。

四、有系统地领导中国的新兴社会科学运动的发展,扩大正确的马克思主义的宣传。

五、革命的马克思主义者,决不是限于理论的研究,无疑地应该努力参加中国无产阶级解放运动的实际斗争,在目前要积极争取言论,出版,思想,集会等等的自由,我们相信只有这样,正确的马克思主义社会科学运动,方能扩大与深入。

我们很诚挚的希望中国一切真正的马克思主义者,为无产阶级解放运动努力的人们,和我们一起,在革命的马克思主义的旗帜之下,团结起来,来光大和发挥这个伟大的革命的理论,来促进中国工农革命的胜利。①

通过阅读社联纲领,我们可以发现它不仅是一篇理论纲领、行动纲领,更类似一篇政治纲领,具有鲜明的政治色彩与强烈的战斗气息,包括以下三个层次:其一,对马克思主义的理论与实践意义作出了评价,宣告马克思主义已经在哲学社会科学领域占据了主导地位,即唯物史观击败了唯心史观并推翻了唯心史观的统治,甚至在自然科学领域也已占据了主导地位,即自然科学在辩证唯物论与唯物辩证法的指导下取得了重大进展,并强调马克思主义的精髓在于理论联系实际,在于理论指导行动;其二,对马克思主义面临的敌对政治思想作出了评估,揭露国内外反马克思主义(包括非马克思主义与假马克思主义)正在从"左"到右地围攻马克思主义,说明各种反马克思主义尤其是社会民主主义与托洛茨基主义的错误倾向及其危害,并表明马克思主义要站出来对反马克思主义进行理论批判;其三,对社联在左翼社会科学运动中的宗旨、使命与责任作出了诠释,制定社联传播马克思主义与推进马克思主义中国化的

---

① 《中国社会科学家联盟纲领》,《新地》月刊第 1 卷第 6 期,1930 年 6 月 1 日;《中国社会科学家联盟的成立及其纲领》,《新思想》月刊第 7 期,1930 年 7 月 1 日;《中国社会科学家联盟的现状》,《世界文化》第 1 期,1930 年 9 月 10 日;《中国社会科学家联盟纲领》,《社会科学战线》第 1 期,1930 年 9 月 15 日。

战略、战术与策略,并表达左翼社会科学工作者对马克思主义的崇奉与信仰。

社联简章同样是在社联成立大会上讨论、通过的,表现了社联发起人对社联的组织建构与制度设计,也反映了他们对自身组织性纪律性的重视与严格。但需要说明的是,与社联纲领相比,这篇社联简章并没有在左联或社联出版的期刊上公布于世,而是刊登在中国自由运动大同盟(于 1930 年 2 月 12 日由鲁迅先生领衔的一批左翼文化人创建,号召言论、出版、结社与集会等自由)的机关报《自由运动》第 2 期(于 1930 年 7 月 25 日出版)上,而其原委我们尚且无法从现存史料中得知,其全文如下:

中国社会科学家联盟简章

一、本联盟由新兴社会科学家组织之

二、本联盟以发展马克思主义的社会科学运动为宗旨工作纲领另定之

三、凡于社会科学有相当研究而接受本联盟纲领者由本联盟会员二人以上之介绍执行委员会之许可即可得加入本联盟

四、本联盟组织如左表

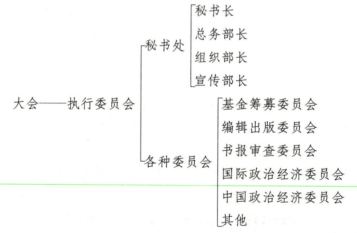

五、大会由全体会员组成之执行委员会由大会选举委员七人组织之秘书处设秘书长一人部长三人由执行委员会互选之

六、秘书处得视事务之繁简聘用干事若干人

七、各委员会委员除由执行委员兼任外并得由执行委员会就会员中选举之

八、大会每半年开会一次执行委员会每星期开会一次均由秘书处通告召集之但有特别事故发生均得召集临时会议

九、本联盟对于分部及社会科学研究团体的指导工作其办法另定之

十、本联盟经费依左列方法筹集之

　　一、征收会费分两种

　　　　A　入会费每人一元

　　　　B　常年捐每人每半年一元

　　以上两种会费如实无力缴纳时得由执行委员会议决免除之

　　二、募捐分两种

　　　　A　会员自由认捐

　　　　B　向会外募捐

　　三、由本联盟出版物中抽取编辑费一部分

十一、本章程由大会议决实行其有不完善之处得随时提议修改①

社联简章是现今保存下来的一则非常珍贵的史料，而我们目前尚未看到文总、左联、美联与剧联等其他左翼文化团体在报刊上发布类似的章程性文件。社联简章制定了取得社联盟员资格的必备条件，决定了社联内部的组织结构及其相关职能部门，规定了社联全体会员大会、执委会、秘书处以及各种委员会的产生程序，指定了社联全体会员大会与执委会的召开时间，并设定了社联经费筹集的三种主要途径。也必须看到，社联简章反映的社联组织建构与《新思想》月刊发表的《中国社会科学家联盟的成立及其纲领》一文虽保持基本一致，但也有一处明显不同，即社联简章不存在"青年问题委员会"这一机构，而标注"其他"这一表述。若从长远的时段来看，尽管"其他"这一表述比较模糊，但却体现了社联对组织建构变革的一种预计与先见，而这种组织建构更有利于社联在左翼社会科学运动中更好实现自身的工作转向。

社联出台的纲领与组织章程不仅对当时的左翼社会科学运动具有伟大的意义，而且对指导当前的哲学社会科学工作也具有一定的借鉴意义。就社联纲领而言，它确立了马克思主义在哲学社会科学领域的指导思想地位，确定了

---

① 《中国社会科学家联盟简章》，《自由运动》第 2 期，1930 年 7 月 25 日。转引自史先民编：《中国社会科学家联盟资料选编》，中国展望出版社 1986 年版，第 24—25 页。

哲学社会科学工作的中心是传播马克思主义与推进马克思主义中国化。其中,传播马克思主义不能停留在单纯的理论宣传与教育上,还必须对反马克思主义进行理论批判;推进马克思主义中国化首先是要回答中国政治经济问题,同时也要回答国际政治经济问题。此外,哲学社会科学工作需要坚持理论联系实际,把马克思主义理论研究与理论应用相结合,把马克思主义理论创新与实践探索相结合。就社联简章而言,它彰显了社联在中国共产党的领导下把哲学社会科学工作者紧密团结在自身的周围,宣告了社联绝不是一个松散而又软弱的俱乐部组织,而是一个具有组织性与纪律性的专业性组织,其内部相关职能部门的设立及其运作必须紧密围绕哲学社会科学工作的中心。

## 二、社联发表的相关宣言及其重要作用

除发布纲领与组织章程外,社联还发表了一些理论基调深刻而又政治意蕴浓厚的宣言,这些相关宣言可以被视作对社联纲领的重要诠释与论证,也可以被看作对社联纲领的必要补充与完善,或可以被当作对社联纲领某一条的进一步运用。

1930 年 9 月 15 日,社联出版的《社会科学战线》刊登了社联机关草拟的《中国社会科学家的使命》;同月 10 日,左联出版的《世界文化》刊登了吴黎平草拟的《中国社会科学运动的意义》。这两篇宣言实际上是扩大版的社联纲领,或者说是晋级版的社联纲领,从学理上宣示了社联领导的左翼社会科学运动的宗旨与愿景,声明了左翼社会科学工作者承担的使命与责任。具体而言,这两篇宣言的作用集中体现在:

首先,揭示了马克思主义的指导思想地位与社联对马克思主义的认识。在社联机关看来,"在过去社会科学界,唯心史观或所谓社会哲学占着支配的地位,一般社会思想家研究社会现象的出发点不是客观的现实性而是主观的理性。……马克思主义在社会现象领域上,根本扫除了一切唯心神秘学说的残余,发现了社会发展的规律性,它在这一点上,给旧式思想界一个空前致命的打击,所有唯心史观,社会哲学均暴露出它的反科学性。……自然科学发展完完全全地证明辩证唯物论哲学原则的正确,……辩证唯物论无疑地是现代

自然科学的唯一救药,……不论社会科学或自然科学都只有在马克思主义的领导下才能够彻底的完成,社会科学家的任务是在具体的运用马克思主义的原则于社会科学与自然科学领域,达到改造的目的"。①

吴黎平一文重申了上述思想。在吴黎平看来,"真正的社会科学,只是从马克思恩格斯始。马克思恩格斯根据无产阶级的立场,并不需要对于现社会作丝毫的掩饰。……马克思恩格斯根据客观的事实,进一步作深入的研究,说明了社会发展的动力,发展的规律以及发展的前途。只有根据马克思主义,我们才能于现社会有深刻的了解,而彻底地暴露社会一切现象的实质。……马克思主义的胜利,不但明显地表示于社会科学上,而且还表现于自然科学上。……自然科学的这种伟大的进步,完全证明了唯物辩证法的正确。……马克思主义是人类思想发展上最伟大最具体的结晶物。近代历史的发展以及科学的进步,完全证明了马克思主义的正确,……马克思主义不仅仅是斗争的理论而且还是科学上唯一正确的理论"。②

其次,说明了反马克思主义的由来及其错误与社联对反马克思主义的理论批判。社联机关指出:"中国反马克思主义的理论家,虽然在本质上非常幼稚,然而我们决不能因此便忽略它的作用,……不只在一般政治上而且在各科学界积极表现它的反动作用,如哲学界的旧式封建哲学,张东荪氏的佛教哲学等,经济学界如马寅初,历史学界如主张民生史观的新生命派,艺术界如新月派等等";"中国假马克思主义倾向在目前主要的有托洛斯基主义派,取消派。托洛斯基主义派则假借许多'左'倾词句,修改马克思主义理论,取消派则公开否认马克思主义的革命性,倾向于改良主义。两种倾向虽然形式上有些不同而本质上同是反马克思主义的机会主义集团,它的作用只有障碍革命运动的发展,帮助反动势力的统治。"因此,"中国社会科学家主要的任务,一方面坚决地与各种非马克思主义的理论斗争,揭破它的反科学性,阐明革命马克思主义的本质,他方面不客气地与各种假马克思主义的机会主义倾向奋斗,指出它的妥协的,反动的本质,彻底铲除它的影响"。③吴黎平强调:"在介绍并发挥革命马克思主义的过程中,一定要遇到两种敌人。一种是非马克思主义的思想,如

---

① ③ 《中国社会科学家的使命》,《社会科学战线》第 1 期,1930 年 9 月 15 日。
② 梁平:《中国社会科学运动的意义》,《世界文化》第 1 期,1930 年 9 月 10 日。

民族改良主义,自由主义,国家主义,无政府主义等等。……革命马克思主义一方面固然要尽力和这些非马克思主义的思想斗争,可是他方面,尤其在现在,应该特别注意假马克思主义或叛卖马克思主义的理论——社会民主主义,托洛茨基主义及机会主义。……现在对于革命马克思主义最危险的,还是机会主义及托洛茨基主义。"①

再次,表明了理论联系实际并指导行动的重要性与社联对此的坚持。社联纲领已经宣告:"马克思主义,不仅限于理论,它的伟大的特点,还在它是和实际运动相联系的,理论与行动的合一,是马克思主义的一个基本原则。谁要是空谈理论,而不作实际行动,那他就决不是一个真正的马克思主义者。"②在此基础上,社联机关表示:"新兴社会科学运动绝不是一种'纯粹'的科学运动,……社会科学运动本身便是政治斗争的一部分,社会科学家的任务不只在理论上宣传,鼓吹,而同时应该参加实际斗争工作,……伟大的理论家马克思,恩格斯,列宁同时又是伟大的革命家,……那一个只空谈理论而不作实际的斗争,他便不是革命的马克思主义者。"③吴黎平表示:"革命马克思主义的一个基本特点,就是理论与行动的合一。伟大的马克思主义者,无论是马克思,恩格斯,或伊里奇,本身就是英勇的无产阶级革命者。……只关在亭子间里说几句马克思主义的话的人,决不是真正的马克思主义者。真正的马克思主义者一定要参加无产阶级的解放运动。"在他看来,"中国正处于伟大的变革时期之中。中国一定要从帝国主义统治下的反动国家,转成工农的革命国家。在这一时期之中,革命的思想家——马克思主义者——负担着非常重大的任务。中国新兴社会科学运动,是客观革命形势所必然产生的结果,这一运动,应该是群众的,应该吸收广大的群众来参加,只有这样,新兴社会科学运动,才能负担起它的伟大的任务"。④

1930 年 8 月 15 日,社联与左联合作出版的《文化斗争》刊登了一则由社

---

①④　梁平:《中国社会科学运动的意义》,《世界文化》第 1 期,1930 年 9 月 10 日。

②　《中国社会科学家联盟纲领》,《新地》月刊第 1 卷第 6 期,1930 年 6 月 1 日;《中国社会科学家联盟的成立及其纲领》,《新思想》月刊第 7 期,1930 年 7 月 1 日;《中国社会科学家联盟的现状》,《世界文化》第 1 期,1930 年 9 月 10 日;《中国社会科学家联盟纲领》,《社会科学战线》第 1 期,1930 年 9 月 15 日。

③　《中国社会科学家的使命》,《社会科学战线》第 1 期,1930 年 9 月 15 日。

联发布的《反社会民主主义宣传纲领》。该宣言是对社联纲领中批判反马克思主义这一条文的具体运用,其全文如下:

1. 战后时期的国际形势的特征是资本主义世界同社会主义世界的对立,世界革命的第三时期的现在,这个对立,不待言是更加尖锐。

2. 这两个世界,一方面有十三年来的苏联社会主义的建设的进步,客观地摆在全世界无产阶级的面前,五年经济计划的发展,更保证了这一建设的成功,他方面,世界资本主义的末运已走到最后的一刻,生产扩大同消费市场缩小的矛盾,不惟没有丝毫解决的可能,而且不可避免的加紧,已经引起全世界的严重的经济恐慌并且因为这样,资本主义国家的无产阶级与殖民地广大劳苦群众,在苏联社会主义的建设的光辉的面前,只有作反资本主义,反帝国主义的斗争,才能得到最后的解放,这是无疑义的,现在资本主义国家的劳动运动之勃发与殖民地革命运动之兴起,已经是丝毫不能否认的证据。

3. 这样世界资本主义之最后挣扎,惟有在"进攻苏联"的侥幸的一击的下面,来企图挽回它的厄运。

4. 第二国际这一个反动组织,就是在以欺骗劳苦群众的卑鄙的阴谋,自告奋勇的充当世界资本主义的鹰犬,作"进攻苏联"的先锋。

5. 它的把戏,没有什么,欺骗同镇压资本主义国家内的劳动阶级与殖民地劳苦群众,来完成它的任务,它的唯一的本领只有这个。第二国际领导的德国的社会民主党和英国的工党,是最标本不过的了。

6. 并且,社会民主主义在任何一国,已经不是依存于什么特别利润的经济基础之上,而是进至依存于国家权力的分享这个基础之上,所以它的那唯一的把戏的出现,已经与法西斯主义合流,社会法西斯主义——社会民主党之法西斯蒂化——再不是一二国的特别现象,简直是国际社会民主党的一般倾向。

7. 中国是世界帝国主义统治之最薄弱的一环,帝国主义在要维持自己的命运而进攻苏联的路线之下,首先就要加强在中国的统治,以便更能够为所欲为的把中国拖入反苏联的战线之内,牺牲中国无产阶级的利益,唆使中国去进攻苏联。

8. 有那整个阴谋的第二国际,就不得不注重到中国来。而且是更加注重到中国来。第三党的邓演达谭平山们,正受着第二国际的直接领导,担负起在中国的组织作用。

9. 他们不论用什么名义,玩什么花样,百分之百的是要:散布资产阶级改良主义——民族的和社会的——的幻想,加深黄色工会的影响,倡言农民革命(自然这也不过是口头上的)以取消无产阶级在革命中的领导作用,这样来达到他们的目的:"进攻苏联",巩固帝国主义在中国的统治。

10. 但是,我们还要记着第二国际的阴谋是多方面的,它不惟指导了中国的社会民主党(尤其是那自称为社会民主党左派的邓演达),而且还抓着国民党和国民党改组派,以扩大它的阴谋的力量。

11. 中国的托洛茨基派和机会主义取消派,虽然不属于第二国际系统,但是他们在取消中国革命上,在惧怕工农斗争上,无疑义的它们将有合流之一日,就是在现在也说不定已经有意见的交换和组织的连系了。

12. 我们上面说过,国际社会民主党的存在,已经跨过经济基础,而是立在政治基础之上了,中国的社会民主党的存在尤其是没有经济基础,所以它的法西斯蒂化的过程,将在政治基础之上,更加快的前进。

13. 我们看吧:社会民主主义的这一团,在理论上,他们将从各方面以各种的颜色出现(但是不会有"红"色的),"冒充马克思主义"是不消说的,"冒充列宁主义"也还是一定有的,只是那负有组织作用的邓演达,恐怕他还不够那样大胆。行动上自然是会集中到黄色工会中,经过国民党,经过国际劳工局中国分局,来传播社会民主主义的福音——资产阶级改良主义——来帮助国民党法西斯蒂的手段破坏革命赤色工会。他们想这样去缓和中国殖民地革命,去延长帝国主义在华统治的命运,尤其是"进攻苏联",来报答帝国主义国民党给他的恩惠。

14. 每一个革命的马克思主义者,应在文字上,口头上,行动上,以革命的,正确的"马克思列宁主义",来解剖它们的欺骗,来宣布它们的虚伪,来揭穿它们的反革命罪恶,指示给中国的工农劳苦群众看,只有推翻整个帝国主义在中国的统治,彻底消灭地主资产阶级的政权,建立工农兵苏维埃中国,联合苏联,争取社会主义的前途,这才是整个中国殖民地民族的解放之终极。

15. 联盟以为社会民主主义在中国的跳梁,不仅是中国革命的障碍物,而且是中国社会科学运动当前的敌人。它的出现,不仅在播散反马克思主义的理论这一点上是反革命的,即其思想本身,就是对于社会科学之一种侮辱。因此,联盟宣言为"马克思列宁主义"而与社会民主主义作无情的斗争。

16.联盟号召全体联盟员,号召每一个革命的马克思主义者,应针对社会民主主义的一切活动,向广大的劳苦群众,暴露并驳击其反革命的作用,指示革命的马克思主义的观点,以便迅速地消灭社会民主主义的幻想,而促进中国革命之完成。①

社联发布的这篇宣言共十六条,集中体现了左翼社会科学工作者对社会民主主义与托洛茨基主义的理论批判。其中,第一条至第六条回答社会民主主义、托洛茨基主义出现的国际因素,联系社会主义与资本主义两大阵营斗争的新特点,指出第二国际向各国资产阶级妥协、投降及其转向法西斯主义的错误倾向;第七条至第十三条回答社会民主主义、托洛茨基主义出现的国内因素,联系第二国际在中国寻找代理人的新情况,指出社会民主主义、托洛茨基主义从理论上到实践上的反动性与倒退性;第十四条至第十六条揭露社会民主主义、托洛茨基主义的巨大政治危害,批判社会民主主义、托洛茨基主义在哲学社会科学领域混淆耳目与蛊惑人心的罪行,并指明同社会民主主义、托洛茨基主义进行论战是左翼社会科学运动的内在要求与必然选择。

1930年5月中旬,中共中央在上海秘密召开了第一次全国苏维埃区域代表会议和全国红军代表会议。同年6月22日,社联召开了一次全体盟员大会,并函请其他各革命团体的代表参加大会,庆祝全国苏维埃区域代表大会的召开。这次大会通过了一则《拥护苏维埃代表大会宣言》,并于8月15日在社联与左联合作出版的《文化斗争》上刊登。其全文如下:

全国苏维埃区域代表大会已经在赤色的五月里,在帝国主义加紧进攻苏联,在中国军阀空前的大混战的时候,成功的开完他的会议了。

这次大会对于中国目前的革命有很伟大的贡献,无疑的要占中国革命发展史的最有价值的一页。这次大会,他确定了中国目前两个政权的对立的形势,不仅因为他在政治决议中肯定了这一形势,并且是因为会议

---

① 《反社会民主主义宣传纲领》,《文化斗争》第1卷第1期,1930年8月15日。

本身完成了这一形势。

现在国际上,一方面苏联的社会主义建设——五年计划已获得绝大的超过预定的成功,另一方面资本帝国主义已进入了第三期,暂时的稳定已迅速地走向崩溃和没落。这使国际帝国主义拼力进攻世界革命的大本营——苏联,同时加紧榨取殖民地半殖民地的民众及镇压殖民地半殖民地的革命,企图用这个来挣扎他们的馀命。中国的空前的军阀大混战,就是在这一形势之下,各个帝国主义在中国的走狗军阀受了他们的主人的发纵指示争取为进攻苏联的急先锋和镇压中国革命的刽子手之政权所造成的。

军阀混战目前已普遍于中国全国了,在平汉,在津浦,在陇海,在福建,两广,两湖等处,都有空前并且持久的恶战,在战地直接使许多的兵士去当炮灰,无辜的人民惨遭杀戮,而影响所及,破坏了全国人民的一切经济的生活;银价的跌落,金融的紊乱,交通的破坏,工商业的破产,农村的荒废,食粮的恐慌,苛捐杂税,封船拉夫,无所不用其极。——这都是帝国主义及其走狗军阀之赐。

而改组派却一面勾结军阀,一面肆其改良欺骗的簧鼓。取消派却去讴歌统治阶级政权的稳定,诅咒红军为"土匪流寇",提倡什么国民会议,以求取媚于反动的政权及其后台老板帝国主义。最近第三党邓演达又御帝国主义的走狗第二国际的使命回国,阴谋组织社会民主党及扩大改良主义的宣传。——这是麻醉工农劳苦群众的自觉,直接间接都帮助帝国主义统治阶级缓和革命的货色。

这次苏维埃区域代表大会就是由全国两年以来无产阶级领导之下在土地革命的发展和深入的过程中生长起来的红军及苏维埃区域和各革命团体之代表而成的。他在目前军阀大混战中完成了他的历史使命,决不是偶然的事体。这次大会规定了苏维埃政府的政纲,土地法,劳动保护法,确定了苏维埃政府之一切策略路线及组织系统,因此,他不仅完成了两个政权对立的形式,并且对于现阶段中国革命的进展具有重大的实际策略的指导的意义。

经过了这一大会之后,苏维埃政权将有长足的进展。它将先占取一省或几省的政权,而促进全国苏维埃政权之胜利的建立!

我们认识这次大会之伟大的意义,认识只有坚决的拥护苏维埃政权,树立全中国的苏维埃政权,才能解放整个的中国,解放工农及一切劳苦群众,才能创造光辉灿烂的苏维埃文化!同时,我们宣告那些假冒马克思列宁主义的名义企图欺骗工农群众的中国机会主义及中国托洛茨基反对派咒骂革命,侮辱红军反对苏维埃之反革命的罪状,号召广大的劳苦群众,为拥护革命的马克思列宁主义,向中国机会主义和托洛茨基反对派作无情的斗争!

全体工农及一切劳苦群众们!全国革命的青年们!我们敢在数百万数千万的工农群众,为争取一省或几省的苏维埃政权之建立而勇敢地斗争着的现在,含垢忍辱地蛰伏在反动统治之摧残言论,压迫思想,禁止集合,无理的逮捕杀戮的暗无天日之下,而不思勇敢的斗争起来么?

我们确信只有斗争,可以消灭一切反动统治之压迫摧残的力量,只有斗争可以援助苏维埃区域之扩大,促成一省或几省的政权之迅速的树立;只有斗争可以实现我们文化运动之使命,只有在斗争之中,能够创造我们灿烂新鲜的苏维埃文化!

因此,我们的工农及一切劳苦群众,革命的青年们,团结起来,为实现我们的任务而奋斗到底:

打倒帝国主义!

反对军阀混战!

拥护中国苏维埃政权!

打倒取消派!

武装拥护苏联!

创造苏维埃文化![1]

社联召开的这次全体盟员大会集中体现了左翼社会科学运动与中国共产党领导的土地革命战争的内在关系,反映了左翼社会科学工作者投身革命的事实。由于这次会议召开的时间与社联成立大会衔接甚紧,因而这次会议是对社联成立大会的继续与延伸,同成立大会一样具有非常重要的意义与影响。必须看到,社联发表的这篇宣言忠实宣传了全国苏维埃区域代表大会的内容

---

[1]　《拥护苏维埃代表大会宣言》,《文化斗争》第 1 卷第 1 期,1930 年 8 月 15 日。

及其精神,揭示了社联对世界革命、中国革命前途与走向的看法,确证了社联完全接受当时的中共中央关于中国革命战略与策略的主张。也必须看到,这篇宣言是在中共中央政治局于 1930 年 6 月 11 日通过《新的革命高潮与一省或几省首先胜利》这一决议的背景下出台的,散发着"左"倾冒险的气息,虽然运用了共产国际关于资本主义总危机的"第三时期"理论,但片面夸大了国内统治阶级的危机,过高估计了土地革命战争的形势。

## 三、社联新纲领的出台及其内容转变

1935 年 2 月 19 日,中共上海中央局与中国左翼文化总同盟机关遭到敌人的破坏,朱镜我、杜国庠、许涤新、田汉与阳翰笙等重要负责人被捕,史称"二一九"大破坏。上海"二一九"大破坏是左翼文化运动的重要转折点,也是左翼社会科学运动的重要转折点。

在此背景下,被破坏的社联领导机关开始恢复与重构,而这一工作由陈处泰与李凡夫牵头。李凡夫在回忆录中叙述了当时的情景:"1935 年上海'文委'、'文总'被敌人破坏后,许多领导同志被捕,如许涤新同志等也被捕了,但下面没有受损失,我与陈开泰(即陈处泰——引者注)同志共同维持这个局面,当时与上面领导失去了联系,只靠第三国际出版的《国际通讯》(英文版,在外国书店有出售)来指导工作,我了解党的指示,还把其中好的论文以及工农红军的消息翻译过来,用笔名登在'社联'出版的内部刊物上";"这时期,上海的白色恐怖很紧张,敌人还利用叛徒出卖革命同志,我们许多同志被捕了,在许涤新同志被捕之后,陈开泰同志也被捕了,他们坚强不屈,敌人得不到什么,陈开泰同志也牺牲了,陈开泰同志对党的事业忠心耿耿,是个好同志。我们又继续战斗下去,对敌人的斗争没有停止过。"[1]

1935 年 10 月,夏衍与周扬等人重新恢复与建立了文委,并对左翼文化总同盟领导机关进行了改组,企图增强与其下属各联的组织联系。至此,社联开始接受新文委与文总的领导。10 月 15 日,中国左翼文化总同盟常委发出《关

---

① 李凡夫:《回忆上海社联斗争片断》,史先民编:《中国社会科学家联盟资料选编》,中国展望出版社 1986 年版,第 113—114 页。

于发表新纲领的紧急通告》,不仅直言了上海"二一九"大破坏以来文委与文总面临的新困难,而且坦言了新文委与文总领导下的工作转向尤其是冲破新困难的自信与自强,并指示其下属各联制定既满足文总普遍性要求而又符合自身特殊性需求的新纲领,正如该紧急通告宣称:

这样,文总以及各联都制出新纲领草案来顺次发表,并紧急通告以下各注意点:

一、纲领不是教条,而是行动的指导。全体同志要本着自己在工作中所得的具体经验,使它具体化;并且修改它,使它成为完善的东西。

二、纲领都是一个草案,常委会所最热烈希望的是:全体同志在工厂、农村、学校、街头的实践的经验作基础,展开活泼的讨论与批判。

三、纲领虽然都是一个草案,但决不停止在讨论上,必须以草案作基础,在实践的过程中去批评它。

四、各联的纲领草案,是在文总具体的指示之下制出的。全体同志,不能抱着联盟中心主义的态度,对于姊妹联盟的工作漠不关心,必须予以注意,并提出意见。

各联常委会必须根据文总的新纲领草案和自己的新纲领草案,开始负责任与守纪律的行动![1]

依据中国左翼文化总同盟常委关于各联发表新纲领的指示,并结合左翼社会科学运动面临的新情况,重新恢复与建立的社联常委会发表了《中国社会科学者联盟纲领草案》,其全文如下:

中国社会科学者联盟纲领草案

一

1. 社会科学是跟着资本主义而发达的。资本主义把阶级社会的矛盾发挥到最尖锐的程度,而在资本主义最后阶段的现在,社会关系尤其复杂而紧张。旧世界布满了帝国主义战争的火药气,国家法西斯和社会法西斯的疯狂活动,长期的恐慌和萧条的威胁,普遍的失业的洪水以及各国

---

[1] 《关于发表新纲领的紧急通告》,《文报》第 11 期,1935 年 10 月 25 日。转引自上海市哲学社会科学学会联合会编:《中国社会科学家联盟成立 55 周年纪念专辑》,上海社会科学院出版社 1986 年版,第 257—258 页。

的工人农民和殖民地半殖民地不断的反抗的浪潮,正在这个时候,一个六分之一的世界却在一切艰难危险之中建立着胜利的社会主义。觉悟的人类一面对于现实起了严重的注意,一面又由于斗争得了丰富的经验,这就使社会科学也特别加快的发达起来。

2. 社会科学的进展,不但是因为阶级对立的进展,并且也促进了阶级对立的进展,这使得社会科学不能不被旧世界的统治所痛恨,同时社会科学自身不能不一天天走向革命,走向斗争。旧世界的统治者在哲学上鼓吹不可知论与有神论,在经济学上鼓吹历史主义与心理主义,在政治学上则鼓吹战争和独裁,所有这些胡说都必然引起一切进步的社会科学者的敌意。但是统治者的罪恶还不止此。他们更在多数国家中公开禁止进步的社会科学书籍,压迫进步的社会科学运动,逮捕屠杀进步的社会科学者自己,进步的社会科学者在这样的条件之下,自然不能不向统治者宣布战斗。

3. 在一切进步的社会科学者中间,马克思列宁主义者永远是站在前哨。马克思和列宁都用了自己的生命为实践社会科学的真理奋斗牺牲,从实践当中他们更给了社会科学以新的生命,新的基础,这就是革命的辩证法唯物论的哲学以及由此而生的政治经济历史理论。马克思列宁主义是社会科学者最有力的武器,这一武器已成全世界的力量。马克思列宁主义不断得着新的发展,这大部分是由于马克思列宁主义者的辛苦的努力,小部分也由于非马克思列宁主义者正视现实的结果,投降了马克思列宁主义。因此,统治者要摧残进步的社会科学,首先要摧残马克思列宁主义。

4. 中国是一个集中了全世界各种矛盾的国家。在中国存在着帝国主义与帝国主义的矛盾,帝国主义与殖民地半殖民地的矛盾,资产阶级与无产阶级的矛盾,地主与农民的矛盾,而最后也最重要的,国民党政权与苏维埃政权的矛盾。中国大众迫切的要求社会科学,要求马克思列宁主义的社会科学,但是中国的马克思列宁主义的社会科学运动,直到现在,还是非常贫弱和不充分。中国大众从自己的实践中也确立了这一运动的基础,但是还没有能使它得到很广泛很健全的发展。使它得到广泛而健全的发展,正是中国每一个进步的社会科学者的紧急任务。

5. 中国社会科学运动的特点首先是它一开始便遭受了帝国主义者和

地主阶级残酷的压迫,因此它一开始便与中国大众的政治运动分拆不开。在五四、五卅时代,它遭受北洋军阀封建官僚的压迫;在一九二七年革命以后,它遭受反动的国民党法西斯的压迫;在九一八、一二八直到最近的华北事件以后,它更遭受日本和欧美帝国主义的武装的直接压迫,如新生被封,杜重远被捕,各书局书摊被搜,各学校被监视等等。中国社会科学运动要得到自由的发展,唯有与帝国主义者及其走狗的文化侵略、文化统制作决死的斗争,而这一斗争的胜利的前提条件便是推翻他们的政治势力。

6. 中国社会科学运动的第二个特点便是它所依据的中国大众的文化水平的非常低落,因为帝国主义国民党的统治,中国大众贫穷到连字都识不起,百分之八十以上还是文盲。大部分的中国工农还生活在黑暗的迷信之中,而基督教、三民主义、法西斯主义、复古运动和各色各样的反动理论的宣传又把他们推到更深的深渊里去。中国的知识分子,因为生活不安,社会文化设备不好,也几乎同样不能得到充实的教养。因此中国社会科学运动,不能不开展广大的教育运动和自我教育运动。

7. 中国社会科学运动的第三个特点便是它所处的时代正是中国革命接近新的高潮的时代。无论帝国主义者国民党如何反动也不能不走向崩溃,无论中国大众的文化水平如何低落,也不能不走向斗争。在这个时代里的中国社会科学运动,必然要有严密而庞大的组织,严密才能与帝国主义国民党作战,庞大才能与中国大众结成亲密的联盟。中国社会科学运动在全中国反帝国主义的土地革命的前夜,在全世界"新的文艺复兴"的前夜,决不能袖手旁观。

## 二

1. 中国社会科学者联盟是中国信仰和倾向马克思列宁主义的社会科学者自由集合起来的文化团体。它拥护中国左翼文化总同盟的纲领,接受它的领导,而且加入它作为它的团体盟员之一。联盟的一切活动必须与中国革命的中心任务紧密的配合起来,在文化的范围内为反帝反封建的民族革命和土地革命而斗争。

2. 中国社会科学者联盟的盟员,为创造马克思列宁主义的中国社会科学,要从辩证法唯物论的观点,从革命的实践当中去研究中国现实的政治经济,研究它的过去历史和将来的出路。中国是世界的中国,因此必需研究其他各国的状况作为参考;社会科学是马克思列宁主义的社会科学,因此也必需研究哲学作为基础。

3. 中国社会科学者联盟的盟员,为保护马克思列宁主义的中国社会科学,要坚决的发挥马克思列宁主义的阶级性、党派性、革命性,严厉的反对帝国主义国民党法西斯的文化侵略、文化统制,反对文化上的白色恐怖,反对欺骗的中日文化合作,中国本位的文化建设,新生活运动,读经复古运动和读书识字运动,反对社会民主党、独立评论派、失败主义、取消主义和各色各样的修正主义。

4. 中国社会科学者联盟的盟员,为发挥马克思列宁主义的中国社会科学,要进行社会科学的通俗化与大众化的工作,要向工人、农民、小市民、学生和自由职业者仔细的明白的指出帝国主义资本主义的破产,中国和中国文化的出路,苏联和中国苏维埃的艰苦的奋斗和伟大的胜利,一切政治经济斗争的经验和教训;耐心的教育他们,提高他们的认识,使他们成为马克思列宁主义的拥护者乃至理论上的战斗者。

5. 中国社会科学者联盟既是有一定的立场和任务的斗争团体,不能不有坚强的组织和严密的纪律,不能不反对一切反组织和怠工的行为。盟员必须保守联盟的一切秘密,执行严格的自我批判,开展反偏向的思想斗争,以保证联盟和中国社会科学运动的健全的发展。①

与社联于 1930 年 5 月发布的《中国社会科学家联盟纲领》相比,于 1935 年 10 月发布的《中国社会科学者联盟纲领草案》有以下三点演进:其一,对世界革命与中国革命的最新动向作出了评估,揭示了左翼社会科学运动面临的新环境新挑战,指出了日本帝国主义对中国的文化侵略正日益紧逼,而左翼社会科学运动与抗日救亡运动已经有机整合,说明了国民党的文化"围剿"同样日益嚣张,而左翼社会科学运动必须对外抵抗文化侵略、对内粉碎文化"围剿";其二,对发动并领导一场哲学大众化、通俗化运动作出了部署,明确了左翼社会科学运动面向大众的新策略新思路,尤其是与中国情境相结合,与现实

---

① 《中国社会科学者联盟纲领草案》,《文报》第 11 期,1935 年 10 月 25 日。转引自上海市哲学社会科学学会联合会编:《中国社会科学家联盟成立 55 周年纪念专辑》,上海社会科学院出版社 1986 年版,第 253—256 页。

社会相结合,以及与民众生活相结合,这就把马克思主义在中国的传播推向了大众化的新阶段,包括马克思主义传播对象的大众化、传播内容的大众化与传播话语的大众化;其三,对社联及其盟员的自身建设提出了新要求新标准,进一步认识到坚强的组织与严密的纪律在左翼社会科学运动中重要的作用,并意识到批评与自我批评是社联及其盟员自身建设的一个武器,既要同"左"的错误倾向作斗争,也要同右的错误倾向作斗争。

## 四、北平社联发布的纲领与组织大纲

社联的组织建构不仅表现在党团组织、基层组织的建构上,而且表现在各地社联组织的建设与联络上。据《社联盟报》(1933—1935)中的《上海总会过去三个月的工作检查与今后三个月的计划》一文记载,社联于1933年春曾设想:"在这三个月内我们无论如何要建立十处以上的分会,而在这些分会中一定要保护南京、平津、武汉、广州、青岛、成都、重庆、杭州等第一流的大都市。"[1]但这一计划并没有完全实现。通过对现有史料的考证,在上述各地社联中,北平社联的组织规模最大、盟员数量最多、存续时间最长,我们可以从当事人的回忆录中探寻一些北平社联的组织建构与沿革情况。

在1932年期间,张磐石担任北平社联党团书记,负责领导北平社联。在1933年至1934年期间,李正文、宋劭文与裴丽生等人担任北平社联执委,李正文担任研究部长,宋劭文担任党团书记,裴丽生担任出版部长,负责领导北平社联。据李正文回忆,他曾经联系的北平社联支部包括清华大学、北京大学、北京师范大学、师大女附中、汇文中学、北平大学女子文理学院、中国社会调查所的三位社联顾问、民国大学以及街头支部,这些支部建构了北平社联的基层组织与基本单元。[2]然而,在他看来,"由于当时'左'倾冒险主义的指导,

① 《上海总会过去三个月的工作检查与今后三个月的计划》(1933年5月1日),上海市档案馆编:《社联盟报》,档案出版社1990年版,第6页。

② 李正文:《关于北平社联的一些活动》,史先民编:《中国社会科学家联盟资料选编》,中国展望出版社1986年版,第116—117页;李正文:《回忆我在北平社联的日子》,上海市哲学社会科学学会联合会编:《中国社会科学家联盟成立55周年纪念专辑》,上海社会科学院出版社1986年版,第150—153页。

致使白区的党组织几乎全部被破坏,北平也不例外。当时,上级领导和我刚刚接上了关系,不几天就因被捕而中断。由于这样不正常的联系,所以当时没有正常的组织生活。我联系的社联支部,也基本上都断了线。"①又据宋劭文回忆,"我任北平社联党团书记期间,北平社联的盟员最多时发展到三四十人,都是大、中学生";"北平社联和上海的'中国社联'那时没有关系,工作全由北平地下党来领导";同样,在他看来,"当时北平工作中存在着严重的'左'倾错误,社联的活动都是秘密的,主要是组织一些人上街写标语;有时在革命纪念日里,到闹市区搞一下飞行集会。……这样组织总是发展壮大不起来。"②

在于 1932 年 5 月 1 日出版的《大众文化》创刊号中,北平社联发布了自己的理论纲领与组织章程,其全文如下:

斗 争 纲 领

一、在中国×××指导下,学习并推广马克思列宁主义,参加革命——尤其是在理论上的斗争。

二、无情地批判非马克思列宁主义的反动思想——如三民主义,民族改良主义,自由主义,国家主义等等;特别加紧批判伪马克思列宁主义的理论——如社会民主主义,托洛茨基主义,右倾机会主义等。

三、实际地参加反帝国主义国民党的民权革命,扩大中国的苏维埃运动,拥护无产阶级的祖国苏联。

四、加紧社会科学大众化运动。深入工厂农村兵营,使马克思列宁主义深入一般大众。

五、努力无产阶级的教育工作,提高劳苦大众斗争的文化水平。

六、根据马克思列宁主义的唯物观点,分析当前社会政治经济诸问题,正确地指出斗争的方向。

七、吸收工农前进分子,巩固本盟阶级基础。

八、帮助劳苦大众经济政治的斗争,及文字上宣传与鼓动。

① 李正文:《回忆我在北平社联的日子》,上海市哲学社会科学学会联合会编:《中国社会科学家联盟成立 55 周年纪念专辑》,上海社会科学院出版社 1986 年版,第 158 页。

② 宋劭文:《我所了解的北平社联的组织与活动》,上海市哲学社会科学学会联合会编:《中国社会科学家联盟成立 55 周年纪念专辑》,上海社会科学院出版社 1986 年版,第 167—168 页。

九、发动及领导各种社会科学团体。

十、争取言论出版集会结社等政治上的绝对自由。

十一、反对帝国主义的文化侵略政策,反对国民党法西斯蒂的文化政策。

十二、积极介绍苏联及中国苏维埃区域的真实情形,并扩大其政治影响;撕破一切反动分子诽谤与诬蔑,无情地暴露他们反革命的罪恶。

十三、在目前特别要在理论上行动上,加紧反对帝国主义进攻苏联,压迫殖民地革命运动,瓜分中国,进攻中国革命,及帝国主义二次大战的斗争;揭穿一切资产阶级辩护士对上述危机的蒙蔽宣传。

十四、在实际斗争中,实行自我批判及自我教育。①

上述理论纲领反映了北平社联及其盟员具有鲜明的政治立场与较高的理论水平,在哲学社会科学领域坚持革命的马克思主义,反对各种反马克思主义,并把理论斗争与实践斗争相结合。这一精神与《中国社会科学家联盟纲领》保持基本一致,这就表明虽然北平社联与社联总部在地域上间隔着距离,但两者却在理论上与行动上实现了有机统一,配合得相当到位。

组 织 大 纲

第一章 盟 员

第一条 凡志愿接受本分盟斗争纲领遵守分盟组织大纲者,无论个人或团体,均得为本分盟盟员或团体盟员。

第二条 凡同情本分盟之组织及行动并愿予本分盟以各方面的赞助者,无论个人或团体,均得为本分盟赞助盟员或团体赞助盟员。

第三条 盟员或团体盟员入盟时,须有本分盟盟员一人,或其他革命团体之介绍,经小组通过,组织部派人谈话,执委会之认可,方得为本分盟盟员或团体盟员。

第四条 赞助盟员或团体赞助盟员入盟时,经本分盟盟员一人,或其他革命团体介绍,小组通过后,即得为本分盟赞助盟员或团体赞助盟员。

---

① 《中国社会科学家联盟北平分盟斗争纲领》,《大众文化》创刊号,1932 年 5 月 1 日。转引自史先民编:《中国社会科学家联盟资料选编》,中国展望出版社 1986 年版,第 50—51 页。

第二章 组　　织

第五条　本分盟受本盟北方部书记局之领导,但在该局未成立前,暂受上海总盟直接领导。

第六条　本分盟之组织系统如下:

甲、全体大会或代表大会

乙、执行委员会

丙、支部

丁、小组

第七条　执委五人,分担下列各处部职务:

甲、秘书处

乙、组织部

丙、宣传部

丁、出版部

戊、研究部

第八条　执委会视工作之需要,将组织各种委员会。

第九条　各处部视工作之需要,得经执委会同意,聘请干事或委员,组织干事会或委员会。

第十条　每一小组须有盟员三人至五人,必要时盟员二人得成临时小组,每一小组选举组长一人。

第十一条　每一支部须有三个小组至五个,由组长组织支部干事会,互选书记组织宣传各一人。

第十二条　执委会视工作之需要,得召集支部书记联席会议或全体职员大会。

第十三条　赞助盟员不参加小组,无选举权及被选举权。

第三章 职　　责

第十四条　全体大会或代表大会之职责如下:

甲、接纳及批评执委会之工作报告

乙、修改本分盟斗争纲领及组织大纲

丙、决定本分盟之工作

丁、选举执行委员会

第十五条　执委会之职权如下：

甲、执行全体大会或代表大会之决议

乙、决定各部工作计划

丙、领导支部及小组工作

丁、聘请各种委员及干事

戊、出席支部会及小组会，在可能范围内参加小组工作

已、召集全体大会或代表大会

第十六条　秘书处之职责如下：

甲、代表本分盟对外关系

乙、联系各部工作

丙、规划财政

丁、制定一切文件

第十七条　组织部之职责如下：

甲、派人与新盟员谈话考察其情绪及认识

乙、考察盟员之行动及工作

丙、划分小组

丁、组织各种公开团体

第十八条　宣传部之职责如下：

甲、制定宣传大纲指导小组宣传工作

乙、制定各种宣传品

丙、采访及传播革命斗争消息

第十九条　出版部之职责如下：

甲、编辑及发行各种对外刊物

乙、联络并指导其他革命出版团体

第二十条　研究部之职责如下：

甲、制定研究大纲指导小组研究工作

乙、举行公开讨论及演讲

丙、指导各种问题研究会

第二十一条　支部之职责如下：

甲、规定支部工作计划联系并推动小组工作

　　　　　　　　乙、执行执委的决议案

　　　　　　　　丙、经常的向执委会报告各小组工作情形

　　第二十二条　小组之职责如下：

　　　　　　　　甲、参加一切革命斗争工作

　　　　　　　　乙、吸收革命分子扩大组织

　　　　　　　　丙、经常的作口头上及文字上的宣传

　　　　　　　　丁、发起各种公开组织

　　　　　　　　戊、研究讨论社会政治经济诸问题

　　　　　　　　己、讨论及批评各盟员工作

　　　　　　　　庚、选举代表大会代表

### 第四章　会　　期

　　第二十三条　全体大会或代表大会至少每三个月开会一次，由执委
会召集之。

　　第二十四条　执委会至少每星期开会一次，由秘书召集之。

　　第二十五条　各种委员会干事会，由负责人视需要临时召集之。

　　第二十六条　支部书记联席会议由执委会视需要临时召集之。

　　第二十七条　支部干事会至少每星期开会一次，由支部书记召集之。

　　第二十八条　小组至少每星期开会一次，由组长召集之。

### 第五章　任　　期

　　第二十九条　执委任期三个月。

　　第三十条　委员干事任期由执委会决定之。

　　第三十一条　支部干事任期三个月。

　　第三十二条　组长任期三个月。

### 第六章　纪　　律

　　第三十三条　盟员须坚决遵守本分盟斗争纲领及组织大纲，执行决
议，保守秘密。盟内各问题得自由讨论，但一经决议，即须一致进行。

　　第三十四条　盟员有消极怠工或破坏纪律者，先用说服方法，次予警
告，再次开除盟籍。

### 第七章　经　　费

　　第三十五条　盟员盟费每月每人两角，团体盟员盟费每月一元，但穷

苦者得由执委会决定减少或免缴,自由捐视盟员或团体盟员之经济能力,尽量捐助。

　　第三十六条　赞助盟员或团体赞助盟员不缴盟费,但须自由捐助。

　　第三十七条　必要时举行对外募捐,盟员团体盟员赞助盟员及团体赞助盟员须全体动员。①

上述组织大纲实际上就是北平社联的章程,反映了北平社联的整个组织系统及其职责。与《中国社会科学家联盟简章》相比,北平社联的章程显得更详细、更具体,包括盟员、组织、职责、会期、任期与纪律六个层面,更类似一个政党章程而非文化团体章程。需要说明的是,从北平社联的章程中,我们发现北平社联设置了赞助盟员与团体赞助盟员,并与普通盟员与团体盟员相并列,这就意味着北平社联在组织建构的策略上具有相当的变通性。

此外,于1933年5月15日出版的《北平文化》创刊号报道了北平社联召开第八届代表大会的消息:

　　北平社会科学同盟(旧称北平社会科学家联盟)成立已两年之久,曾做不少的反帝国主义反豪绅地主资产阶级的工作。最近第八届代表大会在严重的政治形势之下,经过热烈的斗争与讨论,清算出过去路线的错误及组织上的关门主义与工作上的右倾机会主义;决定了新的路线是:用文化的武器作一切的斗争;通过十大决议,要在目前日本帝国主义积极进攻华北,国际帝国主义积极进行瓜分中国进攻苏联,豪绅地主资产阶级无耻的出卖民族利益的严重局面之下,从新的路线负起反战,救亡,反帝,反豪绅地主资产阶级,扩大民族革命战争,并打击一切反革命理论的工作。目前该联盟正努力克服过去的一切错误,开始新的工作,深望社会科学大众踊跃参加云。②

从上述关于北平社联第八届代表大会的消息中可以看出,由于日本帝国

---

①　《中国社会科学家联盟北平分盟组织大纲》,《大众文化》创刊号,1932年5月1日。转引自史先民编:《中国社会科学家联盟资料选编》,中国展望出版社1986年版,第52—56页。

②　《北平社会科学同盟第八届代表大会闭幕了》,《北平文化》创刊号,1933年5月15日。转引自史先民编:《中国社会科学家联盟资料选编》,中国展望出版社1986年版,第59页。

主义占领东北、威逼华北,伺机进攻平津地区,北平社联领导的左翼社会科学运动已经率先开始与抗日救亡运动紧密结合,增强了左翼社会科学运动对抗日救亡运动的引领,扩大了抗日救亡运动在哲学社会科学领域的影响,最值得一提的是他们竟把反战与救亡这两个口号写在反帝反封建前面,这就标志着北平社联的工作重心表现出迎接民族革命战争的时代紧迫感与政治责任感。

## 第三节　从《社联盟报》看社联的组织运作

### 一、《社联盟报》(1933—1935)的史料价值

自 1933 年下半年以来,社联与社研发生合并,社联自身的组织规模扩大,因而由"中国社会科学家联盟"改称"中国社会科学者联盟"。正是在社联与社研发生合并的关键节点,社联推出了一个名为《社联盟报》的内部油印刊物,专门刊登社联领导机关与基层组织的工作计划或报告,刊登社联盟员的工作建议或意见,并刊登社联盟员的思想言论或自白,旨在依靠该刊助推自身的组织运作及其建设,增强自身从上至下的组织性与纪律性。

《社联盟报》(1933—1935)于 1933 年创刊,在 1933 年至 1935 年期间连续出版与发行。1934 年 2 月,社联盟员邓洁、梁宝钿开始负责印刷《社联盟报》,两人曾经在法租界辣斐德路的一个弄堂里租一个亭子间作油印室,但每个月搬一次家。[①]该刊共计 29 期,尽管由于年代久远与保存不易,我们现在只能查阅第 4 期(于 1933 年 5 月 1 日出版)、第 14 期、第 15—16 合期、第 17 期、第 21—22 合期(以上于 1934 年出版)、第 23 期、第 24 期、第 25 期、第 26—27 合期、第 29 期(以上于 1935 年出版),但该刊依然具有一定的连续性与可读性,

---

①　邓洁:《怀念梁宝钿》,上海市哲学社会科学学会联合会编:《中国社会科学家联盟成立 55 周年纪念专辑》,上海社会科学院出版社 1986 年版,第 147 页。

而其机密文字均用"×"表示,其作者署名也均用化名。

《社联盟报》(1933—1935)的史料价值在于:其一,反映了在 1933 年 5 月至 1935 年 12 月期间社联的组织运作情况。由于这些组织运作的情况都是来自社联的内部文件,其真实性远高于当事人的回忆录。当时,社联在沪设有一个总会,总会下设有沪东、沪西、沪南三个区分会以及第一直属分会,各区分会下又设有若干分会或小组。社联总会的领导机关是常委会,常委会设置组织部、宣传部、财务部、编辑部、出版部、研究部以及工农教育委员会,这些职能部门指导基层单位的各项工作。各区分会均设置委员会,负责领导下属分会或小组,而各区委员会也设置相关的职能部门。与在 1930 年 5 月社联创立时的领导机关相比,这套领导机关已经发生了重大调整与变革。此外,从盟员发展的情况来看,1933 年 5 月社联盟员发展到 124 人[①],但在整个 1934 年期间其数量增长相对迟缓,直到 1935 年 12 月尚未取得较大突破。现将 1934 年社联各区盟员发展的概况列表[②]如下:

**1934 年社联各区盟员数量统计表**

|  | 4 月 | 5 月 | 6 月 | 10 月 | 12 月 |
|---|---|---|---|---|---|
| 沪东区分会 |  |  | 59 | 38 | 38 |
| 沪西区分会 | 24 | 19 | 28 |  | 37 |
| 沪南区分会 |  | 32 | 36 | 21 |  |
| 第一直属分会 |  |  |  | 13 | 10 |

其二,展现了在 1933 年 5 月至 1935 年 12 月期间社联常委会的工作计划或报告、各区分会的工作计划或报告以及各职能部门的工作计划或报告,尤其展现了社联各级组织与盟员对联盟各项工作的建议与意见。社联通常按三个月一个周期制定与检查工作计划,但自 1935 年 1 月以来,也有基层组织按一个月一个周期制定与检查工作计划。这些工作计划的内容包括:首先,揭示了社联面临的生存环境与遭遇的发展困难,反映了社联机关及其基层组织的战

---

① 《上海总会过去三个月的工作检查与今后三个月的计划》(1933 年 5 月 1 日),上海市档案馆编:《社联盟报》,档案出版社 1990 年版,第 2 页。

② 该表引用的数据参见上海市档案馆编:《社联盟报》,档案出版社 1990 年版,第 104、107、115、118、123、131、136、142—143、147、150—151 页。

略部署与工作进度,反映了社联盟员对待工作计划的思想动态与内心世界;其次,说明了社联在组织、宣传与财政工作上的具体安排,在研究、编辑与出版工作上的有益举措,以及在工农教育与社会科学大众化上的若干实际行动;再次,体现了社联同自身存在的各种错误倾向作斗争的坚强意志,呈现了社联上下级、部委间甚至盟员间进行批评与自我批评的相关言行,表现了他们崇高的使命感与强烈的责任心。显而易见,这些内容有助于我们更清楚地认识社联组织运作尤其是基层运作的实际状态,更身临其境地体会社联基层组织及其盟员从事各项工作的真实心态。

其三,刊登了在 1933 年 5 月至 1935 年 12 月期间社联机关对外发表的政治宣言与对内发布的倡议书或指导性文件,这些史料表达了社联盟员对国内外重大事件及其进展的政治立场与态度;并刊登了社联领导人陈处泰(笔名开泰)等一批社联盟员撰写的具有较高理论水平的政治报告或政论文,这些史料表明了社联盟员对重大理论与现实问题的看法,证实了社联盟员身上具有的非凡智慧与杰出才能。例如,《社联盟报》第 17 期(于 1934 年 6 月出版)刊登的《为扩大募捐援助红军运动告盟员书》(署名常委会)一文与《社联盟报》第 29 期(于 1935 年 12 月 30 日出版)刊登的《展开中国文化界的统一战线》(署名常委会)、《反对日本帝国主义占领华北宣传纲领》(署名宣传部)两文;又如,《社联盟报》第 17 期(于 1934 年 6 月出版)刊登的《反对法西斯奴隶化的军事训练》(署名常委会)与《社联盟报》第 25 期(于 1935 年 5 月 5 日出版)刊登的《军事训练的意义及怎样反对它》(署名王木林)两文;再如,《社联盟报》第 24 期(于 1935 年 2—4 月出版)刊登的《为健全组织发展组织而斗争》(署名开泰)一文与《社联盟报》第 25 期(于 1935 年 5 月 5 日出版)刊登的《纪念伟大的革命导师马克思》(署名开泰)一文。

其四,反映了在 1933 年 5 月至 1935 年 12 月期间王明"左"倾错误对社联各项工作的负面影响。自 1931 年 1 月中共六届四中全会以来,王明在共产国际代表米夫的支持下夺取了中共中央的最高领导权。在王明"左"倾政治路线的负面影响下,社联的组织运作经常发生失效或失误,这既表现在社联基层组织的集体行动中,又表现在社联盟员的个人思想、意识与情绪中,更从一个侧面投射出 20 世纪 30 年代中共地下组织的内在困境,陪衬出 20 世纪 30 年代中共白区工作过于盲目、死板与机械的整体图景。与此同时,组织运作的失效或失误也反过来促使社联基层组织及其盟员对王明"左"倾错误进行自发性批判,促使社联基层组织及其盟员对王明"左"倾错误进行自发性抵制。在自我反省与反思的基础上,他们表露了沉积在内心深处的困惑与苦恼,他们设想了可以改变自身困境的策略与举措,而他们的自我反省与反思也愈发彰显其关心组织的集体主义精神,愈发体现其爱护同志的战友情结与品格。

## 二、宣传、组织社会科学大众化

通过对《社联盟报》(1933—1935)的考证,我们可以发现社联在 1933 年 5 月至 1935 年 12 月期间的组织运作包括两个层面:从横向视野上看,社联的组织运作体现在宣传、组织社会科学大众化上,领导基层组织及其盟员传播马克思主义,把马克思主义牢固地扎根在普通民众中;从纵向视野上看,社联的组织运作体现在定期制定与检查工作计划上,在从制定、执行到反馈工作计划的同时增强自身建设,尤其是盟员善于并敢于民主讨论与批评,改进工作效率、改正工作错误并改变工作态度。

宣传、组织社会科学大众化首先表现在组织结构的大众化上。当时,社联的基层组织及其建立的外围团体都是社会科学大众化的实践主体。1934 年 6 月 19 日,出于对盟员职业结构(学生占 50%;职员占 35%;失业者占 10.5%;工人占 3%;作家占 0.5%;教授占 0.5%;兵士占 0.5%)与外围团体布局(2 个抗日会;4 个读书会;2 个研究会;1 个儿童团;1 个妇女会;2 个工人班;1 个补习学校)的不满,社联组织部提倡"去获得工人阶级的大多数",并"团结群众在我们的周围,使群众接受我们的政治影响"。[1]同月 20 日,社联常委会也在七、八、九三个月工作计划中强调:"发展组织中要注意大众化,下层统一战线。同时,在疯狂的白色恐怖之下,更要严密组织,保护干部。这并不是说害怕群众或带有任何关门主义的意味。"[2]

编辑与发行书刊是宣传、组织社会科学大众化的首要工作,因而社联编辑

---

[1] 组织部:《组织部的自我批判》(1934 年 6 月 19 日),上海市档案馆编:《社联盟报》,档案出版社 1990 年版,第 195 页。

[2] 常委会:《七、八、九三个月的工作计划大纲》(1934 年 6 月 20 日),上海市档案馆编:《社联盟报》,档案出版社 1990 年版,第 36—37 页。

部付诸了较多的心血。1934年4月,该部曾在工作大纲中宣称:"编辑活动既属全部工作的实际任务之一,那末,每个同志不仅要经常的写出文章,对于我们发生的公开刊物或对内部的各种文章也要不断的检阅批评,在文章的内容——意识形态上,文字的好坏上,以及编辑方针上,都要同志们热心的给与无限的批评和意见。"[①]同年5月,又在工作检查中声称:"发行工作是本联盟整个工作的一部分,它与组织工作及宣传工作有密切的联系的,要使我们盟员获得马克思列宁主义理论的武装,要把我们正确的社会科学理论扩大并深入到一般群众里去,我们必须加强发行工作。"[②]

据《社联盟报》(1933—1935)记载,社联在此期间相继推出了包括《大众科学》(对外,月刊)、《政治情报》(对内,周刊)、《盟报》(对内,半月刊)、《丛书》(关于政治、经济、哲学与实际问题等)与《时周》周报等在内的一系列书刊,确保了社会科学大众化的全面推广与持续影响。在社联编辑部看来,"马克思、恩格斯、列宁、斯大林的代表作,虽然零零碎碎有译本,可以做我们研究的指南,但是初入门的人,读古典作是顶不相宜";"而一般的大众读物,几乎等于凤毛麟角,或有一二,也是几年前的旧作,失去了存在的意义。关于一般特殊问题的通俗本,也是绝无仅有。有一二种,立场也不正确,很容易使初学人陷入歧途。"基于市场的客观要求与读者的主观需求,该部于1934年5月策划出版一套关于政治、经济、哲学与实际问题的大众化丛书。这套丛书坚持马克思主义这一指导思想,既体现了宣介理论与探讨实践相结合的特点,又体现了着眼中国与关注世界相结合的特点,更体现了回答经济问题与回答政治问题相结合的特点,其目录如下:

关于基础理论:

1.唯物辩证法 2.历史的唯物论 3.经济学 4.帝国主义 5.第三期

6.政治理论

关于实际问题:

7.中国经济问题 8.中国农业问题与农民运动 9.今日之太平洋问

---

① 《编辑部工作大纲》(1934年4月),上海市档案馆编:《社联盟报》,档案出版社1990年版,第12页。

② 《社联发行工作的缺点》(1934年5月),上海市档案馆编:《社联盟报》,档案出版社1990年版,第192页。

题　10.白银问题　11.法西斯运动　12.苏联的建设①

尽管上述丛书的推出只是社联编辑与发行书刊的一个缩影,不能显现社联编辑与发行工作的全部情景,但已经可以看出社联探索社会科学大众化的写作思路与技术,这一点集中体现在编辑部的工作大纲中。在写作思路上,"反映在我们刊物上的必需是大众的日常生活的表现。我们要把大众的日常生活问题当作我们写作的主要题材,把大众的生活困苦表现在我们的刊物上,是对于反动文化的欺骗宣传的逆袭。"在写作技术上,"我们要坚确的站在马列主义的立场上,去说明、批判、处理一切问题,但我们不要把'本相'完全拿出来,不要把我们所写出的东西写成'赤色'。……我们必须站在大众团体文化运动的立场上去写作各种问题,使我们所发行的东西成为一般大众的读物,保持这样的态度,至少在我们对外的公开刊物上是必要的。"②与此同时,编辑部又在各区建立通讯员(在学校、工厂、街头与农村里),设立专门撰稿员(依同志的特殊研究与特殊技能),企图发动基层组织及其盟员参加社会科学大众化写作,并反过来利用他们收集写作的素材。

理论研究是宣传、组织社会科学大众化的中心工作。社联研究部经常向基层组织发出研究大纲,向盟员推荐参考资料,指导盟员学习马克思主义的基础理论,探讨国内外的政治与经济问题,并建立专门研究会或专题讨论会,集中回答某个理论与现实问题。在这里,我们列举三则研究大纲,揭示社会科学大众化的内容及其特点。

一是1934年6月18日由社联研究部制定的研究大纲:

（一）辩证法唯物论教程

（二）马列主义经济学之基础理论

（三）各国革命史:1.十月革命史　2.美国独立运动史　3.法国大革命史

（四）马列主义政治学:1.国家与革命　2.民族问题　3.苏维埃政权与法西斯独裁

---

① 杜生:《编辑部的工作计划与工作报告——为马列主义的大众化而斗争》(1934年5月),上海市档案馆编:《社联盟报》,档案出版社1990年版,第24—25页。

② 《编辑部工作大纲》(1934年4月),上海市档案馆编:《社联盟报》,档案出版社1990年版,第13—14页。

116

　　（五）文化问题与艺术理论：1.文化斗争与文化革命　2.文艺政策问题　3.社会主义的现实主义①

二是1934年10月23日由沪南区研究会制定的研究大纲：

　　1. 唯物辩证法哲学：(1)观念论与唯物论　(2)辩证法与唯物辩证法(3)什么是马克思列宁主义　(4)哲学上的瑟约夫阶段

　　2. 政治经济学：(1)资本主义的政治经济体制　(2)资本主义的矛盾、帝国主义阶段的资本主义　(3)法西斯主义的政治经济体制　(4)社会主义的政治经济体制

　　3. 专门问题研究：(1)中国革命问题与世界革命问题　(2)苏联社会主义建设与和平政策　(3)中国的边疆问题与中国民族问题　(4)中国苏维埃工农红军的发展与文化运动的当前任务②

三是1934年10月期间由沪东区研究会制定的研究大纲：

　　1. 哲学：(1)什么是唯物辩证法　(2)哲学上的马列阶段　(3)哲学主流派的清算　(4)什么是唯物史观

　　2. 政治：(1)政治上的基础认识　(2)法西斯蒂的政治批判　(3)帝国主义与中国　(4)国际现象

　　3. 经济：(1)经济恐慌的第三期　(2)中国的农村经济　(3)中国国民经济的现阶段　(4)社会主义的经济的特质

　　4. 时事问题：(1)一周间大事检讨　(2)革命的性质与革命的形势

　　5. 工作上的一般的问题③

　　理论研究依靠社联基层组织及其盟员推行。针对各区的实际情况，社联研究部于1934年4月制定了实现社会科学大众化的理论研究路线，强调："研究它，应结合在具体的事实上，结合在日常生活的要求上，尤其是应该如此去举例。这样才能提高群众对问题的兴趣和参加文化斗争的热情；

---

① 《研究部的自我批判与工作计划——为扩大强化马列主义的思想武装而斗争》(1934年6月18日)，上海市档案馆编：《社联盟报》，档案出版社1990年版，第31页。

② 沪南区区委会：《南区七、八、九三月工作总检讨及十周工作计划纲领》(1934年10月23日)，上海市档案馆编：《社联盟报》，档案出版社1990年版，第129—130页。

③ 《东区七、八、九三个月工作报告及新的三月计划》(1934年11月24日)，上海市档案馆编：《社联盟报》，档案出版社1990年版，第141页。

同时,训练自己对现实的敏感性。"①同年 12 月 25 日,社联常委会决定召集各种研究班,从各区抽调盟员推动理论研究,包括政治研究班、经济研究班、哲学研究班、列宁主义研究班、组织问题研究班与妇女问题研究班。在常委会看来,这些研究班具有鲜明的组织性、纪律性与目的性,"和小组生活没有两样,依旧适用民主集中制,严守纪律,夺取反动理论影响之下的群众";可以武装自己、教育同志与教育群众,"不仅要严格检查自己的认识,不容许有理论上的偏向,而且还要对于有倾向的理论进攻";"应该随时把握具体的事实,给以理论上的训练。……还要在可能范围内予以指导";此外,"对内要发挥教育与训练的效能,对外当然也要负担打击敌人与说服群众的使命"。②

不言而喻,理论研究既可谓一个读取文字信息的感性认识过程,也堪称一个重构知识结构的理性认识过程。一位出身天主教徒的社联盟员在上述过程中实现了从唯心主义向唯物主义的信仰转变,实现了从宗教神学向马克思主义社会科学的思想转变,而他个人信仰与思想的转变从一个侧面体现了社联宣传、组织社会科学大众化的实际收效。1935 年 5 月,他在致《社联盟报》编辑部的一封自述信中追忆了一年以来自己专注于理论研究的大致经过,再现了一年以来自己的读书生活及其心得与体会,情不自禁地说:"我觉得单看小说而要认识一切社会现象是不够的,在这种要求之下,就继续买了不少的文艺、社会、科学、哲学的理论书籍,自己在书桌上研究,于是新兴艺术,社会主义,唯物史观,唯物辩证等等观念渐渐地进了我的脑中,……一切错误的观念都给唯物史观和社会主义伟大的烈焰烧毁了。我的一生愿归依于马克思列宁主义理论与实践的革命旗帜之下!"③

工农教育委员会是宣传、组织社会科学大众化的一个专门机构,身处社会

---

① 《研究部四、五、六三个月研究工作计划》(1934 年 4 月),上海市档案馆编:《社联盟报》,档案出版社 1990 年版,第 17 页。

② 常委会:《关于召集各种研究班的决议》(1934 年 12 月 25 日),上海市档案馆编:《社联盟报》,档案出版社 1990 年版,第 65—66 页。

③ 一盟员:《一位新同志的自述——我的思想转变经过》(1935 年 5 月 5 日),上海市档案馆编:《社联盟报》,档案出版社 1990 年版,第 241 页。

科学大众化的最前线,与工农大众发生直接联系。1933 年 5 月,社联发出关于工农教育工作的通告,明确指出:"社联在目前最主要的任务是扩大马列主义的宣传,争取广泛的工农劳苦大众对马列主义的认识,坚决的英勇的为马列主义在中国胜利的开展而奋斗";"用突击竞赛在每个区中、每个分会中积极开展这一工作,到马路上、到工厂、到农村用各种形式去接近工农大众,由宣传作用进一步的发生组织作用。"[①]1934 年 6 月 10 日,工农教育委员会又发出关于编印工农读物的通告,主张"严格地站在马列主义的立场上,阐发正确的社会科学的理论",并要求"避免术语的应用,最好多举实例来验证理论",使其"深入到工农大众里去"。这套工农读物的目录如下:

(一)国民党为什么不打日本。

(二)怎样才能得到新生活?

(三)中国的工农。

(四)苏联的工农。

(五)阶级与政党。

(六)资本是从那里来的?

(七)我们需要怎么样的工会?

(八)农村为什么破产的?

(九)怎样才能复兴中国农村?

(十)果真有"神"吗?[②]

值得注意的是,工农教育委员会的作用在于指导而非取代各区的工农教育工作,而工农教育工作却依靠各区共同执行。1934 年春,社联沪西区的一个大学小组"深深地体验到,埋头在图书馆里,潜身在自修室里,空谈工农教育,不啻一种梦呓,工作永无开展的余地",便借助于"在那个小组附近,农村很多"这一环境,借助于"每天必抽出一个钟头,个别地到乡村去散步;每星期日整个的下午,联合地到乡村去慢跑"这一时机,不仅"去和农

---

① 《为工农教育工作组织工作告每个革命的盟员》(1933 年 5 月 1 日),上海市档案馆编:《社联盟报》,档案出版社 1990 年版,第 8—9 页。

② 《工农教育委员会通告》(1934 年 6 月 10 日),上海市档案馆编:《社联盟报》,档案出版社 1990 年版,第 28—29 页。

民攀谈，从日常生活谈起，谈到社会情形，启发他们问话的兴趣"，而且"鼓动农民读书的兴趣"。①这个大学小组可以被看作社联开展工农教育工作的一个经典案例，扩大了社会科学大众化的受众，拓宽了社会科学大众化的覆盖场域，并充实了社会科学大众化的组织保障，因而值得全体盟员学习。

然而，社联的工农教育也绝非易事。1934 年 11 月，社联常委会在工作决议中发出感叹："工农教育的活动在整个组织上是最重要的一部分；然而工农教育的成绩在全部工作上，却是最软弱的一部分"；"从常委到区委一直到小组的盟员，对于工农教育工作还没有正确的了解，把这一工作和整个的组织工作、宣传工作割断，把它当作特殊的活动，交给工农教育委员会几位负责同志，和少数工农的盟员的去做。"②而工教会同样在工作检查中发现并汇报上述问题："本来工农教育的工作是社会科学大众化主要的任务，是全体盟员应有的责任，现在从我们的检查中，这几个关系都是几个担任工教责任的人开辟的，就没有一个盟员小组发展交到工教来的。由这样看来，工农教育的工作好像只是担任工教工作几个人的事情，普通盟员是可以不问了，这不仅是工教工作的危机，而且是整个社会科学大众化工作的一个病态。"③有鉴于此，常委会指示各区作出改变：在组织上，"组织各种各样的外围团体，如读书班、识字班、俱乐部、座谈会、兄弟团、姊妹团、同乡会等组织，好去吸收工农盟员"；在宣传上，"在工农盟员的小组里，要加紧马列主义的教育，在一切的读书班、识字班、座谈会里，更应有系统地注重马列主义的灌输"。④而工教会甚至要求各区"建立夜校或补习班，……除必要的普通科目以外，尤须教授浅近的社会科学"；"出版刊物，使工友们都有发表自己意识

① 《开展工农教育的初步——值得学习的一个小组》(1934 年 4 月)，上海市档案馆编：《社联盟报》，档案出版社 1990 年版，第 180 页。

② 《常委会关于工农教育的决议》(1934 年 11 月 24 日)，上海市档案馆编：《社联盟报》，档案出版社 1990 年版，第 54—55 页。

③ 工农教育委员会：《工教的工作检查与今后计划》(1934 年 11 月 24 日)，上海市档案馆编：《社联盟报》，档案出版社 1990 年版，第 62—63 页。

④ 《常委会关于工农教育的决议》(1934 年 11 月 24 日)，上海市档案馆编：《社联盟报》，档案出版社 1990 年版，第 55 页。

的机会,并训练写作的技术,训练他们作社会活动";"经常开会员小组会议,……要把社会科学、基础理论、战斗技术融化在工友切身的经济问题和浅近的政治情况的报告里"。①

## 三、社联的工作计划与自身建设

在社联的组织运作中,其组织严密性取决于计划周密性,其计划周密性又取决于检查长期性。定期制定与检查工作计划不仅是社联领导机关与基层组织沟通与交往的一种有效途径,而且是社联内部发现问题、纠正错误与监管自身的一种经常机制。

1933 年 5 月,社联常委会指示各级组织"即刻讨论提出计划来","按期作严格的检查",倡导"全体盟员尤其是各级干部要用突击的方式每星期照例开一次会的","常委要直接到分会里去检查,区干要直接和盟员谈话",要求"每个盟员都要有自己的计划,不许有一个盟员站在工作外面"。②1934 年 6 月,常委会又训示各级组织正确对待工作计划,指出:"既有了计划,如果不去执行,则只是'纸上谈兵'。忠实于组织的同志们,我们必须将计划事实化,才能实现这最低的计划,……我并不要求同志们死守着这个计划,抹杀工作过程中的创造性的发挥。"③1935 年 4 月,常委会进一步强调:"计划是前进的指针","计划的重要性是无可怀疑的";"我们不能夸大或空洞的定计划,……但同时不要把计划当作死的教条,以为熟读了计划,计划就会实现了。我们应当把计划活泼的有机的辩证法的去运用。"④

关于定期制定与检查工作计划,不仅由社联常委会反复诠释,而且备受一些基层组织及其盟员的紧密关注。1935 年 6 月,沪西区区委会专门发文罗列

① 工教会:《工教会×××业××会教育大纲》(1934 年 11 月 24 日),上海市档案馆编:《社联盟报》,档案出版社 1990 年版,第 58 页。

② 《上海总会过去三个月的工作检查与今后三个月的计划》(1933 年 5 月 1 日),上海市档案馆编:《社联盟报》,档案出版社 1990 年版,第 1、8 页。

③ 常委会:《七、八、九三个月的工作计划大纲》(1934 年 6 月 20 日),上海市档案馆编:《社联盟报》,档案出版社 1990 年版,第 37 页。

④ 常委会:《四、五、六三个月计划提纲》(1935 年 4 月),上海市档案馆编:《社联盟报》,档案出版社 1990 年版,第 77 页。

了实现工作计划的必要条件,指出:

> 每个盟员要爱护计划,它不但具有重要性,而且每次计划还具有它的现实性。它在每次计划期间具有工作指针的作用,应该经常地研究它,长久地保存它,直到计划期满为止。

> 区委和每个小组,要仔细检查和忠实地承认过去失败的原因。并在热烈讨论之后,在实现全部计划的前提之下,活泼的配合自己工作环境,制定自己的计划,不能断章取义的割取计划的某几条,也不可把计划当作死的公式。

> 各级组织每个盟员,都集中在争取全部计划成功之下,开展思想斗争,执行自我批评。

> 最后是计划中指出了革命竞赛。①

同年 2 月 26 日,一位盟员也发表了自己的看法,但他则把关注点转移到"每次的计划都郑重的提出中心政治任务"上,即:"中心任务的实现,当然是多方面的,但在多方面当中,我们应该把握着主要的一方面,其他方面都该配合主要的一方面,或通过主要的方面来具体表现。……但中心任务的完成是不是只要主要的一方面而不要其他的方面呢? 不是,绝对不是;恰恰相反,一定要在多方面去进行,但必定要与主要方面有计划的联系起来,有组织的配合起来。"在他看来,"常委须领导各级组织、全体盟员热烈地、切实地、详尽地讨论中心任务,和依据中心任务所定出来的整个计划,做到每个盟员都明晰了解它的客观必然性和正确性,在热烈论争中,开展思想斗争,但要是教育的说服的,而不是武断的命令的。"②

在从制定、执行到反馈工作计划的过程中,社联采取了一系列增强自身建设的举措与行动,企图尽可能实现既定工作计划。其中,召开各区书记联席会议属于对工作计划制定过程的调整与改造。区联会于 1934 年 9 月举行,是现存记录中的唯一一次。虽然区联会经过一个多星期的讨论,通过许多决议案,但常委会却发现区联会更类似会议机关而非执行机关,并没有把新三月计划

---

① 西区区委会:《怎样保证实现计划》(1935 年 6 月 30 日),上海市档案馆编:《社联盟报》,档案出版社 1990 年版,第 251 页。

② 李:《怎样实践我们的中心政治任务》(1935 年 2 月 26 日),上海市档案馆编:《社联盟报》,档案出版社 1990 年版,第 237—239 页。

具体化,因而于同年 11 月作出总结与批判,宣称:"区联会不是代表大会,也不是执委会,区联会不能做原则的决定,用命令的口气做好议案交给常委,区联只是在常会之下的具体讨论常委会决议的一个会议,但现在区联会的决议大都是原则的,其具体的程度还赶不上常委会的决议,这是使区联会的决议大都没有存在的价值的一个主要的原因。"[1]

开展工作竞赛是增强自身建设的一种非常举措,属于对工作计划执行过程的检视与监督,助推了工作计划的落实,促进了组织内部的比较与借鉴。开展工作竞赛的最早记录出自 1932 年 3 月 13 日左联秘书处关于竞赛工作的一封信,这封信宣布:"文总第四次代表会议中,剧联代表提议了竞赛运动,左联和其他团体的代表便都热烈的赞成。现在秘书处已和剧联及社联订了一个合同——我们的对手是剧联和社联。……当左联到了一个新的阶段的现在,我们便必须利用这个竞赛运动,把我们的精神转变过来,……现在秘书处向全体同志提出一个口号:超过预定标准一倍,打败剧联和社联!"[2]1933 年 5 月,社联常委会也接受这一做法,实行"区和区竞赛,分会向分会挑战",并"决定制造一个乌龟,四区中成绩最不好的,我老实不客气要请他得这不名誉的奖品"。[3]现存关于社联工作竞赛的记录是 1935 年 6 月由沪南区布置的一场小组竞赛。在参赛的四个小组中,A、D 两组的盟员大多具有固定职业,侧重比组织工作;B、K 两组的盟员没有固定职业,侧重比宣传工作。在这场小组竞赛中,A 组完成并超过计划;D 组没有达到目的;B、K 两组各有长短,但均达到指标;最终,区委会向 A、B、K 三组赠送奖品——《读书生活》第一卷合订本一册。现将 1935 年 6 月沪南区小组竞赛的具体项目与结果抄录如下:

---

[1] 常委会:《各区书记联席会议的总结与批判》(1934 年 11 月 24 日),上海市档案馆编:《社联盟报》,档案出版社 1990 年版,第 48 页。

[2] 《秘书处关于竞赛工作的一封信》,《秘书处消息》第 1 期,1932 年 3 月 15 日。转引自上海市哲学社会科学学会联合会编:《中国社会科学家联盟成立 55 周年纪念专辑》,上海社会科学院出版社 1986 年版,第 267—268 页。

[3] 《上海总会过去三个月的工作检查与今后三个月的计划》(1933 年 5 月 1 日),上海市档案馆编:《社联盟报》,档案出版社 1990 年版,第 7 页。

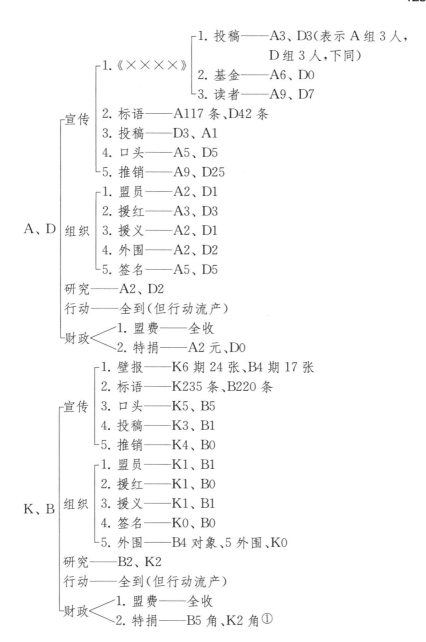

```
                              ┌─ 1. 投稿——A3、D3(表示 A 组 3 人,
                              │                  D 组 3 人,下同)
                 ┌─ 1.《×××××》─┤ 2. 基金——A6、D0
                 │            └─ 3. 读者——A9、D7
                 │  2. 标语——A117 条、D42 条
            宣传 ─┤  3. 投稿——D3、A1
                 │  4. 口头——A5、D5
                 └─ 5. 推销——A9、D25
                 ┌─ 1. 盟员——A2、D1
                 │  2. 援红——A3、D3
 A、D  组织 ─────┤  3. 援义——A2、D1
                 │  4. 外围——A2、D2
                 └─ 5. 签名——A5、D5
       研究——A2、D2
       行动——全到(但行动流产)
                 ┌─ 1. 盟费——全收
       财政 ─────┤
                 └─ 2. 特捐——A2 元、D0
                 ┌─ 1. 壁报——K6 期 24 张、B4 期 17 张
                 │  2. 标语——K235 条、B220 条
            宣传 ─┤  3. 口头——K5、B5
                 │  4. 投稿——K3、B1
                 └─ 5. 推销——K4、B0
                 ┌─ 1. 盟员——K1、B1
                 │  2. 援红——K1、B0
 K、B  组织 ─────┤  3. 援义——K1、B1
                 │  4. 签名——K0、B0
                 └─ 5. 外围——B4 对象、5 外围、K0
       研究——B2、K2
       行动——全到(但行动流产)
                 ┌─ 1. 盟费——全收
       财政 ─────┤
                 └─ 2. 特捐——B5 角、K2 角①
```

———————————————

① 南区区委会:《南区关于小组竞赛的决议》(1935 年 5 月 25 日);《南区小组竞赛的总结》
(1935 年 6 月 30 日),上海市档案馆编:《社联盟报》,档案出版社 1990 年版,第 161—
162、164—165 页。

表彰可以被视作增强自身建设的又一路径选择,属于对工作计划反馈过程的延伸与补充。无论是社联常委会还是区委会,他们都通过表彰先进组织或盟员(见下表)来发挥其表率作用,调动其他组织或盟员更高效地落实工作计划,更无私地坚守工作岗位,更专心地履行工作职责。在被表彰的先进组织或盟员中,一位署名 P·S· 的印刷处负责人最受人尊敬,也最令人同情。从常委会于 1935 年 6 月 30 日发布的褒状中可以看出,尽管"P·S· 同志私生活的困难,几乎达到食不能饱、衣不蔽体的程度",但"P·S· 同志的工作,不仅按照常委会的指定完成,而且发挥了最大的创造性,为组织争取宣传文件的胜利而斗争",因而常委会"决议向全联盟提出,当作一个典型的工作优良的同志,享受全体盟员的景仰而模范"。[①]

**社联表彰目录表**

| | 发布单位 | 表彰内容 |
|---|---|---|
| 1935 年 6 月 30 日 | 社联常委会 | 反帝抗日工作的几个模范小组及其外围 |
| 1935 年 6 月 30 日 | 社联常委会 | 印刷处负责人 P·S· 同志 |
| 1934 年 4 月 | 沪西区区委会 | 开展工农教育的某个大学小组 |
| 1934 年 5 月 | 沪西区区委会 | 利用教室散发宣言的两位盟员 |
| 1935 年 1 月 15 日 | 沪东区区委会 | 在组织、宣传、研究、抗日签名与援助红军中表现突出的××小组 |

虽然社联频繁制定与检查工作计划,但却难免执行失效或失误。以 1934 年第三期计划来看,尽管该计划目标明确而又内容详尽,但各区的执行都同常委会的部署存在差距。沪南区"丝毫没有进展",暴露出"漠不关心的种种怠惰的病态",表现出"不敢作突击工作的种种怯懦畏缩的形态",并呈现出"小资产阶级性的浪漫和客气的毛病",导致"对工作只求过得去了事"。[②]沪东区"因一个区委的中途告假","区委与小组间不亲密","区的决议往往在讨论时赞成这决议,离开了区委会便无形中取消了",以及"亭子间式的工作"与"检查工作没

---

① 常委会:《两个褒状》(1935 年 6 月 30 日),上海市档案馆编:《社联盟报》,档案出版社 1990 年版,第 89—90 页。

② 沪南区区委会:《南区七、八、九三月工作总检讨及十周工作计划纲领》(1934 年 10 月 25 日),上海市档案馆编:《社联盟报》,档案出版社 1990 年版,第 123、126—127 页。

有从上到下",其工作"在新旧交卸中停顿下来"。①而在第一直属分会,一个小组"因与区的关系中断,同时因小组负责的×同志怠工,所以领导非常不够";另一个小组"每星期只召集干事会一次,不详细讨论问题,有时干事会也不召集,只碰碰头就完事"。②

执行失效或失误除由社联基层组织及其盟员负主体责任外,也与上级领导机关的管控不当与缺位有关。1934 年 5 月,沪东区××分会揭露:"上面三四个月来的领导是官僚主义式的、命令式的。不管我们支部的工作环境怎样,老是照上面一套决议命令下来,……完全不能适用于我们分会的环境";"有时还作有计划的拖延或取消工作";"对于我们的请求不传达上面,同时亦等于不负责传达上面的意思。"③1935 年 6 月,沪西区分会汇报:"区委拥护计划的工作做得不够,最明显的是对小组和盟员的错误没有克服过来,多少是有些迁就的气味";"常委会领导进行计划的工作做得不充分,无论是常委会本身要做的,或是对区的领导和督促都薄弱。"并举例论证:"从前常委会订的三月计划,都是过了半个月才发到区,区再发到小组,再讨论再布置,至少已经过了二十天了。"④同年 1 月,第一直属分会反映:"干事会检查了过去计划不能实现的原因,是由上至下的忽视计划,没有严格的执行计划,与经常检查计划执行的程度,而尤其重要的是由上而下的对计划没有信心。"⑤

执行失效或失误也意味着工作计划的执行过程存在全局部署与个体条件的冲突、文本约束与主体选择的冲突以及机械复制与辩证运用的冲突,而这已经被一些社联盟员察觉。1934 年 5 月 25 日,一位署名田静的盟员专门撰文作出诠释,发人深省地指出:"盟员同志的日常生活是和所属阶级的群众息息

① 《东区七、八、九三个月工作报告及新的三月计划》(1934 年 11 月 24 日),上海市档案馆编:《社联盟报》,档案出版社 1990 年版,第 136 页。

② 《第一直属分会七、八、九月工作报告》(1934 年 11 月 24 日),上海市档案馆编:《社联盟报》,档案出版社 1990 年版,第 142、144 页。

③ 《清算沪东区××分会的偏向》(1934 年 5 月),上海市档案馆编:《社联盟报》,档案出版社 1990 年版,第 110 页。

④ 西区区委会:《怎样保证实现计划》(1935 年 6 月 30 日),上海市档案馆编:《社联盟报》,档案出版社 1990 年版,第 251—252 页。

⑤ 《第一直属分会寒假工作计划》(1935 年 1 月 15 日),上海市档案馆编:《社联盟报》,档案出版社 1990 年版,第 150 页。

相关的","使组织上的要求适合组织生活,使组织生活配合所属阶级的日常生活,这是德谟克拉西化的前提条件。"并揭示了从常委会、基层组织到职能部门各自对待工作计划的偏差,强调:"问题是在如何有机的配合他们的条件而执行我们的任务,不在千篇一律的干同样的事情。斗争是多方面的,如同作战一样,就是步兵的战术,也不仅是散兵线的冲锋。……这样,我们的工作将不会是枯燥无味的,而是活泼的。不须要命令式,不会散漫,不会停滞。……这样,组织方针和斗争方针,不会与群众的生活要求相矛盾,使同志们感觉太过或不及,而能执行两条战线的斗争。"①

1935 年 2—4 月,时任社联党团书记的陈处泰撰文表达了相同的感受及其担心:"从文总一直到各联的小组,都呈现着一种麻痹的状态。各联常委听取文总的报告,区委又听取常委的报告,盟员再听取区委的报告,一层一层地折扣下去,到了小组差不多没有什么了。"在他看来,"各级的领导机关似乎只能尽到传达的任务,这只能算是个应付的事务机关,而不是个革命的政治组织。……这样下去,组织不仅是不能进展,连应付都会来不及的。"②因此,他代表文总指示社联等各联增强自身建设,做到不麻痹、不涣散、不呆板、不架空、不敷衍与不荒废。同年 6 月,一位署名沈冥的盟员也认识到工作计划的执行没有整合盟员的日常生活,强调:"我们常常说:'争取工作的布尔什维克化!'这种布尔什维克化,当然是说,严守纪律,有自发的恒常的热情,敏活而坚定地使工作配合着每种特殊条件。但是,是不是只靠机械的理解和强求,便可以达到这个目的呢? 当然,能够忘我地工作着,除了普罗列塔利亚革命与共产主义,便没有第二个感觉,是最值得尊敬而伟大的精神的表现,不过在一般地说,我是只以'使个人的生活配合着社会的目的'去理解布尔什维克化的。"在他看来,"我觉得,只是态度上的公正,只是公式般的纪律,是不够的。……在这些单调而过多的公式、纪律以及没有内容的严正里面,培养出来的是官僚、奸细、怠工,而不是什么布尔什维克化啊!"③

---

① 田静:《为组织活动的合理化而斗争》(1934 年 5 月 25 日),上海市档案馆编:《社联盟报》,档案出版社 1990 年版,第 184—186 页。

② 开泰:《为健全组织发展组织而斗争》(1935 年 2—4 月),上海市档案馆编:《社联盟报》,档案出版社 1990 年版,第 304 页。

③ 沈冥:《理知与情感》(1935 年 6 月 30 日),上海市档案馆编:《社联盟报》,档案出版社 1990 年版,第 264—265 页。

此外,另一位署名李璘的盟员亲自带过一个社联小组纠正执行失效或失误,向常委会汇报:"假如你们的工作是人体的神经系,而不曾感觉到这个可以吸收营养的细胞群已经硬化了的话,你们将慢慢的得上动脉硬化症而一病不起呢! ……现在,这一硬化的小组,已经活生生的有机化了! 这是小组的光荣。但是,在这个光荣里,我看出整个社联的荣幸来。"①正因李璘见证了这个小组从消极、被动转向积极、主动,他对执行失效或失误的看法愈发深刻,对增强自身建设的设想也愈发精辟。就盟员而言,他向常委会反映:"由于他的经济条件决定了他的阶级性,幻想、怀疑、失望、消极、动摇、恐怖、英雄主义、个人主义这些特性,都是使他对革命没有坚定性的因子。"对此,他表示:"一个革命的志士必须有冷静的头脑去想'革命的进展不是直线的,他和作战一样有胜有败,有进攻有退守,战士的损失和牺牲,是不可避免的'。"就上级领导而言,他向社联常委会反映:"领导的人跑来就是那么一套,几乎每次要背诵一遍马列主义,每次背诵一番常委会的决议,对知识分子这一套,对工农群众还是这一套,……不能发挥创造性,使进来的人感觉不对口味的走掉了。"对此,他表示:"革命的团体是由现社会各阶层的先进分子组合起来的,这些分子自然不是摇身一变离开现社会的人物,尤其是我们的工作对象更不会离开现社会,所以要用辩证法的方法去认识一切。"②

## 四、社联盟员的民主讨论与批评

从前文可以看出,社联盟员在组织运作中善于并敢于民主讨论与批评,向上级领导反馈了推进工作计划的建议与意见,也陈述了推进工作计划的经验与教训。除考量工作计划的推进外,社联盟员的民主讨论与批评还针对某些专门工作或细节事宜。

1934 年 5 月 28 日,一位署名君毛的盟员在盟报上发文检讨了社联编辑部一年以来的工作。一年前,编辑部的 C 与 L 同志在主编××月刊上发生了

---

① 李璘:《给常委会一封公开的信》(1935 年 2—4 月),上海市档案馆编:《社联盟报》,档案出版社 1990 年版,第 217、219 页。

② 李璘:《组织流动的解剖》(1935 年 6 月 30 日),上海市档案馆编:《社联盟报》,档案出版社 1990 年版,第 262—263 页。

争执，L 同志企图多谈理论、少谈现实甚至不谈现实，但 C 同志却反对他的主张。然而，社联常委会竟把这一争执看作他俩闹私斗，对这一争执视若无睹、置若罔闻，导致 C 与 L 被敌人逮捕，××月刊也被敌人查封，编辑部则由 N 同志负责，但他去职较快，编辑部又重新改组。回首编辑部的工作经过，君毛语重心长地向常委会建议：一方面，"解决工作上的问题，决不能妥协、调和"；另一方面，"工作只有建筑在组织上才能展开、充实，不致发生严重的错误"。①上述建议除指向编辑工作外，也指向社联的其他工作。

同月 30 日，一位匿名的盟员通过亲身进行实地调研，发现社联研究部的日常工作并不理想，发觉盟员的理论水平参差不齐，因而在盟报上发文揭露："根据我个人出席 S 区小组的经验，各同志读书始终是没有系统的，东拉拉，西扯扯，结果象走马看花一样，没有一点印象。理论活动是社联的主要活动之一，但是不研究理论的，可说是一种普遍的现象，这实在是一件非常不好的事。"在此基础上，他建议研究部整顿理论研究工作，不仅需要对"制研究大纲或读书大纲"负责，把大纲具体到怎样进行研究、根据什么材料研究、某周研究某个问题以及某个问题需要多少时间上，也"应该经常的研究各种实际问题，随时把研究所得的结果，在盟报上或在大众杂志上发表出来，引起大众的研究兴趣，提高盟员的水准"。②

1934 年 6 月，一位署名 WS 的盟员与社联编辑部的工作人员围绕盟报的主编职权发生了一场讨论。WS 同志致信署名杜生的盟报主编，毫不掩饰地指责其尚未认识到"编辑部主编"与"由编辑部作主去活动"这两个概念完全不同，并患有官僚主义、个人中心主义与书生气倾向，但盟报的编辑工作必须"要经过常委会审查"，尤其"要着重组织上的重要性、内容的全体性"。③因此，杜生在同一期盟报上发表了一封致 WS 同志的回信，既接受了 WS 同志对他的指责，也澄清了自己在编辑工作中的做法，消除了不必要的误会与纠葛，正如

---

① 君毛：《从去年的编辑部说到现在》(1934 年 5 月 28 日)，上海市档案馆编：《社联盟报》，档案出版社 1990 年版，第 188—189 页。

② 一盟员：《关于研究部的工作计划的一个私见》(1934 年 5 月 30 日)，上海市档案馆编：《社联盟报》，档案出版社 1990 年版，第 190—191 页。

③ WS：《给盟报编者的一封公开信》(1934 年 6 月)，上海市档案馆编：《社联盟报》，档案出版社 1990 年版，第 196—197 页。

他这样回答:"WS 同志说我不注意'编辑部主编'这句话的意义,……我不晓得我说的'编辑部主编'与 WS 同志说的'编辑部负责编辑'有什么不同。Y 同志把常委会的决议传达我的时候,他是这样报告的。若果我的工作超出了范围,或者 Y 同志传达错了,请组织给我一个改正。"①这场讨论既彰显了盟员间的同志式批评,也体现了盟员对组织内部职能部门及其领导的监督。

在社联内部,学校被视作基层组织依托的重要阵地,学生在盟员结构中占据主体、充当骨干,因而做好学生工作引领着社联的整个群众工作,但社联的学生工作却面临着难以长期坚持的困境。早在 1934 年 6 月,社联常委会已经发现学生工作存在某种周期性病态,即:"每逢寒暑假,各学校分会常因盟员回家,使为组织而活动的人数减少,以致组织受很大的障碍,甚至有时陷于完全停顿的境地。"②1935 年 2—4 月,署名李璘的盟员又在盟报上进一步揭示:"二年以来,我们失掉了十个以上的学校堡垒。现有十几个堡垒,都是非常薄弱,在大多数的学校里只有一两个盟员,并不能在里面起作用。"③有鉴于此,他着重揭批了在对待学生工作上的两种错误倾向——否认学生工作的重要性,以工农教育工作取代学生工作,或者夸大学生工作的困难性,高估敌人对学校的法西斯统治,并结合自身的见闻发表了颇具建设性的看法。

针对某些盟员害怕做群众工作的心理恐惧与困惑,一批有经验的盟员便在盟报上叙述自己的心得与体会,向其他盟员传授一系列正确而又有效的实战经验。1935 年 2—4 月,一位署名唐英的盟员草拟了做群众工作必须具备的若干准备条件,供全体盟员参考。在唐英设计的这些准备条件中,除引导盟员关注自身的理论素养与水平外[包括:(一)一般的科学的常识,例如地理、历史、自然科学与心理学;(二)马列主义的基础理论,例如哲学、社会学、政治学与经济学;(三)文章写作的练习],他更要求盟员磨炼自己的实践技能与才干,例如生活一般化、态度的转变、道德的保持、语言的训练以及身体与精神的锻

① 杜生:《答 WS 同志的公开信》(1934 年 6 月 20 日),上海市档案馆编:《社联盟报》,档案出版社 1990 年版,第 200—201 页。
② 常委会:《关于学校分会盟员暑假回家问题的决定》(1934 年 6 月 15 日),上海市档案馆编:《社联盟报》,档案出版社 1990 年版,第 38 页。
③ 璘:《怎样开展学生运动》(1935 年 2—4 月),上海市档案馆编:《社联盟报》,档案出版社 1990 年版,第 230 页。

炼等,建议盟员把做群众工作融入他们的日常生活,将其视作最重要的一项准备条件,宣称:"生活要适应工作的客观环境,……我们的对象是学生层,我们的生活要跟学生差不多,不要太随便;在工农当中,恰恰相反,工农的生活比较马虎,那么我们的生活不要太讲究。"①

同年 5 月,唐英在盟报上继续探讨了做群众工作的若干基本原则,包括:接近群众,选择对象;建立朋友关系;解剖他的阶级关系,了解他的社会环境;明白他的生活形态;知道他的性情、心理与思想;进行鼓动宣传与教育;进一步建立同道者关系。需要说明的是,他重申了盟员在自己的日常生活中紧密联系群众的建议,声称:"人是社会的动物,除了自己以外,何止'恒河沙数'的群众站在我们面前";"我们应洗刷关门主义的耻辱,扩大自己的交际范围去接近广大的群众。从自己的亲戚朋友同学起,一直到有和自己发生社会关系的可能的庞大的群众止。"②由此可见,唐英在指导盟员做群众工作上发挥了关键性作用,而一位署名小龙的盟员不仅认同与支持他的建议,而且倡导把在盟员的日常生活中紧密联系群众首先落实到做学生工作上。在小龙看来,针对"小资产阶级的学生群众中也充满着反抗与愤恨的情绪",尤其是"他们革命的情绪与积极性是极大的增长了",做学生工作"主要的动员学校同志积极的秘密与公开的活动","更要动员校外同志利用各个人自己与学生群众的社会关系和他们接近",并"在他们的中间不断地活动"。③

同年 12 月,另一位盟员甚至表达了通过做突击工作来实现从群众中来、到群众中去的看法,同样认识到"日常生活是与人们本身有着利害苦乐关系的"这一不争的事实,声称:"人类的感情,在社会基础上说,是被经济关系决定着的,……我们去接近工人,生活要工人化;去接近学生,生活要学生化;接近小市民、黄包车夫,生活要小市民、黄包车夫化";"我们第一次找到一个对象的时候,在组织立场上说,是需要明瞭他的生活状况的;另一面在人类心理的常

---

① 唐英:《工作者活动的准备条件》(1935 年 2—4 月),上海市档案馆编:《社联盟报》,档案出版社 1990 年版,第 228—229 页。

② 唐英:《个别活动的一般原则》(1935 年 5 月 5 日),上海市档案馆编:《社联盟报》,档案出版社 1990 年版,第 249—250 页。

③ 小龙:《怎样领导学潮》(1935 年 5 月 5 日),上海市档案馆编:《社联盟报》,档案出版社 1990 年版,第 242—243 页。

情上说,也只有在生活状况上去开始才能够引起谈话的兴趣。"①同月,又一位署名丽水的盟员畅谈了在日常生活中教育群众、教育同志的设想,声称:"教育群众和同志最主要的时机在斗争中,但是在日常生活里面我们也尽可随时利用各种机会,对于群众和同志给以仔细的教育的。"实际上,日常生活对人的影响要比书籍更直接,"日常生活里的细小节目,并没有列宁主义的经典文件可援,但却最容易判断出一个人的坚实与否。……不过无论如何,对于私生活的干涉从效果上说,与其做公开的指责,不如做友谊的忠告,与其直接的宣布,不如引用过去的成例来启发诱导或警戒。……就是那怕极小的事情,我们也须用阶级的敏感来对付,而决不能够敷衍了结。"②

社联的政治声援也进入了社联盟员民主讨论与批评的视线。例如,一位匿名的盟员在盟报上发表了《怎样去援助美亚罢工》一文,记载了1934年3—4月期间上海美亚织绸厂工人罢工的大致经过,展现了社联援助这场工人罢工的政治主张及其相关举措与举动,展示了社联盟员请求亲自赶赴工厂一线援助这场工人罢工的焦急心态与心情。又如,一位署名李亚的盟员在盟报上发表了《两个行动布置经过及其教训》一文,不仅记录了1934年12月社联连续发动史量才追悼会与纪念广州暴动两场飞行集会的真实场景,而且反映了李亚本人关于参加上述两场飞行集会的自我感想与亲身体验,正如他感慨地说:"我们每一个行动皆是对群众的教育,对敌人的示威,同时更是我们武装暴动夺取政权的演习,我们每一个行动都应该布置得和军事行动一样,灵敏,迅速,有绝对的军事纪律。"③在同一期盟报上,时任社联党团书记的陈处泰也发表了由他代表文总领导机关亲自撰写的《"一·二八"行动的检讨》一文,既记录了1935年1月文总发动纪念"一·二八"淞沪抗战爆发三周年飞行集会的真实场景,也反映了文总领导下的各联尤其是社联在这场飞行集会中的具体表现,供全体盟员参考。

---

① K:《怎样做突击工作》(1935年12月30日),上海市档案馆编:《社联盟报》,档案出版社1990年版,第271—272页。

② 丽水:《怎样在日常生活中教育群众和同志》(1935年12月30日),上海市档案馆编:《社联盟报》,档案出版社1990年版,第274、276页。

③ 李亚:《两个行动布置经过及其教训》(1935年1月15日),上海市档案馆编:《社联盟报》,档案出版社1990年版,第215页。

难能可贵的是，还有一些社联盟员探讨了秘密工作与监狱斗争。1935 年2—4 月，署名田静的盟员总结了平时、非常时与被捕时加强秘密工作的注意事项，不仅从"技术问题"的视角去看待秘密工作，更从"政治问题"的视角去看待，声称："对于技术问题的理解错误，或者对于秘密活动的认识不足，结果必然引导到政治上的错误。"①此外，已经被逮捕的盟员从监狱发来信件，给予其他盟员莫大的鼓舞。一位盟员追述了自己被审问的大致经过，表示："我因为叛徒们的指证，不得已只承认是社联的盟员，但我坚决的表示反对自首。……他们劝我假意的自首早出牢狱，重上战场，但是，我不能污蔑自己的人格，我要保留革命者的自尊心和盟员的光荣，宁可吃官司，虽牺牲亦在所不惜。我但愿做一布尔什维克的典型，给叛徒以革命的回答。"②另一位盟员描绘了自己在反省院的生活作息，并转告其他盟员妥善应对口供，表示："把反省院的情形，向同志们报告一番，想来是必要的。……牢监生活应该是成为每个革命战士全部生活中的一部分。从被捕到坐监这一期间，不但要保全组织，坚持革命的精神，抱定牺牲的决心，而且要巧妙地应付敌人的进攻，设法保全自己。……假若事先能够周详地顾虑到和有相当的准备，至少到了临场的时候，不会多大吃亏的。"③而当一位叫阿辛的盟员向敌人自首时，也有一位盟员毫不留情地站出来揭批阿辛，警示其他盟员坚守政治信仰与革命气节，表示："阿辛同志的行为，不是错误不错误的问题，而根本是叛变了阶级革命。一个革命者向阶级敌人投降自首，难道只说是错误么？ 而对于叛变行为作辩护的人，是等于自动解除了阶级斗争的武装，有意帮助阶级敌人。"④

---

① 静：《怎样加强秘密活动》(1935 年 2—4 月)，上海市档案馆编：《社联盟报》，档案出版社 1990 年版，第 222 页。
② ×××：《一个宝贵的教训——一位被难同志的狱中通讯》(1935 年 2—4 月)，上海市档案馆编：《社联盟报》，档案出版社 1990 年版，第 227 页。
③ 林岚：《反省院的生活素描》(1935 年 6 月 30 日)，上海市档案馆编：《社联盟报》，档案出版社 1990 年版，第 256 页。
④ 林岚：《自首行为的批判》(1935 年 12 月 30 日)，上海市档案馆编：《社联盟报》，档案出版社 1990 年版，第 285—286 页。

# 社联对马克思主义的宣传

第三章

**Chapter 3**

## 第一节 马克思主义社会科学宣传的扩大

### 一、从探讨哲学基本问题出发

传播马克思主义是社联的首要职责,是左翼社会科学运动的主要内容。由于马克思主义的重要理论基石是马克思主义哲学,左翼社会科学工作者对马克思主义的传播首先体现在探讨哲学基本问题上。早在社联创立以前,一批从日本回国的左翼社会科学工作者已经在《文化批判》与《思想》月刊等左翼社会科学期刊上接连撰文,集中宣介辩证唯物主义哲学立场与态度,着重倡导从唯心论到唯物论哲学转变的世界观革命。

社联发起人彭康在日本留学多年,深受日本马克思主义学者的思想熏陶与影响。1928 年 1 月,他在《文化批判》创刊号上率先发表了《哲学的任务是什么?》一文,宣称:"哲学正是这种理论。它所表明的世界观及人生观,不只是解释就算了事,它要指出世界怎样动,人怎样行。它不仅说明事实的现在是怎样,还要考察过去的来源是怎样,将来会怎样。"并揭示了世界观革命在社会革命中的理论先导作用:"在这时候,社会需要一种全面的自己批判,建设一种适合于新社会形态的理论,这种理论同时又是推翻旧社会的精神的武器。……在社会需要自己批判的时候,批判的理论是与从前一切的意识形态相对立的,批判的主体是被压迫被支配的阶级。在现代资本主义的社会里,理论是辩证法的唯物论,主体是普罗列塔利亚特。"①这篇论文彰显着左翼社会科学工作者对哲学基本问题的紧密关注,寄托着他们对世界观革命的美好向往。

在另一本左翼社会科学期刊《思想》月刊上,哲学基本问题也被左翼社会科学工作者一再重申,而这场世界观革命既可以被视作具有社会性的思想转变过程,又可以被看作具有主体性的思想批判过程。例如,彭康撰写的《思想的正统性与异端性》一文把思想转变视作一个随社会更替尤其随阶级关系变动而变化的过程,指出:"思想的发生要有社会的根据,而规定它的特征的又是社会的经济组织",强调:"真正的思想是有客观性和实践性的。有客观性,即是它有发生及发展的根据,是从批判社会的全体得来的。有实践性即是有实现的可能性,依社会的发展它是非实现不可的。"②又如,李铁声撰写的《社会的自己批判》一文把思想批判看作社会自我批判的出发点与关键环节,推崇马克思在《〈黑格尔法哲学批判〉导言》中关于"批判的武器"与"武器的批判"相结合的说法。在他看来,"保守的反动的世界观常是过去与现在的联结","革命的世界观常是与未来紧相联结的";"伟大的思想是旧社会的仇敌,并是它的最危险的一种存在","伟大的思想对于新兴勃发的社会阶级是伟大的,是有光荣的"。③

基于这样一种变革世界观的崇高使命与志向,彭康进一步叙述了自己关

① 彭康:《哲学的任务是什么?》,《文化批判》第 1 期,1928 年 1 月 15 日。
② 彭康:《思想的正统性与异端性》,《思想》月刊第 1 期,1928 年 8 月 15 日。
③ 李铁声:《社会的自己批判》,《思想》月刊第 1 期,1928 年 8 月 15 日。

于坚持唯物论、反对唯心论的鲜明看法与主张。他撰写的《思维与存在——辩证法的唯物论》一文以哲学基本问题破题,一针见血地指出:"思维与存在那个是决定者? 对于这个问题,我们现在可肯定地回答:思维受存在的规定,存在依它自身的法则独自地变动,思维也依同样的法则适应地变迁。"紧接着,他追溯了哲学史的演进尤其是辩证唯物主义哲学的由来,着重归纳了辩证唯物论的中心思想与内在逻辑,包括:"物质是独自的存在,精神是它的产物";"物质是独立的存在,感觉是心理的生理的现象,只是物质达到思维的通路";"物质通过感觉,达到思维,再经思维的锻炼构成真理";此外,"物质会运动,它的形态亦变迁,关于它的认识也必然地会推移"。①在此基础上,他既批判了从平行关系看思维与存在的二元论,论证了思维与存在能够实现有机统一,捍卫了辩证唯物主义哲学一元论,又批判了否认存在具有决定作用的观念论,批判了否认思维具有能动作用的经验论,论证了思维与存在能否实现有机统一取决于实践,维护了辩证唯物主义哲学认识论。

唯物史观是马克思本人的一个伟大发现,也是马克思主义哲学不同于以往旧哲学的最显著标志。因此,左翼社会科学工作者不仅揭示了马克思主义在世界观问题上的科学立场与态度,而且说明了马克思主义对人类社会及其发展规律的认知。例如,彭康撰写的《唯物史观的构成过程》一文论述了唯物史观的发生原由——社会根据与思想基础,论证了辩证唯物论是唯物史观的内在根基,而唯物史观是辩证唯物论的具体表现,即:"辩证法的唯物论本是从前一切的哲学的扩大的发展,唯物史观更是德国观念论的哲学,法国的社会主义和英国的经济学三者的批判的结晶。……他(指马克思——引者注)承认费尔巴哈的唯物论的思想,但也能攫取黑格尔哲学的革命的要素——辩证法将他的观念论倒转过来,更修正且发展费尔巴哈哲学,终成了辩证法的唯物论。……说明社会的变化及进步,不必再用什么人类精神的神秘的倾向,人类的生活样式足以充分地解明他的感觉及思维的样式。然而人类的生活样式须受制于社会的环境及物质的条件,在这样的环境及条件下,人类对于自然施以活动而获得生活的资料,这生活资料的获得样式即决定他的生活的样式。"②

① 彭康:《思维与存在——辩证法的唯物论》,《文化批判》第 3 期,1928 年 3 月 15 日。
② 彭康:《唯物史观的构成过程》,《文化批判》第 5 期,1928 年 5 月 15 日。

　　除彭康专注于探讨哲学基本问题外，李铁声也在《文化批判》第 2 期上发表了《目的性与因果性》一文，在可知论与不可知论这一基本问题上作出了一个辩证唯物主义者的回答，宣称："人们只在把握社会进化的盲目的必然性而行使的时候，人们才谈得上'自由'。"在他看来，建立科学的世界观必须正确看待必然（即合法则性）与自由（即合目的性）的各自内涵及其内在关系。基于此，他首先探讨了自然界与人类社会是否存在因果法则性这一问题，主张尊重因果论、拒绝目的论，声称："一切事象决无什么偶然，突然，都是由因果合法则性而决定的，即由因果必然性产生出来的。……自然界及社会的合法则性是不顾人的认识与否，客观地存在着。……故目的论在自然科学上要打倒，在社会科学上也须推翻。"并探讨了人的意志能否实现自由这一问题，主张坚持决定论、反对非决定论，进而把这种思想从自然界运用到人类社会上，主张建构有组织的社会、解构非组织的社会，声称：在非组织的社会，"其不能实现各个人的欲望，而反受其不测的打击"；但到了有组织的社会，"不但生产非无政府状态，就是阶级也不能存在，不消说阶级斗争"，"人类才得安宁无忧，乐享真正的自由"。①

　　倡导科学的世界观与确立正确的人生观息息相关。彭康撰写的《科学与人生观——近几年来中国思想界的总结算》一文宣告了人生观革命的重要性："人生在世，由对人与对自然的关系构成社会，……可是没有标准决不能行动，这种行动的标准便是人生观。有了怎么的世界观，便有怎么的人生观，一个时代就有一个时代的世界观和人生观，一个社会也便有一个社会的世界观和人生观"；并纠正了在对待人生观上的唯意志论、唯环境论与唯经验论等错误，把人与社会看作有机统一的整体，即："在具体的实在上，他是社会关系的总体。我们不能把他仅仅看做一个类概念，看做一个内在的，静呆的，只是自然地结合许多个体的一般性。"②针对笼罩时人的自杀倾向及其厌世主义，彭康专门撰文予以回答："自杀不但是一个重大的社会问题，从根本上讲，还是一个重大的人生观问题。要有正确的人生观，必须有正确的世界观及对于社会的正确

①　李铁声：《目的性与因果性》，《文化批判》第 2 期，1928 年 2 月 15 日。
②　彭康：《科学与人生观——近几年来中国思想界的总结算》，《文化批判》第 2 期，1928 年 2 月 15 日。

的认识。如果真能正确地认识社会,抱定真正的人生观,则定能勇往直前,决不会萎靡退缩,更不会投身自杀。"他把对厌世主义的纠正从人自身的心理因素归结到认识论上,引导到对主观世界的改造上,即:"种种心理的倾向是意志不坚和认识不清来的,有心理的基础更使对于社会不能正确地认识,……以主观的任意的价值加到客观的事实上";并从认识论归结到实践论上,引导到对客观世界的改造上,即:"这虽然只不过是一时的现象,但也是社会的环境必然地使它发生的。这些发生的原因虽然有种种,但据一般人的归纳,总不外是经济的压迫,家庭的束缚,恋爱问题,对统治阶级的失望这一类的原因。"①

## 二、科学审视经济与社会现象

除倡导建构一种科学而正确的世界观外,左翼社会科学工作者也引导时人科学审视经济与社会现象。这种审视既包括对经济基础及其要素的考察,也包括对政治上层建筑与观念上层建筑的考察。从倡导科学的世界观到科学审视经济与社会现象,社联发起人朱镜我远走在其他左翼社会科学工作者前面。他在《文化批判》等左翼社会科学期刊上发表了一系列论文,积极宣传马克思主义对经济、政治与精神现象的看法与言说。

在朱镜我看来,理论"在这个显明的阶级对立的世界中,不能,亦不得自存的根据";与此相反,理论与实践具有内在一致性,即:"在现代的无政府状态的生产组织的社会里面","这种民众生活的极度的不安,与由此而生的种种的悲惨凄酷的事实,当然地要惹起人们的注意,要催促人们的解决","这是理论的根本的重心,也是实践意志的衷心的要求! 走出了这个重心的轨道的,及不能满足这种实践意志的理论,就是一文不值的,不但不值一文,而且是最有害于'世道人心'的东西,应该将它克服,把它驱除!"②有鉴于此,他把关注点转移到科学审视经济与社会现象上来,寄希望于通过探寻人类社会的静态结构与动态运行,寻求变革现实社会的出路,谋求改善大众生活的途径。这一研究视野与格局拓宽了彭康关于重构世界观与人生观的设想,并引导抽象的哲学反

① 彭康:《厌世主义论》,《思想》月刊第 3 期,1928 年 10 月 15 日。
② 朱磐:《理论与实践》,《文化批判》第 1 期,1928 年 1 月 15 日。

思转向具体的社会学考察。

朱镜我撰写的《科学的社会观》是一篇揭示社会经济基础的论文。在朱镜我看来,与自然科学发现自然界的法则相似,社会科学也可以发现人类社会的法则,而社会科学必须从社会存在出发而非从社会意识出发。首先,他探讨了劳动过程(指向人与自然的关系)与生产过程(指向人与社会的关系)这两个截然不同的经济概念,论证社会赖以存在与发展的基石在于生产过程(指向生产力与生产关系),而社会关系的基石在于生产关系,即:"无论此种现象,是表现于法律上,道德上,精神上,艺术上,宗教上及国家的制度上的,……这现象决不是天里降下来的,或者是独自存在的,也不是人的精神或想象所创造出来的,这是,与经济的物的现象一般的,是与社会的经济的构造,有一定的,内的连络的必然的关系的。"[1]又由于阶级这一经济概念经常被时人"以误传误,以一传百",经常被时人"附和雷同或牵强附会",他大批特批"阶级是社会的地位""阶级是年龄的等差""阶级是才智的优劣"与"阶级是贫富的等差"等各种奇谈怪论,从经济基础而非上层建筑的视角界定阶级概念,并从对劳动的占有与支配这个意义上划清了阶级概念与身份概念的界限,即:"从来的一切的历史的对立——榨取阶级与被榨取阶级,支配阶级与被压迫阶级的对立——的说明,应向人的劳动的生产力比较地尚未发达的见点上去求得的。"[2]

此外,朱镜我撰写的《政治一般的社会的基础》与《关于精神的生产的一考察》两文着眼于政治上层建筑与观念上层建筑,探讨了它们出现的经济与社会条件及其与阶级的内在关系。关于国家的发生与消亡,他得出了"它的机能不过是在于拥护支配阶级压迫被支配阶级而已"这一结论,并否决了黑格尔梦想的"绝对精神的实现",否认了社会学者号称的"阶级间的关系的公正证书",指出:"现存的国家是在经济上占着支配势力的布尔乔亚汜去压服及榨取在经济上受着支配的普罗列塔利亚特之权力组织";"社会发达至一定的阶段时,那背负着历史的使命的普罗列塔利亚特必然地起来变革这个阶级对立的社会,建设一种无对立的联合"。[3]关于因果性(即思维)、道德与哲学等意识形态的由

---

[1] 朱镜我:《科学的社会观》,《文化批判》第 1 期,1928 年 1 月 15 日。

[2] 朱镜我:《科学的社会观(续)》,《文化批判》第 2 期,1928 年 2 月 15 日。

[3] 朱镜我:《政治一般的社会的基础》,《文化批判》第 3 期,1928 年 3 月 15 日。

来,他亦作出了"经济地支配着的阶级对于压迫被支配者的工具"这一回答,并批评资产阶级"盗窃精神的教导的美名,普遍地去麻醉普罗列塔利亚特的意识","制造种种御用的欺瞒的理论去隐蔽真理的发现及压缩大众的觉醒",表示:"种种的固有地形成的感情,幻想,思维方法及人生观的全部的上部构造都发生于种种的所有形式,社会的生存条件之上。一切的阶级都从自己的物质的根基及照应于此的社会的关系去创造及形成此种种的上部构造。"①

针对民主、自由与平等这些观念上层建筑,朱镜我专门撰文进行讨论,考察了民主、自由与平等价值观出现的经济与社会条件,揭破民主、自由与平等价值观隐藏了自身的阶级属性,并论证资产阶级与无产阶级对民主、自由与平等的认识与实践存在根本对立。关于民主,他向时人宣告:"德谟克拉西不是绝对的超阶级的神圣的东西,它的发达是不能超过一定的限度,即不能超越于阶级利害以外的范围";"使人口的绝对的多数的被压迫民众起来参加新国家的活动","这才是民主主义的未曾有的扩大,空前的深化;这正是布尔乔亚民主主义,因国家形态之变革,必然地要经过的质的变转物"。②关于自由与平等,他亦从现实的人而非抽象的人的视角作出了回答,把自由视作"认识事实而决定行动的可能性",把平等看作"扬弃阶级一般",表示:"个人是社会地——即阶级地——生活着的个人,自由平等是具体地发展起来的东西","从受制约于自然及历史而对立于人类的社会组织——这样的社会组织在市民的学者眼里是一种永久的,不变的东西!——发达到人类的自由活动所产生的共同社会的时候,正是人类开始享受完全的,真正的自由和平等的一天;市民的学者所说的永久对立论不过是一种理论的手淫而已"。③

在资本主义社会中,法律是最具迷惑性与欺骗性的一种政治上层建筑,宗教则是最具迷惑性与欺骗性的一种观念上层建筑。对此,左翼社会科学工作者运用唯物史观揭开了两者的神秘面纱,说明了法律与宗教在阶级社会中的地位与作用。例如,朱镜我在《新兴文化》创刊号上发表了探讨法律上层建筑的论文,从经济基础决定上层建筑出发论证"法的关系是与阶级利害有直接的

① 朱镜我:《关于精神的生产的一考察》,《文化批判》第 4 期,1928 年 4 月 15 日。
② 朱镜我:《德谟克拉西论》,《文化批判》第 5 期,1928 年 5 月 15 日。
③ 朱镜我:《社会与个人的关系——自由与平等的意义》,《思想》月刊第 1 期,1928 年 8 月 15 日。

关系的"这一命题,强调:"阶级社会中的社会生活的一切的事实与现象都不外是阶级斗争的形态化及其反映或表现";"一切的社会制度,尤其是对于支配阶级有切身的利害关系的法律制度,是代表支配阶级的利益的,是支配阶级用以镇压被压迫阶级的工具。"由此可见,"劳苦的,被压迫的民众不能由'快快的制定约法'而得到解放,不能在既成的社会制度框内确得其自己阶级的利益。"①又如,李铁声在《文化批判》创刊号上发表了批判宗教上层建筑的论文,确立了对待宗教的唯物主义立场与态度,在现实社会中发现宗教的真相,并把对宗教的批判从"人的意识的欺瞒"推进到"生产关系的反映"上,论证宗教同样是统治阶级的意识形态与阶级统治的工具,强调:"宗教表象的里面,还隐藏着政治关系的。从前的唯物论者们,高唱过宗教是人的意识的欺瞒。这个思想固然是很对的。但他们的论义,除把宗教当作为意识的欺瞒以外,再也没有进展。一旦到达严密的历史的唯物论者的见解,就不能像那些素朴的唯物史观论者一样了。"②

在宣介马克思主义社会学的同时,左翼社会科学工作者有意识地宣介马克思主义政治经济学,向时人展现了资本主义经济与社会的运行特点及其内在困境。其中,社联发起人王学文在《新思潮》月刊与《新思想》月刊上连续发表的《资本主义的运动法则》一文最具代表性,专门叙述了马克思在《资本论》这一巨著中使用的核心概念与范畴。该文聚焦于商品这一资本主义社会最基本的要素,首先探讨了商品的生产过程,既看到"商品是资本家的生产关系结合的媒介,商品生产形成资本家的生产的内容",也认识到"商品生产和资本家的生产,在理论上和实际上是两个不同的范畴",论证商品的二因素(即使用价值与价值)与生产商品的劳动的二重性(即具体劳动与抽象劳动)存在不可调和的内部对立,而这两个内部对立既是马克思考察资本主义经济现象的理论出发点,也是马克思创立政治经济学的理论转折点,明确指出:"商品生产社会,一面要生产使用价值,同时要生产价值。并且生产商品的劳动,一面要创造使用价值,同时又要创造价值。这种矛盾对立的展开,就形成劳动的发展史。"③

---

① 朱怡庵:《法的本质》,《新兴文化》第 1 期,1929 年 8 月 5 日。
② 李铁声:《宗教批判》,《文化批判》第 1 期,1928 年 1 月 15 日。
③ 王昂:《资本主义的运动法则》,《新思潮》月刊第 1 期,1929 年 11 月 15 日。

　　紧接着,王学文把视野从商品的生产过程转向商品的交换过程,探讨了商品价值量的决定因素——社会必要劳动时间与价值法则及其作用的具体表现,论证价值法则影响商品的生产与交换过程并支配商品价格的变动,表示:"价值和价值法则是一定的历史的社会的概念,并不是永远不变的法则。固然在生产无政府性的商品生产社会,价值法则当作一个自然法则作用,这种法则规定社会的劳动在将来共产主义社会也有同样的作用。但是,在生产无政府性的社会,那规定社会的劳动的法则,只是当作盲目的自然法则作用,到共产主义社会时期,意识的社会的统制支配生产,社会的劳动的规定,是意识的计划的实行,并不是盲目的作用。"①并考察了商品价值形态的嬗变与货币的由来及其职能,揭示了从商品到货币再回到商品的运动过程,说明了物物交换与商品流通这两种运动的不同点,论证商品流通运动发生恐慌的可能性,表示:"单纯商品生产虽然不发生经济上的恐慌,却藏着恐慌发生的萌芽。商品内在的使用价值和价值的对立,私的劳动同将要直接表现为公的劳动的对立,特殊的具体的劳动和同时要看做抽象的一般的劳动的对立,物的人格化和人格的物化的对立——这种内在的矛盾在商品变态的诸种对立上有他发展的运动形态。"②尽管王学文的这篇考察资本主义经济现象的论文只写完商品经济一部,但已彰显其真理的光芒与气息。

## 三、译文推介与相关概念诠释

　　译文推介是左翼社会科学工作者传播马克思主义的又一内容。在 1928 年至 1930 年期间,创造社出版的《文化批判》月刊、《思想》月刊、《新思潮》月刊与《流沙》半月刊陆续刊登了一系列由他们翻译的马恩著作中译文。例如,《文化批判》月刊从第 2 期至第 5 期在页面补白中刊载了若干摘自马恩著作的中文段落,包括:马克思著《关于费尔巴哈的提纲》《〈政治经济学批判〉序言》《资本论》《哲学的贫困》与《路易·波拿巴的雾月十八日》(《关于费尔巴哈的提纲》被全文翻译);恩格斯著《路德维希·费尔巴哈和德国古典哲学的终结》《反杜

---

① 　王昂:《资本主义的运动法则(续)》,《新思潮》月刊第 2、3 合期,1930 年 1 月 20 日。
② 　王昂:《资本主义的运动法则(续)》,《新思想》月刊第 7 期,1930 年 7 月 1 日。

林论》与《致约·布洛赫(1890 年 9 月 21—22 日)》》;马克思、恩格斯合著《共产党宣言》;等。

与此同时,《思想》月刊第 2 期与第 3 期连载了李铁声根据日本学者浅野晃的日译本翻译的《〈哲学的贫困〉的拔萃》一文,将马克思著《哲学的贫困》的经典段落摘译出来、重新编排;上述两期还刊登了署名石英(一说朱镜我①)的《社会与国家》与《理论与经验》这两篇中译文,将列宁著《国家与革命》的第一、二章摘译出来。《新思潮》月刊第 2、3 合期刊登了朱镜我翻译的列宁著《革命的一个根本问题》一文;第 4 期刊登的吴黎平撰写的《马克思主义精粹》是对列宁著《马克思主义的三个来源和三个组成部分》与《卡尔·马克思》的转译②;第 6 期刊登的吴黎平、朱镜我合译《工人政党土地政纲的修正》则是对列宁著《重新审查工人党土地纲领》的节译。《流沙》半月刊第 4 期刊登了李一氓翻译的《唯物史观原文》一文,从《神圣家族》《哲学的贫困》《共产党宣言》《雇佣劳动与资本》《路易·波拿巴的雾月十八日》《〈政治经济学批判〉序言》与《资本论》第 1、3 卷中摘译出若干中文段落③。

在《文化批判》第 3 期、第 4 期与第 5 期上,左翼社会科学工作者也发表了宣介马克思主义哲学的中译文,这集中体现在布哈林著《辩证法的唯物论》与德波林著《唯物辩证法精要》这两篇中译文上。其中,布哈林著《辩证法的唯物论》一文揭示了唯物论与唯心论的由来及其在社会科学界的争论,说明了唯物辩证法的机理及其在社会科学界的运用,进而描绘了唯物史观的基本原理与图景;德波林著《唯物辩证法精要》一文则聚焦于对立物的统一这一唯物辩证

---

① 李一氓在回忆录中怀疑石英是朱镜我,但其真实姓名尚无定论。参见李一氓:《李一氓回忆录》,人民出版社 2001 年版,第 98 页。

② 这是一篇概述马克思主义理论的中译文,从马克思主义总论讲到马克思主义哲学,从马克思主义政治经济学讲到科学社会主义,又讲到马克思主义与修正主义的关系,再讲到马克思主义的阶级斗争策略,集中体现了马克思主义理论的整体性与综合性,其附录还收录了吴黎平草拟的一则关于马克思主义的研究书目,包括一本马克思恩格斯传记,也包括一系列马克思主义经典著作,这在当时比较罕见。参见吴乐平:《马克思主义精粹》,《新思潮》月刊第 4 期,1930 年 2 月 28 日。

③ 在李一氓看来,他从上述八部马恩著作中摘译出来的中文段落可以被称作"唯物史观原文",而从《〈政治经济学批判〉序言》中摘译出来的中文段落可以被称作"唯物史观纲领"或"唯物史观公式"。参见李一氓:《唯物史观原文》,《流沙》半月刊第 4 期,1928 年 5 月 1 日。

法的根本原则与核心要素,倡导从对立物的统一出发认识自然现象与社会现象,并主张从对立物的统一出发看待人类的认识过程及其发展,而这样一种讨论把客观辩证法与主观辩证法都包括在内了。此外,洪涛著《什么是"辩证法的唯物论"?》一文是对上述两篇中译文的进一步延伸与拓展,宣介了辩证唯物主义的哲学与社会学思想,不仅叙述了辩证唯物论思想及其在自然界与人类社会的体现,而且描述了唯物辩证法思想及其在自然界与人类社会的表现,这实际上论证了辩证唯物主义既是考察自然界及其发生、发展过程的工具,也是考察人类社会及其发生、发展过程的工具。

值得注意的是,这批左翼社会科学工作者专门在《文化批判》月刊上设置了新辞源栏目,在《思想》月刊上设置了新术语栏目,以及在《流沙》半月刊上刊登了由李一氓撰写的《社会科学与社会科学名词》一文,整理并总结了一系列哲学社会科学领域的相关概念(见下表)。在他们看来,对哲学社会科学领域的相关概念作出诠释是传播马克思主义的一种必要补充与完善,不仅有利于时人更便利地阅读马克思主义译著、译文或论文,也有利于时人更准确地认知马克思主义的基础理论。

**刊载哲学社会科学概念一览表**

| 期刊名称 | 刊出期号 | 刊载哲学社会科学概念 |
|---|---|---|
| 《文化批判》月刊 | 第1期 | 辩证法;辩证法的唯物论;唯物辩证法;奥伏赫变;布尔乔亚汜;布尔乔亚;普罗列塔利亚特;普罗列塔利亚;意德沃罗基 |
| | 第2期 | 帝国主义;原始共产制;生产;生产力;独占;托辣斯;新地开特;加尔特尔;观念论 |
| | 第3期 | 商品;资本;可变资本;恐慌;产业预备军;范畴;即自、即自的、即自地;向自、向自的、向自地;即自而且向自的 |
| | 第4期 | 吉诃德先生;虚无主义、虚无主义者;人道主义;煽动、煽动者;鼓动、鼓动者;宣传、宣传者;标语;5月1日;阶级意识;阶级斗争;经济斗争;政治斗争;理论斗争;自然生长性;目的意识性 |
| | 第5期 | 投卖;关税政策;手工业;工场手工业;产业革命;产业资本;商业资本;贷借资本;银行资本;金融资本;拟制资本;爱国社会主义;革命;反革命;契机 |

续表

| 期刊名称 | 刊出期号 | 刊载哲学社会科学概念 |
|---|---|---|
| 《思想》月刊 | 第1期 | 货币;使用价值;交换价值、价值;价格;剩余价值;剩余劳动;利润;利润率;剩余价值率;平均利润率;利息;平均利率;企业家;企业家红利;货币资本 |
| | 第2期 | 工团主义;改良主义;社会主义;社会民主主义;国家社会主义;修正派社会主义;机会主义;取消派;人道主义;法西斯蒂 |
| | 第3期 | 议会主义;空想的社会主义;科学的社会主义;国民经济;国家;失业;恐慌 |
| | 第4期 | 重商主义;平和主义;无政府主义;武装平和;普罗卡尔特;国际联盟 |
| | 第5期 | 温情主义;协调主义;斗争主义;阶级组合主义;A.F.L.(即美国劳动同盟);I.W.W.(即世界产业劳动者同盟);内攻与外击;资本聚积;资本输出;生产手段产业;1905年革命;三月革命 |
| 《流沙》半月刊 | 第2期 | 唯物史观;无产阶级专政;阶级斗争;共产主义;智识阶级;价值、使用价值与交换价值 |

　　通过对上述概念及其诠释文字的考察,我们可以发现以下若干特点:其一,从概念选择上看,这些哲学社会科学概念既包括哲学与政治经济学的相关知识点,也包括科学社会主义的相关知识点,还覆盖到国际共运史与俄国革命史的相关知识点,体现了左翼社会科学工作者在传播马克思主义时具有的整体性与综合性思维。其二,从内容表达上看,左翼社会科学工作者对哲学社会科学概念的诠释既精准又凝练,其文字少则一段或一句多则数段,并适时增添篇幅与比例,或是引用马克思、恩格斯与列宁的经典说法,或是列举反映这一概念的具体事例与特定情境,甚至借助数学运算诠释某些政治经济学概念。其三,从结构编排上看,左翼社会科学工作者对哲学社会科学概念的编排虽缺少系统性与连续性,尚未建构出一套条目完整而又门类齐全的体系,但他们尽量把学科属性相近的概念编排在同一期专栏内,并把意思相似或容易引发混淆的概念编排在同一期专栏内,以便读者比较与鉴识。其四,左翼社会科学工作者对哲学社会科学概念的诠释出于澄清是非真假的目的与动机,正如李一氓在《社会科学与社会科学名词》一文中表示:"社会科学既不是查禁之一种理论,而社会科学名词的几个,不惟受了人世

的污蔑与唾骂,而且在解释上真有光怪陆离之感";"我个人不想在这儿铺陈社会科学的理论,但是从纯理论的立足点上,我想举出几个名词来还它一个真面目。这就是很明白的,我不是要替几个名词作辞典式的解释,我只从反面洗清它们的泥污罢了。"①正因如此,针对资产阶级经济学者遮掩价值这一概念的真相,李一氓又在《流沙》半月刊第4期上发表了《价值之一般》一文,诠释了价值、使用价值与交换价值的由来及其内在关系,进而回答了剩余价值的由来及其种类。

自1928年1月15日《文化批判》创刊以来,包括《文化批判》月刊、《流沙》半月刊、《思想》月刊、《日出》旬刊与《新兴文化》等在内相继刊登了大量关于哲学、政治、经济、社会与教育等专题的论文或译文,标志着左翼社会科学工作者发出了传播马克思主义的思想先声,向读者宣介了马克思主义基本理论与概念,这一点可以从上述期刊编辑部的宣言中看出。《文化批判》月刊编辑部明确指出:"本来这样的刊物在中国还是一种创试。……我们志愿把各种纯正的思想与学说陆续介绍过来,加以通俗化。"②《思想》月刊编辑部宣称:"在现今的时代,无论那个国家,那样社会,如它要想存续发展下去,第一的前提条件是在于确信及拥护科学的真理!……除了唤起青年们去探求科学的真理与吹动他们起了一个拥护科学的真理的心理以外,没有别种的野心。"③《日出》旬刊编辑部宣称:"本刊以启蒙的目的,就想做几件小事情:1.介绍一点系统的浅近的政治,经济,社会的理论。2.对现在的社会科学出版物(如杂志,书籍)作点批评的工夫。3.零琐的,但是重要的国际事件,也按期介绍。"④《新兴文化》编辑部也声称:"它将站在一个视角,唯一正确的科学的视角来介绍学说思想,批评过去现在的俗恶的破廉耻的理论,并分析解剖国内及国际所生起的一切重要的事件来给它一个正确的解答。"⑤

左翼社会科学工作者的理论传播、译文推介与概念诠释工作得到了读者的一致好评。有兴趣的读者甚至在《文化批判》月刊的读者专栏中淋漓尽致地

---

① 李一氓:《社会科学与社会科学名词》,《流沙》半月刊第2期,1928年4月1日。
② 编者:《编辑初记》,《文化批判》第1期,1928年1月15日。
③ 编者:《编辑后记》,《思想》月刊第1期,1928年8月15日。
④ 编者:《校后补记》,《日出》旬刊第1期,1928年11月5日。
⑤ 向明:《编辑后记》,《新兴文化》第1期,1929年8月5日。

抒发自己对左翼社会科学期刊的感受,反馈他们对马克思主义的看法与意见。例如,一位名叫萧汉杰的读者在来信中这样写道:"《文化批判》的创刊号我昨天才在书店买得来。翻开一看,就如乡下人八九个月未得肉吃一样,买来的肉煮下锅,还不待熟就拿起来大咽大嚼,虽然没有吃到味,可是已经快活不了呵!双重压迫之下的人们,能够给以一线的曙光,使他们得向着有希望的路上走,这是多么伟大的事业。"①又如,一位名叫杨而慨的读者这样赞赏《文化批判》:"种子是播了,不怕狂雨炎阳,它一定是要发芽的! 在屠杀,凌辱,暴虐,愁叹,惊惶,焦躁的彼岸,历史的必然的大河滔滔地澎湃着不稍息! 使《文化批判》的理论把握着大众! 使大众把握《文化批判》的理论!"②再如,一位名叫吴健的读者发出感叹:"目前的一般思想界,文艺界以及文化机关,更是闹得乌烟瘴气。他们只认识拜金主义,别无所谓思想的中心;这也难怪,他们原是布尔乔亚氾的傀儡和工具,支配阶级的代言人。对此,文化批判的出现,才真是供给我们的仅有的粮食了。"③此外,吴耀南与曾赤两位读者的来信亦强调:"我欣喜的了不得了! 我急要买上期的创刊号,可是在此处的书局都售罄了。就是这第二期的亦仅存二本呢"④;"你们出版的文化批判前天才给我买到读。刚刚只读了一篇,便使我感觉到非常兴奋! 我料不到在这样孙行者闹天宫的时代,还有这样好的书出版。……在这时乌烟瘴气的道路上,曾有你们的明灯照着我们的行人,真是感谢极了!"⑤

## 四、构建马克思主义社会科学知识及其话语体系

在通过发表期刊论文宣介与译介马克思主义的基础上,左翼社会科学工作者也开始通过撰写讲稿和教材传播马克思主义,重视构建马克思主义社会科学知识及其话语体系。现将他们构建马克思主义社会科学知识及其话语体系的讲稿和教材列表如下:

① 萧汉杰:《读者的回声:几点意见》,《文化批判》第 2 期,1928 年 2 月 15 日。
② 杨而慨:《读者的回声:我的祝辞》,《文化批判》第 3 期,1928 年 3 月 15 日。
③ 吴健:《读者的回声:几点意见》,《文化批判》第 4 期,1928 年 4 月 15 日。
④ 吴耀南:《读者的回声:多些肃清废物》,《文化批判》第 5 期,1928 年 5 月 15 日。
⑤ 曾赤:《读者的回声:拥护真理》,《文化批判》第 5 期,1928 年 5 月 15 日。

左翼社会科学工作者撰写讲稿和教材代表性作品一览表

| 姓 名 | 类型 | 书 名 | 出版社(出版年月) |
|---|---|---|---|
| 集体创作 | 讲稿 | 《社会科学讲座》 | 上海光华书局(1930 年 6 月) |
| 柯柏年 | 教材 | 《怎样研究新兴社会科学》 | 上海南强书局(1930 年 3 月) |
| 柯柏年 | 教材 | 《社会问题大纲》 | 上海南强书局(1930 年 7 月) |
| 邓初民 | 教材 | 《政治科学大纲》 | 上海昆仑书店(1929 年 9 月) |
| 张如心 | 教材 | 《无产阶级的哲学》(再版改名《辩证法与唯物论》) | 上海光华书局(1930 年 4 月;1932 年 1 月再版) |
| 李平心 | 教材 | 《社会哲学概论》 | 上海生活书店(1933 年 8 月) |
| 温健公 | 教材 | 《现代哲学概论》 | 骆驼丛书出版部(1934 年 8 月) |
| 李正文 | 讲稿 | 《唯物辩证法讲座》(载《世界文化讲座》) | 王府井立达书店(1933 年 11 月) |
| | | 《经济学讲座》(载《世界文化讲座》) | 王府井立达书店(1933 年 11 月) |
| 李 达 | 讲稿 | 《社会学大纲》 | 北平大学法商学院印行(1935 年月不详) |
| | | 《经济学大纲》 | |
| 李 达 | 教材 | 《社会学大纲》 | 笔耕堂书店(1937 年 5 月) |
| 沈志远 | 教材 | 《新经济学大纲》 | 北平经济学社(1934 年 5 月) |

1930 年 6 月,一本综合性哲学社会科学论文集——《社会科学讲座》第一卷以社会科学讲座社的名义编辑与出版,同时由上海光华书局发行,这是在左翼社会科学工作者的一次集体创作。

早在 1930 年 5 月 1 日,左联出版的《萌芽》月刊第 1 卷第 5 期刊登了《社会科学讲座》的出版预告,公布了该书的创作目的、作者姓名与编撰内容,实际上对该书进行了一次推销式宣传,明确指出:"目前的出版界,关于印行社会科学书籍,是风行一时,五花八门,但考其内容,错误与曲解,杂乱与浅薄,是普遍的现象,一般青年者,要想得一些正确的马克思主义的社会科学基本理论,简直不知从何读起。本局有鉴于此,特邀请下列诸君编撰这'社会科学讲座',……内容由浅而深,由理论而实际,务使青年读者,得一有系统而正确的社会科学读物。"[1]

通过阅读这则出版预告,可以发现推出《社会科学讲座》可谓社联领导层

① 《出版预告:社会科学讲座》,《萌芽》月刊第 5 期,1930 年 5 月 1 日。

作出的一项重大决策,堪称左翼社会科学工作者发出的一声集体呐喊。从创作团队上看,《社会科学讲座》不仅由社联发起人例如朱镜我、吴黎平、王学文、杜国庠与柯柏年等联合主编,而且由时任文委书记的潘汉年和时任中央宣传部秘书的潘文郁共同坐镇,甚至由鲁迅、郭沫若这两位文化界知名人士出面参加,实现了群贤毕至、群英荟萃;从编撰内容上看,《社会科学讲座》既准备推出关于马克思主义的导引性论文,也准备推出关于马克思主义中哲学、政治经济学与科学社会主义的宣介或译介性论文,还准备推出关于在马克思主义的指导下回答经济与社会问题的应用性论文;从出版计划上看,《社会科学讲座》本来是一套丛书,全部合计六卷,每两个月出版一卷,但实际上只推出第一卷,并未再推出其他卷。

总体而言,《社会科学讲座》第一卷共收录社会科学著译十二篇。当时,左翼社会科学工作者除编排一则中文目录外,还编排一则英文目录,但中英文标题并不完全一致,例如该书英文名叫 *Under The Banner of Marxism*。其中,包括左翼社会科学工作者撰写的体现马克思主义社会科学知识及其话语的论文,也包括他们翻译的马克思主义经典著作或者其他相关著作的中译文。现对该书第一卷收录的某些重要著译进行考证。

朱镜我撰写的《马克思主义的基础理论》旨在揭示马克思主义产生的时代背景,意图说明马克思主义的三个来源及其三个组成部分,还计划论述马克思主义与修正主义、马克思主义的发展以及理论与行动等。虽然朱镜我在这篇论文中罗列了他曾经设想的写作题目,但其真正发表的章节只是全书第一章"马克思主义产生当时的时代背景"。该文着重论述了英国工业革命与法国大革命对欧洲工人运动的影响,反复引用了恩格斯于 1844—1845 年撰写的《英国工人阶级状况》中的相关说法及其论据,深刻论证了社会存在决定社会意识这一颠簸不破的真理,明确指出:"天才或伟人固然有他的特别的长处,……然而,这不能证明天才的超现世性,也不能证明天才或伟人的无制约性。……一切人们是社会的环境的产物这句话,并不会抹杀天才的长处,也不曾过低地评价他或他们的价值。……因此,我们在研究马克思主义的理论之前,亦应观察当时的社会的情况及给他的影响。"①

---

① 朱镜我:《马克思主义的基础理论》,社会科学讲座社编:《社会科学讲座》第1卷,上海光华书局 1930 年版,第 3—4 页。

吴黎平撰写的《唯物史观》是一篇关于马克思主义哲学的专题性论文，是他准备连载的《唯物史观》全书的第一讲"绪论"。在他看来，"马克思主义是新兴阶级的唯一正确的宇宙观，它明白地解释整个世界——自然及人类社会。它是一切有价值的科学思想的结晶，是人类历史上科学思想的最伟大的胜利。它是打破旧社会建立新社会的唯一的向导，是劳动阶级获得解放的唯一的引路者"。该文揭示了马克思主义三大理论的内在关系，说明了辩证唯物论、唯物辩证法与唯物史观的内在关系，不仅认识到哲学、政治经济学与科学社会主义"各具这样重要的意义"，而且意识到哲学"浸润于马克思主义的全部学说，而成为它们的指南针"，明确指出："马克思主义的哲学是辩证法唯物论，其对于社会研究的应用，就是唯物史观。用辩证法唯物论的观点，来认识资本主义社会的发展规律，就得出无产阶级阶级斗争理论的科学的根据。……马克思主义的内容，虽因斗争与科学的发展而充实，可是它的基础，还是一样的辩证法唯物论，这是新兴阶级的最伟大的理论的武器。"①

吴黎平发表的《社会主义》是他正在翻译的恩格斯著《反杜林论》"社会主义"编的前两个章节。关于《反杜林论》"社会主义"编的理论价值与意义，他在译者序中开门见山地宣告："我们准备把恩格斯生平最大名著《杜林驳论》中的社会主义一部，完全译出来，它虽带论战的性质，可是它实是马恩本人著作中解释科学社会主义的最好的一部。"②实际上，吴黎平并没有停留在翻译《反杜林论》"社会主义"编上。1930年5月，江南书店同步出版了吴黎平《社会主义史》一书，该书整理了从空想社会主义到科学社会主义的线索，呈现了马克思、恩格斯与列宁创立并发展科学社会主义的进程，并批判了资产阶级、小资产阶级主张的各种假社会主义学说。在他看来，"编一部完备的社会主义史难，在中国编这样的书更难"；"但是客观的要求，是日益迫近了，广大群众对于社会主义的兴趣，无疑地是不断增加着"。而该书正是应运而生，正如他这样写道："本书最大的希望，即在帮助大时代的人们，了解社会主义学说的概要。"

① 吴黎平：《唯物史观》，社会科学讲座社编：《社会科学讲座》第1卷，上海光华书局1930年版，第27、29、46—47页。

② 吴黎平：《社会主义》，社会科学讲座社编：《社会科学讲座》第1卷，上海光华书局1930年版，第53页。

概括说来,"本书注重于社会主义思想的发展";"本书在叙述某种社会主义思想时,尽可能的详叙此种社会主义所由产生的社会环境与根源";此外,"本书采取科学的批判态度,对于每种空想社会主义,都给以一个简要的批评,使读者能够明了它的主要优点和缺点所在"。①

杜国庠撰写的《国家与法律》是一篇关于马克思主义政治社会学的专题性论文,也准备在《社会科学讲座》上连载。在这篇论文中,他引用了大量马克思、恩格斯与列宁关于国家由来的经典论述,尤其参考了恩格斯的《家庭、私有制和国家的起源》与列宁的《国家与革命》这两部重量级专著,把对国家机器的探讨建立在唯物史观与剩余价值学说的科学根基上,即国家是一种政治上层建筑,是社会发展的产物,是阶级支配的机关,明确指出:"国家这个问题,在现时无论在理论上或在实际的政治关系上,都含有特别重大的意义。我们对于国家,固不能像国家主义者无条件地赞美,或像无政府主义者只一味把它诅咒,也不能像资产阶级学者从事粉饰和辩护,或像机会主义者专一回避问题以自欺欺人;要紧的是用新兴科学的眼光正视现实,把握历史还它一个本来的真面目。"并强调:"国家不是向来就存在的。……在经济发展到某一个阶段的时候,在这种经济的发展自然而然使社会分裂成为阶级的时候,国家就因这一个分裂而成为必要了。这在今日已经成为颠簸不破的确说。这种学说给予政治认识以新的基础,同时证明了国家是一种过渡的东西。"②

王学文撰写的《经济学》与柯柏年撰写的《经济史的阶级性》是两篇关于政治经济学的专题性论文,体现了马克思主义哲学在政治经济学中的运用,但王学文的《经济学》只发表了绪论与第一章"商品和货币",柯柏年的《经济史的阶级性》也只是他准备连载的《经济史纲》的绪论。在王学文看来,经济学的研究对象是资本主义生产及其生产关系,而经济学研究必须坚持唯物辩证法,即:"唯物辩证法是自然,社会和意识变动发展的方式。我们用唯物辩证法研究经济生活的时候,特别要注意的就是我们要认识经济生活的社会性和历史

---

① 吴黎平:《序言》,吴黎平编:《社会主义史》,上海江南书店1930年版,第1—2页。
② 林伯修:《国家与法律》,社会科学讲座社编:《社会科学讲座》第1卷,上海光华书局1930年版,第104—105页。

性。……固然经济现象复杂多端，具体的全面的认识要感觉很大的困难；但是，具体的全面的认识的要求，使我们能免除抽象的一面的观察的谬误。"①在柯柏年看来，经济史是人类社会进化史的真实基础，而经济史研究必须符合唯物史观，即："经济史的任务，就在于叙述经济的社会形态的进行阶段，说明各阶段之如何发展和如何被扬弃"；划分经济阶段的标准是在社会上占统治地位的生产关系，即："生产过程与那适应着它之交换过程，分配过程，消费过程共同形成一整个体——生产的总过程；而消费，分配，交换的形态，是由生产形态决定的，……所以，我们划分经济阶段之标准，是社会的支配的生产关系。"②

郭沫若发表的《经济学方法论》是他已经翻译出来的马克思著《政治经济学批判》的《导言》全文，由他根据经考茨基整理的德文本翻译而来，同时参考一种英译本与两种日译本，而当时他正在日本东京翻译马克思著《政治经济学批判》。该文由考茨基于1902年在马克思的遗稿中发现，是马克思阐释政治经济学研究动机和秘诀的一篇论文，虽然行文极其精干，但寓意却极其深刻，被视作马克思主义政治经济学的原产地，被看作马克思著《资本论》诞生的逻辑秘密地，尤其是把唯物辩证法运用到政治经济学中，创造性地提出了从具体到抽象再到抽象的具体这样一种政治经济学的研究进路，因而在马克思主义经典著作中具有至关重要的文本与学理意义。

需要指出的是，马克思曾在《〈政治经济学批判〉序言》中明确提醒读者："我已经草就了的一篇一般的导论，我抛弃了，因为过细想时，对于将要证明的结果先行表示，觉得很不妥当，并且想全般地追随于我的读者，须得放下决心，由个别的升到一般。"然而，郭沫若却在撰写《〈政治经济学批判〉导言》的翻译心得与体会时搁置了马克思曾向读者提出的这一建议，反而推荐读者先阅读其导言再阅读其正文。在郭沫若看来，"马克思叫我们全般地跟随着他，要放下决心'由个别的升到一般'，我们现在先来翻译他这自己'抛弃'了的未完成的一般论，显然是违背了他的意旨。"而这一做法的理由是："他这篇一般论在我们现在正是最良的指针"，"像这样由一般的降到个别，在这一般的了解上会

① 王学文：《经济学》，社会科学讲座社编：《社会科学讲座》第1卷，上海光华书局1930年版，第135—136页。
② 柯柏年：《经济史的阶级性》，社会科学讲座社编：《社会科学讲座》第1卷，上海光华书局1930年版，第151、172—173页。

感觉着无上的困难,这是我们所应该觉悟着的。但我们对于这个困难不要避易,也不要悲观,'一般的一个别化,便会立地明瞭起来',所以我们在一般论上所感觉着的困难,在个别论上立地便会冰释。"①

潘文郁撰写的《中国国民经济的改造问题》是一篇把唯物史观运用到中国国民经济改造问题中的专题性论文,但《社会科学讲座》只刊登第一章"总论"。在这篇论文中,他不仅揭示了当时出版界研究中国国民经济的意义,即:"我们研究中国的国民经济,是为的改造现实的中国国民经济";而且说明了当时出版界对中国国民经济的认识误区与缺陷,即:"了解中国经济的现状,而没有注意到具体的改造中国国民经济的道路";进而罗列了中国国民经济改造的若干中心问题,包括工业的改造问题、对外贸易的改造问题、土地农业的改造问题、劳动问题与财政问题。在此基础上,他论述了中国国民经济的半殖民地性与半封建性,批驳了在这一问题上的各自错误观点。在他看来,由于中国国民经济的半殖民地性与半封建性,时人必须把中国国民经济改造的中心问题归结到生产关系而非生产力上,即:"中国是帝国主义压迫下的殖民地的经济,同时也是封建残余关系占优势而开始走向资本主义发展的经济";"现在既有帝国主义及封建势力对于经济的压迫,而这种帝国主义及封建势力又握有政治上的权力。所以这便是生产关系问题而不是生产技术问题。"②

冯乃超发表的《社会方法论的问题》是对 I. Luppol 著《列宁与哲学》第四章的翻译,由他根据日本学者松本信夫的日译本翻译而来。该文是一篇反映列宁继承和发展马克思主义社会学的代表性论文,其主要内容包括:列宁坚持历史唯物主义是辩证唯物主义在社会学中的运用;列宁从抽象和具体的关系出发界定社会这一概念;列宁从一般和特殊的关系出发审视社会现象的内容及其形式;列宁对社会中的阶级现象加以观察,对阶级这一概念作出精准诠释。此外,李一氓发表的《土地问题材料》是对列宁著同名单行本《土地问题材料》的全文翻译,包括列宁为 1917 年第一次全俄农民代表大会撰写的《土地问题决议草案》与列宁在 1917 年 6 月 4 日发表的《土地问题演说》这两则材料。

---

① 郭沫若:《译者附白》,社会科学讲座社编:《社会科学讲座》第 1 卷,上海光华书局 1930 年版,第 229—231 页。

② 潘东周:《中国国民经济的改造问题》,社会科学讲座社编:《社会科学讲座》第 1 卷,上海光华书局 1930 年版,第 239—240、251、255 页。

毫无疑问的是,这篇中译文有利于时人把对经济与社会问题的探讨集中到土地问题上来,而土地问题正是中国革命最核心的内容与最关键的环节,也有利于他们借鉴推动俄国从土地私有制向公有制转变的纲领与政策,还有利于他们比较俄国土地革命与中国土地革命的共同点与不同点。

除集体创作《社会科学讲座》外,左翼社会科学工作者还从自身的学科背景和知识结构出发,推进马克思主义同社会科学各个学科领域相结合,体现马克思主义对社会科学各个学科领域的引领。社联发起人柯柏年撰写的《怎样研究新兴社会科学》实际上是左翼社会科学工作者构建马克思主义社会科学知识及其话语体系的总论,既是一部马克思主义社会科学的教科书,也是一部马克思主义社会科学的工具书,回答了什么是马克思主义社会科学、为什么研究马克思主义社会科学以及怎样研究马克思主义社会科学等重大问题,并且草拟了研究马克思主义社会科学的重要书目,正如作者在自序中感叹:"现代的青年很急切地需要新兴社会科学的知识,于是,'怎样研究新兴社会科学?'就成为青年的一个急求解决的问题了。"[1]与《怎样研究新兴社会科学》不同,柯柏年撰写的《社会问题大纲》则是一部构建马克思主义社会学知识及其话语体系的教科书,该书对马克思主义社会学的研究对象和内容进行了整理与总结,包括现代社会的资本制度问题、劳动时间问题、工资问题、失业问题、农民问题、土地问题、地租问题以至于农村的剥削关系问题,在此基础上对上述社会问题予以马克思主义的科学回答。

曾任社联主席的邓初民早在上海暨南大学任教期间已经开始进行构建马克思主义社会科学特别是政治学知识及其话语体系,他撰写的《政治科学大纲》是一部马克思主义政治学教科书。最具特色与意义的是,该书建构了不同于以往的政治学体系及其概念与范畴,即不是单纯围绕国家这一研究对象来谋篇布局,而是从社会与国家的内在关系上来谋篇布局。一方面,坚持从辩证唯物论的根本立场出发探讨政治科学,正如作者宣称:"我的政治科学的研究,是从宇宙观,人生观,社会观说起的";"我的研究,始终站在新唯物论的立场上,从经济背景的深处来说明各种政治现象。"另一方面,又选择以唯物辩证法的基本法则指导研究政治现象,正如作者声称:"我们不能不把各种现象在它

---

① 柯柏年:《自序》,《怎样研究新兴社会科学》(增订本),上海南强书局1930年版,第1页。

的全体性上，全联系上，及其变化与发展的过程上去研究，是唯物辩证法的第一个法则；矛盾及对立物的斗争，是它的第二个法则；质量转换的法则，是它的第三个法则。"①

张如心是社联首任研究部长，在构建马克思主义哲学知识及其话语体系上发挥骨干作用、起到带头效应。自 1929 年 11 月回国到 1931 年 8 月前往中央革命根据地，虽然他只在社联的领导岗位上工作了两年，但他接连撰写了《无产阶级的哲学》《苏俄哲学潮流概论》（于 1930 年 5 月在上海光华书局出版）、《辩证法学说概论》（于 1930 年 4 月在上海江南书店出版）与《哲学概论》（于 1932 年 7 月在上海昆仑书店出版）这四本哲学专著。在《无产阶级的哲学》一书中，张如心追溯了辩证唯物主义的在哲学史上的由来及其论域，叙述了辩证唯物主义在马克思主义中的基础性地位及其表现，进而论证了辩证唯物主义对文化革命的指导意义。说该书对构建马克思主义哲学知识及其话语体系具有重大意义，是由于作者在序言中自述了该书的写作笔法，如是说："本篇作品完全取一种普通叙述的方式，所以内容方面不曾多加引证，目的在使阅者得一系统的认识。"②必须看到的是，这里的"普通叙述"彰显张如心在写作内容与形式上符合普通民众的阅读需求及其认知能力，说明张如心在探索撰写马克思主义哲学教科书上进行了深入思考并且付出了艰辛努力。

张如心撰写的《苏俄哲学潮流概论》《辩证法学说概论》与《哲学概论》是对马克思主义哲学发展史与哲学史的概说或评说，也有利于推进马克思主义哲学知识及其话语体系构建。例如，《苏俄哲学潮流概论》一书以"内容普遍化"③的写作笔法全面叙述了苏俄哲学界思想斗争的大致经过、内容与影响，专门描述了辩证唯物论与机械唯物论这两大阵营进行思想斗争的基本论域与各自观点，不仅论证了思想斗争在马克思主义哲学发展史上的推动作用，而且论证了思想斗争在文化革命工作中的引领作用。又如，《辩证法学说概论》一书叙述了辩证法的思想发展史，划清了唯物辩证法与唯心辩证法、唯物辩证法与机械均衡论以及辩证逻辑与形式逻辑的界限，论证只有唯物辩证法才能推

---

① 邓初民：《自序》，《政治科学大纲》，上海昆仑书店 1929 年版，第 1—3 页。

② 张如心：《序言》，《无产阶级的哲学》，上海光华书局 1930 年版，第 1 页。

③ 张如心：《序言》，《苏俄哲学潮流概论》，上海光华书局 1930 年版，第 2 页。

翻形而上学对哲学的统治,宣称:"辩证法是革命逻辑,他是马克思主义学说的灵魂,无产阶级依靠着他,能够正确的了解历史发展的过程,认识自身革命的任务,推翻阶级剥削的制度,他因此是无产阶级斗争的伟大武器。"①在张如心看来,辩证法思想的发展包括三个阶段(古代希腊哲学、德国古典哲学与马克思主义哲学),马克思辩证法思想的发展也包括三个阶段(黑格尔哲学影响下的时期、费尔巴哈哲学影响下的时期与辩证唯物论哲学时期)。再如,《哲学概论》一书对哲学史进行了全景式扫描,从古代希腊哲学、复兴时期的唯物论哲学写到18世纪的法国唯物论哲学,从德国古典唯心哲学写到费尔巴哈的唯物论哲学,又从马克思、恩格斯的辩证唯物论写到列宁的辩证唯物论。在张如心看来,研究哲学史的目的是追溯马克思主义哲学的思想来源,因而他着重叙述了马克思主义哲学发生与发展的思想进路。事实上,同一时期沈志远撰写的《黑格尔与辩证法》(于1932年8月在笔耕堂书店出版)也是一部叙述马克思主义哲学发展史的专著,但其侧重强调马克思、恩格斯和列宁对黑格尔哲学的继承与批判。

李平心也参加社联领导的左翼社会科学运动,是构建马克思主义哲学知识及其话语体系的又一位杰出人物。例如,他以笔名赵一萍撰写的《社会哲学概论》是一部专门探讨马克思主义哲学在社会学中运用的专著,把视野与格局从辩证唯物主义转向历史唯物主义,将历史唯物主义基本原理的世界观及其方法论学理化、体系化表达出来,正如作者在自序中这样写道:"我们这本小书就是要向国内青年们介绍一新的世界观与社会观,它并没有包含高深的理论,而只是要将基本的关于社会发展与社会构成的理论用通俗的解说陈述出来,使哲学与社会科学取得密切的联系。"②

温健公于1933年在沪参加社联,并于1934年只身前往北平继续从事左翼社会科学工作。他编写的《现代哲学概论》是一部呈现辩证唯物主义发展史及其理论体系的专著,其相关材料选自日本学者永田广志著《唯物辩证法讲话》(于1934年2月在日本白杨社出版)。该书对构建马克思主义哲学知识及其话语体系的意义在于,其写作笔法不仅建构了史论结合的叙事体系,而且设

---

① 张如心:《序言》,《辩证法学说概论》,上海江南书店1930年版,第2页。

② 赵一萍:《自序》,《社会哲学概论》,上海生活书店1933年版,第3页。

计了古今连续与贯通的行文线索,正如作者在序言中这样写道:"本书的内容,除了叙述'现代哲学'在'两条战线斗争'中的成立过程,阐明'现代哲学'的根本问题外,同时特别着重现阶段哲学的发展。因此,和批判十八世纪法国唯物论哲学,康德哲学,黑格尔哲学,费尔巴哈哲学……同样地注意批判布哈林哲学,德波林哲学,普列汉诺夫哲学,新康德主义,新黑格尔主义和其他一切错误的哲学。"①

李正文曾任北平社联研究部长,他在北平社联出版的《世界文化讲座》创刊号②上发表了《唯物辩证法讲座》(笔名李何明)与《经济学讲座》(笔名岳光)两文。关于《唯物辩证法讲座》的创作目的,李正文如是说:"我感觉到了研究唯物辩证法是目前青年大众最迫切的课题,同时编一部能适合于青年目前大众文化水平的书也是极迫切的工作";"我编这本书是偏于运用方面的","许多人仅知道辩证法的几个法则,而不能运用到实际问题里去,我的意思是多举实例来证明辩证法。"③因此,尽管他只发表了其中的第一章"物体与过程"与第二章"对立的统一",但已经显现了把唯物辩证法经世致用的写作特点与风格。而关于《经济学讲座》的创作目的,他则这样强调:"我……很高兴地决心来写《经济学讲座》,使一般爱好研究经济学的青年朋友们,可以由浅而深地研究下去";"我愿意把我的意见贡献于读者大众,作一批判的材料,作一论战的线索,而形成探求经济学理的广大运动。"④例如,他借鉴哲学上内容与形式的辩证

---

① 温健公:《序》,《现代哲学概论》,骆驼丛书出版部1934年版,第1页。

② 需要指出的是,除发表李正文撰写的《唯物辩证法讲座》与《经济学讲座》外,《世界文化讲座》创刊号还刊登梅德乌卡夫著、鲍群译《史的唯物论》与六位苏联学者著、谷萌译《唯物史观世界史教程》这两篇中译文。其中,《史的唯物论》叙述了理论对社会实践的重大先导作用,描述了哲学在马克思列宁主义世界观上的基础性地位,批评了资产阶级学者倡导的"哲学无用论"及其对哲学的否定,进而证明了哲学具有党性与政治属性;《唯物史观世界史教程》论述了马恩发现唯物史观的重要意义,着重论述了马恩关于社会的经济诸结构理论及其在考察社会发展阶段中的运用。据李正文回忆,《史的唯物论》的真正译者是共产国际情报人员刘一樵,《唯物史观世界史教程》的真正译者是北平师范大学社联支部,两均从日文本转译而来。参见李正文:《关于北平社联的一些活动》,史先民编:《中国社会科学家联盟资料选编》,中国展望出版社1986年版,第117页;李正文:《回忆我在北平社联的日子》,上海市哲学社会科学学会联合会编:《中国社会科学家联盟成立55周年纪念专辑》,上海社会科学院出版社1986年版,第160页。

③ 李正文:《唯物辩证法讲座》,《世界文化讲座》第1期,1933年11月25日。

④ 李正文:《经济学讲座》,《世界文化讲座》第1期,1933年11月25日。

关系,论证经济学上生产力与生产关系的辩证关系,即经济学研究既应该考察生产力因素,也应该考量生产关系因素,同时批驳机械唯物主义者与唯心主义者在对待这对关系上各自偏废其一的错误倾向。

在北平左翼社会科学运动期间,李达与沈志远都曾经在北平大学法商学院任教,同北平社联及其盟员合作共事,他们从自身的教学实际与需要出发撰写了马克思主义哲学与政治经济学教科书,推动了马克思主义哲学与政治经济学知识及其话语体系构建。例如,李达撰写的《社会学大纲》与《经济学大纲》于1935年在北平大学法商学院印行。其中,《社会学大纲》于1937年5月在笔耕堂书店出版,这是一部探讨马克思主义哲学概念及其原理的教科书,在谋篇布局上建立了全面、系统而完整的哲学体系,从辩证唯物论写到唯物辩证法,又从唯物辩证法写到唯物史观,再从社会的经济构造写到社会的政治建筑与社会的意识形态,因而被毛泽东称作"中国人自己写的第一部马列主义的哲学教科书"①。又如,沈志远撰写的《新经济学大纲》是一部探讨马克思主义政治经济学概念及其原理的教科书,在谋篇布局上建立了连续性的政治经济学体系,不仅包括马克思著《资本论》揭示的自由竞争资本主义经济,而且包括列宁著《帝国主义论》反映的垄断资本主义经济,甚至包括现实世界中正在进行的社会主义计划经济。关于该书的创作目的与设想。他在自序中这样陈述:"谁也不能否认,经济学在现代已经成为一般人日常生活上所必需的知识部门了。在这个时代,与其说它是一门专门学问,毋宁说它是人人所应知道一点的常识部门。……从另一方面讲,我们每个人无时不要跟现实接触,无时不要了解现实;可是要了解现实,要了解各种现实的社会问题、政治问题、国际问题等等,就非从经济入手不可。不从经济根源和经济背景上去考察某一现实现象,我们就不会了解这一现象的真相。这样,经济学的知识,又成为我们了解现实的工具知识了。"②至于该书引发的关注与反响,曾任上海社联主席的罗竹风在回忆录中这样评价:"当时沈志远同志正在北平大学法商学院任教,他和李达等人一起,以'笔耕堂'的名义出版社会科学方面的书籍,《新经济学大纲》就

---

① 李达文集编辑组编:《李达同志生平事略》,《李达文集》第1卷,人民出版社1980年版,第17页。
② 沈志远:《自序》,《新经济学大纲》,北平经济学社1934年版,第1页。

是其中之一。……我买过这本书,而且也认真读过,以为在经济学方面对读者的启蒙作用,相当于艾思奇在哲学方面的《大众哲学》,不过更有系统、更有深度罢了。"①

## 第二节　马克思主义著作翻译工作的进展

### 一、关注翻译马克思主义著作

翻译马克思主义著作可谓左翼社会科学运动的一项基础性工作,正如社联纲领宣称:"研究并介绍马克思主义理论,使它普及于一般。"②需要指出的是,左翼社会科学工作者虽然具有各自不同的学术背景,但大多都具备扎实的翻译基础与充实的知识结构,他们不仅亲自翻译了一批重量级的马克思主义著作,而且紧密关注着翻译马克思主义著作的最新动向与情况。正是从左翼社会科学工作者对翻译马克思主义著作的关注中,我们可以发现马克思主义著作已在当时的社会科学界占领主场,也可以得知马克思主义思潮将在 20 世纪 30 年代的中国加速传播,这一点绝非是偶然的,而是必然的。

1929 年 12 月 13 日,李一氓草拟了《关于马克思及马克思主义中文译著书目试编》一文,并在《新思潮》月刊第 2、3 合期上发表。该文整理与统计了出版界现有的马恩著作,同时依据出版社发布的消息预告了准备但尚未出版的马恩著作。现将这一书目展示如下:

小例三则:

1. 凡见于杂志中的零篇论文或记载不编入。

---

① 罗竹风:《回忆往事,悼念沈志远同志》,《社会科学》1980 年第 5 期。
② 《中国社会科学家联盟纲领》,《新地》月刊第 1 卷第 6 期,1930 年 6 月 1 日;《中国社会科学家联盟的成立及其纲领》,《新思想》月刊第 7 期,1930 年 7 月 1 日;《中国社会科学家联盟的现状》,《世界文化》第 1 期,1930 年 9 月 10 日;《中国社会科学家联盟纲领》,《社会科学战线》第 1 期,1930 年 9 月 15 日。

2.凡应用马克思主义而未直接以马克思或马克思主义为主题者,不编入。

3.凡社会主义思想史或运动史及经济思想史中就令其涉及马克思,亦不编入。

一、马克思传记

1.马克思传　　李季著　平凡书店

2.马克思评传　　Ulianoff著　黄剑锋译　启智书局

3.马克思恩格斯合传　　Riazanoff著　李一氓译　江南书店

二、马克思著作

1.价值价格及利润　　李季译　商务印书馆

　　　　　　　　　　朱应祺译　泰东图书局

2.工钱劳动与资本　　人民社(绝版)

　　　　　　　　　　朱应祺译　泰东图书局

3.哥达纲领批评　　李春蕃译(绝版)

4.哲学之贫困　　杜竹君译　水沫书店

5.共产党宣言　　陈望道译　人民社(绝版)

6.政治经济批评　　李达译　昆仑书店(尚未出版)

7.资本论　　陈豹隐译　昆仑书店(尚未出版)

8.马克思论文选译　　李一氓译　沪滨书店(尚未出版)

9.革命与反革命　　李一氓译　江南书店(尚未出版)

10.法国内战　　李铁声译　江南书店(尚未出版)

11.拿翁政变记　　凌鹏云译　江南书店(尚未出版)

三、关于马克思主义的著译

A　经济

1.资本论解说　　Kautsky著　戴季陶译　民智书局

2.资本论概要　　Emmett著　汤澄波译　远东图书公司

3.资本论解说　　Borchardt著　李云译　昆仑书店

4.资本论要旨　　Untermamn著　陈影清译　春潮书局(尚未出版)

5.资本论入门　　河上肇著　刘垫平译　晨曦书店

6. 学生的马克思　　Aveling 著　吴曲林译　联合书店(尚未出版)

7. 马克思主义经济学　　河上肇著　温盛光译　启智书局

8. 马克思经济学　　吴曲林译　联合书店(尚未出版)

9. 马克思经济学的发展　　河西太一郎等著　樊仲云等译　新生命书局

10. 马克思经济概念　　朱应祺等译　泰东书局

11. 马克思经济学方法论　　邢墨卿等译　新生命书局(尚未出版)

B　马克思主义

1. 马克思主义的根本问题　　Pleakhanoff 著　彭康译　江南书店(尚未出版)

2. 马克思主义与社会史观　　威廉著　刘芦隐译　民智书局

3. 马克思主义时代社会主义史　　Beer 著　胡汉民译　民智书局

4. 马克思伦理概念　　朱应祺等译　泰东图书局

5. 马克思民族,社会及国家概念　　朱应祺等译　泰东图书局

6. 马克思与唯物史观　　商务印书馆

7. 马克思主义与列宁主义之研究　　李逵编　华通书局(尚未出版)

8. 马克思理论的基础　　晨曦书店(尚未出版)

C　反马克思主义

1. 反科学的马克思主义　　郭任远著　民智书局

2. 反马克思主义　　Sinkhoviteh 著　徐天一译　民智书局

3. 马克思主义的谬误　　义尔高逊著　丘勤修译　启智书局(尚未出版)

四、附录

恩格斯著作中译本书目:

1. 宗教,哲学与社会主义　　林超真译　沪滨书店

2. 农民问题　　陆一远译　远东图书公司

3. 社会主义的发展　　朱镜我译　创造社(绝版)

4. 马克思主义的人种由来说　　陆一远译　春潮书店

5. 费尔巴哈与德国古典哲学之没落　　彭嘉生译　南强书局(尚未出版)

　　6. 家族,私有财产与国家之起源　　李膺扬译　　新生命书局

　　7. 反杜林论　　王学文、朱镜我、彭康合译　　江南书店(尚未出版)①

　　从译著书名上看,重量级的一批马克思主义经典著作已经被李一氓列进上述书目,包括马克思恩格斯合著《共产党宣言》,马克思著《哲学的贫困》《政治经济学批判》与《资本论》,以及恩格斯著《社会主义从空想到科学的发展》《路德维希·费尔巴哈和德国古典哲学的终结》《家庭、私有制和国家的起源》与《反杜林论》。从译著内容上看,上述书目既包括马克思、恩格斯传记与马克思、恩格斯本人的著作,也包括研究并讨论马克思主义尤其是政治经济学的著作,甚至包括反对并批评马克思主义的著作。此外,这一书目涉略哲学、政治经济学与科学社会主义三大理论,尤其是与《资本论》相关的政治经济学著作居于多数,反映了时人对《资本论》这一巨著的紧迫需要,彰显了他们对国计民生等经济与社会专题的阅读偏好。再者,从出版时间上看,上述书目不仅是对社会科学界已有马恩著作的全面总结,更是对社会科学界出版马恩著作的前情预告,虽有诸多马恩著作尚未结束译者翻译的过程,或尚未交付出版社出版,但左翼社会科学工作者正是依据这一书目来指导自己的翻译工作,并在此基础上推出了更多的马恩著作,继续扩充这一书目。也必须看到,一些马恩著作因外部环境的变化没有得到出版,或因译者自身计划的调整而变更了译者或出版社,例如《反杜林论》最终由吴黎平取代王学文、朱镜我与彭康翻译。

　　在左翼社会科学运动史上,1929 年可谓社会科学界的翻译年。1929 年的世界与中国处在一个全球性经济危机的爆发点上,处在一个革命与反革命此消彼长的转折点上,并处在一个战争与和平何去何从的十字路口。有鉴于此,左翼社会科学工作者在《新思潮》月刊上撰文考察了 1929 年的世界与中国。例如,吴黎平考察了 1929 年世界经济与政治的最新动向,而这些动向标志着"资本主义的基本矛盾日益尖锐化",也"都可以表现资本主义暂时稳定之日趋动摇,预示重大政治事变之日渐迫近"。②又如,潘文郁考察了 1929 年中国的

①　李德谟:《关于马克思及马克思主义中文译著书目试编》,《新思潮》月刊第 2、3 合期,1930 年 1 月 20 日。

②　吴黎平:《一九二九年之世界》,《新思潮》月刊第 2、3 合期,1930 年 1 月 20 日。

工业、交通、商业、农业与财政等基础经济部门的运营情形。在他看来,尽管"1929 年的中国经济是处在破坏停顿危机的状态中",但"1929 年的生活不是空过的,他在将来中国社会历史阶段的转变上,将占着一个非常重要的地位"。①

世界与中国的最新动向深刻影响到哲学社会科学领域。一位署名君素的左翼社会科学工作者在《一九二九年中国关于社会科学的翻译界》一文中生动地绘画了中国社会科学界进入黄金时期的情景,证实了中国社会科学界在1929 年出现翻译年的现象,尤其是列举了 1929 年间出版的 155 种新兴社会科学书籍目录,指出:"1929 年这一年的出版界,可以说是一个关于社会科学的出版物风行一时的年头。"②关于上述情况,社联机关及其领导人也撰文表达了相似的看法与见地。在社联机关看来,"近年来马克思主义书籍,不论在翻译和创作上都不断的发现——这绝对不是某人'投机'或某人'鼓动'的结果,而是目前时代的必要。"③在吴黎平看来,"新兴社会科学——马克思主义社会科学——在中国遂蓬勃怒发",其关键性标志是"社会科学的书籍"已经"普遍于全国"。④现列举如下:

| 书　名 | 著　者 | 译　者 | 书　局 |
|---|---|---|---|
| 社会科学概论 | 杉山荣 | 李　达、钱铁如 | 昆　仑 |
| 观念形态论 | 青野季吉 | 若　俊 | 南　强 |
| 辩证法的逻辑 | 狄芝根 | 柯柏年 | 南　强 |
| 新唯物论的认识论 | 狄慈根 | 杨东莼 | 昆　仑 |
| 康德的辩证法 | 戴溥林 | 程始仁 | 亚　东 |
| 斐希特的辩证法 | 戴溥林 | 程始仁 | 亚　东 |
| 费尔巴哈论 | 恩格斯 | 彭嘉生 | 南　强 |
| 宗教哲学社会主义 | 恩格斯 | 林超真 | 沪　滨 |

---

① 潘东周:《一九二九年的中国》,《新思潮》月刊第 2、3 合期,1930 年 1 月 20 日。
② 君素:《一九二九年中国关于社会科学的翻译界》,《新思潮》月刊第 2、3 合期,1930 年 1 月 20 日。
③ 《中国社会科学家的使命》,《社会科学战线》第 1 期,1930 年 9 月 15 日。
④ 梁平:《中国社会科学运动的意义》,《世界文化》第 1 期,1930 年 9 月 10 日。

续表

| 书　名 | 著　者 | 译　者 | 书　局 |
|---|---|---|---|
| 哲学的唯物论 | 阿德拉斯基 | 高唯均 | 沪　滨 |
| 辩证法的唯物论 | | 李铁声 | 江　南 |
| 现代世界观 | A. Thalheimar | 李　达 | 昆　仑 |
| 旧唯物论的克服 | 佐野学 | 林伯修 | 江　南 |
| 辩证法唯物论 | 狄芝根 | 柯柏年 | 联　合 |
| 辩证法的唯物论 | 狄慈根 | 杨东莼、张乐原 | 昆　仑 |
| 新社会之哲学的基础 | K. Kosch | 彭嘉生 | 南　强 |
| 无神论 | 佐野学 | 林伯修 | 江　南 |
| 唯物史观与社会学 | 布哈林 | 许楚生 | 北　新 |
| 史的一元论 | 蒲列哈诺夫 | 吴念慈 | 南　强 |
| 社会学的批判 | 亚克色利罗德 | 吴念慈 | 南　强 |
| 唯物的社会学 | 赖也夫斯基 | 陆一远 | 新宇宙 |
| 社会进化之铁则 | 萨克夫斯基 | 高希圣 | 平　凡 |
| 社会形式发展史 | | 陆一远 | 江　南 |
| 社会进化论 | 巴恩斯 | 王斐孙 | 新生命 |
| 犯罪社会学 | | 郑　玑 | 北　新 |
| 经济学入门 | 伍尔模 | 龚　彬 | 北　新 |
| 经济学大纲 | 河上肇 | 陈豹隐 | 乐　群 |
| 马克思主义经济学 | 河上肇 | | 启　智 |
| 社会主义经济学 | 河上肇 | 邓　毅 | 光　华 |
| 资本论入门 | 河上肇 | 刘垫平 | 晨　曦 |
| 学生的马克思 | | 吴曲林 | 联　合 |
| 政治经济学 | 拉皮多斯、阿斯托罗维将诺夫 | 陆一远 | 江　南 |
| 工资价格及利润 | 马克思 | 朱应祺、朱应会 | 泰　东 |
| 工资劳动与资本 | 马克思 | 朱应祺、朱应会 | 泰　东 |
| 哲学的贫困 | 马克思 | 杜友君 | 水　沫 |

续表

| 书　名 | 著　者 | 译　者 | 书　局 |
|---|---|---|---|
| 资本论概要 | W.H. Emmett | 汤澄波 | 远　东 |
| 资本论解说 | 博洽德 | 李　云 | 昆　仑 |
| 经济学概论 | 英国平民联盟编 | 丁振一 | 南　强 |
| 经济科学大纲 | 波格达诺夫 | 施存统 | 大　江 |
| 辩证法与资本制度 | 山川均 | 施复亮 | 新生命 |
| 资本主义批判 | 山川均 | 高希圣 | 平　凡 |
| 新演绎学派经济学 | 荒木光太郎 | 刘　弈 | 联　合 |
| 世界经济论 | 高山洋吉 | 高希圣 | 平　凡 |
| 人口问题批评 | 河上肇 | 丁振一 | 南　强 |
| 1928 年世界经济与经济政策 | 伐尔茄 | 李一氓 | 水　沫 |
| 资本的集中 | Colman | 曾预生 | 远　东 |
| 产业革命 | 毕尔德 | 王雪华 | 亚　东 |
| 世界大战后的资本集中 | 鲁宾斯泰 | 李　华 | 南　强 |
| 社会农业 | 恰耶诺夫 | 王冰若 | 亚　东 |
| 各国地价税制度 |  | 邓绍先 | 华　通 |
| 唯物史观经济史(上中下) | 山川均、<br>石滨知行、<br>河野密 | 熊得山、<br>施复亮、<br>钱铁如 | 昆　仑 |
| 社会经济发展史 | W. Reimes | 王冰若 | 亚　东 |
| 中世欧洲经济史 | 泷本诚一 | 徐天一 | 民　智 |
| 唯物观的经济学史 | 住谷悦治 | 熊得山 | 昆　仑 |
| 社会主义经济学史 | 住谷悦治 | 宁敦五 | 昆　仑 |
| 马克思经济学说的发展 | 河西太一郎、<br>猪俣津南雄、<br>向坂逸郎 | 萨孟武、<br>樊仲云、<br>陶希圣 | 新生命 |
| 产业理论的发展 | 河西太一郎 | 黄枯桐 | 乐　群 |
| 经济学史 | 小川市太郎 | 李祚辉 | 太平洋 |
| 经济思想史 | 出井盛之 | 刘家鋆 | 联　合 |
| 经济思想十二讲 | 安倍浩 | 李大年 | 启　智 |
| 经济学上的主要学说(上) |  | 邓绍先 | 华　通 |

续表

| 书　名 | 著　者 | 译　者 | 书　局 |
|---|---|---|---|
| 经济学方法论 | 凯尼斯 | 柯柏年 | 南　强 |
| 新经济学方法论 | 宽　恩 | 彭桂秋 | 南　强 |
| 现代欧洲经济问题 | P. Price | 刘穆、曾豫生 | 远　东 |
| 国际统计 | | 陈直夫 | 新宇宙 |
| 国家与革命 | V. I. Ulianoff | | 中外研究学会 |
| 家族私有财产及国家的起源 | 恩格斯 | 李膺扬 | 新生命 |
| 国家论 | 奥本海马尔 | 陶希圣 | 新生命 |
| 世界政治概论 | 吉贲士 | 钟建闳 | 启　智 |
| 欧洲无产政党研究 | | 施复亮 | 新生命 |
| 世界各国左倾政党 | 籐井悌 | 温盛光 | 乐　群 |
| 美国政党斗争史 | 页尔德 | 白　明 | 远　东 |
| 民族的特征与政治的国际化 | 皮霭尔 | 叶秋原 | 联　合 |
| 欧洲政治思想史 | F.I.G. Heanshow | 陈康时 | 远　东 |
| 现代政治思潮 | 贾　德 | 方　文 | 联　合 |
| 欧洲政治学说史 | Dunning | 谢文伟 | 中央政治学校 |
| 欧洲政治史 | 今井登志喜 | 高希圣 | 太平洋 |
| 政治哲学 | | 郑肖厓 | 华　通 |
| 社会主义及其运动史 | Laidler | 杨代复 | 中央政治学校 |
| 英国社会主义史 | 乔治般生 | 汤　浩 | 民　智 |
| 科学的社会主义之梗概 | | 画　室 | 泰　东 |
| 社会主义思想之史的解说 | 久保田明光 | 丘　哲 | 启　智 |
| 基督教社会主义 | | 李　博 | |
| 科学的社会主义 | 波多野鼎 | 高希圣 | 平　凡 |
| 社会主义伦理学 | 考茨基 | 叶　星 | 平　凡 |
| 社会主义概论 | Cohen | 华汉光 | 远　东 |
| 欧战后社会主义的新发展 | Shadwell | 胡庆育 | 远　东 |
| 近代社会思想史要 | 平林初之辅 | 施复亮、钟复光 | 大　江 |
| 社会主义与进化论 | 堺利彦 | 张定夫 | 昆　仑 |

续表

| 书　名 | 著　者 | 译　者 | 书　局 |
| --- | --- | --- | --- |
| 社会思想解说 | 山内房吉 | 熊得山 | 昆　仑 |
| 马克思昂格斯合传 | 李阿萨诺夫 | 李一氓 | 江　南 |
| 革命与考茨基 | V.I. Ulianoff | | 中外研究会 |
| 两个策略 | V.I. Ulianoff | | 中外研究会 |
| 农民与革命 | V.I. Ulianoff | 石　英 | 沪　滨 |
| 社会革命论 | 考茨基 | 萨孟武 | 新生命 |
| 中国革命 | 施高塔倪林 | 王志文 | 远　东 |
| 农业社会化运动 | | | 启　智 |
| 东西学者之中国革命论 | 樊仲云 | | 新生命 |
| 俄国革命史 | 史列泼柯夫 | 潘文鸿 | 中外研究学会 |
| 西洋史要 | | 王纯一 | 南　强 |
| 西方革命史 | 金梁尔、材利果仁 | 高　峰 | 新宇宙 |
| 俄国大革命史 | | | 泰　东 |
| 法国革命史 | 威廉布洛斯 | 孙望涛 | 亚　东 |
| 德意志革命史 | 马　泽 | 李　华 | 春　潮 |
| 近代西洋文化革命史 | 哈　模、多玛士 | 余慕陶 | 联　合 |
| 俄国社会运动史 | 近藤荣藏 | 黄芝葳 | 江　南 |
| 日本社会运动史 | 冈阳之助 | 冯叔中 | 联　合 |
| 世界社会史纲 | 普莱勃拉仁斯基 | 王伯平、徐难先 | 平　凡 |
| 美国社会史 | A.H. Simons | 汤澄波 | 远　东 |
| 古代社会 | 莫尔甘 | 杨东莼 | 昆　仑 |
| 世界社会史 | 上田茂树 | 施复亮 | 昆　仑 |
| 资本主义最后阶段·帝国主义论 | 伊里几 | 刘垫平 | 启　智 |
| 近代帝国主义概略 | | 梁止戈 | 江　南 |
| 帝国主义与石油问题 | 阿讷托 | 温湘平 | 启　智 |
| 帝国主义没落期经济 | 伐尔茄 | 宁敦五 | 昆　仑 |
| 煤油帝国主义论 | 斐西尔 | 闻杰钟 | 明　日 |

续表

| 书　名 | 著　者 | 译　者 | 书　局 |
|---|---|---|---|
| 中国领土内帝国主义者资本战 | 长野朗 | 方　文 | 联　合 |
| 帝国主义之政治解剖 | 皮霭尔 | 叶秋原 | 联　合 |
| 资本主义与战争 | | | 启　智 |
| 帝国主义与文化 | 乌尔佛 | 李之鸥 | 新生命 |
| 帝国主义侵略中国的财团 | 南满洲铁道社编 | 萧百新 | 太平洋 |
| 帝国主义者在太平洋上之争霸 | | 陈宗熙 | 华　通 |
| 美国与满洲问题 | | 王光新 | 中　华 |
| 西原借款真相 | 胜田主计 | 龚德柏 | 太平洋 |
| 英国帝国主义的前途 | 托洛茨基 | 张太白 | 春　潮 |
| 苏俄宪法与妇女 | 大竹博夫 | 陆宗赟 | 平　凡 |
| 俄国革命与妇女 | 山川均 | 高希圣 | 平　凡 |
| 苏俄的消费组合 | 蒲蒲夫 | 丁华明 | 明　日 |
| 苏联劳动组合 | | 熊之孚 | 泰　东 |
| 苏俄劳动保障 | G. Price | 刘　曼 | 华　通 |
| 苏联之经济组织 | | 张民养 | 泰　东 |
| 苏俄研究小丛书 | | | 南　华 |
| 苏俄的活教育 | Wm. I. Goode | 王西征 | |
| 苏俄十年来之外交 | 西那特 | 胡庆育 | 新生命 |
| 苏俄政治之现况 | | 胡庆育 | 太平洋 |
| 妇女问题与妇女运动 | 山川菊荣 | 李　达 | 远　东 |
| 妇女问题 | | 高希圣、郭　真 | 太平洋 |
| 妇女问题的本质 | 堺利彦 | 吕一鸣 | 北　新 |
| 中国农民问题与农民运动 | | 王仲鸣 | 平　凡 |
| 动荡中的新俄农村 | 欣都士 | 李伟森 | 北　新 |
| 日本的农业金融机关 | 牧野辉智 | 黄枯桐 | 商　务 |
| 饥荒的中国 | 马罗立 | 吴鹏飞 | 民　智 |
| 农村调查 | | 黄枯桐 | 商　务 |
| 新社会政策 | 永井亨 | 无　闷 | 太平洋 |

续表

| 书　名 | 著　者 | 译　者 | 书　局 |
|---|---|---|---|
| 英国住宅政策 | | 刘光华 | 华　通 |
| 生活费指数之编制法 | 国际劳工局 | 丁同力 | 商　务 |
| 工业劳资纠纷统计编辑法 | 国际劳工局 | 莫若强 | 商　务 |
| 劳资对立的必然性 | 河上肇 | 汪伯玉 | 北　新 |
| 近代文化的基础 | H.C. Thomas、Ha. Hamm. | 彭芮生 | 启　智 |
| 福特产业哲学 | | 龙守成 | |
| 棒喝主义 | | 龙守成 | |
| 法西斯蒂的世界观 | 巴翁兹 | 刘麟生 | 真善美 |
| 自由主义 | | 罗超彦 | |
| 金圆外交 | 尼埃林、福礼门 | 张伯箴、邱瑞曲 | 水　沫 |
| 慕沙里尼治下的意大利 | | 唐　城 | 中央政治学校 |
| 最近十年的欧洲 | | 胡庆育 | 太平洋 |

紧接着,君素又总结了上述新兴社会科学书籍的出版特点:

第一,是新兴的社会科学抬头。这是新兴阶级的抬头的必然反映。新兴的社会科学在这一年里,可以说已经确确实实地树立了它的存在权了。

第二,是关于经济学的书籍占多数。

第三,是关于方法论——尤其是唯物辩证法这一类书籍的流行。这就意味着中国的读书界已经有更进一步去研究社会科学的需要之表示。

第四,是关于苏联的研究的书籍和关于帝国主义的书籍,占了不少的数目。

第五,是关于历史方面——如经济史,革命史,及经济学史社会思想史等等——也占了相当的数目。从这一点,可以看到中国的幼稚的思想界已经有渐渐走上系统研究的道路之倾向了。

最后一点,就是这翻译之中,未免有些粗制滥造的缺点。但是这是社会科学运动之初期必有的现象,只要社会科学的运动向前进展,关于这类书籍的批评建立起来,这种缺点是会逐渐消减的。①

此外,君素回应了社会上某些人对新兴社会科学书籍大量出版这一事实的敌视与诘难,论证了新兴社会科学走红的必然性及其现实依据,强调:

> 社会科学的勃兴,本来就不是因为它是时髦,更不要什么"趁着新文艺没落的运命",而是因为客观的需要。换句话说,就是因新兴阶级已经抬头,革命已经深入,客观上需要这种社会科学的帮助来解决当前的问题。我们只要看一看这一年的社会科学的书籍怎样地直接间接地和中国目前的环境和问题有密切的关系(例如这一年关于帝国主义的书籍和关于苏联的研究的书籍,关于经济的书籍特别多,这就是帝国主义加紧压迫中国的反映,和中国人想知道中国自己的经济状态与新兴的社会主义国家的现状的证据)。就可以明白它的勃兴不是偶然的了。②

除关注翻译马克思主义著作外,左翼社会科学工作者又趁热打铁地在《新思潮》月刊与《新思想》月刊上发表了一则《统一译语草案》,企图纠正并改变当时社会科学界存在的翻译术语混乱与错杂现象,引导并启发当时社会科学界翻译工作走向标准与规范。这些哲学社会科学名词主要包括:意识形态;生产手段;生产方式;上层构造;下层构造;观念论;史的唯物论;劳动手段;生产过程;分工;再生产;单纯再生产;扩大再生产;金融资本;策略;战术;唯物论;工会;行会;协力;剥削;生产费;鼓动;群众;罢工;怠工;独占;合理化;拜物主义;生产物;相互作用;所有关系;发展形态;社会构造;类型;规律性;决定论;非决定论;定命论;封建制度;均衡;实证主义;产业资本;产业革命;高利贷资本;产业预备军;托辣斯;卡台尔;新迪加;生产的劳动;不生产的劳动;原始共产社会;族长制的共产社会;经济学原理;手工工厂;价值;价格;地租;供给;需要;供求律;价值形态;流通手段;支付手段;按时工资;按件工资;绝对地租;差额地租;货币;商品;输出;输入;进入口;出口货;入口货;生产条件;劳动条件;劳动阶级;劳动运动;好市况;恶市况;紧急;跌落;危机(恐慌);耕运机;集合机;剩余价值;利润;劳动贵族;劳动官僚。③

---

① ② 君素:《一九二九年中国关于社会科学的翻译界》,《新思潮》月刊第 2、3 合期,1930 年 1 月 20 日。

③ 《统一译语草案》,《新思潮》月刊第 5 期,1930 年 4 月 15 日;《统一译语草案》,《新思想》月刊第 7 期,1930 年 7 月 1 日。

## 二、翻译马克思主义经典著作

从 1928 年至 1932 年,左翼社会科学工作者在翻译工作上付出了很多的心血与汗水。夏衍晚年回忆:"他们翻译出版了许多马克思恩格斯的著作,如朱镜我的《社会主义从空想到科学》、吴亮平的《反杜林论》、李一氓的《马克思论文选译》、杨贤江的《家族和私有财产及国家的起源》等等。"[1]许涤新也在回忆录中说:"吴黎平、李一氓、杜国庠、彭康、朱镜我和杨贤江等人,就从事马克思主义的研究宣传,翻译了不少马克思列宁主义的理论著作。"[2]现将他们翻译的数部经典著作列表如下,进行考证:

**左翼社会科学工作者翻译经典著作一览表**

| 译　者 | 书　名 | 作　者 | 出版社(出版年月) |
| --- | --- | --- | --- |
| 朱镜我 | 《社会主义的发展》 | 恩格斯 | 上海创造社出版部(1928 年 5 月) |
| 杨贤江 | 《家族私有财产及国家之起源》 | 恩格斯 | 上海新生命书局(1929 年 6 月) |
| 彭　康 | 《费尔巴哈论》 | 恩格斯 | 上海南强书局(1929 年 12 月) |
| 李一氓 | 《马克思论文选译》 | 马克思、恩格斯与列宁 | 上海社会科学研究会(1930 年 2 月) |
| 吴黎平 | 《反杜林论》 | 恩格斯 | 上海江南书店(1930 年 11 月) |
| 郭沫若 | 《政治经济学批判》 | 马克思 | 上海神州国光社(1931 年 12 月) |
| 陈启修、潘文郁[3] | 《资本论》(第一卷) | 马克思 | 上海昆仑书店(1930 年 3 月);北平东亚书局(1932 年 8 月与 1933 年 1 月) |
| 陈韶奏、朱泽淮 | 《唯物论与经验批判论》 | 列　宁 | 上海明日书店(1930 年 7 月) |

1928 年 5 月,创造社出版部出版了朱镜我翻译的《社会主义的发展》单行本,即恩格斯著《社会主义从空想到科学的发展》的中译本,由朱镜我使用德文

---

① 夏衍:《懒寻旧梦录》,生活·读书·新知三联书店 1985 年版,第 158 页。
② 许涤新:《风狂霜峭录》,生活·读书·新知三联书店 1989 年版,第 65 页。
③ 值得注意的是,此时的陈启修和潘文郁已经脱离左翼社会科学战线。陈启修在政治上跟随谭平山、邓演达的第三党;潘文郁因王明反李立三而受到打击,被调离中央宣传部,后来成为中共北京地下党特科成员,被党组织派遣到张学良身边担任机要秘书和教师。

本并参考日译本、英译本翻译而来。该书揭示了空想社会主义是科学社会主义的直接思想来源，说明了唯物史观与剩余价值学说是科学社会主义的两大理论基石，在此基础上描述了科学社会主义的中心思想与内在逻辑。针对从空想社会主义发展到科学社会主义的必然性，朱镜我在译者序中专门进行了论证，指出："一切的文物制度，学说思想都有它们的历史的存在理由，就是存在过的或存在着的一切东西，都有它自己的历史的社会的存在理由；它们不能因有伟大的天才的任意的改变就被破弃，也不能因有玄妙的催生婆的助产就被诞生的。"并强调："社会的文物制度及思想学说虽由它们的社会的历史的存在理由而发生发展起来的东西，但是它们的实现的过程……是要求无数的血和肉去交换才能得到实现化的机会的。"①

　　1929年6月，新生命书局出版了李膺扬（即杨贤江）翻译的《家族私有财产及国家之起源》，即恩格斯著《家庭、私有制和国家的起源》的首个中文全译本，由杨贤江使用英译本并参考日译本翻译而来。该书借鉴马克思关于美国学者摩尔根著《古代社会》的读书笔记而创作，从人类学的视角考证了唯物史观的真实性与可信度，反过来又从唯物史观的视角考察了人类社会的发生史与变迁史，集中体现了恩格斯深厚的理论素养与严谨的治学精神，正如杨贤江在译者序中归纳："本书有如著者在序言中所说，是恩格斯继承马克思在生前有志而未遂的工作所完成者，他根据关于这一问题的摩尔根之划时代的研究，加上自己的研究，并插入马克思的评注，把自蒙昧，野蛮以至文明的人类生活之历史，由唯物史观的见地，简单地论述。我们从本书，不仅获得在历史研究方法上的一般的指示，更可看到人类原始生活中许多有趣味的事实，……还有锐利的马克思主义的对此之批判。"②

　　1930年1月，朱镜我在《新思潮》月刊第2、3合期上发表了一篇书评，向读者宣介恩格斯著《家庭、私有制和国家的起源》与列宁著《国家与革命》这两部重量级译著，着重评论上述两部译著在确立马克思主义国家学说上的基础性地位与作用，指出："在这个最易迷离，最易催眠，而最复杂最困难的国家论之中，而且在这荒芜的，毫无科学精神的中国的学术界里，居然有二本最正确

----

① 朱镜我：《译者序》，[德]恩格斯著、朱镜我译：《社会主义的发展》，上海创造社出版部1928年版，第3—4页。
② 李膺扬：《译者序言》，[德]恩格斯著、李膺扬译：《家族私有财产及国家之起源》，上海新生命书局1929年版，第1—2页。

的科学的国家论之移植,使我们能以本国文字来读这种名著,这真不得不向移植者作感谢,也不得不庆贺学术界的前途的一回事。"与此同时,又借机揭批当时社会科学界某些国家论(包括神权说、最高道德说与社会连带说等)正在混淆是非与颠倒黑白,强调:"国家这个问题是最复杂的,最中心的问题,如其不以科学的最正确的理论武装自己,则最勇敢的革命者也会陷于机会主义,社会爱国主义,排外主义的泥坑中去的。"在他看来,"要客观的研究一种问题而得到一个科学的结论,颇不是容易的事。……社会的诸现象是人们的阶级的生活的成果,与日常的生活活动有密切的关系,因而在探求这种问题之时,我们的理论的精神是往往会被阶级精神所操纵,所染色。虽然有意识的或无意识的区分,然而其理论的归结总是渗透着阶级利益的成见,包含着传统观念的心核。这样的理论,在主张者自身或许会说有唤发的真理,但在客观上,这不过是欺瞒的,自己辩护的诡辩,丝毫没有客观的科学性。"[1]

1929 年 12 月,南强书局率先在中国出版了彭嘉生(即彭康)翻译的《费尔巴哈论》,即恩格斯著《路德维希·费尔巴哈和德国古典哲学的终结》的中译本,由彭康使用德文本并参考英译本与日译本翻译而来。在彭康看来,该书德文本的特色在于收录了《关于费尔巴哈的提纲》《〈自然辩证法〉札记和片断》《〈社会主义从空想到科学的发展〉英文版导言》《神圣家族》第 6 章第 3 节与《卡尔·马克思的〈政治经济学批判〉》一系列篇目。除彭康译本出版外,其他左翼社会科学工作者也在翻译这部哲学专著,众多中译本相继问世。1930 年 4 月,江南书店接连出版了向省吾翻译的《费尔巴哈与古典哲学的终末》与《马克思恩格斯关于唯物论的断片》,其篇目同彭康译本保持一致。1932 年 5 月,昆仑书店又出版了杨东莼和宁敦伍合译的《机械论的唯物论批判》,其附录除包括上述篇目外,还收录了马克思、恩格斯合著《德意志意识形态》的中文摘译与俄国学者普列汉诺夫撰写的《费尔巴哈论》俄译本第一版、第二版序文与评注。同年 11 月,上海社会主义研究社也出版了青骊(即北平社联盟员裴丽生的笔名[2])翻译的《费尔哈巴论》,但

① 谷荫:《二本国家论的介绍》,《新思潮》月刊第 2、3 合期,1930 年 1 月 20 日。

② 北平社联盟员李正文指出:"1932 年冬,裴丽生用笔名'裴丽青'翻译并出版了恩格斯的《费尔巴哈论》。"参见李正文:《关于北平社联的一些活动》,史先民编:《中国社会科学家联盟资料选编》,中国展望出版社 1986 年版,第 117 页;李正文:《回忆我在北平社联的日子》,上海市哲学社会科学学会联合会编:《中国社会科学家联盟成立 55 周年纪念专辑》,上海社会科学院出版社 1986 年版,第 160 页。

该译本由青骊使用英文本翻译而来,并保留英文进行比对,实现了英汉合璧。

需要指出的是,彭康不仅翻译恩格斯著《路德维希·费尔巴哈和德国古典哲学的终结》,而且撰文抒发自己的阅读感想,调动读者的阅读兴趣。例如,他向读者宣介了该书的文本内容与思想精髓,表示:"恩格斯的这本书在马克思主义的哲学中是一本很重要的书。在这本书里主要的并不是叙述费尔巴哈的哲学,而是藉批判费尔巴哈的观照的唯物论来确立马克思主义的哲学——辩证法的唯物论。辩证法的唯物论不是突然从天上掉下来的,它有它之所以发生的社会的原因及哲学史上的发展的系统。这两者都在这本书里详细地阐明了。尤其是历史的发展的系统更可使我们明瞭这唯物论是从前一切哲学的发展道途上的必然的阶段。"又如,他向读者进一步指明了黑格尔、费尔巴哈与马克思在哲学史上的思想关联,说明了马克思主义哲学在哲学史上的革命性变革,表示:"黑格尔—费尔巴哈—马克思,这是哲学发展的一个连环,而费尔巴哈却做了这个连环的中心,所以恩格斯也特别标出他的思想而彻底地批判,且究明其对于前者和后者的关系";"黑格尔的辩证法是怎样颠倒的,以头立地的;而唯物的辩证法又是怎样克服了这种矛盾而使它再以脚立地;同时,费尔巴哈的唯物论怎样是观照的,是非实践的,这些一切都能十分明瞭。"[1]由此可见,恩格斯的这部哲学专著备受左翼社会科学工作者的关注与青睐,尤其是被他们视作马克思主义哲学发展走向体系化的一个重要标志与象征,看作时人学习马克思主义哲学的一本必读著作与教材。

1930年2月,上海社会科学研究会出版(但由沪滨书店经销)了李一氓翻译的《马克思论文选译》第一集。该书由李一氓根据美国国际书店出版的英译本翻译而来,收录了若干马克思的重要著作或著作节选,包括列宁的《卡尔·马克思》(代序)、马克思的《哥达纲领批判》《雇佣劳动与资本》《导言(摘自〈1857—1858年经济学手稿〉)》《资本论》第1卷第24章第7节、《中国革命和欧洲革命》《六月革命》与《在〈人民报〉创刊纪念会上的演说》以及马克思、恩格斯合著《神圣家族》第4章第4节与第6章第3节。事实上,翻译该书不仅基于李一氓的个人兴趣与爱好,而且出于他的工作与生活需要,正如他在回忆录

---

[1] 彭嘉生:《译者后记》,[德]恩格斯著、彭嘉生译:《费尔巴哈论》,上海南强书局1929年版,第219—221页。

中发出感叹:"我排除了回家,在社会上找个普通职业混下去诸种抉择,决心留在上海,参加地下工作,同时开始学习马克思主义的理论。"在他看来,虽然"宣传马克思主义是一回事,收得一些翻译费来补助生活又是一回事",但自己"从翻译上更加深刻地学习了马克思主义的学说";尽管"以我当时的理论水平和语文水平,贸然就翻译马克思主义的经典著作",但"反正被翻译的总是马克思的著作,总是和中国工人阶级的解放事业有关的著作,总是对中国共产党的思想建设有意义的著作"。①

1930年11月,江南书店出版了吴黎平翻译的恩格斯著《反杜林论》,即该书在中国的首个中文全译本,由吴黎平根据德文原版并对比俄译本与日译本翻译而来。吴黎平在回忆录中描绘了该书的翻译经过,感慨地说:"1930年,正值酷暑季节,我住在上海的一个亭子间里,条件虽然很差,但比较安静,……我一面挥汗译书,一面又要冒名代课,……吃饭更是有一顿没一顿的。在这样的情况下,我用了三个月的时间译完了《反杜林论》全书。"②12月,昆仑书店也出版了钱铁如翻译的《反杜林格论》(上册),但其只包括《反杜林论》的绪论与第一编"哲学",还缺少第二编"经济学"与第三编"社会主义"。由于恩格斯著《反杜林论》全面叙述了马克思主义理论体系,完整呈现了马克思主义哲学、政治经济学与科学社会主义,因而它被列宁称作"马克思主义的百科全书",其中译本的问世既在马克思主义在中国传播史上具有里程碑意义,正如吴黎平在译者序中指出:"科学社会主义的理论在全世界上一日千里地往前发展着,译者希望这一名著的译本,能够对于马克思主义思想在中国的传播以及实际的斗争,有所臂助"③;也在新民主主义革命理论发展史上产生催化剂效应,正如他在回忆录中强调:"毛主席非常重视马列著作的学习,……在上海出版的《反杜林论》译本就是在1931年红军打下漳州时(并非在1931年,而是在1932年4月20日——引者注)毛主席亲自收集到的。"④

20世纪20年代,中国尚未推出《资本论》中译本,时人只能阅读新旧两款

① 李一氓:《论〈马克思论文选译〉的翻译》,中央编译局编:《马克思恩格斯著作在中国的传播》,人民出版社1983年版,第35—37页。

②④ 吴黎平:《〈反杜林论〉中译本50年》,中央编译局编:《马克思恩格斯著作在中国的传播》,人民出版社1983年版,第40页。

③ 吴黎平:《译者序言》,恩格斯著、吴黎平译:《反杜林论》,上海江南书店1930年版,第3页。

《资本论》英译本(新款由 Aden 和 Paul 两人合译,经英国 Allen & Unwin 书店与美国 International Publishers 书店出版;旧款由 Moore 与 Aveling 两人合译,经美国芝加哥 Charles H.Kerr 书店出版)或一些关于《资本论》的中文通俗读物。早在 1925 年,郭沫若已准备翻译《资本论》,宣称:"如能为译《资本论》而死,要算一种光荣的死"①,但这一计划并未在商务印书馆的编审会上通过。到了 1931 年 12 月,他翻译的《政治经济学批判》(即马克思撰写《资本论》的理论准备稿)由神州国光社出版,其主要内容与《资本论》第一卷第一篇大体一致。而在 1929 年 11 月,李一氓在比较新旧两款《资本论》英译本时也对中国社会科学界尚无《资本论》中译本深感痛惜,寄希望于中国社会科学界尽快出版《资本论》中译本,指出:"中国根本就没有中译本资本论,更谈不上新旧,但是说不定,自然一定的,有一部分人在念英译本资本论,……中文没有译本,这是现在中国智识分子的悲哀!"②

直到步入 20 世纪 30 年代,时人欲读《资本论》中译本而不得的情况才出现了转机。1930 年 3 月,昆仑书店率先在中国出版了陈启修翻译的《资本论》第一卷第一分册,该译本由陈启修根据德文原版并对比日本著名经济学者河上肇的日译本翻译而来。虽然陈译本只包含《资本论》第一卷的一部分,但推动了中国社会科学界翻译《资本论》的总体进程,衍生了时人阅读《资本论》及其相关著作的巨大思潮。对《资本论》陈译本的问世,潘文郁不仅给予了正面评价,称尽管"中文译本,……至今三年,尚未续出",但"这本书是中国社会科学界非常迫切需要的",而且继承与发展了陈启修的未竟事业,亲自翻译他尚未翻译的《资本论》第一卷的剩余内容,正如他自述:"我现在愿意继续翻译这一著作。……如若没有其他的意外的'天灾人祸',在 1932 年我大概可以将第一卷全部译完。"③1932 年 8 月与 1933 年 1 月,北平东亚书局相继出版了他署名潘冬舟翻译的《资本论》第一卷第二分册、第三分册,完整呈现了马克思主义政治经济学的劳动价值论与剩余价值论。至此,尽管《资本论》的翻译进程远

---

① 吉少甫:《郭沫若研究马克思恩格斯经典著作及三本翻译著作的出版》,中央编译局编:《马克思恩格斯著作在中国的传播》,人民出版社 1983 年版,第 47 页。

② 李一氓:《新英译文的资本论》,《新思潮》月刊第 1 期,1929 年 11 月 15 日。

③ 潘冬舟:《译者言》,马克思著、潘冬舟译:《资本论》第一卷第二分册,北平东亚书局 1932 年版,第 1—2 页。

未结束,但其第一卷的中译本全文毕竟得以与读者见面了。

列宁著《唯物主义和经验批判主义》也是左翼社会科学工作者翻译的重点对象。1930 年 4 月,南强书局发布了吴念慈(即杜国庠)和柯柏年合译的《唯物论与经验批判论》的出版预告,但现今已经无法查实这一中译本是否存在。1930 年 7 月,明日书店出版了笛秋和朱铁笙(笛秋是陈韶奏的笔名,朱铁笙是朱泽淮的笔名,两人曾参加社联)合译的《唯物论与经验批判论》,这是列宁著《唯物主义和经验批判主义》的首个中文全译本,由他们根据其英文版翻译而来。值得注意的是,该书是关于列宁捍卫辩证唯物主义和打击俄国马赫主义的一部哲学名著,也是关于列宁继承与发展马克思主义哲学的一部哲学名著,全面阐发了辩证唯物主义哲学的世界观、认识论与真理观,进而确立了哲学上的党性原则及其同反动哲学作斗争的重要性,集中体现了列宁具有的哲学论证与批判思维。正如南强书局发布的出版预告这样叙述:"乌连诺夫(即列宁——引者注)是新兴社会科学的建立者之一,而他的《唯物论与经验批判论》是新兴哲学之一最有权威的著作。"①又如译者陈韶奏这样评价:"这是列宁这部著作在我国的首次中译本,尽管我们的译文水平很低,但当时对传播马列主义,在我党早期革命理论战线的建设中也起了一定的推动作用。"②

## 三、选译国外马克思主义学者著作

在 1928 年至 1932 年期间,左翼社会科学工作者有选择性地翻译了一批由苏日德法等国马克思主义学者撰写的著作。这些著作是对马克思主义经典著作的有益补充,是当时中国人认识马克思主义的又一途径。通过选译相关国外学者著作,马克思主义在中国的传播具有了更多样的文本选择与更丰富的资料储备。现将他们选译的相关国外学者著作列表如下:

① 《出版预告:唯物论与经验批判论》,[俄]蒲列哈诺夫著、吴念慈译:《史的一元论》,上海南强书局 1930 年版,附页。
② 李曙新:《列宁〈唯物论与经验批判论〉的首译者》,《红岩春秋》2014 年第 9 期。

左翼社会科学工作者选译相关国外学者著作一览表

| 出产国 | 译者 | 书名 | 作者 | 出版社（出版年月） |
|---|---|---|---|---|
| 苏联 | 吴黎平 | 《辩证法唯物论与唯物史观》 | 芬格尔特、薛尔文特 | 上海心弦书社（1930年12月） |
| | 彭康 | 《马克思主义的根本问题》 | 普列汉诺夫 | 上海江南书店（1930年4月） |
| | 李铁声 | 《辩证法的唯物论》 | 布哈林 | 上海江南书店（1929年5月） |
| | 朱镜我 | 《经济学入门》（上、下册） | 米哈列夫斯基 | 上海神州国光社（1930年4月与10月） |
| | 李一氓 | 《马克思恩格斯合传》 | 李阿萨诺夫 | 上海江南书店（1929年10月） |
| | | 《1928年世界经济与经济政策》 | 伐尔茄 | 上海水沫书店（1929年12月） |
| | | 《1929年世界经济与经济政策》 | 伐尔茄 | 上海神州国光社（1930年5月） |
| | 杜国庠 | 《唯物辩证法与自然科学》 | 德波林 | 上海光华书局（1929年4月） |
| | | 《史的一元论》 | 普列汉诺夫 | 上海南强书局（1929年6月） |
| | | 《社会学的批判》 | 亚克色利罗德 | 上海南强书局（1929年9月） |
| | | 《辩证法的唯物论入门》 | 德波林 | 上海南强书局（1930年3月） |
| | 任白戈 | 《伊里奇的辩证法》 | 德波林 | 上海辛垦书店（1930年5月） |
| | | 《机械论批判》 | 史托里雅诺夫 | 上海辛垦书店（1932年7月） |
| 日本 | 杜国庠 | 《金融资本论》 | 猪俣津南雄 | 上海创造社出版部（1928年10月） |
| | | 《旧唯物论的克服》 | 佐野学 | 上海创造社出版部（1929年1月） |
| | | 《无神论》 | 佐野学 | 上海江南书店（1929年5月） |
| | 熊得山等 | 《唯物史观经济史》（上、中、下册） | 山川均、石滨知行、河野密 | 上海昆仑书店（1929年7月、9月与10月） |
| 德国 | 彭康 | 《新社会之哲学的基础》 | 考茨基 | 上海南强书局（1929年10月） |
| | 柯柏年 | 《辩证法的逻辑》 | 狄慈根 | 上海南强书局（1929年7月） |
| | | 《辩证法唯物论》 | 狄慈根 | 上海联合书店（1929年9月） |
| 法国 | 熊得山等 | 《宗教及正义善的观念之起源》 | 拉法格 | 上海昆仑书店（1930年9月） |
| 美国 | 彭芮生 | 《科学的社会主义的基本原理》 | 萨克思 | 上海创造社出版部（1929年1月） |

苏联是马克思主义宣传与研究的重镇,是当时中国人认识马克思主义的首选视窗,因而出自苏联学者的著作是左翼社会科学工作者翻译的重点。其中,吴黎平翻译的《辩证法唯物论与唯物史观》是一部哲学与社会学教科书,反映了苏联学者对马克思主义哲学的研究动态,并在附录收录了德波林撰写的《布哈林的"均衡论"与唯物辩证法》与加本诺夫撰写的《布哈林"唯物史观"的基本理论的错误》。这两篇论文着重揭批了布哈林哲学的机械均衡论与决定论错误,正如吴黎平在编者序中秉笔直书:"现在全世界上关于《唯物史观》的佳著极少。布哈林的《唯物史观》一书,因此就能风行一时。但布哈林在其《唯物史观》一书所发挥的基本观点(关于辩证法,社会,阶级等等)均犯着严重的错误,所以要从布哈林书上,得到正确的唯物史观的了解,是不可能的。……最好,自然是直接向马克思,恩格斯,伊里奇,蒲列哈诺夫等人的著作中直接去寻找唯物史观学说的基础。"[①]

李一氓翻译的《马克思恩格斯合传》是一部叙述马克思、恩格斯生平及其思想的传记,也是一部论述从工业革命发生到恩格斯去世期间欧洲工人运动史的专著,并在附录收录了李一氓草拟的马恩著作书目与全书各章中英特种名词对译表(1928年5月,李一氓已经在《流沙》半月刊第5期上发表了《科学社会主义的哲学渊源》一文,这篇译文选自该书第三章,追溯了马克思、恩格斯对德国古典哲学的吸收与改造过程,彰显了马克思主义哲学对黑格尔哲学与费尔巴哈哲学的综合与扬弃)。显而易见,该书是时人领略马克思、恩格斯其人及其思想的快速通道,正如李一氓在译者序中自白:"我们要读,真正读一部马克思或恩格斯的传记,这本书是不够的。但是中国没有过,从没有过一部马克思传记的书,恩格斯传的书更不要提起。……这译本并不想望担负填补这缺陷的任务。它或者会给读者的只是一座马克思与恩格斯的造像模型的轮廓而已。轮廓我们当然不满足,但是聊以慰于无。"[②]

李一氓翻译的1928—1929年的《世界经济与经济政策》选自《共产国际通讯》刊出的《世界经济与经济政策》季度专号,是关于经济地理、世界市场、国际

---

① 吴理屏:《编者序》,吴理屏编:《辩证法唯物论与唯物史观》,上海心弦书社1930年版,第1页。

② 李一氓:《译者序》,[苏]李阿萨诺夫著、李一氓译:《马克思恩格斯合传》,上海江南书店1929年版,第1—2页。

金融与国际贸易的综合性报告,也是运用马克思主义政治经济学回答世界经济问题的参考材料。其中,1928年《世界经济与经济政策》第一季的第二章由石英(一说朱镜我①)翻译,第二季的前两章由宰木(即潘梓年)翻译,而1929年《世界经济与经济政策》第一季的第二章则由柳岛生(即杨贤江)翻译。此外,社联出版的左翼社会科学期刊也不时转载,例如《思想》月刊第3期刊登了1928年《世界经济与经济政策》第一季的中译文节选;《新思潮》月刊第1期刊登了1929年《世界经济与经济政策》第一季的中译文节选;《研究》创刊号刊登了1931年《世界经济与经济政策》第一季的中译文节选。从章节编排上看,该报告包括三个层次,先选择一个或若干专题进行讨论,再概述这一季度世界经济的总体情况,进而详述这一季度英、德、意、法、美、日等资本主义国家的经济情况。从专题选择上看,该报告考察了1929年资本主义世界经济危机的由来及其在工业、农业、金融业与贸易业的表现,反映了经济危机对各国经济、社会以至于国际关系的深刻影响,并说明了各国对经济危机到来作出的经济政策调整与补救。引人关注的是,该报告曾设置中国经济现状专题,科学揭示了中国社会的发展阶段是半殖民地半封建社会,准确预测了中国革命的发展前景是跳出资本主义社会而进入社会主义社会。

杜国庠翻译的普列汉诺夫著《史的一元论》与德波林著《辩证法的唯物论入门》是两部俄国马克思主义学者撰写的重量级哲学史专著。普列汉诺夫撰写的《史的一元论》专门探讨辩证唯物主义哲学发展史,从18世纪的法兰西唯物论写到王政复古时代的法兰西哲学,从空想社会主义者哲学写到德意志观念论哲学,再写到近代唯物主义哲学,论证唯物主义与唯心主义是两种截然对立的、不可调和的哲学阵营,从根本上反对二元论哲学、坚持一元论哲学。德波林撰写的《辩证法的唯物论入门》也探讨近代以来唯物主义哲学的发展史,但偏重对各个阶段的代表人物及其思想进行评说,例如培根、霍布斯、洛克、巴克莱、休谟与马赫等,对辩证唯物主义同机械主义、经验主义与实用主义的思想斗争进行论述,对机械主义、经验主义与实用主义的错误思想进行批判,并对影响哲学发展的阶级基础及其关系进行揭秘。

---

① 李一氓在回忆录中怀疑石英是朱镜我,但其真实姓名尚无定论。参见李一氓:《李一氓回忆录》,人民出版社2001年版,第98页。

　　任白戈是在辛垦书店工作的一位左翼社会科学工作者,对哲学社会科学
的翻译水平较高。他翻译的《伊里奇的辩证法》是一部关于列宁主义哲学的专
著,不仅叙述了列宁对马克思唯物辩证法的理论继承与创新,还论述了列宁在
帝国主义、世界战争、社会革命与机会主义等问题上的辩证法运用。对此,任
白戈在译者序中总结:"如果我们说,黑格尔的辩证法是玄学的辩证法,马克思
的辩证法是科学的辩证法,那么,伊里奇的辩证法就是行动的辩证法,或实践
的辩证法。……科学是成立于实验,发展于实验,所以行动的辩证法却是证实
了和发展了的科学的辩证法。"①他翻译的《机械论批判》则是一部关于俄国哲
学界辩证唯物论者与机械论者论战的专著。该书改变以往的哲学史写法,选
择专题式结构与论战式体例,对某些至关重要的哲学概念与范畴作出了正确
诠释,包括:理论与实践;量变与质变;普遍性与特殊性;物质观与运动观;对立
与统一;偶然性与必然性;主观主义与相对主义;等。

　　从辩证唯物论诠释到史的唯物论叙事,再从唯物史观论证到具体的经济
史考证,这是马克思本人走过的道路,也是日本马克思主义学者开辟的研究路
向,最具代表性的就是日本经济学者河上肇,因而日本学者撰写的经济学著作
备受左翼社会科学工作者的重视。例如,熊得山、钱铁如与施存统三人合译的
《唯物史观经济史》一书从唯物史观出发,通过对欧洲各国经济与社会发展史
的考察,描绘了资本主义以前的经济史、资本主义时期的经济史与社会主义时
期的经济建设现况,其结论同马克思著《资本论》关于自由资本主义的看法与
列宁著《帝国主义论》关于垄断资本主义的看法保持一致。由于 20 世纪 30 年
代的中国正处于内忧外患的危急关头,正处于重新探索未来的转折时期,该书
自然具有极其重要的现实价值与意义,给有志于考证中国经济史尤其是中国
资本主义经济史的人提供了某种借鉴与启迪。此外,朱镜我翻译的《经济学入
门》与杜国庠翻译的《金融资本论》也是两部关于马克思主义政治经济学的专
著。其中,《经济学入门》针对自由竞争资本主义时期而写,叙述了资本主义社
会的生产过程与交换过程,论证了资本主义生产过程的剥削本性;《金融资本
论》针对垄断资本主义时期而写,揭示了金融资本的特征与职能,说明了金融

---

① 　任白戈:《序言》,[苏]德波林著、任白戈译:《伊里奇的辩证法》,上海辛垦书店 1933 年
　　版,第 8 页。

资本的出现及其对资本主义生产过程的变革与影响。

结合这些译著情况，我们可以得出三点结论：其一，从译著出处上看，左翼社会科学工作者选译了诸多苏联与日本马克思主义学者撰写的著作，而苏联与日本正是当时马克思主义思潮兴盛的两个主要国家，更是马克思主义从欧洲传进中国的两个必经中介，特别是这些人中，朱镜我、彭康、杜国庠与王学文等人曾留学日本，深受日本经济学者河上肇的思想启蒙与影响；在此期间，他们也选译了若干德国、法国马克思主义学者撰写的哲学专著，柯柏年甚至已经准备翻译恩格斯著的《自然辩证法》，正如他在回忆录中感慨地说："恩格斯的《自然辩证法》一直很吸引我，我曾想结合当时的（三十年代的）科学技术来仔细研究一下这本书，如果有可能就写一些介绍性的文章或一本书。我阅读了许多自然科学著作，涉及的方面也很广，由于要参加社联的工作和党的其他一些活动，我的这个计划没能实现。"①其二，从译者姓名上看，杜国庠不仅比其他左翼社会科学工作者翻译了数量更多的著作，而且同时翻译了来自苏联与日本两个国家马克思主义学者的著作，虽然他的学术背景与储备是政治经济学，但这一时期他的关注点已经由政治经济学转向哲学，用哲学来指导政治经济学，这正体现了从整体上认识马克思主义的内在要求。此外，杜国庠还和柯柏年合编了两部哲学社会科学辞典，包括 1929 年 11 月、1933 年 2 月南强书局出版的《新术语辞典》和 1933 年 11 月南强书局出版的《经济学辞典》，正如社联盟员蔡馥生在回忆录中浓墨重彩地写道："参加社联的同志，除教书外，主要靠写书、写文章来维持生活。杜国庠同志留学日本，学的专业是政治经济学，是日本著名经济学家河上肇的学生。他为南强书局编写了一本《新经济学辞典》，署名吴念慈、柯柏年，是我国当时唯一的马克思主义的政治经济学辞典。……柯柏年因身体不好，没有参加过社联什么活动，专门写书养病。他为南强书店编写的《新术语辞典》，署名柯柏年、吴念慈。这本书对马克思主义理论术语介绍都起了很大作用。"②其三，从文本内容上看，马克思主义哲学译著是左翼社会科学工作者选译的重点，并有从唯物史观译著向唯物辩证法译著转

---

① 柯柏年：《我译马克思和恩格斯著作的简单经历》，中央编译局编：《马克思恩格斯著作在中国的传播》，人民出版社 1983 年版，第 31 页。

② 蔡馥生：《我参加中国社联的前前后后》，上海市哲学社会科学学会联合会编：《中国社会科学家联盟成立 55 周年纪念专辑》，上海社会科学院出版社 1986 年版，第 104 页。

变的趋向,以期武装信仰马克思主义、追随中国共产党的革命者,指导他们认识中国社会的过去、现在与将来,并正确看待中国革命的道路选择与策略制定。

## 四、组织宣讲与研读马克思主义著作

在左翼社会科学运动期间,左翼社会科学工作者不仅翻译了一批重量级的马克思主义著作,而且在翻译马克思主义著作的同时组织宣讲马克思主义著作与研读马克思主义著作。

首先,左翼社会科学工作者联合左翼文学工作者宣讲马克思主义著作。他们既通过社联成员张庆孚的关系在上海的一些大学任教,例如上海法政学院、上海艺术大学、中华艺术大学、群治大学与暨南大学等①,又依托自己创建的一些学校在其中任教,例如华南大学、文艺暑期补习班、现代学艺研究所、浦江中学、泉漳中学与外语学校等②。关于这一点,王学文在回忆录中感慨地说:"我们不计较时间的长短、报酬的有无或高低,只要有人请就去。目的就是宣传介绍马列主义,传播革命的火种。当时在上海,是很受进步青年、进步学生以及一部分青年党团员的欢迎的。"③现将这些由左翼社会科学工作者任教的学校及其相关情况列表如下:

**左翼社会科学工作者任教学校一览表**

| 校 名 | 负责人 | 校 址 | 任教情况 |
|---|---|---|---|
| 上海法政学院 | 郑毓秀 | 法租界金神父路打浦桥(今瑞金二路) | 王学文、吴黎平与刘芝明等任教;其中,王学文主讲近世欧洲经济思想史,也讲金融论 |
| 上海艺术大学 | 周勤豪(后来由田汉主持——引者注) | 法租界善钟路(今常熟路);巨泼莱斯路(今安福路) | 王学文教政治经济学;针对刘仁静的谬论,王学文在讲政治经济学课程时向学生讲列宁在《哲学笔记》中关于辩证法的十几个要素 |

① 王学文:《回忆"中国社会科学家联盟"》,史先民编:《中国社会科学家联盟资料选编》,中国展望出版社 1986 年版,第 81 页。

② 同上书,第 84 页。

③ 王学文:《左联和社联的一些关系》,史先民编:《中国社会科学家联盟资料选编》,中国展望出版社 1986 年版,第 133—134 页。

续表

| 校　名 | 负责人 | 校　址 | 任教情况 |
|---|---|---|---|
| 中华艺术大学 | 陈望道 | 北四川路窦乐安路（今多伦路） | 王学文教政治经济学 |
| 群治大学 | 刘姓湖南人 | 劳勃生路大自鸣钟（今长寿路、西康路交界处）附近 | 王学文讲社会意识学 |
| 暨南大学 | 许德珩（教务主任） | 真如镇真如车站旁边（今交通路） | 王学文作关于经济理论的报告 |
| 华南大学 | 潘梓年 | 公共租界爱文义路（今北京西路） | 王学文讲政治经济学与帝国主义论 |
| 文艺暑期补习班① | 王学文冯雪峰 | 法租界环龙路（今南昌路） | 社联盟员教社会科学课程，左联盟员教文艺课程；学生合计两个班，总计一百多人 |
| 现代学艺研究所 | 王学文冯雪峰 | 公共租界爱文义路（今北京西路） | 同上 |
| 浦江中学 | 沈钧儒（校董） | 公共租界赫德路（今常德路） | 王学文教政治经济学 |
| 外语学校 | 不详 | 公共租界 | 王学文只去过一二次，没有讲课 |
| 基督教青年会 | 不详 | 基督教青年会大楼内（今四川中路） | 社联盟员、左联盟员任教；王学文主持学习班或研究会 |
| 泉漳中学 | 不详 | 泉漳会馆内（今龙华东路） | 艾思奇任教 |

　　其次，左翼社会科学工作者通过组建定期或不定期的读书会与讨论会，集中研读马克思主义著作，集体学习马克思主义理论。据李一氓回忆，社联专注于"在一些大学里搞社会科学的读书会，吸引一些进步学生参加"②，而"在一些大学里搞社会科学的读书会"这一做法不仅有利于社联盟员与读者发生组织上的关联，也有利于他们亲自指导这些读者阅读马克思主义著作。又据林淡秋回忆，社联"是党领导下的秘密组织"，"参加的成员既有社会科学界的知

---

① 关于文艺暑期补习班的名称，王学文与冯雪峰采纳了洪深的建议："你们要叫学校，国民党就要来登记、捣乱，不如避免这些麻烦，叫补习班。"参见王学文：《回忆"中国社会科学家联盟"》，史先民编：《中国社会科学家联盟资料选编》，中国展望出版社1986年版，第84页。

② 李一氓：《李一氓回忆录》，人民出版社2001年版，第115页。

名人士,也有许多店员、学徒、职员和大、中学校的学生,大部分是青年人";
"'社联'的活动有对社会科学的研究、学习,也有与'文总'下面各个联共同进行的政治活动。……上层是一些社会科学家的活动;下层是通过组织读书会、报告会、夜校与图书馆等开展活动。我记得的有艾思奇的报告,胡乔木来辅导我们学习恩格斯的《自然辩证法》等。"①在这里,我们选择当时社联组建读书会的若干经典案例作进一步考察。

在上海华南大学,十多名学生组织了一个学习马列主义的读书会。这些学生找到老创造社的傅克兴,请他来指导。傅克兴不仅亲自指导,而且推荐王学文来指导,还应他们的请求帮这个读书会命名,说:"把学问二字倒过来,叫'问学社'吧。"于是,这个读书会每星期日聚会,由王学文讲授马列主义,并与他们共同研讨。②

在上海劳动大学,许涤新联合在邮政储汇局工作的蔡馥生等人组织了一个读书小组,请杜国庠来指导。杜国庠要他们学习哲学,宣讲辩证唯物主义与历史唯物主义。③对此,许涤新回忆:"直到现在,我还感到他在 1931 年间,经常出席我们的社联小组。他叫我们这个小组要精读恩格斯的《反杜林论》,并且精辟地为我们阐述辩证唯物主义和历史唯物主义。"④蔡馥生也回忆:"我在储金局刚工作期间,星期天杜国庠同志经常到我的住所来。劳动大学学生许涤新、马纯古、宋××几位同学也经常来,提出些问题请杜老解答。杜老也确实对我们的学习以切实有效的指导。"⑤

在上海交通大学,孙克定等社会科学研究会会员每星期召开一次读书会,王学文、杜国庠与彭康等经常指导他们的读书会。在这个读书会中,孙克定等人不仅学习辩证唯物论与唯物史观,也学习政治经济学,还学习革命史;他们

---

① 林淡秋:《关于"社联"的一些情况》,史先民编:《中国社会科学家联盟资料选编》,中国展望出版社 1986 年版,第 107 页。
② 王学文:《回忆"社会科学研究会"》,史先民编:《中国社会科学家联盟资料选编》,中国展望出版社 1986 年版,第 137 页。
③ 许涤新:《风狂霜峭录》,生活·读书·新知三联书店 1989 年版,第 50 页。
④ 许涤新:《忆社联》,史先民编:《中国社会科学家联盟资料选编》,中国展望出版社 1986 年版,第 93—94 页。
⑤ 蔡馥生:《我参加中国社联的前前后后》,上海市哲学社会科学学会联合会编:《中国社会科学家联盟成立 55 周年纪念专辑》,上海社会科学院出版社 1986 年版,第 102 页。

阅读恩格斯的《费尔巴哈论》、普列汉诺夫的早期哲学著作、德国人博哈德的《通俗资本论》、布哈林的《共产主义 ABC》与河上肇的《经济学大纲》等。此外,时任第二国际主席的比利时人樊迪文曾在 1930 年间来交大演讲,他们当场发言反对樊迪文宣传第二国际的改良主义。①

在北平,由李正文联系的清华大学、北京大学、北平师范大学、师大女附中、北平大学女子文理学院以及民国大学社联支部也定期组织了类似的读书会和讨论会,不仅学习唯物辩证法的基本理论,而且学习中国革命的基本问题,还讨论国内外政治经济形势。②以汇文中学的情况来看,社联支部每周组织一次读书会,定期在一个晚上开会,学习并讨论唯物辩证法的基本理论、中国革命的基本问题与科学社会主义等,甚至领导一个汇文民众学校,吸收汇文职工和群众参加学习。对此,李正文回忆:"汇文中学是教会学校,有基督教青年会组织,王振乾当时是青年会会长。但他用基督教青年会的名义,开过多次批判宗教唯心论的会。我以社联执委的身份出席这个读书会。但实际是做辅导去的。这个读书会在王振乾等人领导下,在学习马列主义理论上是有很大成绩的,会员的革命政治觉悟很高。"③

由此可见,无论在上海还是在北平,社联通过读书会这一联络平台与机制助推了马克思主义著作面向读者,促进了马克思主义著作走进基层,实现了马克思主义著作深入人心。也就是说,读书会聚集着受马克思主义著作影响的读者,增强了马克思主义著作对读者的吸引,加深了读者对马克思主义著作的阅读兴趣与欲望,更破除了读者在阅读马克思主义著作时发生的疑惑,回答了读者在阅读马克思主义著作时面对的难题。

再次,左翼社会科学工作者把组建读书会阅读与个人阅读紧密结合,把阅读马克思主义著作寓于个人日常生活、工作与学习的全过程。如果说组建读书会阅读马克思主义著作可谓一种自觉的集体行动,那么个人阅读马克思主义著作则堪称一种自发的个体选择,而这既出自于组织本身对左翼社会科学

① 孙克定:《关于社会科学研究会》,上海市哲学社会科学学会联合会编:《中国社会科学家联盟成立 55 周年纪念专辑》,上海社会科学院出版社 1986 年版,第 196—197 页。
② 李正文:《回忆我在北平社联的日子》,上海市哲学社会科学学会联合会编:《中国社会科学家联盟成立 55 周年纪念专辑》,上海社会科学院出版社 1986 年版,第 160 页。
③ 同上书,第 152 页。

186

工作者的阅读要求,也出自于他们自己对马克思主义著作的阅读偏好,正如社联盟员汪德彰在回忆录中这样叙述:"我在亭子间里读了许多哲学、社会科学的书籍。如《读书生活》中有关哲学的文章,河上肇的《政治经济学》,恩格斯的《自然辩证法》,马克思的《资本论》等,可以说是进了一次'地下社会科学院'。"①现选取左翼社会科学工作者许涤新的个人阅读事例,进一步考察个人阅读马克思主义著作及其读书心得与体会。

社联的重要领导人许涤新是一位经济学者,他早年对马克思的巨著《资本论》兴致盎然,非常渴望并向往阅读这部巨著。在上海劳动大学,许涤新因受该校经济系主任孙寒冰主讲的价值论课程启发,决定自学马克思的《资本论》及其政治经济学理论。除阅读经济思想史外,他还阅读考茨基著《马克思经济学说》英译本与陈启修翻译的河上肇著《新经济学大纲》中译本。在此基础上,他开始阅读由 Samuel Moore 与 Edward Aveling 合译而经恩格斯审核的《资本论》英译本(由美国芝加哥 Charles H. Kerr 公司出版),花了两年多时间,终于读完一遍。通过阅读《资本论》,许涤新对马克思主义政治经济学的认知愈发深刻而完善,甚至确立了把马克思主义政治经济学同中国自身的发展特点相结合的思想,正如他在回忆录中有感而发:

> 马克思的《资本论》是不大好懂的。……我那时对于《资本论》的理解,仅仅是皮毛。但是,马克思对于资本主义生产方式的分析,对于资本榨取剩余价值的分析,对于前资本主义经济的分析以及对于资本主义被推翻后的社会主义社会的预见,不仅不会使我对马克思主义发生动摇,而是使我更加坚定地对马克思经济学说的信仰。……但是,马克思主义并不是教条,我们必须把他所指出的普遍真理同某一个国家的具体情况结合起来。中国社会的发展虽然有自己的特点,并不是同普遍真理隔绝的。实践证明,把马克思指出的普遍真理同中国的具体情况结合,革命就一定会成功。②

不言而喻,许涤新在《资本论》中不仅领略了马克思主义政治经济学的理

---

① 汪德彰:《回忆 50 年前中国社联的地下斗争》,上海市哲学社会科学学会联合会编:《中国社会科学家联盟成立 55 周年纪念专辑》,上海社会科学院出版社 1986 年版,第132 页。

② 许涤新:《风狂霜峭录》,生活·读书·新知三联书店 1989 年版,第 48—49 页。

论真谛与意蕴,即关于资本主义社会及其难以自我消弭的内在困境的科学证明,而且感知了马克思主义政治经济学的现实启示与意义,即关于中国社会出路与中国革命道路的科学指引。事实上,除许涤新等左翼社会科学工作者阅读马克思的巨著《资本论》外,其他读者也争相阅读马克思的巨著《资本论》。可以说,许涤新的个人阅读事例可谓时人阅读《资本论》的一个缩影,投射出20世纪30年代马克思主义著作在市民社会的真实反响,陪衬出20世纪30年代马克思主义著作对普通民众的实际影响。

令人钦佩的是,许涤新即使被敌人逮捕并关进监狱,在完全失去了人身自由的情况下,仍能保持着左翼社会科学工作者的阅读兴趣与爱好,保持着左翼社会科学工作者的自修意志与情操,尽可能争取宽松的环境或寻求可靠的人际关系继续阅读马克思主义著作。

1935年6月,许涤新一经被国民党淞沪警备司令部军法处判处有期徒刑七年,便被转至国民党陆军军人监狱关押,而他带进监狱的几本法文书,以及银行货币、经济思想史,都被所谓的"教诲师"全部扣留了,不得不叹息:"这么一来,我就无一本书可读了。"尽管如此,老难友却跟他述说了一个出人意料的消息:"1933年以前,监狱对犯人家属寄来的书,是没有限制的,那时,可以读到列宁的《俄国资本主义的发展》,也可以读到恩格斯的《反杜林论》。"这个消息使他苦闷已久的内心重生了一线希望。

在漫长的坐牢期间,一位外役难友趁看守不注意把一本包着破皮的河上肇著《新经济学大纲》(日文版)送给他,另一位外役难友从隔壁送来一本恩格斯著《反杜林论》第三编"社会主义",而这一被他称作"天外飞来的喜讯"使他如饥似渴地重读了这两部马克思主义著作。以他阅读河上肇著《新经济学大纲》(日文版)来看,"同我关在一个囚室的难友中有一个是在日本东京留过学的,我就请他从片假名教起,他天天教,我天天读。……经过三个月的苦读,居然把那本日语课本读完。我就利用我所能达到的日语水平,一字一句地读河上博士的书。连我自己也想不到,我终于缓慢地像乌龟爬一样,能够一字一句读懂这部我曾读过的书。1936年冬,我差不多把这本书读完了。这是我第二次读完河上博士的这本书。"

正是通过重读上述两部马克思主义著作,他反复思考了政治经济学与辩证法的内在关系,由此确立了把政治经济学与哲学相结合的研究视野,正如他在回忆录中自述："河上肇是掌握住贯穿在整部《资本论》中的辩证唯物主义和历史唯物主义的。我在这次学习中，才懂得包含在商品中的使用价值同价值的对立统一，才懂得商品转化为货币的必然性，才懂得货币不一定是资本，只有在一定历史条件之下，才转化为资本。"又如他感慨地说："大家热衷于看新从外面寄来的新书；我却利用这个时间，把《反杜林论》的这一编，细细读了几遍。恩格斯在这一编中，贯穿了政治经济学与哲学的结合，使我明确地认识到社会化的生产和资本主义占有之间的矛盾，必然周期地爆发经济危机，为社会主义生产方式取代资本主义，提供了客观的物质条件。"[①]

# 第三节　书报评论对马克思主义宣传的特殊作用

## 一、书报评论工作与《书报评论》

书报评论是左翼社会科学运动的一项相对特殊却又至关重要的工作，事关读者对马克思主义文本的选择与对马克思主义理论的认知。具体而言，左翼社会科学工作者对当时流行的社会科学书籍进行实事求是地褒贬，不仅向读者澄清了各种潜在的错误思想与观点，引导他们科学认识马克思主义的基本理论，而且回答了读者在自学马克思主义过程中遭遇的疑惑与困难，因而把对马克思主义的宣传工作推向了一个新领域。

在社联组建以前，有识之士已经认识到书报评论的重要性，指出："在目前最要紧的问题，……还是怎样系统地来介绍新兴的社会科学，怎样地建立这一类书籍的批评，使种种不正确的思想，一切的粗制滥造的书籍不能鱼目混珠，致阻碍真正的社会科学的发展的问题。"[②]针对当时社会科学界的书报评论需

① 许涤新：《风狂霜峭录》，生活・读书・新知三联书店 1989 年版，第 135—140 页。
② 君素：《一九二九年中国关于社会科学的翻译界》，《新思潮》月刊第 2、3 合期，1930 年 1 月 20 日。

求,社联一经创立就专门设立了书报审查委员会,其职能在于:"计划批评一切社会科学的译著,使广大的读者,得安心购读正确而平易的译著。"①可以说,书报审查委员会是社联书报评论的主管机构,直接领导了社联的书报评论工作。1931 年 1 月 15 日,由社联发起人柯柏年担任主编的《书报评论》在上海创刊,标志着社联书报评论工作的全面兴起。事实上,除出版与发行《书报评论》外,社联推出的其他左翼社会科学期刊也曾刊登了一系列社会科学书评,在书报评论工作中各显其能、各尽其才。但不容置疑的是,《书报评论》这一主阵地与主渠道比其他期刊更有利于集体作战而非单兵、散兵作战,更有利于帮助读者纾缓选择书籍的困难,更有利于在编者与读者中间建立对话与交流的平台。

具体而言,《书报评论》创刊的动机包括:其一,尽可能减少读者择书的困难,介绍与批评新近出版的社会科学书籍,实事求是地评价这些书籍在译文与内容上的优点与缺点,供读者参考与比较。关于读者选择书籍的困难,《书报评论》的创刊词曾有详细的说明:"第一个难题,就是:同样性质的书常时有两种以上的,例如,《社会问题大纲》这样的书,最近出版的,有柯柏年编的,有郭真编的,有张琴抚编的,有杨剑英的,有施伏量的,有孙本文编的,数年前出版的,有熊得山编的,有相菊潭编的,……第二个难题,就是:同一本外国著作常时有 2 种以上的译本,例如,布哈林的《唯物史观》有 5 种译本,泰东的,北新的,现代的,南强的,和平凡的;普列汉诺夫的《马克思主义的根本问题》也有 5 种不同的译本,江南的,乐群的,泰东的,沪滨的,和真善美的。……第三个难题就是有许多著作内容很坏而书名却极好听,或书名与内容完全相反的,若看见极好的书名就去看,常时是会上当的。"②其二,培养读者阅读社会科学书籍的兴趣与爱好,共享读者自己的读书心得与读书体会。《书报评论》给编者与读者提供了一个对话与交流的平台,自始而终强调:"希望本刊能够成为读者自己的刊物。要达到这个希望,第一,是尽量地登载读者们的来稿;第二,是尽量地容纳读者们的建议。"③

---

① 《联盟记事》,《社会科学战线》第 1 期,1930 年 9 月 15 日。
② 编者:《从择书的困难谈到本刊的任务》,《书报评论》第 1 卷第 1 期,1931 年 1 月 15 日。
③ 《编者复信》,《书报评论》第 1 卷第 4 期,1931 年 4 月 15 日。

　　从 1931 年 1 月创刊到 1931 年夏季被国民党查封,《书报评论》共连续出版了 6 期,其中的第 2 期、第 3 期是合期。该刊设有论文、书报介绍、书报批评、作家评传、读书笔记、中外出版消息、通信与问答等栏目。其中,最主要的栏目是书报介绍、书报批评与读书笔记。该刊在这些栏目中刊登了大量的社会科学书评(见下表):一是向读者推荐著作的文章,概述著作的主旨思想与主要观点,同时提供著作的作者信息或译者信息,例如推荐社联发起人吴黎平翻译的恩格斯著《反杜林论》等;二是对著作译文进行纠正的文章,用原文与译文作比对,或是在多种译文间作比较,例如《评〈资本论〉的中译本》、《评〈唯物论与经验批判论〉的中译本》等;三是对著作内容进行批评的文章,站在革命的马克思主义的立场与态度上,揭批其中潜在的反马克思主义的错误思想,例如《评〈经济科学大纲〉》、《评〈史的唯物论〉》等。此外,该刊还非常注重论文、通信与问答栏目的建设,向读者传播与回答马克思主义的社会科学知识及其话语,并引导读者认同与接受马克思主义的社会科学知识及其话语。

**《书报评论》刊登的社会科学书评目录表**

| 意 图 | 栏目与标题 | 评论员 | 刊出期号 |
|---|---|---|---|
| 著作推荐 | 书报介绍:世界经济地理;经济决定论;反杜林论;苏联发展之新阶段 | 凯丽、叔明、黄华 | 第 1 期 |
| | 书报介绍:社会民主工党史;辩证法唯物论与唯物史观 | | 第 2、3 合期 |
| | 读书笔记:读《人种由来说》所得 | 征明 | 第 2、3 合期 |
| | 读书笔记:《家族的起源》的概要 | 泽深 | 第 2、3 合期 |
| | 书报介绍:进化论浅释;中国农村经济研究;民族革命运动 | 凯丽 | 第 4 期 |
| | 读书笔记:《财产进化论》的概要 | 泽深 | 第 4 期 |
| | 书报介绍:辩证法的唯物论 | 金水 | 第 5 期 |
| | 读书笔记:读了《反杜林论》第一编 | 曾素蓬 | 第 5 期 |
| | 读书笔记:读《奴隶制度史》 | 征明 | 第 6 期 |
| | 读书笔记:读《现代社会学》后的意见 | 实话 | 第 6 期 |
| | 读书笔记:读了《战斗唯物论》以后 | 盖立 | 第 6 期 |

续表

| 意　图 | 栏目与标题 | 评论员 | 刊出期号 |
|---|---|---|---|
| 译文纠正 | 书报批评:评《资本论》的中译本 | 黄华 | 第1期 |
| | 书报批评:评《唯物论与经验批判论》的中译本 | 凯丽 | 第1期 |
| | 书报批评:评《社会科学概论》 | 黄华 | 第2、3合期 |
| | 书报批评:评《经济学批判》的中译本 | 凯丽 | 第2、3合期 |
| | 书报批评:评《经济学及赋税之原理》译本 | 凯丽 | 第4期 |
| | 书报批评:评《康德的辩证法》中译本 | 黄华 | 第4期 |
| | 书报批评:评《社会与哲学的研究》的几种译本 | 凯丽 | 第5期 |
| | 书报批评:评《苏俄的经济组织》的中译本 | 谷人 | 第6期 |
| 内容批评 | 书报批评:评《社会主义之基础知识》 | 黄华 | 第1期 |
| | 书报批评:评《史的唯物论概说》 | 叔明 | 第2、3合期 |
| | 书报批评:评《经济科学大纲》 | 叔轩 | 第4期 |
| | 书报批评:评《经济现象的体系》 | 黄华 | 第5期 |
| | 书报批评:评《托洛茨基自传》 | 铁史 | 第5期 |
| | 书报批评:评《社会意识学大纲》 | 清明 | 第6期 |
| | 书报批评:评《胡适文选》 | 叔明 | 第6期 |
| | 书报批评:评《科学的宇宙观》 | 健素 | 第6期 |
| | 书报批评:评《史的唯物论》 | 文蓬 | 第6期 |

　　书报评论工作是社联对马克思主义宣介与译介的一个新特色,也是马克思主义思潮高涨对马克思主义传播提出的一个新要求,自然属于 20 世纪 30 年代马克思主义在中国传播的演进逻辑与现实运动。书报评论工作尤其是《书报评论》在社会上取得了巨大的反响,引导读者从浩如烟海的社会科学知识及其话语中选择了马克思主义,这就捍卫了马克思主义的科学性与革命性,增强了马克思主义在哲学社会科学领域的领导权与话语权,同时提高了普通民众对反马克思主义的警惕性与鉴别度,扩大了普通民众对马克思主义的认同感与归属感。一名叫陈率真的读者在给《书报评论》编辑部的来信中情不自禁地表达了自己走出迷茫状态的心情,感叹:"新书函售社寄来你们的结晶《书报评论》,我一气读完了高兴得了不得,……希望你们始终站在正确的立场从

事社会科学和文艺的,绍介和评判,以来帮助现代的青年们!"①李尊权、杨毅两位读者在给《书报评论》编辑部的来信中声称:"的确感到这《书报评论》是我们购书的指南,是黑漆一团的出版界里的曙光,……这一个可爱的挚友呵! 我们将如何的表示欣幸欢迎呢! 我们兴奋了,鼓舞了! 欢欣我们正在黑暗迷途的当儿,路前现出一盏光耀的明灯。"②还有的读者则在来信中给予《书报评论》很高的评价,他们谈道:"编辑先生们能尽贵刊上的使命,刊出此本材料丰富的月刊来,这一层却很令人们的钦佩,同时我认定到贵刊产生出来的使命乃青年人看书方面指导的先锋队";"在封建势力满布的中国,……见得到这种正确而深刻的刊物,简直是茫茫无际的大洋,得着一个探海灯一样。"③

## 二、对各种错误思想进行理论批判

在 20 世纪 30 年代的中国社会科学界,反马克思主义(包括非马克思主义与假马克思主义)同马克思主义针锋相对,它们通过著书立言来争夺市场与舆论。因此,社联把书报评论工作的重心落在对反马克思主义的理论批判上,精心挑选与整理了一批反马克思主义的社会科学书籍,向读者揭批这些社会科学书籍中潜在的错误思想。

社联曾在《书报评论》中对当时自由主义思想的执牛耳者胡适及其著作有过批评。1930 年 9 月与 12 月,亚东图书馆相继出版了《胡适文存·三集》与《胡适文选》,对自由主义思想极尽吹捧与渲染。虽然胡适精通文学、哲学、政治学、社会学、国学,但评论员还是发现了他的破绽。例如,对胡适假借司马迁的言论辩护资本主义进行了调侃:"司马迁是什么时候的人物? 是汉朝人! 中国什么时候才有资本主义制度? 是在帝国主义侵入中国之后,在鸦片战争之后! ……可见胡博士连什么是资本主义都不晓得!"④又如,尽管《胡适文选》在读者面前妄称"被孔丘朱熹牵着鼻子走,固然不算高明;被马克思列宁斯

---

① 《读者来信》,《书报评论》第 1 卷第 4 期,1931 年 4 月 15 日。
② 《读者来信》,《书报评论》第 1 卷第 5 期,1931 年 5 月 25 日。
③ 《通信与问答》,《书报评论》第 1 卷第 6 期,1931 年 7 月 25 日。
④ 锦书:《万能博士的无知》,《书报评论》第 1 卷第 5 期,1931 年 5 月 25 日。

大林牵着鼻子走，也算不得好汉"，但自己却"被实用主义者杜威牵着鼻子跑"。①再如，对《胡适文选》宣传的杜威实验主义思想进行了系统地批驳，向时人揭示："实验主义是一种经验论，……实验主义的敌人是唯物论，尤其是辩证唯物论"；"实验主义有一种特征否认理论的真理有特殊的价值。……真理便带了主观的性质。效果就是理论的试金石。……实验主义的中心是利益，因而真正的学说或理论它也就不能不同社会中存在的利益的数目相等了。公说公有理，婆说婆有理这是实验主义逻辑上必然的归结"。②

由于马克思主义在当时的社会科学界风行一时，假借马克思主义这个幌子来达到其招摇撞骗的政治目的就成为假马克思主义者的一种把戏。于是，在批判非马克思主义的基础上，社联对假马克思主义保持了必要的警觉和足够的重视，把书报评论工作的主要对象指向了假马克思主义，尤其是针对假马克思主义者波格达诺夫、布哈林的哲学与经济学著作。

波格达诺夫是第二国际修正主义的代表人物之一，他把欧洲流行的经验批判主义引入俄国，企图歪曲马克思主义的唯物论。社联在《书报评论》中深刻揭示了波格达诺夫经济学说与哲学的错误言论。在《评〈经济科学大纲〉》一文中，评论员对波格达诺夫经济学的反马克思主义性进行了诘问，从波氏经济学的研究对象到研究方法再到研究内容，宣称："波格达诺夫的经济学是非科学的。……的确已经到了再行估价的时候，并且在他本国已经实行了。"具体而言，在研究对象上，波氏经济学"把经济史与经济学的界限混淆起来"，"把历史的范畴变成超历史的范畴，普遍化一般化起来"；在研究方法上，波氏经济学运用归纳法与演绎法而对辩证法不屑一顾，但"历史地，归纳地去研究各个阶段的经济，结果对于各阶段不会有正确的认识"；尤其是在社会发展阶段的划分上，波氏经济学竟以交换关系而非生产关系划分社会发展阶段，但事实与真相却正好相反，即："一种社会形态的交换关系，是依存于那社会形态的生产关系，而生产关系则适应于当时社会的物质的生产力。"③

在《评〈社会意识学大纲〉》一文中，评论员又把评论的视野从经济学转向

① 锦书：《胡适式的好汉》，《书报评论》第1卷第5期，1931年5月25日。
② 叔明：《评〈胡适文选〉》，《书报评论》第1卷第6期，1931年7月25日。
③ 叔轩：《评〈经济科学大纲〉》，《书报评论》第1卷第4期，1931年4月15日。

哲学,对波格达诺夫的机械论立场进行了批评,声称:"不仅使它包容许多对于社会意识上根本的错误见解,而且使它变成单线的,抽象的,片面的叙述。"在评论员看来,波氏哲学存在着三大错误,包括:依赖形式逻辑而抛弃辩证法;承认直线进化论而否认曲线发展说;在阶级与组织的关系上本末倒置,因而他关于社会意识学的结论必然是错误的。例如,"把社会生产力,当做是外界自然的东西,是一种技术;把社会生产关系,简单的看做是经济。……把生产看做劳动,而且又把劳动化为力量。"又如,"把社会的进化,当做是适应自然的过程,而社会意识也是适应的过程。……把社会一切的内在运动,看做是一切生物对自然的适应一样的东西。生物学上的适应律,完全搬到社会上来,社会学就可以变成生物学了。"再如,"照他的意思,社会运动的规律,历史的规律,只是因果律",但"我们知道,应该是对立统一律。"①

布哈林被当时国际共产主义运动视作右倾机会主义的代表,因而他的哲学被当时国际共产主义运动称作机械论(包括机械均衡论与机械决定论)。1930年,时任社联研究部长的张如心起草了《评布哈林氏的〈唯物史观〉》一文,发表在社联机关报《社会科学战线》上,对布哈林在《唯物史观》一书中的立论基础与核心思想进行了批驳,论证其歪曲自由与必然的关系,离间必然与偶然的关系,甚至否定矛盾的存在与作用——在张如心看来,"这是布哈林最重要的错误,同时也就是他的整个修正主义理论的核心",指出:"布哈林不论在宇宙观或方法论问题上都站在反马克思主义的立场,这些错误绝对不能说是'缺点'或'无关重要的毛病'而是整个修正主义的倾向,那一个不承认这一点,那末他便完全不懂马克思主义。布哈林修改马克思主义理论是站在机械唯物论的立场,他机械的把自由与必然,必然与偶然对立起来,机械的曲解辩证法,创造了机械的均势论,他的确是一位机械论者。"正因如此,布哈林对社会学尤其是对生产力的认知也包含着机械主义,这被张如心一语中的:"布哈林这里对生产力的解释,根本是反马克思主义的。生产力表现社会与自然的关系,这句话在某种意义上是不错的,……但是说社会与自然界的均势关系是决定生产力发展的要素,这便是笑话。"②

---

① 清明:《评〈社会意识学大纲〉》,《书报评论》第1卷第6期,1931年7月25日。
② 如心:《评布哈林氏的〈唯物史观〉》,《社会科学战线》第1期,1930年9月15日。

到了 1931 年,评论员又在《书报评论》上发表了极其相似的《评〈史的唯物论〉》一文(在他看来,"《史的唯物论》,在宇宙观与社会观上,是布氏整个思想的系统的发表",但"只是承认了史的唯物论的轮廓,却有无意减掉了它的真正辩证的内容"),重申了张如心的上述认识与看法,引导读者认清布哈林哲学的真实面目,看清布哈林哲学的内在逻辑,包括:在辩证法与机械论的关系上,"布哈林对于辩证法与机械论始终是同一视的。他不但处处以机械的说明去代替辩证法的说明;而且,无时无地不冀图以机械论的术语,去代替辩证法的术语";在自由与必然的关系上,他"以绝对的对立去观察意志自由与必然因果律",把"自由和必然列为两个绝对对立的东西,认为两个不相照应的极端的两极";而在必然与偶然的关系上,他"只是以绝对的断片去看偶然,而不是以一直线的断片去看偶然,即是只是以单个独立的偶然去看偶然,而不是以必然中一个环节去看偶然"。①

到了 1932 年,社联出版的《研究》创刊号也刊登了一篇批判布哈林哲学的重量级中译文,即王彬翻译的卢达士著《机械论的因果论与辩证法的因果论——对于布哈林的因果论之批判》一文。该文首先比较了布哈林的机械论与马克思主义的辩证法在回答因果论这一哲学问题上的不同,揭批了布哈林内在的机械决定论错误,而无论是决定论还是目的论,这两者都违反辩证法;紧接着,比较了布哈林的机械论与马克思主义的辩证法在必然性与偶然性这对哲学关系上的不同,进一步论述布哈林内在的机械决定论错误,反过来又论证必然性与偶然性的辩证统一关系;在此基础上,还比较了布哈林的机械论与马克思主义的辩证法对历史必然性概念的诠释与阐述,说明了布哈林对马克思主义关于历史必然性概念的篡改与修正,即他把必然性一般尤其是历史必然性只视作某种因果联系,看作某种原因或条件而已。可以说,这篇中译文对布哈林哲学的机械主义特性作出了更加深入而透彻的分析。

值得注意的是,社联的书报评论工作也指向陈启修转译的两部社会科学名著,对陈启修在转译外国著作过程中出现的错误表述进行了批评与指正。在《评〈经济现象的体系〉》一文中,评论员指责陈启修在转译日本学者河上肇的《经济学大纲》时发生了一系列失误,尤其是混淆了使用价值生产、价值生产

① 文蓬:《评〈史的唯物论〉》,《书报评论》第 1 卷第 6 期,1931 年 7 月 25 日。

与剩余价值生产这三个概念,"否认一切经济发展一切生产发展的特殊性","不能认识生产的历史性和社会性,……不能知道价值是一定的社会关系。他的能事只是把价值概念永久化固定化成为与人类历史俱存的东西。"①在《评〈科学的宇宙观〉》一文中,评论员又指责陈启修在转译英国学者爱里渥德的《近代科学和唯物论》时竟然站到了爱里渥德的错误立场上,这"是一种公开的不可知论的立场",而"这种立场的基础,是建立在绝对感觉论的认识论上",鞭挞陈启修"根本就是否定了唯物论的认识论的最主要中心的实践的标准","始终否认物自身与客观物质世界的认识的可能性,故不免采取了怀疑论的立场";谴讨陈启修"虽咬定了物质与精神都是经验的感觉的联合这一根本命题,要将唯心论唯物论的对立取消",但这"根本就是一种混淆的折衷主义的调和论","是一种非常的可耻的僧侣主义的议论"。②由此可见,社联对这两部译著的批评非常中肯,体现了对马克思主义科学性的坚持与维护。

此外,社联又把德国马克思主义学者波洽特著《史的唯物论》选进书报评论的书目中。1930年,由汪馥泉翻译的波洽特一书中译本在神州国光社出版,更名《史的唯物论概说》。在《书报评论》中,评论员叔明推翻了日本学者河上肇与水谷长三郎对波洽特一书的正面评价(在他们看来,该书"从纯正的马克思主义的立场,简单地写出马克思的唯物史观的东西"),相反却指控波洽特在书中企图以欲望决定论或人口决定论取代生产力决定论,强调:"欲望这种东西,他不是生产力的原因,而是生产力的结果。当他能够给予影响于社会之前,他先就是生产力的结果";与此同理,"如果没有这一前提,那末,就说不到人口的增加,更说不到因人口增加而增高欲望,而因以推动生产力了";而从这一点出发,"波氏这种思想,结局是要走到他自己所反对的'精神'史观的道路去的"。③根据唯物史观,人口与地理环境只是人类社会存在与发展的必要条件,对社会形态更替具有一定的加快或延缓作用,但并非人类社会存在与发展的内在根基,并非决定社会形态更替的根本动力,因而对波洽特的批评同样体现了对马克思主义科学性的坚持与维护。

---

① 黄华:《评〈经济现象的体系〉》,《书报评论》第1卷第5期,1931年5月25日。

② 健素:《评〈科学的宇宙观〉》,《书报评论》第1卷第6期,1931年7月25日。

③ 叔明:《评〈史的唯物论概说〉》,《书报评论》第1卷第2、3合期,1931年3月1日。

## 三、引导读者科学认识马克思主义

　　社联的书报评论工作既有反面批评又有正面宣传,不仅有计划地澄清某些社会科学书籍中潜在的反马克思主义错误思想,而且有意识地引导读者科学认识马克思主义,尤其是向读者灌输辩证唯物论与唯物辩证法思想,推荐辩证唯物论与唯物辩证法著作。与此同时,书报评论工作还呈现了编者与读者同时登场、平等对话的显著特点。

　　其一,社联在引导读者认识马克思主义的过程中突出了辩证唯物论与唯物辩证法的重要性。例如,社联的《书报评论》反复诠释了哲学的党性问题,向读者揭示了唯物论与唯心论的根本对立。达人的《怎样研究哲学?》一文语重心长地指出:"哲学的中心问题,就是:我与非我之关系(换言之,即是意识与存在,精神与物质,主观与客观,心与物之关系)。……全部的哲学史可说是唯物论与唯心论之斗争史。"[1]征明的《哲学问题中的几个根本观点》一文强调:"当唯物论提出科学的根据的时候,唯心论的内容荒诞无稽真是令人可笑了,……精神和思维是依存于物质而由物质产生的东西,即不是先有思维而规定存在,乃是先有存在而规定思维。"[2]叔明的《谈研究哲学》与张横的《哲学研究之立场》两文也相继谈道:"一切哲学——尤其是近代哲学——之根本问题,是思维与存在的关系,精神与物质的关系之问题"[3];"哲学的基本派别可以分为唯心论与唯物论两种,……过去哲学的发展史也就是这两派斗争的发展史,不论那一位哲学家,纵使他自己口头上否认而结果始终必然站在某一种派别立场上"。[4]

　　除了指引读者认识到唯物论与唯心论的根本对立,社联还对唯物辩证法作出了具体说明。1931年4月,吴明修在《书报评论》上发表了《社会科学的研究方法》一文,把唯物辩证法视作一种社会科学的研究方法,概述了唯物辩证法的两大基本特征与三大基本法则,构建了体现并运用唯物辩证法的社会

① 达人:《怎样研究哲学?》,《书报评论》第1卷第5期,1931年5月25日。
② 征明:《哲学问题中的几个根本观点》,《书报评论》第1卷第5期,1931年5月25日。
③ 叔明:《谈研究哲学》,《书报评论》第1卷第5期,1931年5月25日。
④ 张横:《哲学研究之立场》,《书报评论》第1卷第5期,1931年5月25日。

科学认识路径,宣称:"方法论是决定社会科学体系的指南针,我们要了解社会科学,先要把握住这上面的指南针。……我们如欲正确地了解社会现象的实质,我们就不能不采唯物论的观点。……唯物论只在采取辩证法的思维方法时,才能成为真正的美满的唯物论。"①1932 年 4 月,王彬在《研究》创刊号上发表的《社会科学的任务》一文重申了这一根本立场,还把唯物辩证法与唯物史观有机统一地看作社会科学的研究方法,强调:"思维与存在——自然与社会——是辩证法的","只有辩证法的思维,才能尽量接近于现实的实在",这决定了必须"从全体性去观察它,在运动上去把握它";"唯物辩证法(辩证法的唯物论)是研究自然现象和社会现象的唯一正确的方法,而辩证法的唯物论,被适用到社会现象(因而在社会科学上),就把自身具体化而成为史的唯物论"。②而慕鸥在《研究》创刊号上发表的《唯物辩证的思惟方法》一文则指引读者认清唯物辩证法尤其是矛盾学说,警示读者看清假冒唯物辩证法的布哈林、德波林哲学的思想陷阱,如是说:"唯物思惟的不同于唯心的,是在于它要在事物自身的发展过程中找出它变化不息的动因。……辩证法的不同于形式逻辑,是在于它要在事物变动不息的错综复杂的现象形态中,察出事物的本质,察出事物发展的实际情形,不把科学规律公式化了用以和发展生长中的事物比拟,看其是否恰合。"③

其二,社联在传播马克思主义的过程中既注重理论上的指导又注重经验上的传授,向读者推荐一批马克思主义的经典著作。社联机关曾化名马莲在《新思想》月刊上向读者推荐了 33 种社会科学研究书籍,从 8 种初步的研究书籍到 25 种较高级的研究书籍,覆盖了马克思主义哲学、政治经济学与科学社会主义,不仅包括马克思、恩格斯与列宁著作中译本,而且包括国外马克思主义学者著作中译本,指示读者"教育自己,从事实际工作以增进工作的能力,从事学理的研究以增进理论上的认识"。④而社联在《书报评论》上更专注于向读者推荐哲学译著。金水发表的《哲学译书目》罗列了哲学尤其是马克思主义哲学译著,这些译著既出自德国马克思主义者,也出自俄国马克思主义者,还出

①  吴明修:《社会科学的研究方法》,《书报评论》第 1 卷第 4 期,1931 年 4 月 15 日。
②  王彬:《社会科学的任务》,《研究》第 1 期,1932 年 4 月 1 日。
③  慕鸥:《唯物辩证的思惟方法》,《研究》第 1 期,1932 年 4 月 1 日。
④  马莲:《革命青年的暑假工作大纲》,《新思想》月刊第 7 期,1930 年 7 月 1 日。

自日本马克思主义者,例如马克思著《哲学的贫困》、恩格斯著《费尔巴哈论》《反杜林论》与《宗教·哲学·社会主义》以及乌连诺夫(即列宁——引者注)著《唯物论与经验批判论》等。[1]达人发表的《怎样研究哲学?》则制定了由粗到细、由浅及深的哲学研究步骤,第一步研究辩证唯物主义的基本理论,第二步研究辩证唯物主义的唯物论与辩证法,第三步研究辩证唯物主义的发展史,第四步再研究其他哲学,例如马克思著《哲学的贫困》、恩格斯著《费尔巴哈论》与《反杜林论》以及乌连诺夫著《唯物论与经验批判论》等。[2]

在精选马克思主义经典著作的基础上,社联的《书报评论》也对相同经典著作的不同译本进行了核查与比较,把翻译精准、文字流畅的中译本推荐给读者,还从某些中译本中摘录相关译文,纠正译者的翻译失误或不当。例如,评论员黄华在《评〈资本论〉的中译本》一文中检阅了陈启修翻译的马克思著《资本论》第一卷第一分册(于 1930 年在上海昆仑书店出版),发现该译本"每页有不适当的译语和译文",感慨地说:"我们知道《资本论》是很难翻译的书籍,不只是内容的理解需要一定的准备智识,同时原文的忠实正确的表现,也需要一定的技术。……因此我们不能不说陈先生这个译本是不好的译本。"[3]又如,评论员凯丽在《评〈唯物论与经验批判论〉的中译本》一文中检阅了笛秋和朱铁笙合译的列宁著《唯物论与经验批判论》(于 1930 年在上海明日书店出版),尽管发现该译本存在翻译错误,依然向读者推荐:"我们从书店广告虽然看到有三种译本,但只有笛秋和朱铁笙的译本真实出版。我们对于笛秋和朱铁笙二人之不怕繁难把它译成中文,使不懂外国语的读者们能够读这本名著,是很佩服的。"[4]再如,评论员凯丽在《评〈社会与哲学的研究〉的几种译本》一文中综合比较了法国马克思主义者拉法格著《社会与哲学的研究》在当时中国的三种不同中译本,包括张达翻译的《社会与哲学的研究》(于 1930 年在上海新生命书局出版)、熊得山等人翻译的《宗教及正义善的观念之起源》(于 1930 年在上海昆仑书店出版)与刘初鸣翻译的《经济决定论》(于 1930 年在上海辛垦书店

---

① 金水:《哲学译书目》,《书报评论》第 1 卷第 5 期,1931 年 5 月 25 日。
② 达人:《怎样研究哲学?》,《书报评论》第 1 卷第 5 期,1931 年 5 月 25 日。
③ 黄华:《评〈资本论〉的中译本》,《书报评论》第 1 卷第 1 期,1931 年 1 月 15 日。
④ 凯丽:《评〈唯物论与经验批判论〉的中译本》,《书报评论》第 1 卷第 1 期,1931 年 1 月 15 日。

出版),进而向读者推荐:"刘译本最先出版,但比较张译及熊译都译得好些;张译本最后出版,但译得最坏!故假如有人要读这本书,我劝他买刘译本。"①

其三,社联在向读者推荐马克思主义经典著作的过程中呈现了编者与读者同时登场、平等对话的显著特点。社联的《书报评论》自创刊以来就企图打造联结编者与读者的对话与交流平台,专门设有刊登读书心得与体会的读书笔记栏目,引来了不少读者的反馈与讨论。例如,《书报评论》推荐的吴黎平翻译的恩格斯著《反杜林论》在当时影响很大,很快就收到了读者的读书笔记。一名叫曾素蓬的读者在给《书报评论》编辑部的来稿中陈述了自己对吴黎平这一译著的喜爱与钟情,不仅把该书视作"恩格斯生平最伟大的一种著作",而且把该书看作"非常正确地应用着唯物论的基本命题",而这一基本命题是"史的唯物论者的试金石"。②又如,化名实话的读者指责《现代社会学》的作者李达只谈唯物史观、剩余价值学说与阶级斗争学说,却漠视了辩证唯物论与唯物辩证法,强调:"历史唯物论是现代社会学,它是辩证唯物论在世的领域上具体化的结果";"但是不但没有辟开这一章而且辩证唯物论,唯物辩证法的名词我在该书中都找不到"。于是,《书报评论》的编者站出来替李达回答了这一诘问,告知实话"显然忽视了在 1925 至 1926 年这个时代的文化状态(即无论在日本还是中国,辩证唯物论与唯物辩证法尚未风行——引者注)"。③

编者与读者同时登场、平等对话也体现在《书报评论》上的通信与问答栏目中。读书问答工作是社联书报评论工作的一个补充性环节,是对书报介绍与书报批评工作的延伸与继续,而这是由于社联面对的绝大多数读者都是社会上的青年学生、学徒与职员,他们的哲学社会科学基础相对薄弱,对哲学社会科学的专业术语比较陌生,即便有人自学马克思主义的经典著作,但他还是不能完全读懂,正如一名叫姚又松的读者自白:"我是一个失学的青年,对于基本科学如理化等科,都没有读过,……我以前也曾读过二三年的英文,但是,大概都已经忘记了,……现在我是有职业的人,……夜里我熟读些英文,和社会科学,……只是书籍的繁多,基本科学的复杂,足使我感觉到十三分的困难!"④

① 凯丽:《评〈社会与哲学的研究〉的几种译本》,《书报评论》第 1 卷第 5 期,1931 年 5 月 25 日。
② 曾素蓬:《读了〈反杜林论〉第一编》,《书报评论》第 1 卷第 5 期,1931 年 5 月 25 日。
③ 实话:《读〈现代社会学〉后的意见》,《书报评论》第 1 卷第 6 期,1931 年 7 月 25 日。
④ 《通信与问答》,《书报评论》第 1 卷第 6 期,1931 年 7 月 25 日。

因此,社联在《书报评论》中专辟通信与问答栏目,回答了读者在读书过程中遭遇的各种疑惑与困难,尤其是以平实而直白的语言表述了难以读懂的概念与范畴,向读者诠释与阐述了一系列马克思主义理论的具体知识,这些知识包括:生产方式、生产方法与生产样式;生产手段、生产机关与生产工具;生产力与生产关系;经济基础与上层建筑;亚细亚生产方式;简单商品经济与资本主义商品经济;资本集中、资本集积与资本蓄积;等。

## 第四章

# 社联对反马克思主义理论的批判

## 第一节　反马克思主义理论成为批判对象

### 一、反马克思主义:认知与界定

对反马克思主义的理论批判是左翼社会科学运动的一个显著特征,是摆在左翼社会科学工作者面前的一项重大课题,有利于在当时社会科学界打破各色各样的反马克思主义对马克思主义从"左"到右的围攻。

社联机关发布的《中国社会科学家纲领》《中国社会科学家的使命》与北平社联发布的《中国社会科学家联盟北平分盟斗争纲领》是社联理论批判的三个纲领性文件,不仅指明了社联理论批判的对象,而且彰显了社联对反马克思主义的清醒认知与准确界定。例如,社联纲领指出:"严厉的驳斥一切非马克思主义的思想——如民族改良主义,自由主义,及假马克思主义的理论,如社会民主主义,托洛茨基主义及机会主义。"①又如,北平社联纲领强调:"无情地批判非马克思列宁主义的反动思想——如三民主义,民族改良主义,自由主义,国家主义等等;特别加紧批判伪马克思列宁主义的理论——如社会民主主义,托洛茨基主义,右倾机会主义等。"②此外,社联机关报也发文重申:"中国社会科学家主要的任务,一方面坚决地与各种非马克思主义的理论斗争,揭破它的反科学性,阐明革命马克思主义的本质,他方面不客气地与各种假马克思主义的机会主义倾向奋斗,指出它妥协的,反动的本质,彻底铲除它的影响。"③

随着时局的发展与中共中央宣传政策的调整,社联理论批判的指向又发生了转变,反马克思主义也被社联赋予了全新的内容与意蕴。1935 年 10 月,社联常委会发布的《中国社会科学者联盟纲领草案》一针见血地指出:"要坚决的发挥马克思列宁主义的阶级性、党派性、革命性,严厉的反对帝国主义国民党法西斯的文化侵略、文化统制,反对文化上的白色恐怖,反对欺骗的中日文化合作,中国本位的文化建设,新生活运动,读经复古运动和读书识字运动,反对社会民主党、独立评论派、失败主义、取消主义和各色各样的修正主义。"④同年 4 月 30 日,时任社联党团书记的陈处泰撰写了《纪念伟大的革命导师马克思》一文,于 5 月 5 日在《社联盟报》第 25 期上发表,把法西斯主义、社会民主主义与托洛茨基主义并列视作反马克思主义,强调:"在中国,一切反马克思主义的各派,从国民党法西斯起,一直到国家主义、社会民主党、AB 团、托陈取消派为止,都是帝国主义、地主、资产阶级的拥护者!……一切反马克思主

---

① 《中国社会科学家联盟纲领》,《新地》月刊第 1 卷第 6 期,1930 年 6 月 1 日;《中国社会科学家联盟的成立及其纲领》,《新思想》月刊第 7 期,1930 年 7 月 1 日;《中国社会科学家联盟的现状》,《世界文化》第 1 期,1930 年 9 月 10 日;《中国社会科学家联盟纲领》,《社会科学战线》第 1 期,1930 年 9 月 15 日。

② 《中国社会科学家联盟北平分盟斗争纲领》,《大众文化》创刊号,1932 年 5 月 1 日。转引自史先民编:《中国社会科学家联盟资料选编》,中国展望出版社 1986 年版,第 50 页。

③ 《中国社会科学家的使命》,《社会科学战线》第 1 期,1930 年 9 月 15 日。

④ 《中国社会科学者联盟纲领草案》,《文报》第 11 期,1935 年 10 月 25 日。转引自上海市哲学社会科学学会联合会编:《中国社会科学家联盟成立 55 周年纪念专辑》,上海社会科学院出版社 1986 年版,第 256 页。

义的,必然要崩溃灭亡,一切曲解和修改马克思主义的,必然要投降到反革命的阵营里去,终必致于惨败而已! ……加紧思想与理论的活动,对内要执行两条战线坚决的斗争,对外要向一切反马克思主义的以及冒充马克思主义的各派进攻。"①

值得注意的是,社联对反马克思主义的认知与界定建立在科学审视社会科学阶级属性的基础上。针对当时社会科学界的复杂多变与乱象丛生,社联领导的《新思潮》月刊编辑部宣称:"目前关于社会科学的理论书籍杂志是兴盛极了。这是伟大的爆发前的应有而必有的现象;因而各种各样的色彩,似是而非的主张,奇奇怪怪的介绍,有意无意的误解,故意的造作,折衷的饶舌等等的现象也是应有尽有的伴随着。"②然而,社联对当时社会科学界的认识与看法并未停留在表面上,而是从深层次上揭示了社会科学的阶级属性及其阵营划分。1930年3月,社联发起人柯柏年在《怎样研究新兴社会科学》一书中从阶级属性出发考察了资产阶级的社会科学与无产阶级的社会科学,认识到它们两者是两种既根本对立又截然不同的社会科学,明确指出:

> 在现在的资本主义世界中,社会科学可以分为两大敌对的阵势,一是布尔乔亚汜的社会科学,一是普罗列塔利亚特的社会科学。……布尔乔亚汜的社会科学,其主要的任务,是要尽力建立和维护资本主义制度的理论上的基础,使布尔乔亚汜能够永远地统治社会。至于普罗列塔利亚特的社会科学,其主要的任务是推翻资本主义制度的理论上的基础,指明出资本制度之必然倾覆。……布尔乔亚汜的社会科学,他不能采用唯物辩证法,因为若用唯物辩证法来考察社会生活,就要否定资本主义制度之永远性了。……但愿意这样观察社会生活的,只有新兴阶级——普罗列塔利亚特;能够以这种唯物辩证法去研究社会现象的,也只有新兴社会科学。③

同年2月与9月,另两位社联发起人王学文、朱镜我也发文重申了柯柏年的这一言论,从唯物史观的视野叙述了社会科学阶级属性的由来及其根源,描

---

① 开泰:《纪念伟大的革命导师马克思》(1935年4月30日),上海市档案馆编:《社联盟报》,档案出版社1990年版,第311—312页。
② 编者:《编辑杂记》,《新思潮》月刊第4期,1930年2月28日。
③ 柯柏年:《怎样研究新兴社会科学》(增订本),上海南强书局1930年版,第23—24页。

述了阶级斗争在社会科学界的表现及其动态。例如,王学文一文开宗明义地
宣告:"在阶级的社会之中,我们不惟可以看见阶级与阶级间经济上政治上的
争斗,同时还可以看见阶级间思想上的冲突。这思想上的冲突,实在是阶级间
矛盾的反映,在阶级社会中必然要发生的现象,并且随伴着阶级间矛盾的进
展,思想上的冲突也必愈演而愈烈。"①而朱镜我一文表达得尤其深刻而准确,
如是说:"思想是社会的存在的观念的反映物,是阶级要求之理论的系统的表
白者,所以,在阶级社会未被扬弃之前,在阶级斗争尖锐化的时期,代表各阶级
的现实的利害关系的诸种理论,是能够而且必定会产生出来,……如无产阶级
和资产阶级这二大阵营,在现实的社会关系上,形成尖锐地对立的状态一样,
在思想上,理论的领域上,结局也只有照应地对立着马克思主义和反马克思主
义的阵营。"更进一步说:"在阶级矛盾到了不可调和,阶级斗争表示尖锐化的
时代,无论统治阶级的御用的理论和思想系统,有怎样多的派别和意见之歧
异,但有一点,是它们共通的特质,即绝望地攻击革命的马克思主义。"②

　　根据上述重要思想,社联发起人吴黎平、朱镜我不约而同地发文归纳了反
马克思主义的类型,揭批了反马克思主义的企图,并预测了反马克思主义的宿
命。在吴黎平一文看来,"资产阶级的所谓社会科学,只能是偏面的,狭隘的,
表面的,非科学的","除了片面的割裂的浅薄的主张以外,绝对不能以稍有体
系的思想,去和马克思主义对抗";改良主义"假冒马克思主义,割裂马克思主
义,除去马克思主义的革命的精粹,使马克思主义成为一种无害于统治阶级的
自由主义的学说";机会主义与托洛茨基主义来自"以前依附于马克思主义者
阵营中的小资产阶级",但"他们无论在理论上或是在策略上,都已经完全脱离
了马克思列宁主义,他们口头上假冒马克思主义的辞句,不过是空洞无味的毫
无内容的掩饰而已";而革命的马克思主义"是在继续不断的反对资产阶级及
小资产阶级倾向的斗争中锻炼出来的","它以革命的辩证法,确切地分析资本
主义发展的现阶段,规定革命的路线,指示革命的策略"。有鉴于此,他向时人
指明了社联理论批判的对象:"在介绍并发挥革命马克思主义的过程中,一定

---

① 王昂:《反科学的马克思主义? 还是反马克思主义的"科学"? ——驳郭任远的〈反科学
　的马克思主义〉》,《新思潮》月刊第 4 期,1930 年 2 月 28 日。
② 谷荫:《中国目前思想界的解剖》,《世界文化》第 1 期,1930 年 9 月 10 日。

要遇到两种敌人","一方面固然要尽力和这些非马克思主义的思想斗争,可是他方面,尤其在现在,应该特别注意假马克思主义或叛卖马克思主义的理论,……对于革命马克思主义最危险的,还是机会主义及托洛茨基主义。"①

与吴黎平一文既相似又不完全相同,朱镜我一文认识到反马克思主义包括改良主义、自由主义与机会主义这三种最主要的类型,进而揭示了改良主义、自由主义与机会主义显现的经济、社会上的根源,说明了改良主义、自由主义与机会主义暴露的政治、思想上的错误。针对改良主义,朱镜我指出:"民族改良主义,这自然是反映中国资产阶级的阶级利害的思想;其理论的中心,是想以民族意识或民族精神去代替阶级意识,以阶级协调去代替阶级斗争";"社会民主主义的根本特征,在削除马克思主义的革命性,篡改马克思主义的理论,使其适合于资产阶级的阶级利益,利用马克思昂格思的只句断章,来欺瞒工人的坚决的阶级斗争,以延长资本主义的生命。"针对自由主义,朱镜我又强调:"自由主义的思想……已完全失却了革命性,它看不出帝国主义实使中国沦于崩溃的事实,也看不出封建残余阻碍中国的自由发展之事实,而常识地罗列表面的现象";"自由主义本身,在帝国主义的现阶段,已经在世界规模上宣告破产,在半殖民地的中国,更没有实现它的客观条件,尤其在反动统治日趋崩溃,革命高潮将近来到的目前,这种自由主义的幻想,除了阻碍革命的斗争之外,是没有其他任何的作用的。"针对机会主义,朱镜我进一步说:"中国取消主义,虽然戴着科学的马克思主义帽子,礼赞社会主义的革命,然而实质上,他们已经离开了马克思主义的观点,陷落于托洛斯基主义的泥坑之中,……完全表示出他们取消革命,反对革命,阻碍革命,与反动的政权没有二致。……托洛斯基主义本来就是'左'倾的机会主义,机会主义本来就没有正确的一贯的理论,一贯的政治路线和策略,不是左倾的偏向,就是右倾的脱离。"②

由此可见,通过发表纲领、宣言与撰文,社联不仅宣告了批判反马克思主义的立场与态度,而且确立了对反马克思主义的认知与界定,而上述认知与界定是社联理论批判的立论基础与标准。实际上,对反马克思主义的理论批判赋予了左翼社会科学不同于其他社会科学的革命逻辑与战斗属性,而这一点

① 梁平:《中国社会科学运动的意义》,《世界文化》第 1 期,1930 年 9 月 10 日。
② 谷荫:《中国目前思想界的解剖》,《世界文化》第 1 期,1930 年 9 月 10 日。

伴随左翼社会科学运动的整个过程与各个环节,成为左翼社会科学工作者的政治共识与思想共鸣。例如,社联出版的《研究》创刊号在其发刊词中表达了左翼社会科学不同于其他社会科学的这种革命逻辑与战斗属性,宣称首先"要介绍正确的社会科学的理论",再"应用正确的理论于实际的社会问题",但更重要的是"要批评各式各样的带有欺骗性质的不正确的理论,使读者不会误被他们走上绝路去"①;又如,一位署名王彬的左翼社会科学工作者也在《研究》创刊号上撰文感叹:"社会科学,便不能不与一切不正确的,谬误的社会科学理论不断地作毫无假借的斗争,⋯⋯这样,社会科学才能完成它的实践的任务,同时,在这样的斗争(争论)之中,锻炼了自己的武器,丰富了自己的内容。许多伟大的社会科学的著作就是这样地产生出来,有名的《反杜林论》便是一例。"②此外,在王学文看来,"马克思主义对于一切反动的思想,并不畏惧回避理论上的争斗,他是不客气的勇敢的要和这一切反动的思想争斗,同时对于一切反动的思想上的驳击也予以理论上的答复。这是马克思主义在争斗过程中的态度,也同时是其命运。"③

## 二、揭穿非马克思主义的反科学性

除宣告对反马克思主义(包括非马克思主义与假马克思主义)的批判立场与态度外,左翼社会科学工作者接连撰文破除反马克思主义者对马克思主义的非议与妄伐,清除反马克思主义对民众的迷惑与误导,消除民众对反马克思主义的偏信与跟随。

揭穿非马克思主义的反科学性是左翼社会科学工作者开展理论批判的鲜明体现。非马克思主义者郭任远曾撰写《反科学的马克思主义》一书,公然抨击马克思主义违背科学常识。1930年,王学文在《新思潮》月刊第4期与第6期上发表了《反科学的马克思主义?还是反马克思主义的"科学"?》一文,首先选取郭任远一书的首章"马克思主义的要点",纠正了郭任远对马克思主义(包

---

① 编者:《发刊辞》,《研究》第1期,1932年4月1日。
② 王彬:《社会科学的任务》,《研究》第1期,1932年4月1日。
③ 王昂:《反科学的马克思主义?还是反马克思主义的"科学"?——驳郭任远的〈反科学的马克思主义〉》,《新思潮》月刊第4期,1930年2月28日。

括剩余价值论、唯物史观与阶级斗争学说等)的歪曲,指出:"我们知道马克思主义在郭教授的著作中成为批评的对象,既然是教授的批评对象当然可以按照教授的意思自由的宰割,所以教授有时可以说马克思主义已经仅有'一息的生存',有时也可以说到了现在'马氏的威权无上!'"紧接着,选取该书的第二章"马克思预言的失败和列宁的主观病",驳回了郭任远对若干具体预言的否定(包括关于阶级的国际联合的预言;关于资本集中的预言;关于贫困增加的预言;关于社会革命及其实现条件的预言),强调:"社会的存在不同,阶级的观点不同,同一的事实就这样能观察得到两种正相反对的结果,能使表现者形成两样颠倒真相的表现。"①

针对郭任远谩骂"马克思冒充科学","没有一点科学的基础","没有经过一度的科学的训练",王学文专门选取郭任远一书的第三章"冒充科学的马克思"进行反击,层层递进地揭破郭任远的奇谈怪论,论证马克思主义非但没有违反科学,反而指引自然科学与社会科学向前推进。在王学文看来,"我们知道批评论敌的主张,第一先要理解论敌的真正见解,第二要展开自己的积极的意见。我们的批评家——郭教授对于这两个条件做了什么?我们在这里只看见教授说辩证法是'吵闹法',毫没有例证和说明";"我们批评一种理论或一种事实,必须以理解这种理论认识这种事实为前提,并且在批评时必须举出证据加以说明。这样才能满足批评的条件。但是,我们的教授怎样呢。教授对于我们所要求的条件毫无顾虑,对于马克思的生涯与学说也不求甚解,只是粗杂地断章摘句地引用一句话来断定马克思犯了'主观病',这样说来,事情何其单纯!"事实上,郭任远批评的对象是他自己捏造的"桃木人"与"稻草人","在他的著作中无论怎样地对于马克思和其学说的嘲笑和攻击","只能在假想人物假想学说之下,来实行其'打死老虎'的工作。"②

一位署名郑景的作者在《新思潮》月刊第2、3合期上发表了《评郭任远博士的〈社会科学概论〉》一文,揭露郭任远抹杀社会科学阶级属性的企图,谴责郭任远心甘情愿地作资产阶级的御用学者,即:"表面上挂上马克思主义的招

---

① 王昂:《反科学的马克思主义?还是反马克思主义的"科学"?——驳郭任远的〈反科学的马克思主义〉》,《新思潮》月刊第4期,1930年2月28日。

② 王昂:《反科学的马克思主义?还是反马克思主义的"科学"?(续)——驳郭任远的〈反科学的马克思主义〉》,《新思潮》月刊第6期,1930年5月15日。

牌,以行其挂羊头卖狗肉的勾当;暗地里却把马克思主义的精髓抽去,企图把蓬蓬勃勃的革命推到可望而不可即的彼岸去。"在此基础上,郑景对郭任远著《社会科学概论》一书作出了精准的评价:在写作动机上,他"拿这种自己不相信的思想来花费读者的宝贵的光阴和有用的金钱","来污染青年洁白的脑筋";在研究方法上,他运用归纳法而非唯物辩证法,崇拜归纳法"注重客观的观察",却侮辱唯物辩证法"全凭个人的空想";再到研究内容上,无论针对人口问题、农民问题还是针对社会改造问题等,"就依博士自己的话,这本书也应该把社会生活的现象的因果关系明白地指示出来,社会将来的趋向勇敢地指示出来才对。可是现在他竟以叙述一些现象和问题来敷衍读者了。这决不是'综合的',而是杂然并陈的'混合的'。"①

在该刊第 6 期上,郑景又发表了《〈马克思主义之批评〉的批评》一文,对资产阶级学者谢英士撰写的《马克思主义之批评》一书及其错误言论进行了批驳,宣称:"同一对于马克思主义的攻击在欧美日本必须披上'科学'的衣裳,但在中国就可以造谣了事";然而,"用这种方式来攻击马克思主义,事实上不但不足损其毫末,结果只好把著者自己的浅薄暴露出来。"针对谢英士通过在辩证唯物论、唯物史观与阶级斗争说中偷梁换柱否定马克思主义哲学的科学性,以及在劳动价值论、剩余价值论与资本积累说中移花接木否定马克思主义政治经济学的科学性,甚至扬言实行共产主义必然导致生产衰退否定科学社会主义的科学性,郑景予以依次回击,而他的评说不仅有理有据,而且正反结合,尤其是引用了马克思本人在其著作中的经典表述,使读者认清谢英士抹黑马克思主义的恶劣罪行,识别谢英士嫁祸马克思主义的卑鄙伎俩。在郑景看来,"他的谬误,完全由于他的阶级的立场,使他不能,也不愿,睁开眼睛去看看现实,虽然他满口在攻击马克思的学说不合事实。"②

此外,署名汪水滔的作者发文反击马寅初妄言"马克斯的价值论,将扫地而尽",指责其非议毫无任何科学根据可言,对商品价值与使用价值的认知发生概念混淆,对商品价值与价格关系的判断存在逻辑错误,"既不能熟读了解马克斯的学说,也不想熟读了解马克斯的学说,仅仅借用他人著作中对于马克

---

① 郑景:《评郭任远博士的〈社会科学概论〉》,《新思潮》月刊第 2、3 合期,1930 年 1 月 20 日。
② 郑景:《〈马克思主义之批评〉的批评》,《新思潮》月刊第 6 期,1930 年 5 月 15 日。

斯学说批评的要点,加以敷衍说明,……其当然的结果,是以讹传讹,曲解误谬更甚,实在离马克斯经济学说的真意愈远,……其实博士自己所攻击的,是自己所制造的纸人草标,只能骗得有宗教意识的俗人。"①而针对美国右翼学者辛克贺维祺推翻马克思的社会革命学说,虚言资本主义社会内部居然同并存在革命的倾向与缓和的倾向,署名柯尔的作者发文批评这是一种"可惊叹的戏曲式的学说",即:"他没有在对立物的冲突上了解";"他把社会的经济的发展,只看做孤立的,僵固化了的现象的罗列,不从发展的过程上,矛盾的斗争上讨究它内在的联络,而且对于这现象的罗列的质的变化的方面,坚决地闭目";"在辛克贺维祺的眼里,一切都是无矛盾,无斗争,无变化的,陈腐的,形而上学的,幽灵一般的现象的罗列。"②

改良主义是由国民党政客、文人倡导的一种政治思想。其中,蒋介石国民党倡导的民生哲学代表着大地主大资产阶级的意志,占据着正统地位。有鉴于此,朱镜我在《新思潮》与《新思想》月刊上发表了一系列论文,向时人揭穿了他们的哲学谎言与政治诡计。例如,针对民生史观论者张廷休调侃"在科学的神像面前替唯物史观正式举行丧仪",并叫嚣"看出民生史观的科学性",朱镜我撰写了《什么是"民生史观"?》一文,反击张廷休对唯物史观与《资本论》内在关系的歪曲,直言不讳地说:"科学的确不是像帽子一样可以随便戴一戴的,没有科学的实质而想硬戴上科学的帽子,的确不能永久的'隐藏'下去的。……而我们的张廷休先生以及一般的民生史观的论者却不能洞察其中的理论,以为只要笼统的说一些'完全确实','没有遗误',或者'精当适合'就以为是尽科学的能事了。"③在这篇论文中,朱镜我准备写十节,从唯物史观写到社会革命问题再写到世界革命问题,但从他已经写完的这两节看,该文着实给民生史观论者以致命一击。

与蒋介石国民党相比,汪精卫改组派倡导另一种表面温和而实际奸诈的改良主义。朱镜我撰文揭破了其发生的社会根据与阶级根源,论证了其依附帝国主义及依赖封建主义的事实,预测了其在革命现阶段上的作用及其前途。

---

① 汪水淊:《马寅初博士了解马克斯价值论么?——博士的马克斯价值论批评的驳论》,《新兴文化》第1期,1929年8月。

② 柯尔:《评辛克贺维祺的"反马克斯主义"》,《新兴文化》第1期,1929年8月。

③ 谷荫:《什么是"民生史观"?》,《新思潮》月刊第6期,1930年5月15日。

在朱镜我看来,与"南京的统治——豪绅地主资产阶级的政权——现在正走着动摇,没落,崩坏的过程"不同,"所谓改组派,在其政见并成分上,是中国民族资产阶级的中等阶层,……它的企图是想造成资产阶级民族改良主义的政府。"也就是说,"它尽量地利用其在野党的地位,……转嫁统治阶级的一切残暴和贪婪的事实到南京国民党之上",但"对于革命的工农群众是没有二致,对于投降帝国主义这件事也不相上下"。由此可见,"它是目前阻碍革命的发展并摧残革命动力之最深酷的反革命的集团!……它一方面汇集地产资产阶级,封建军阀官僚于一处,以讨伐南京统治之摧残民主势力并民主政治相号召,他方面以爱国主义的欺骗,……哄骗工农群众,以其他军事阴谋的牺牲,做它篡夺国民党部的工具"。①

民族解放运动是改良主义者企图自我辩解的一个命题。朱镜我撰文揭破了改良主义者陶希圣、杨幼炯与萨孟武各自的说法,指责他们虽遣词造句不同,但都抹杀民族解放运动的事实,都隐瞒民族解放运动的真相。在他看来,民族解放运动经过资本主义早期与帝国主义时期,而进入帝国主义时期,"民族解放运动成为反帝国主义的一支生力军,促进无产阶级的世界革命的一个原动力";然而,"我们的理论家,故意地漠视中国民族运动之这种客观的现实的状态,……不能进逼问题之核心,而踌躇踟蹰于问题的周围!"紧接着,他探讨了中国民族解放运动的一系列特征,包括革命的对象、动力尤其是领导阶级的转变,指出:"在资本主义的没落期的现在,真实地能担负民族解放运动的重担而完成其任务的,只有无产阶级及其同盟军农民大众。"并论证民族资产阶级已经不能领导中国民族解放运动继续前进,强调:"民族资产阶级没有遂行打倒帝国主义和铲除封建势力的任务而自行叛变革命了,现在这一任务,只有在无产阶级的领导之下,才有实现之前途。我们的理论家们,把这一事实抹杀不提,而提'生产阶级'或'各阶级联合'的口号,其对于事实之盲目,竟到这步田地,非故意的欺瞒,还有什么其他的理由呢?"②

自由主义是胡适等资产阶级学者主张的一种政治思想,企图在不改变现

---

① 谷荫:《改组派在革命现阶段上的作用及其前途》,《新思潮》月刊第 6 期,1930 年 5 月 15 日。

② 谷荫:《民族解放运动之基础——关于民族解放运动之一个驳论》,《新思想》月刊第 7 期,1930 年 7 月 1 日。

有政权的条件下复制英法美的经验,但这实际上只是改良主义的翻版而已。对此,彭康在《新思潮》月刊第 4 期上发表了《新文化运动与人权运动》一文,批驳胡适等人对文化与人权运动的认识发生了倒退,批评胡适等人假借文化与人权运动取消阶级斗争。在他看来,就文化运动而言,"文化运动是一种文化斗争,它必然地要发展为政治斗争,而且是政治斗争的一部分";"文化斗争是新兴阶级以自己的文化来代替统治阶级的文化的斗争。"就人权运动而言,"人是生活在社会中的,他决不是孤立的东西,他是社会关系的总体";"人是属于社会,更具体地说,便是他属于那个阶级。"①这样一来,自由主义占据文化与人权制高点的魔术就被揭穿了。而署名烈英的作者在该刊第 6 期上发表了《文明是建筑在资产制度之上吗?》一文,通过论证资产多少与教育水平高低、才能大小并无必然关联,推翻了梁实秋的"文明是建筑于资产制度之上,故攻击资产制度,即是反抗文明"这一说法,而这一说法"完全是抄袭着任何时期的统治阶级的御用学者反对新兴阶级之老调"。在他看来,"文明并不建筑于资产制度之上,而资产制度反是文明进步的桎梏;故不仅不是'攻击资产制度即是反抗文明',反是,若不推翻资产制度则不能使文明有迅速的进步!"②这样一来,自由主义自诩文明的骗术也被戳穿了。

又如,针对胡适炮制的《我们走那条路?》一文,郑景在《新思想》月刊上发表了《一条改良主义者的死路》一文予以回击,大批特批胡适倡导的自由主义理想及其追求的改良主义救国道路。首先,他从哲学上指摘胡适推崇的"客观的观察"违背辩证唯物论与唯物辩证法,实际上是"皮相的,空想的,抽象的,观念论的","必然地只能看见事物表面的现象,不能看到事物的真实的本质";然而,"我们观察中国的问题,认识中国的现状,重要的不是皮相地枝枝节节地列举出几种表面上的坏现象,而是要进一步去认识和把握这些现象的本质。换句话说,就是指出那造成这些现象的真的原因。"在此基础上,他从经济学上论证胡适遮掩了帝国主义与封建主义在中国统治的事实,并否认了帝国主义与封建主义是中国革命的真正敌人的说法,进而揭晓胡适上述言论显现的资产

① 彭康:《新文化运动与人权运动》,《新思潮》月刊第 4 期,1930 年 2 月 28 日。
② 烈英:《文明是建筑在资产制度之上吗? ——评梁实秋的〈文学是有阶级性的吗〉之第一节》,《新思潮》月刊第 6 期,1930 年 5 月 15 日。

阶级立场与本性,讥讽资产阶级已经同帝国主义与封建主义沆瀣一气,其言直击要害:"胡适这些言论不仅仅由于他个人的懦怯,并且是中国资产阶级的阶级意识决定他们不得不发表这样的言论";"中国既没有改良主义的经济的基础,为什么会有改良主义的宣传呢?这很明白的,是中国资产阶级的一种希望,帝国主义给予中国资产阶级的一种意旨,妄冀借他来引起一些落后的人们的幻想,以缓和与消灭中国的革命。胡适的主张,不管他是有意识的或无意识的,在客观上必然地成为这样的作用。"①

## 三、揭露假马克思主义的反革命性

假马克思主义是反马克思主义的另一种类型,包括社会民主主义与托洛茨基主义,而这两者经常以马克思主义的面目呈现在时人面前,但却对马克思主义的内容进行篡改、修正,蓄意削弱马克思主义的革命性情怀与精神,因而揭露假马克思主义的反革命性很有必要,也是左翼社会科学工作者开展理论批判的重要内容。

社会民主主义是假马克思主义的一大表征,由第二国际伯恩斯坦、考茨基等人倡导并推崇,由第三党邓演达、谭平山等人在中国继承并联动,在政治上指望和平斗争与议会政治,反对武装暴动与工农革命,在经济上讨要阶级缓和与妥协,组织黄色工会、拉拢工人群众。正因如此,社联专门制定了《反社会民主主义宣传纲领》,明确指出:"社会民主主义的这一团,在理论上,他们将从各方面以各种的颜色出现(但是不会有'红色'的),'冒充马克思主义'是不消说的,'冒充列宁主义'也还是一定有的";"社会民主主义在中国的跳梁,不仅是中国革命的障碍物,而且是中国社会科学运动当前的敌人。它的出现,不仅在播散反马克思主义的理论这一点上是反革命的,即其思想本身,就是对于社会科学之一种侮辱。"②

1930 年,社联发起人李一氓在社联机关报《社会科学战线》上发表了《社

---

① 郑景:《一条改良主义者的死路——关于胡适的〈我们走那条路?〉》,《新思想》月刊第 7 期,1930 年 7 月 1 日。

② 《反社会民主主义宣传纲领》,《文化斗争》第 1 卷第 1 期,1930 年 8 月 15 日。

会民主党政纲批评》一文,专门批评社会民主党业已背叛工人阶级,对内投降地主、资产阶级,对外投靠帝国主义,着重批驳其指导思想完全背离马克思主义,日益倾向法西斯主义,日渐陷入托洛茨基主义,义正辞严地向时人指出:"一般的,在国际上它自 1914 年起,革命的第二国际死灭,革命的社会民主党消亡,现有的社会民主党及其集团的第二国际,都转成为反革命的组织;特殊的,在中国,它依然是反革命的组织,而且加倍反革命(宣传社会改良主义以拥护地主资产阶级的统治,宣传民族改良主义以拥护帝国主义的统治)的组织,它标志着反革命三字。"①

紧接着,他依次摘抄了社会民主党发布的十七条政纲,对其内容、组织结构以至于文字表达予以攻讦,这些政纲包括了社会民主党从内政到外交上的各项主张和见地,涉及政治、军事、经济、文化与社会生活等各个领域。其中,第 1 条讲无条件实行选举,第 2 条讲言论、出版、集会与结社自由,第 3 条讲创制、复决法律和罢免官吏权,第 4 条讲省宪法,第 5 条讲国民军制,第 6 条讲土地制度,第 7 条讲企业制度,第 8 条讲森林、水利、铁路与航海建设,第 9 条讲金本位制,第 10 条讲累进税等,第 11 条讲劳动法,第 12 条讲合作社,第 13 条讲提高工农生活,第 14 条讲义务教育,第 15 条讲社会保险,第 16 条讲司法独立,第 17 条讲不平等条约。

很明显,李一氓一文专注于揭露社会民主主义的反革命性,聚焦于探寻社会民主主义潜在的错误及其危害,正如他在回忆录中这样叙述:"今天看来,这个政纲不成系统,非常混杂,即以社会民主党而论,水平亦低。这批人这样搞,除了要达到反共的目的外,还有别的什么可以说的呢。我却老老实实地一条一条的、一层一层的从理论和现实加以批驳,是不是有点浪费笔墨呢? 不然,当时的中心问题是中国要向何处去? 每个阶级,每个集团都有自己的立场,自己的看法,自己的主张。在上海出现这么一个莫名其妙的社会民主党,也不是没有原因的。资产阶级附属的改良主义思潮,总是要在阶级斗争非常尖锐的时候,跳出来扮演一个温良恭谦让的脚色,以麻痹无产阶级的斗志。当时的情况就是如此,不能熟视无睹。"②

---

① 李德谟:《社会民主党政纲批评》,《社会科学战线》第 1 期,1930 年 9 月 15 日。
② 李一氓:《李一氓回忆录》,人民出版社 2001 年版,第 110—111 页。

此外,针对英国发生的社会民主主义思潮主导政局现象尤其是英国工党夺取执政权事件,署名龚彬的作者发表了《英吉利政治的新局面——从总选举说到劳动党内阁》一文,追溯英国工党在大选中击败保守党的经济与社会根源,揭露英国工党已经不再代表工人阶级的利益,而是代表劳动贵族、官僚的利益,谴责英国工党倡导的社会民主主义已经站在自由党倡导的新自由主义的立场上,进而否定英国工党内阁制定的内外政策显现的阶级调和思想,即对内实行产业国有与失业救济政策,对外主张国际和平的外交政策,强调:"自由、保守两党固然早已是资本主义的宠儿,所谓代表劳动阶级利益的劳动党,也已变作资本主义者的工具了";"资产阶级利用劳动党来维持资本主义的残局,然而,劳动党纵有天大的改良主义本领终不能改变资本主义发展的铁则。"①可以说,这篇论文拨云见日地让人认清了英国工党可能采取的动作及其影响,使人看清了社会民主主义在英国制造的幻觉及其归宿。

托洛茨基主义是假马克思主义的又一表现,它反对共产国际制定的政治路线。托洛茨基主义在中国也有其代言人——托陈取消派,他们反对中共六大作出的政治决议,蓄谋推迟、暂停甚至取消中国革命。针对这些人的发难,左翼社会科学工作者进行了必要的回击,划清了马克思主义同托洛茨基主义的界限。

1930年,吴黎平在社联出版的《新思想》月刊上发表了《俄国革命中之托洛茨基主义》一文,通过整理与总结托洛茨基从俄国社会民主工党第二次大会到1905年革命再到一战与十月革命期间的思想转变过程,向时人揭露了托洛茨基主义的理论体系及其特征,证明了托洛茨基主义的错误表现及其危害,包括以下四点:"第一个特点,就是轻视俄国农民的作用。……他以为农民的革命作用,已经完竭,而土地问题,已无复往昔的意义。……第二个特点,在于托洛茨基对于革命道路的观察,是非常抽象的简单化的。……在帝国主义统治与无产阶级专政之间,将经历整几十年的民族战争及过渡阶段。可是,托洛茨基则完全不了解过渡时代的复杂性。……第三个特点,在于托洛茨基主义反对布尔塞维克的组织原则。他反对严格的民主集中制,反对铁一般的纪律,反

---

① 龚彬:《英吉利政治的新局面——从总选举说到劳动党内阁》,《新兴文化》第1期,1929年8月。

对坚定理论立场的要求。……第四个特点,在于托洛茨基是口头上革命实际上机会主义的典型的代表。他在口头上有时也说些抨击机会主义的话,可是实际上,他总是与机会主义者相联来反对革命的马克思主义。"在他看来,"托洛茨基主义在政治上已是一种完全破产的理论,它在客观上已经成为革命的障碍物。革命的无产阶级,决不能不与托洛茨基主义作坚决的斗争。托洛茨基主义,是不能与革命的马克思主义并立的。"①

而在社联与左联合作出版的《文化斗争》上,朱镜我接连发表了《取消派与社会民主党》与《"动力"的反动的本色》两文,选取两个不同的层面对社会民主主义与托洛茨基主义进行理论批判,代表左翼社会科学工作者宣告同这两种假马克思主义作坚决斗争的意志与精神。在第一篇论文中,他指明了社会民主主义与托洛茨基主义的国际国内表现、动向与危害,有利于时人对上述两种假马克思主义保持清醒,其主要思想如下:

> 第二国际及其领导下的社会民主党,已经在第一次帝国主义掠夺战争的时期,在世界革命的第一时期,赤胆忠心地遂行了资产阶级御用工具的任务,而且现在也与资产阶级的各派分庭抗礼地分掌着国家机关要政,已经成为资产阶级统治不可或缺的一个工具。

> 国际托洛茨基反对派在这一点上,是足够代替社会民主党从前的角色而成为资产阶级在无产阶级阵营中的另一新的工具。……因此,他更能欺瞒无产阶级的意识,更有麻醉无产阶级的作用。也正惟因此,国际托洛茨基反对派已经成为资产阶级的骄子宠儿,已经成为资产阶级用以咒骂苏俄社会主义的祖国,用以侮蔑中国革命,用以拖延世界革命的逼近之唯一可爱的工具了。

> 成为国际帝国主义的两种不同作用的工具的国际社会民主主义和国际托洛茨基主义,必然的在帝国主义的这一全体动员之下积极地图谋钻进中国无产阶级的阵营,来分裂,切断,削弱革命的力量! 于是,在第二国际指导下的中国社会民主党开始活动,中国取消派——机会主义和托洛茨基反对派——亦加紧地进行破坏革命的任务了!

> 这二个反革命的派别,在破坏中国革命,消灭无产阶级的祖国苏联和

———————————

① 黎平:《俄国革命中之托洛茨基主义》,《新思想》月刊第7期,1930年7月1日。

延长帝国主义及其在中国的统治这几点上,无疑义地将联合一切反革命的派别来遂行其走狗——工具的任务,而且将在分工合作的见地上,来加紧对于这一任务之遂行,这是毫无疑问的事实的和理论的归结!①

在第二篇论文中,他则把笔锋转向了宣传托洛茨基主义的《动力》及其编辑部,对托洛茨基主义的哲学谎言与骗术予以识破:

> 在《动力》蠢动着的处所,我们却不由得不暴露其反革命的反动力的作用!……《动力》虽然高呼着拥护辩证法的唯物论,克服他们自己所悬想的机械论,但是,不幸得很,《动力》实际上却在推翻辩证法的唯物论而暗地里面输入机械论,形式主义。……托洛茨基主义和机会主义则根本不知道唯物辩证法,根本配不上谈辩证法的唯物论,所以结果只得挂辩证法的唯物论这个招牌,而出卖着机械论这个假货了!……他们把形式论理学与辩证法完全对立起来,完全除掉在一定限度内的形式论理学之正当性,完全不曾理解辩证法是包括着形式论理这回事。②

由此可见,朱镜我的第一篇论文从表面上指控了社会民主党、托陈取消派的政治路线错误,强调他们业已背叛无产阶级,投进资产阶级的怀抱,甚至充当资产阶级的帮凶,企图破坏世界革命与中国革命;而他的第二篇论文进一步从深层次上挖掘了社会民主党、托陈取消派的思想理论错误,强调他们在哲学上陷入了机械唯物主义,尤其是以形式论理学取代唯物辩证法,妄图阉割马克思主义的科学性与革命性。

在北平左翼社会科学运动期间,北平社联同样批判托洛茨基主义。1932年5月,北平社联推出了一本理论批判色彩浓重的论文集《马克思列宁主义的战线》,同时在《大众文化》创刊号上发布了一则出版预告,宣介了这本论文集的出版动机与执持理念。从该出版预告的字里行间看,可以发现《马克思列宁主义的战线》实际上是一本回击国际托洛茨基主义与国内取消主义错误思想的论文集,其回答的主要问题包括:其一,叙述马克思列宁主义革命转变论与托洛茨基主义不断革命论的不同点;其二,论述俄国革命与中国革命的不同点尤其是论证中国革命的特殊性及其经验与教训;其三,进而陈述托洛茨基主义

---

① 谷荫:《取消派与社会民主党》,《文化斗争》第1卷第1期,1930年8月15日。
② 谷荫:《"动力"的反动的本色》,《文化斗争》第1卷第2期,1930年8月22日。

与取消主义的思想关联与争论。①但这本论文集并非由北平社联及其盟员原创，而是收集了共产国际、中国共产党发布的反对托洛茨基主义与取消主义的文件，选取了中国共产党人撰写的批判托洛茨基主义与取消主义的论文。还必须看到的是，这本论文集更类似中共地下党组织出版的书刊，这在社联、左联等左翼文化团体出版的书刊中实属罕见，而这种书刊在白色恐怖下得以出版与发行也实属不易，这就集中体现了北平社联及其盟员的机智与英勇。

# 第二节　理论批判在社会科学论战中深化②

## 一、理论批判在中国社会性质论战中深入

20 世纪 30 年代中国共产党组织推动的关于中国社会性质的论战，是关系到中国社会性质与革命性质等一系列根本问题的论战。这场论战遏制了各种反马克思主义派别歪曲中国社会性质的影响，对于提高全党的马克思主义理论水平和思想政治素养以及鼓舞一切关心中国社会进步发展的人们，都具有重要的历史意义。左翼社会科学工作者积极参加中国共产党组织推动的这场中国社会性质论战，在其中对反马克思主义进行了理论批判。

1928 年 6、7 月间，中共六大作出的政治决议案明确指出："中国现在的地位是半殖民地"，"现在的中国经济政治制度，的确应当规定为半封建制度"；"中国革命现在的阶段是资产阶级性的民权革命"；"推翻帝国主义及土地革命是革命当前的两大任务。"③中共六大确认中国社会的性质是半殖民地半封

① 《出版预告：马克思列宁主义的战线》，《大众文化》创刊号，1932 年 5 月 1 日。转引自史先民编：《中国社会科学家联盟资料选编》，中国展望出版社 1986 年版，第 57—58 页。
② 本节内容参考中共上海市委党史研究室著：《中国共产党上海历史（1921—1949）》第一卷（上册），中共党史出版社 2022 年版，第 408—420 页。
③ 中央档案馆编：《中共中央文件选集》第 4 册，中共中央党校出版社 1989 年版，第 298—299、336、343 页。

建社会，由于中国社会的性质是半殖民地半封建社会，中国革命的性质只能是资产阶级民主革命，中国革命的任务也必然是反帝反封建。这一科学论断从党内扩大到社会各界特别是社会科学界中去，帮助时人认清国民党政权的反动本质和中国共产党领导土地革命战争的合法性，然而却遭到当时各路反马克思主义者的反对和攻击，其中比较有代表性和影响力的有国民党"新生命派"、国民党改组派和资产阶级改良派。论战主要围绕中国近代社会是"半封建半殖民地社会"，抑或是"封建主义与商业资本结合"的社会而展开。

国民党"新生命派"的代表人物是国民党文化"围剿"的得力干将陶希圣。他从1928年10月起陆续在周佛海主编的《新生命》月刊上发表歪曲中国社会性质和历史的文章，其代表作包括论文《中国社会到底是什么社会》和著作《中国社会之史的分析》《中国社会与中国革命》等。由于陶希圣等人主要以《新生命》月刊为阵地，因此该派被称为"新生命派"。陶希圣的主要论点是"中国封建制度崩坏论"，其基本内容包括："在春秋战国的时候有商业、有官僚，已足够证明当时封建制度的崩坏"；而秦汉至清朝中国是一个封建制度已经分解而资本主义生产力不发达的特殊社会即所谓的"商业资本主义社会"；自鸦片战争以后，中国则已过渡到资本主义社会。[①]显然，陶希圣歪曲近代中国社会的性质，是为了否定中国共产党关于中国社会是半殖民地半封建社会的论断，进而否定中国共产党领导的反帝反封建的新民主主义革命。

以汪精卫、陈公博为代表的国民党改组派，是国民党内形成的一个既反共又反蒋的政治派别。改组派反蒋是为了与蒋派争夺南京政府的统治权，但它与蒋派一样，都反对中国共产党领导的反帝反封建的新民主主义革命。中共六大决议传出后，他们撰文否定中国的社会性质是半殖民地半封建社会。在他们看来，"无论由政治上看还是由经济上看，中国现在绝没有封建阶级"。也就是说，"封建制度的经济的，社会的，思想的基础，现在已不存在"。并且叫嚣"中国没有农奴，中国的农民没有守田的义务，没有强迫的力役，所以中国没有封建制度"，"中国没有什么大地主，中国农民也没有土地可分"。[②]可见，改组派与"新生命派"在歪曲中国社会性质问题上，虽然论据不尽相同，但结论也是

---

① 陶希圣：《中国社会到底是什么社会》，《新生命》月刊第1卷第10期，1928年10月1日。

② 顾孟余：《国民党必须有阶级基础吗》，《前进》半月刊第1卷第3期，1928年7月1日。

一样的,就是强调中国没有封建制度。

资产阶级改良派,以胡适和原来现代评论派的一些人为主要代表。他们在上海开设新月书店,出版《新月》杂志,撰文歪曲中国社会性质不是半殖民地半封建社会。胡适撰文《我们走那条路?》,把中国的问题归结于贫穷、疾病、愚昧、贪污和扰乱,炮制所谓"五鬼乱华"说。在这篇文章中,胡适还诡辩说:在这"五鬼"中,"封建势力不在内,因为封建制度早已在二千年前崩坏了,帝国主义也不在内,因为帝国主义不能侵害那五鬼不入之国"。胡适还攻击说:"至于悬想一个意义不曾弄明白的封建阶级作革命对象,或把一切我们自己不能脱卸的罪过却归到洋鬼子身上,这也都是盲动。"① 因此,胡适等资产阶级改良派同上述国民党政治派别一样,其歪曲中国社会性质的意图是反对中国共产党领导的反帝反封建民主革命。

在社会上掀起一股反中共六大决议的同时,共产党内部也出现了反对党的六大决议、歪曲中国社会性质的托陈取消派。托洛茨基在《在共产国际第六次大会后的中国问题》等著述中提出如下观点:中国社会自秦汉以来,商业资本在国家生活中已占有重要地位,鸦片战争后中国更加商业资本主义化了;蒋介石的"四·一二"反革命政变是代表中国民族资产阶级的利益和要求,蒋介石的上台是民族资产阶级统治了中国,从此中国也进入了资本主义稳定发展时期,封建势力只是某些微乎其微的"残余";无产阶级只能等条件成熟以后,才能把社会主义革命提到议事日程上来。②

托洛茨基的上述错误观点,后来成为陈独秀派的理论基础。陈独秀在1929年后对于中国社会性质的观点,归纳起来主要有两点:其一,关于蒋介石政权的性质,他认为1927年蒋介石的叛变是资产阶级的胜利,蒋介石建立的南京国民政府是资产阶级的政权。他说:中国的1925—1927年的革命,"无论如何失败,无论如何未曾完成其任务,终不失其历史的意义,因为它确已开始了中国历史上一大转变时期;这一转变时期的特征,便是社会阶级关系之转变,主要的是资产阶级取得了胜利,在政治上对各阶级取得了优越地位,取得

---

① 胡适:《我们走那条路?》,《新月》月刊第 2 卷第 10 期,1929 年 12 月 10 日。
② 托洛茨基:《共产国际第六次大会后的中国问题》。转引自中共上海市委党史资料征集委员会编、周子东等著:《三十年代社会性质论战》,知识出版社 1987 年版,第 14—15 页。

了帝国主义的让步与帮助,增加了它的阶级力量之比重"。蒋介石建立的南京国民政府"即资产阶级为中心为领导的政权"。因而,他认为中国资产阶级民主革命的任务通过蒋介石的叛变已经完成,中国已经成为资产阶级占统治地位的资本主义国家。其二,关于中国社会性质,他认为,"中国的封建残余,经过了商业资本长期的侵蚀,自国际资本主义侵入中国以后,资本主义的矛盾形态伸入了农村,整个的农民社会之经济构造,都为商品经济所支配,已显然不能够以农村经济支配城市,封建阶级和资产阶级经济利益之根本矛盾,如领主农奴制,实际上已久不存在。"经过大革命,封建残余"受到最后打击",已"变成残余势力之残余",从经济上看中国已是资本主义占支配地位的资本主义社会。①托陈派的理论干将主要有李季、王宜昌、杜畏之。

针对上述错误观点,中共中央根据六届二中全会精神发出通告,随即开展对反马克思主义进行理论批判工作。1929 年 12 月,时任中共中央宣传部长的李立三专门撰写《中国革命与取消派》的小册子。在该书的第二章《中国革命的根本问题》中,李立三运用政治、经济等材料,分别从帝国主义怎样统治着中国、封建势力与封建制度、中国的资产阶级与资产阶级的改良主义等几个方面,论证了党的六大确认的中国社会和革命性质。该文主张:"中国是半殖民地的国家,帝国主义成为最高的统治者,握住了中国经济政治的特权,支配着中国经济政治的生活。"而帝国主义"无论政治上经济上都倚靠着中国的封建势力,同时封建势力的存在也倚靠着帝国主义的扶持",二者已经成为不可分离的关系。该文还重点批驳了陈独秀所说的大革命失败是中国资产阶级取得了胜利、中国已经走向资本主义发展等错误观点。②

1929 年 11 月,中央文委委员朱镜我组织左翼社会科学工作者出版《新思潮》月刊,撰写论文批驳各种反马克思主义派别歪曲中国社会性质的错误言论。在《新思潮》的第 1 期上,郭沫若化名杜荃率先发文批驳陶希圣所散布的"中国封建制度崩坏论"。1930 年 4 月,《新思潮》第 5 期推出《中国经济研究》专号,发表了潘文郁、王学文、向省吾、吴黎平以及李一氓的论文,有组织有系

---

① 中央档案馆编:《中共中央文件选集》第 5 册,中共中央党校出版社 1990 年版,第 727—728 页。

② 立三:《中国革命的根本问题》,《布尔塞维克》第 3 卷第 2、3 合期,1930 年 3 月 15 日;立三:《中国革命的根本问题(续)》,《布尔塞维克》第 3 卷第 4、5 合期,1930 年 5 月 15 日。

统地批驳各种歪曲中国社会性质的谬论。1930 年 5 月,社联正式创立,由于社联党团成员王学文等同时又是《新思潮》的编委,因而《新思潮》实际成为社联的机关刊物。1930 年 7 月,《新思潮》出版第 7 期时改名《新思想》,继续刊登批驳歪曲中国社会性质的文章,但只出一期就遭到国民党的查封。在此背景下,党又组织领导干部和左翼社会科学工作者在党刊《布尔塞维克》上继续发表文章,例如李立三于 1930 年 3 月与 5 月在《布尔塞维克》上发表《中国革命的根本问题》一文。与此同时,张闻天、刘苏华、王学文等还争取在公开出版的《读书杂志》和《读者》月刊等上发表文章进行论战。

《新思潮》月刊第 5 期刊载潘文郁、王学文等批驳文章后,遭到了反马克思主义者尤其是托洛茨基主义者的反扑。这时,从苏联莫斯科中山大学留学回国的托派成员严灵峰,以及任曙等人在托派组织"战斗社"出版的《动力》杂志创刊号上发表《"中国是资本主义的经济,还是封建制度的经济?"?》等文,对李立三和《新思潮》月刊上发表的文章进行攻击。由于双方这场论争最初的两个阵地是《新思潮》和《动力》月刊,因此被当时人们称为"新思潮派"和"动力派"的论战。"新思潮派"针对"动力派"提出的观点进行有力的批驳。

"动力派"主张:"帝国主义本身是代表高度的资本主义势力,它对于封建的经济制度完全处于不可调和的矛盾的地位","帝国主义在中国绝对地要破坏封建制度的经济基础,要推动中国整个社会向着资本主义过程发展和扩大"等论点。[1]对此,"新思潮派"指出:帝国主义侵略中国的目的,是要"把中国变成帝国主义经济的附庸,变成它的原料出产地,它的商品市场,它的投资场所,所以它不但不能帮助中国资本主义的独立发展,而且阻碍中国资本主义的独立发展,它不但不消灭乡村中间的封建式的剥削,而且加紧了这种剥削"。为了使中国的民族资本不致成为能够与它相竞争的力量,帝国主义宁可把封建势力作为同盟者,扶植和维持封建主义的力量。因此,帝国主义侵入中国后,不仅不会"破坏封建制度的经济基础",而且要"维持封建的剥削"关系,巩固封建制度的经济基础,使中国不能完全进入资本主义社会的历史阶段。[2]

---

[1]　严灵峰:《再论中国经济问题》与《〈中国经济问题研究〉序言》。转引自中共上海市委党史资料征集委员会编、周子东等著:《三十年代中国社会性质论战》,知识出版社 1987 年版,第 27 页。

[2]　刘梦云(即张闻天的笔名):《中国经济之性质问题的研究——评任曙君的"中国经济研究"》,《读书杂志》第 1 卷第 4、5 合期,1931 年 11 月。

　　"新思潮派"还针对"动力派"和"新生命派"把商品经济与资本主义经济相混同的错误观点进行论述。"新思潮派"指出：资本主义经济固然是商品经济，但不能说凡是商品经济就是资本主义经济。资本主义经济只是商品经济发展的一个阶段。它的出现是以劳动力成为商品为前提，也就是和雇佣劳动的生产关系相联系的。"新思潮派"依据马克思《资本论》的观点："不是商业不断的使产业革命，而是产业不断使商业革命"，指出商业资本无论如何发展，无论如何长期，假使封建关系下面的生产力不发生改变，则这个生产关系不会根本改变，只有工业革命"才能改变封建关系，而走向资本主义"。中国的商业资本虽然发展得非常之早，并且程度很高，但它不能支配生产方式，所以在中国没有发生工业革命，因此"不能推翻中国社会的封建关系"。"动力派"和"新生命派"以中国商品资本发展很早为依据说中国封建制度早就"崩坏"的观点是错误的，"是反科学的反马克思主义的理论"的。①

　　同时，"新思潮派"还着重批判了"动力派"提出的中国资本主义已"发展到了代替封建经济而支配中国经济生活的地步"，"华洋资本不分彼此"应该"一视同仁"等错误观点。"新思潮派"指出：帝国主义经济与中国资本主义经济在破坏旧的生产关系，以及在华经济的发展上固然有同样的作用，但"它们中间有矛盾的存在，有本质上和地位上的差异"。帝国主义在华经济是统治的经济形态，民族资本主义经济是附庸的经济形态，帝国主义在华经济压迫中国民族资本主义发展。"居于支配地位的是帝国主义的经济，而居于领导地位的也是帝国主义的经济，中国经济明显地居于隶属的地位，成为了各帝国主义的附庸"。②中国民族资本主义在第一次世界大战期间确有相当发展，但战后帝国主义卷土重来，中国资本主义生产仍受到阻碍而不能发展，决不能把外国资本主义与民族资本主义等量齐观。总之，在帝国主义统治下，封建势力仍保持着，中国民族资本主义决没有独立发展的前途，只有坚决地进行反帝反封建的斗争，中国民族资本主义才能得到发展，广大劳动群众才能获得解放。

　　张闻天是"新思潮派"的又一重要代表。他笔锋犀利地指出，在30年代前

① 潘东周：《中国经济的性质》，《新思潮》月刊第5期，1930年4月15日。
② 刘苏华：《唯物辩证法与严灵峰》，《读书杂志》第3卷第3、4合期，1933年4月。

后的中国,一些热衷空谈的学者无视"统治中国经济与剥削中国民众的帝国主义,充当了帝国主义的辩护士"。他强调,帝国主义在中国的统治,只能破坏中国经济,而不能发展中国经济。正因为帝国主义的统治,封建势力在农村占着优势,中国资本主义不能独立发展。处于帝国主义、地主、资产阶级军阀官僚重重压迫下的广大中国农民群众,势必然要起来做反抗的革命斗争。①

为了弄清现实中国社会的性质,还必须对以往的社会历史进行清算,在讨论现实社会的性质中也不能不涉及许多关于中国古代社会历史的问题。郭沫若的《中国古代社会研究》一书出版后,遭到了攻击。于是,又形成了中国社会史的论战。

王礼锡、胡秋原等以其主编的《读书杂志》为阵地,不时发文否定中国古代有过奴隶社会。王礼锡认为,在中国的各时代,奴隶是从来有的,但"不曾在生产上占过支配的地位",进而认为:"奴隶社会这个阶段不但在中国找不出,就在欧洲也不是各国都要经过这个阶段,德国、英国就没有经过这个阶段。所以我们不必机械地在中国去寻找奴隶社会这个阶段。"王礼锡认为马克思"亚细亚"论的论证基础十分薄弱,他认为中国帝制时期是专制主义社会,产生这个社会特点的根本原因是"封建主义与商业资本主义"紧密结合的经济因素。胡秋原认为,社会发展的基本阶段应该是:原始共产主义社会、氏族社会、封建社会、前资本主义社会、资本主义社会及帝国主义时代。奴隶社会只是封建社会末期,商业资本发展后形成的特殊社会形态。特别是中国,没有像希腊、罗马那样的奴隶制度,也就更谈不上奴隶社会。②

托陈派与"动力派"也否定存在过奴隶社会,并宣扬当时中国为"资本主义社会"论。反对者提出世界历史没有什么规律可言,马克思主义关于社会经济形态的学说不适合中国国情,声称中国的封建制度早在战国时期就由于商业资本的发展崩溃了,鸦片战争之前中国是"前资本主义社会""商业资本主义社会",目的在于说明封建主义早就不存在了,从而否定近代中国是一个半殖民地半封建社会。

吕振羽、翦伯赞、邓拓等运用马克思主义的历史唯物主义观点研究中国古

---

①② 盛邦和:《20 世纪 30 年代前后中国社会性质大论战》,《上海财经大学学报(哲学社会科学版)》2012 年第 4 期。

代历史,撰写了一批论文和专著。例如,吕振羽发表《中国经济史之研究》《史前期中国社会研究》等重要学术成果。马克思主义史学家一致赞同马克思主义关于整个人类社会历史的发展有共同的、一般的客观规律的论述,他们运用丰富的史料证实中国古代经历了原始社会、奴隶社会和封建社会,并一致确认鸦片战争之前中国是一个封建社会,而鸦片战争之后中国即成为"半殖民地的、半封建的社会"。

## 二、关于农村社会性质的论战

中国是农业国,对农村经济状况的认识在对整个社会性质的认识中占有重要地位。随着对中国社会性质认识的深入,必然促成对中国农村社会性质的新认识。20 世纪 30 年代初的社会性质论战,马克思主义者初步从理论上论证了中国半殖民地半封建的社会性质。但是,论证还有较大的局限性,因为他们缺乏实际调查,中国也没有完备的甚至必要的材料可供利用。研究者长期在大城市里,依靠官方或半官方残缺不全的统计资料,对广大农村的社会情况、农村经济问题,不免是雾里看花。

对农村社会性质的认识问题,不仅是讨论农村经济,更涉及中国共产党领导的革命道路,关系到党的工作重心转移至农村去,在农村领导土地革命和武装斗争等重大问题。托洛茨基主义者夸大中国农村的所谓资本主义化,反对中国共产党在农村领导武装斗争,托洛茨基攻击中国共产党在农村领导武装斗争是"要可悲地陷入腐化与堕落"[1],中国的托陈取消派也攻击中国共产党在农村的武装斗争。因此,中国农村社会性质论战是左翼社会科学工作者必须继续开展理论批判的大问题。

与此同时,20 世纪 30 年代初的中国农村由于天灾人祸,广大农民日益贫困化,农村面临普遍破产的危机,引起整个社会的不安,为中外人士所关注。中央研究院社会科学研究所的实际主持人陈翰笙,高度关注中国农村的社会性质问题。他曾通过李大钊的介绍与共产国际建立组织关系,在苏联共产国

---

① 托洛茨基:《共产国际第六次大会后的中国问题》。转引自中共上海市委党史资料征集委员会主编:《三十年代中国社会性质论战》,知识出版社 1987 年版,第 67 页。

际的农民运动研究所工作,其间与苏联学者辩论过中国社会性质问题,因此回国以后他利用在社会科学研究所的有利条件,带领一批热心爱国的有志青年进行农村调查。他们先后在东北地区和江苏、河北、河南、山东、安徽、广东等地24个县进行农村调查。他们着重调查土地所有制、租佃关系、雇佣关系等有关中国农村生产关系各方面问题,揭示出农村的阶级矛盾与诸方面关系,力求在准确把握农村社会性质的基础上认识农村的现状。当时也有中外人士在进行调查,他们以生产力为主要调查对象,掩盖甚至抹杀农村中的阶级矛盾。正如陈翰笙所说:这些调查"不是为了慈善救济起见,便是为了改良农业,要不然也不过是供给些社会改良的讨论题目。它们都自封于社会现象的一种表列,不曾企图去了解社会结构本身"。①

陈翰笙等组织的农村经济调查活动,引起国民党当局的警觉。陈翰笙、钱俊瑞、薛暮桥等被国民党当局攻击为"过激分子",钱俊瑞、薛暮桥等相继被排挤出研究所。1933年6月原支持陈翰笙领导农村调查的中央研究院总干事杨杏佛遇刺身亡,农村调查越来越受到一些人的刁难、阻挠,陈翰笙因而辞职。钱俊瑞、薛暮桥等人就在上海联络孙冶方等人,于同月发起建立中国农村经济研究会(简称"农研会")。农研会建立以后,在中国左翼文化总同盟领导下工作。1934年钱俊瑞担任文总宣传委员,就由钱俊瑞代表文总与农研会联系。10月,农研会出版公开刊物《中国农村》。该刊《发刊词》宣告他们研究农村经济,"最根本的问题是要彻底地明了农村生产关系和这些生产关系在殖民地化过程中的种种变化。简单地说,就是要寻找那些压迫中国农民的主要因子",争取民族"有翻身独立的一日","同时中国民族的独立,间接地可以促成资本主义内在矛盾的消灭,完成全世界的和平和全人类的自由"。②

同一时期,国民党改组派邓飞黄主编《中国经济》,组成以教授、学者为主要代表的"中国经济派"的阵营,在研究中国农村问题方面与《中国农村》形成理论上的对垒。双方除了对中国农村经济研究主要对象问题进行论争外,还集中对中国农村社会性质问题展开论争。

---

① 陈翰笙:《中国的农村研究》,《劳动季刊》第1卷第1号,1931年9月。
② 编者:《发刊词》,《中国农村》第1卷第1期,1934年10月10日。

第一个论争的大问题是关于帝国主义在中国农村经济中的作用。"中国经济派"片面夸大帝国主义促进农村商品经济发展的作用,认为大量输入农业机器、化肥等,已使农村生产力发生了质的变化。他们否认帝国主义与民族资本主义的区别,认为应把帝国主义和民族资本主义同样看成资本主义。"国内市场和世界市场的扩张,使以前的剩余生产物出售的农业转化为完全以商品生产为目的的农业。这是完全的资本主义的农业。"还认为:"农业生产上底新式技术的引用,最足以标识农业生产底近代化,即封建的手工工具的经营,转化为资本制的机械经营。"这不仅"表示资本制的农业生产力的进步,同时更表示资本制的国内市场在农村的扩大,资本在农业上的增大,和农业上的资本制生产关系"。①"中国农村派"指出,帝国主义对中国农村的剥削和统治是以维持落后的封建生产关系为前提的。帝国主义的侵入,使中国农村经济形态起了变化,但是,"这种变化并没有使农村结构起了质的变化;它只是使中国的殖民地性和半封建性格外顽强,格外尖锐罢了"。帝国主义侵略中国并不是要使中国走上资本主义道路,它们对中国农村商品生产普遍化以及采用新的生产技术所起的作用,是以最大限度地掠夺中国农村和剥削贫苦农民的利益为出发点的。因而,一方面,帝国主义的侵略在客观上必然会冲击农村中旧有的封建生产关系,引起经济形态的变化;另一方面,帝国主义者主观上又要利用这种旧的生产关系来实现他们的利益。帝国主义与封建主义的勾结,使中国农村保留半殖民地半封建的社会特征,帝国主义不是肃清残余封建势力,而是组织残余封建势力,而"封建势力已经作为帝国主义的附庸,作为外国资本侵略中国的'前卫'"。②

第二个论争的大问题是关于土地关系、租佃雇佣劳动问题。"中国经济派"把土地问题作为论证农村资本主义性质的一部分。他们认为:"土地所有形态已经被资本制生产制服了",资本主义经济在农村生产关系占优势③,经过大革命,"土地问题已经过去了",现在农村经济问题应"以资本问题

---

① 王宜昌:《从农业来看中国农村经济》,《中国经济》第3卷第2期,1935年2月1日。

② 陶直夫(即钱俊瑞笔名):《中国农村社会性质与农业改造问题》,中国农村经济研究会编:《中国农村社会性质论战》,新知书店1935年版。

③ 王宜昌:《论现阶段的中国农村经济研究》,中国农村经济研究会编:《中国农村社会性质论战》,新知书店1935年版。

为中心"①。他们以"口头约定的契约"转为"文书的契约"为据,论证土地的租佃关系由封建的租佃形式转变为资本主义的租佃形式。他们还认为地租形态从实物地租向货币地租的转化,也是农村土地资本主义化的证明。此外,农村雇佣劳动者人口已占农村人口 10% 左右的数据,也成为他们认为"资本制佃农的兴起"在中国农村已经深化的重要论据②。"中国农村派"针锋相对地指出:中国农村的中心问题仍然是土地问题。租佃关系、地租形式及雇佣劳动问题,都是由土地掌握在谁手里所决定并以此为制约的。他们调查的结果表明,当时中国农村的土地 70% 集中在仅占农村人口 10% 的地主、富农手里,而占人口 90% 的广大贫苦农民只占有 30% 的土地。中国农村封建剥削关系的维持就是以这种土地占有关系为前提的。"中国农村派"认为研究土地问题,重要的是研究土地占有形态下人与人之间的关系,不能从"口头契约"与"文书契约"的形式上去认识租佃关系,必须从内容上去分析它的本质。土地的大量集中确是资本主义发展的前提,但在半殖民地半封建的中国农村,"集中起来的土地,并未用来进行大规模的资本主义生产,而是分割开来租给小农耕种"③。这种状况决定了租佃关系只能是封建的剥削关系。"文书契约"、货币地租,反映的只能是地主和农民之间的阶级对立。农村雇佣劳动只是少量出现,在中国农村并未占主要地位,还不足以表明农村社会的资本主义性质。雇佣劳动不能仅从雇佣劳动者人数去考察,还必须分析雇佣劳动的社会性质。调查资料表明:做工偿债的、人工换畜工的、奴隶式的当身制度、支付劳役地租的工偿雇佣、以娶妻成家为条件和以养老为条件的雇佣方式等各种雇佣方式,都还带着浓重的封建甚至奴隶意味,他们受雇多少带有一点强制性质。至于娶妻长工和养老长工,更已失去独立身份,事实上已近于家奴。④

　　第三个大论争的大问题是农村的阶级关系。"中国经济派"指责"中国农

---

① 王宜昌:《关于中国农村生产力与生产关系》,中国农村经济研究会编:《中国农村社会性质论战》,新知书店 1935 年版。

② 王宜昌:《从农业来看中国农村经济》,《中国经济》第 3 卷第 2 期,1935 年 2 月 1 日。

③ 陶直夫(即钱俊瑞笔名):《中国农村社会性质与农业改造问题》,中国农村经济研究会编:《中国农村社会性质论战》,新知书店 1935 年版。

④ 薛暮桥:《评陈正漠先生著〈各省农工雇佣习惯之调查研究〉》,《中国农村》第 1 卷第 7 期,1935 年 4 月 1 日。

村派"把农村各阶级划分为地主、富农、中农、贫农、雇农,是"将封建的关系与资本的关系相混淆",是"一团糟"的划分方法。①他们提出了独特的划分方法:一方面是"寄生的地主与农民的对立";另一方面是"企业家与雇佣劳动者的对立"。他们按生产者与非生产者来划分,把富农也列在农民营垒而和地主相对立;又按企业家与雇佣劳动者来划分,把自耕农和佃农统括在企业家之内。"在农村阶级转变上充分资本主义化了。"②"中国农村派"坚持农村各阶级的划分,必须以农村人口在生产关系中所处的地位为标准,分析农村的阶级关系要把土地关系和由此而形成的租佃关系及雇佣关系结合起来。他们认为"中国经济派"的划分法,把农村的阶级关系搞混了。他们提出划分农村阶级的主要因素:一是所有田地的多少;二是所有田地的田权关系;三是从事农业方面的劳动的雇佣关系。③把农村各阶级分为地主、富农、中农、贫农和雇农的划分办法,"方能全面地显示出社会全体的机构","方能把握今日农村中生产关系的核心(租佃关系和雇佣关系)","方能正确地估定各个农村阶级的地位"。④他们认为,地主阶级从总体上说并未能转化为资本制的地主,他们虽占了全国耕地的半数以上,但大多仍是"剥削零细佃农的半封建的收租地主"。⑤通过对富农、中农、贫农的分析,说明农村的阶级关系并未资本主义化。中国农村社会性质的论战,以代表马克思主义一方的"中国农村派"的胜利而告结束。1935年9月,农研会将论战双方的主要论文汇编成《中国农村社会性质论战》出版。《中国农村》1935年最后一期《编余后记》中说:"此次论战虽然不能够说已经获得正确结论,但是自信已把多数读者的水准提升一个较高阶段"。⑥

关于中国农村社会性质的论战,与中国社会性质、中国社会史的论战是一个问题的多方面探讨。这场论战从1929年起到全民族抗战爆发前,前后经历

---

① 王宜昌:《论现阶段的中国农村经济研究》,中国农村经济研究会编:《中国农村社会性质论战》,新知书店1935年版。
② 王宜昌:《从农业来看中国农村经济》,《中国经济》第3卷第2期,1935年2月1日。
③ 薛暮桥:《答王宜昌先生》,《中国农村》第1卷第6期,1935年3月1日。
④ 钱俊瑞:《现阶段中国农村经济研究的任务》,中国农村经济研究会编:《中国农村社会性质论战》,新知书店1935年版。
⑤ 薛暮桥:《介绍并批评王宜昌先生关于中国农村经济的论著》,《中国农村》第1卷第8期,1935年5月1日。
⑥ 编者:《编余后记》,《中国农村》第1卷第12期,1935年9月30日。

了八年多时间,涉及政治、经济、历史诸方面的问题,是现代政治思想史上一次有深度、有广度、有广泛影响的重大斗争。通过这些论战,中国人民对中国国情的认识比大革命时期深刻得多、明确得多。越来越多的革命者、追求进步者接受了"近代中国是一个半殖民地半封建的社会"这一论断,从而认识到中国共产党坚持反帝反封建的革命斗争,既符合中国的国情,同时也为中国人民指明了革命斗争的正确方向。关于社会性质的三场论战为新民主主义理论的形成提供理论基础,何干之总结这次大论战时提出:中国目前的革命"不是普遍的民主主义,也不是社会主义,而是转到未来社会的过渡形式","即是过渡到社会主义的新的民主革命"。①毛泽东《中国革命和中国共产党》《新民主主义论》系统地阐明了中国革命的基本问题和基本规律、中国共产党对于中国革命的基本理论和基本路线,标志着党在理论上的成熟,其中就吸纳了 20 世纪 30 年代上海左翼社会科学界关于中国社会性质、中国社会史、中国农村社会性质问题等论战在内的丰富成果。


# 第三节　理论批判聚焦中国社会与革命问题


## 一、经济至上的理论取向与进路

在 20 世纪 20—30 年代,中国社会与革命问题可谓中国社会科学界紧密关注的一个理论焦点,因而左翼社会科学工作者对反马克思主义的理论批判理直气壮地聚焦这一核心问题。

值得注意的是,当理论批判聚焦中国社会与革命问题时,左翼社会科学工作者集体坚持了一种经济至上的理论取向与进路。1930 年 2 月,《新思潮》月刊编辑部发布了一则社会科学征文启事,面向中国社会科学界征求一批社会

---

① 何干之:《〈中国的过去、现在和未来〉序论》。转引自中共上海市委党史资料征集委员会主编:《三十年代中国社会性质论战》,知识出版社 1987 年版,第 103 页。

科学论文,尤其是草拟了"中国是资本主义的经济,还是封建制度的经济"这一征文题目,向时人宣告:"使一般青年能够利用这种机会来畅发其议论,引起广大青年们的关心,促进社会科学理论的普及,我们觉得这一要求是非常正当而且非常急需的。"①同年4月,《新思潮》月刊编辑部随即推出了该刊第5期暨《中国经济研究》专号,把这批论文陆续收录在该刊第5期、第6期与《新思想》月刊中,进一步强调了经济至上的学理与思路。在该刊编辑部看来,"为了解现代中国的实际社会的阶段性,必须分析中国社会的经济的构造及其特殊的性质,这,要是知道社会学的人们,相信唯物的历史观的人们,无论谁都是承认的,而且是不得不承认的!"②此外,潘文郁与王学文也都撰文重申了这一观念。例如,潘文郁宣称:"在我们研究中国经济的时候,首先必须注意到中国经济性质问题。……马克思主义关系社会发展的唯物主义的理论,怎样将他正确的运用于中国的实际生活上,则必要从这一个问题作根本的研究。"③又如,王学文声称:"中国的社会科学家们就都根据自己的立脚点用自己的方法来观察自己的研究对象——中国社会,其第一要认识的是中国社会之经济的基础,是要看中国经济的性质如何。……对于这个问题的解决,成为目前极其迫切的需要,不只在理论上是目前必须解决的一个问题,并且也是实践上不能不解决的一个问题。"④

在《新思潮》月刊第5期暨《中国经济研究》专号上,潘文郁著《中国经济的性质》与王学文著《中国资本主义在中国经济中的地位、其发展及其前途》这两篇论文最具代表性,彰显了左翼社会科学工作者在进行理论批判时坚持经济至上的理论取向与进路,宣传了中共六大作出的关于中国社会与革命问题的政治决议及其精神。

在潘文郁一文中,他首先借助马克思关于产业革命决定商业革命的说法准确诠释了商业资本这一经济学概念,指出:"商业资本是一种交换的媒介","只有生产力的发展,生产方法的改变,可以改变商业资本主义,而决不能发生

---

① 《新思潮社第一次征文题目并缘起》,《新思潮》月刊第4期,1930年2月28日。
② 编者:《编辑后记》,《新思潮》月刊第5期,1930年4月15日。
③ 潘东周:《中国经济的性质》,《新思潮》月刊第5期,1930年4月15日。
④ 思云:《中国经济的性质是什么?——评中国几位社会科学家的见解》,《读者》第1卷第1期,1931年7月15日。

相反的作用。"紧接着,他揭示了商业资本与封建剥削的内在关系,说明了帝国主义侵略对中国封建剥削关系的影响,进而探讨了中国农村经济的半封建关系及其表现,包括地主通过佃租对农民的剥削、商业与高利贷资本对农民的剥削以及苛捐杂税对农民的剥削。在他看来,"商业资本主义的发展,不但不能推翻封建关系,反而在这种原来的生产关系上面,更加残酷的扩大这种封建式的剥削";"帝国主义是带着了新式资本主义的生产技术,在中国种植了,发展了,这自然要给予中国封建关系行会制度,尤其是自然经济,以一个重要的打击";但与此同时,"帝国主义在中国长期剥夺的结果,并没有在中国农村中扩大了新式的生产技术,广大的资本主义的农庄,而只是增高中国的地租,增高了苛捐杂税,增高了地主阶级对整个农民的束缚"。由此可见,他全面而完整地表述了中国经济的半殖民地性与半封建性,即:"中国是半殖民地的国家,帝国主义在中国经济中握有最高的统治权";与资本主义关系相比,"这些半封建关系在农业经济中的优势,实际就占领了整个中国经济中的优势。"①

在王学文一文中,他依次批判了在考察中国经济问题上的若干错误倾向,包括以国民经济混淆资本主义经济说,封建经济与资本主义经济错综说,以及经济问题列举说即对中国经济各种问题进行总和。紧接着,他专门考察中国商品经济的发生与发展过程及其情形,论证商品经济的出现并没有改变中国经济的封建性或半封建性,明确指出:"中国主要的经济是封建的半封建的经济,中国主要的经济生活是封建的半封建的经济生活,即是在封建的半封建的关系下的经济生活";但与此同时,"中国交换经济的进步,商品生产的发展,使经济次第货币经济化,货币经济发达的都市,商业资本与高利贷资本占着主要的地位,形成了都市经济支配农村经济的局势"。接下来,他转向探讨中国资本主义经济的发生与发展过程,着重挖掘制约中国资本主义经济发展的非经济因素,即由于帝国主义与封建主义这两大桎梏"实在是中国经济的压迫者,经济发展的束缚者,同时也是中国资本主义经济发展的阻碍者","中国资本主义经济不惟没有发展的条件,反而却有发展阻碍的条件","这种发展并不是简单的发展过程,而是经过了许多的迂回曲折,并且其发展有一定的限度,到达一定的限度即停止"。通过上述考察,他同样表述了中国经济的半殖民地性与

---

① 潘东周:《中国经济的性质》,《新思潮》月刊第 5 期,1930 年 4 月 15 日。

半封建性,即:"中国经济实在是帝国主义侵略下的一个半殖民地的封建的经济。"①

当时,《新思潮》月刊编辑部发布的这则社会科学征文启事备受关注,不仅引发了左翼社会科学工作者的钻研与议论,而且引来了反马克思主义者尤其是托洛茨基主义者的追踪与进攻。例如,严灵峰在《动力》第 1 期与第 2 期上接连发表了《"中国是资本主义的经济,还是封建制度的经济?"?》与《再论中国经济问题》两文,推翻了《新思潮》月刊关于中国经济具有半殖民地性与半封建性的说法,捏造了中国经济是由资本主义占领导地位的说法,宣称:"否认中国资本主义发展或发展可能性"是最反动的思想;"中国毫无疑义的是资本主义关系占领导的地位";"中国资本主义在发展中,各种矛盾和障碍是有的,并且是必然的!"在他看来,"自帝国主义侵入中国以后,或更确切些指出 1911 年辛亥革命以后,虽然中国受帝国主义的束缚日益坚固;虽然在有封建残余的条件之下;虽然历年不断的国内战争的破坏。然而,中国社会经济资本主义化的过程,还是有蒸蒸日上之势。"②

对此,王学文在《读者》月刊第 1 期上发表了《中国经济的性质是什么? ——评中国几位社会科学家的见解》一文,提倡从生产方式尤其是生产关系这样一种视角考察中国经济,论证中国内部的经济要素包括原始家长制的自给自足经济、小规模的单纯商品经济、私人资本主义经济、国家资本主义经济与新兴经济的萌芽。从这一点出发,他揭批严灵峰一文把外国资本主义经济同本国资本主义经济"一视同仁","混同了支配的生产方式与被支配的生产方式,支配的生产关系与被支配的生产关系","只知道中外资本主义的共通性而忽视了其间的差别性","单纯地知道物的统一而不知统一中的对立和差别"。在此基础上,他进一步论证了中国经济具有的半殖民地性与半封建性,如是说:"中国经济的封建性,封建的关系在中国社会基础上占着优越的地位,形成中国经济的一个重要特征";"中国经济是世界经济联系的一环,……就世界经济上看来,中国经济是在国际资本主义支配下的一个经济,是在国际金融资本支配下

---

① 王昂:《中国资本主义在中国经济中的地位、其发展及其前途》,《新思潮》月刊第 5 期,1930 年 4 月 15 日。

② 严灵峰:《"中国是资本主义的经济,还是封建制度的经济?"?》,《动力》第 1 卷第 1 期,1930 年 7 月 15 日。

的一个经济,同时也是各国帝国主义支配下的一个经济。"①

实际上,左翼社会科学工作者认识到中国经济具有半殖民地性与半封建性反过来暴露了当时中国经济学界的理论失灵,映射了国内资产阶级经济学说的幼稚。关于这一点,王学文发表在《思想》月刊第5期上的《中国经济学界概观》一文早已作出概括与归纳,即:"生产发展落后的中国经济,还依然未能脱离半封建式的经济阶段,至于新兴有产者所支配的资本家的经济,在大大的半封建的经济之中,不过只是形成一个小小的萌芽形态;所以在现代的中国,也和十九世纪中期的德意志相似,缺乏产生以至于培植经济学的地盘。"在王学文看来,"他们有外国输入进来的经济理论的武器,无有解剖分析中国经济的作用;他们收拾罗列中国经济之部分的事实或各个的现象,便以为是中国经济的全部;或者拉杂陈列种种不同的经济事实和经济现象,只看见事实与事实的差异,现象与现象的特殊,而对于事实与事实之内部的关联,现象与现象之内部的统一,毫无认识观察的能力,所以他们对于这种种复杂的经济事实和经济现象,不得不拉出许多欧美等国有产者的经济学者们的各种各样的学说来说明解释。其当然的结果,说明只管说明,解释只管解释,那事实和现象的本质,依然维持着其谜的存在,为他们所不可知的东西。"②

## 二、对帝国主义作用的理论批判

对帝国主义作用的理论批判是左翼社会科学工作者经济至上理论取向与进路的一个首要目标。

除前述潘文郁、王学文两文外,向省吾著《帝国主义与中国经济》一文也对帝国主义在中国的作用及其侵略性进行了考察。该文叙述了帝国主义对中国经济带来的深远影响,但并没有破坏中国的封建制度,反而却维护中国的封建制度,指出:"帝国主义侵入中国之后,既已获得了它们的巩固的进攻的根基,它们正极力地维持了中国的封建的遗物,而在这中间获得了它们榨取中国的

---

① 思云:《中国经济的性质是什么? ——评中国几位社会科学家的见解》,《读者》第1卷第1期,1931年7月15日。

② 王学文:《中国经济学界概观》,《思想》月刊第5期,1928年12月15日。

工具。"具体而言,该文从中国农业和中国工业两个层面进一步探讨了帝国主义对中国经济的影响。

在该文看来,"帝国主义者,一方面固然适应的利用着中国固有的榨取方法,以吸进整个中国农民的膏血。但他方面却又在极力地使用着各种手段,以图谋达到其终局的目的:把中国由半殖民地化为完全殖民地,把中国全农村由以中国封建榨取阶级为媒介的间接原料供给场化为由自身直接与中国农民对立的原料供给场。"这是帝国主义对中国农业经济的影响。与此同时,"整个帝国主义,还是在更积极地把中国当做商品市场及原料供给地。积极地投资于中国所有一切重轻工业(其中以自身直营的占大部分)。正在积极地努力于控制中国自身的工业的发展。"这是帝国主义对中国工业经济的影响。

有鉴于此,该文论证了帝国主义是中国社会灾难的总根源和中国革命的首要敌人,对帝国主义的罪恶本性及其对中国的侵略作出如下总结:"帝国主义,自它把资本主义的商品经济搬入了中国以后,使资本主义生产的一切坏的方面——失业,破产,贫困等,都在中国发生出来。它吸取了而且吸取着全中国无数劳苦民众的膏血,以积蓄了而且积蓄着庞大的资本。而这种资本的积蓄的结果,一方面对于其本国内的劳苦民众,却便只是一些失业,贫困;更加残酷的榨取及准备上战场送死;同时这对于殖民地及半殖民地的被榨取民众,则是一些大规模的屠杀,普遍的饥荒及饿死。充其量也不上千数的世界上的金融贵族,为满足其'黄金欲'起见,不惜使世界上十数亿的人民疲于奔命,为使他们'愿意的'受其榨取起见,不惜唆使其本国的代理人及其在殖民地和半殖民地的一切——自封建的,半封建的以至于'媚外'的资产阶级的——走狗,实行空前未有的大规模的压迫和屠杀。"[①]

赖田著《中国经济的现状及其前途》一文同样对帝国主义在中国的作用及其与其他经济的关系予以回答。他一破题就揭示了中国经济具有的半殖民地性与半封建性,指出:"中国经济,在帝国主义势力已经侵入之后,一方面开始了现代的资本主义化,一方面封建残余的势力,还是依然雄厚。"与向省吾一文相似,他也对中国工业主要是民族工业、农业与商业等若干最重要的经济部门进行考察,通过参考大量统计报表及其数据,表现了上述部门近期以来的现

---

① 向省吾:《帝国主义与中国经济》,《新思潮》月刊第 5 期,1930 年 4 月 15 日。

状,表明了它们正在面临的发展困难。在此基础上,他认识到由于帝国主义在中国的长期存在,民族资本主义根本无法实现正常发展,而要发展中国经济必须驱逐帝国主义在华的统治,强调:"中国民族工业,的确不能说是在一种发展的进程里,不过是张望着资本主义的后影,越离越远罢了。民族工业的不发展,主要的原因,可以归到农村经济的破坏方面。由于农村经济的破产,工业上原料品的来源,便首先告了缺乏,即使有了些微的供给,早就被资本主义国家,用更高的代价,大量收买了去,加上一番制造,以与中国工业竞争。"①

李果著《中国是资本主义的经济还是封建制度的经济》一文则依托他本人收集而来的参考资料和数据,叙述了近代以来中国封建制度的经济没落的过程,描述了中国资本主义的发展概况及其面临的发展困难,进而论述了帝国主义对中国资本主义发展的阻碍作用。通过这些参考资料和数据,"一方面,可以看到封建制度的经济,自帝国主义的资本侵入以后开始崩溃。现在还存在的地主,和乡绅,不过是残余的遗孽实行其最后的挣扎。另一方面,可以看到中国资本主义的经济,虽已成立,而因其发展阻碍的存在,现在处在病苦呻吟之境。"由此可见,"实际上支配中国经济的,不是中国的资本主义,而是国际帝国主义。……中国的经济,既在帝国主义侵略之下,而封建制度的经济还保持着存在,国中资本主义经济不能发展。"②

此外,朱镜我著《领事裁判权之"自动的撤销"》、郑景著《银价暴落的原因及其影响》与雷林著《民族轻工业的前途》三文也从各自的选题出发证明了帝国主义对中国经济发展的侵害,把中国经济发展遭遇的最大障碍归结于帝国主义的在华统治。在上述三篇论文看来,"帝国主义不但是得步进步的,甚至是得寸进尺的",企图"紧缚中国的自由的发展","把中国捆缚得水泄不通","像中国在其虎口的束缚之中自行窒息,裹缄"③;"中国垂死的工业,已陷于回春无术行将破产的形势。……帝国主义压迫下的中国,军阀的混战,只有日益扩大,决计是不会停止的。换句话说就是决计不会有发展生产事业的前提"。④

---

① 赖田:《中国经济的现状及其前途》,《新思想》月刊第 7 期,1930 年 7 月 1 日。
② 李果:《中国是资本主义的经济还是封建制度的经济》,《新思想》月刊第 7 期,1930 年 7 月 1 日。
③ 朱镜我:《领事裁判权之"自动的撤销"》,《新思潮》月刊第 4 期,1930 年 2 月 28 日。
④ 郑景:《银价暴落的原因及其影响》,《新思潮》月刊第 4 期,1930 年 2 月 28 日。

也就是说,"在国际资本主义已经发展到帝国主义阶段的今日,中国已形成了各帝国主义者共同支配的殖民地。中国的民族工业,除了绝对排除帝国主义的支配,集中资本发展国内交通,改善农乡经济,以增进人民购买力,扩大商品贩卖市场外,绝对没有第二条向前发展的出路"。①

到了 1932 年 4 月社联出版的《研究》创刊时,朱镜我又署名张焕明在该刊发表了《帝国主义与殖民地的工业化》一文,重申了《新思潮》月刊诸文提倡的上述思想,探讨了帝国主义对殖民地和半殖民地工业化的作用"不是促进,而是抑制"这一事实。基于马克思提出的"资本主义发展的一般法则",朱镜我揭示了帝国主义的特征及其在殖民地和半殖民地的体现,即:"帝国主义的特征,是资本的输出";"虽然是资本的输出,但是帝国主义者并不促进殖民地和半殖民地的工业化。"在他看来,"帝国主义虽然破坏了农村的自足经济,使农业生产商品化,但并没有增进农民的生活状况。……帝国主义每年从农民榨取极巨的利润。这巨额的利润,并不投于殖民地和半殖民地的生产事业,或消费于殖民地和半殖民地,而是流入帝国主义国。"与此同时,"帝国主义之资本输出至殖民地和半殖民地,大部分是投于非生产的用途。至于投于生产用途的资本,也大都集于原料生产业。……但是,一国的工业化之最主要的条件,是'生产手段工业',即制造机器的工业。……帝国主义对殖民地和半殖民地的生产投资,既然主要是限于原料工业,轻工业,和消费品工业,当然不是促进殖民地和半殖民地的工业的一般的发展了。"②

这样一种对帝国主义作用的理论批判也在许涤新发表在《社会现象》周刊上的《国际资本主义经济恐慌中的中国经济》一文中体现出来。1932 年 4 月,许涤新等某些左翼社会科学工作者编辑并出版了《社会现象》周刊,发表了他们对当时世界和中国经济与社会现象的一系列认识及其评议,正如许涤新亲自草拟的发刊词这样写道:"我们的时代,是一个矛盾与斗争的时代。……本刊要暴露一切矛盾与斗争的现象,一切黑暗与光明的现象。我们不但以揭载这些现象为满足,我们并且要分析这些事实,说明其所以然。我们要求光明,我们要求人类的出路。我们决然地站在反帝反中国统治阶级的战线上,我们要揭示革命的工农及下层民众应走的道路。"③正是从上述创刊目的出发,许

---

① 雷林:《民族轻工业的前途》,《新思潮》月刊第 1 期,1929 年 11 月 15 日。
② 张焕明:《帝国主义与殖民地的工业化》,《研究》第 1 期,1932 年 4 月 1 日。
③ 编者:《发刊词》,《社会现象》第 1 期,1932 年 4 月 24 日。

涤新在该刊发表了《国际资本主义恐慌中的中国经济》一文,把对帝国主义作用主要是在中国作用的认识进一步发展。该文针对 1929—1933 年的世界经济大萧条这一全球性危机而写,论述了全球性经济危机对资本主义各国的影响,论说了资本主义各国因补救经济危机而采取的动作尤其是对殖民地半殖民地的进攻,进而论证了在全球性经济危机下国际资本主义对中国经济的侵害。

在这篇论文中,许涤新首先考察资本主义世界。在他看来,"目下这个时代,是帝国主义的经济恐慌走入第三期的时代,是各个帝国主义国家陷在恐慌而不能自拔的时代,在这个经济恐慌的狂流中,半殖民地的中国自然要遭受这种狂流所波动,要表现更明白的变化。"①紧接着,他把考察的对象转回正处于半殖民地的中国,通过探讨工业、农业、贸易与金融这四个国民经济部门来检视中国经济的半殖民地性,指出:"中国自鸦片战争以来,受资本主义的商品和重炮所攻击。社会经济,起了动摇。地主阶级既不能如德国的一般变成新兴的资本家;民族资产阶级又不能如日本的一般负起他的历史使命,于是地主与资产阶级同为帝国主义的工具,国际帝国主义统治中国,而地主资产阶级则为其助手,整个中国陷于半殖民地的状况。"同时强调:"在这个资本主义恐慌的狂潮中,直接受国际帝国主义所统治的中国,自然明白的呈现更剧烈的变化,英国的停止金本位使它的国际贸易上起很大的影响,日本帝国主义之侵占东北扰乱天津进攻上海,更给它以重大的打击,使它在政治上,经济上蒙很大的损失。"也就是说,"中国是半殖民地国家,是国际帝国主义的商品市场,原料供给地,与过剩资本的投资场所。……年来国际帝国主义迫于恐慌的狂潮,更尽量的剥削中国的民众以求偿其损失。中国的产业,由是更枯萎,中国的农村,由是更倾萎,故国际资本主义的经济恐慌越利害,中国的社会经济也越加破产。"②

毫无疑问的是,马克思主义与反马克思主义尤其是托洛茨基主义在关于帝国主义作用的认识上发生了对抗和碰撞,而关于帝国主义作用的认识也成

① 更新:《国际资本主义经济恐慌中的中国经济》,《社会现象》第 1 期,1932 年 4 月 24 日。
② 更新:《国际资本主义经济恐慌中的中国经济(续)》,《社会现象》第 2 期,1932 年 4 月 30 日。

为马克思主义划清同反马克思主义尤其是托洛茨基主义界限的理论标志。在对帝国主义作用的理论批判中，左翼社会科学工作者认识到帝国主义与中国经济发展的内在关系不是一维的、简单的与固定不变的，而是多维的、复杂的与流变的，集中体现在：首先，虽然帝国主义在客观上发挥了马克思说的"历史的不自觉的工具"的作用，但它在半殖民地半封建社会的中国主要是发挥了马克思说的"把头颅做酒杯"的作用，其对近代中国经济发展的负面作用远大于正面作用；其次，尽管帝国主义与民族资本主义都属于资本主义经济，但它们不是同一种社会地位的资本主义经济，其中帝国主义代表的是位居统治地位的资本主义经济，而民族资本主义代表的是位居附庸地位的资本主义经济；再次，帝国主义同封建主义是勾结在一起的，因而在帝国主义的疯狂侵掠下，同时在受帝国主义扶持的封建主义的联合破坏下，民族资本主义的发展是极其缓慢的，民族资产阶级的势力是极其软弱的。上述这三点恰好是反马克思主义者尤其是托洛茨基主义者不甘心正视或不愿意承认的。

## 三、对商业资本主义的理论批判

对商业资本主义的理论批判是左翼社会科学工作者经济至上理论取向与进路的一个关键环节。

向省吾著《中国的商业资本》一文是左翼社会科学工作者批判商业资本主义的代表性论文。他首先追溯了商业资本在政治经济学上的概念界定，划分了两种不同类型的商业资本即资本主义生产制度中的商业资本和前资本主义生产制度中的商业资本，奠定了下一步考察的理论基础，明确指出："在资本主义生产方法以前的任何生产方法中，只要是有了单纯的商品流通及货币流通的时候，商业资本实尽其联络诸不同生产部门间及诸生产者单位间的媒介作用，而形成了那时候的资本的主要形态。"

在此基础上，他论述了商业资本的发展尤其是资本主义生产制度中商业资本的发达，但指明了商业资本发达同产业资本发达相比而言的根本不同，宣称："商业资本的发达既不能充分的媒介及说明由某一种生产方法到他一生产方法的转移，当然更不能成为过渡的生产制度及独立的生产制度。"进而批驳了把商业资本的发达和产业资本相混同的人们，声称："那些把商业资本和产业资本混为一谈的人们,不能不说是被拘泥于现象的表面而企图维持既成生产关系的人们。他们的理论,决不是认识现象的本质的科学,而只是抓住现象的皮毛及实际辩护既成社会秩序的俗学。"

　　紧接着,向省吾把自己的思路从马克思文本中的西欧场域转向中国场域,专门考察了商业资本在帝国主义侵入中国以前的作用,以及在帝国主义侵入中国以后的作用。在帝国主义未侵入中国以前,"中国虽早有了货币经济,然而根据中国的小规模的农业与手工业的结合,始终是自给自足的经济占优势,始终是自然经济占着了主要的地位";"中国的商业资本既那样的破坏了农民经济而且更加上大地主的毫无顾忌的劳民伤财,遂使农业不能再维持其单纯的再生产";"中国的商业资本是不能而且也没有引起了生产方法的变革的。中国社会始终是站在半自然经济的封建制生产方法的范围以内的"。但在帝国主义侵入中国以后,"帝国主义为破坏妨碍其商品销路的半自然经济起见,便在中国原有的商业资本中找着了它的武器;同时,中国商业资本也在帝国主义对于发展落后的国家的侵略政策中获得了它的支柱"。然而,"中国商业资本的发展和蓄累,绝对不是中国产业资本的发展的反映,而是中国愈加整个的日益化为帝国主义商品市场及原料市场的表现。"①

　　丘旭著《中国的社会到底是什么社会——陶希圣错误意见之批评》也对商业资本主义进行了理论批判。该文针对陶希圣发表在《新生命》月刊上的《中国之商人资本及地主与农民》一文而写,不仅批评陶希圣以商业资本来划分社会发展阶段是错误的,而且揭示生产方式才是划分社会发展阶段的标准,不仅批评陶希圣对商业资本在政治经济学上的概念及其历史作用的认知是错误的,而且纠正了上述错误,得出以下四点结论:首先,"中国在商品输入前期经济结构的经济基础主要的是在于名义上土地所有者,用超经济的压迫,以榨取独立生产者的农民的剩余劳动";其次,"商业资本是独立于生产资本之外的一种资本,所以它自身在经济形态上不能形成一个独立发展的形态,结果在社会的政治形态发展阶段上也不能形成一个独立的阶段";再次,"目前中国的社会在政治经济上真正的支配者是帝国主义,这中间包含了这样复杂的阶级内容,这我们叫做半殖民地经济的发展";此外,"陶希圣的士大夫阶级,政治剥削及

---

① 向省吾:《中国的商业资本》,《新思潮》月刊第 5 期,1930 年 4 月 15 日。

经济剥削阶级都是历史上的扯谎,骗人的非科学的神话!"①

逸厂著《陶希圣的商业资本的魔手》一文对陶希圣所谓商业资本主义学说作出进一步批判。在发表于《满铁月志》的《中国社会的封建性》一文中,尽管陶希圣借助马克思在《资本论》第三卷第二十章"关于商人资本的历史考察"中的引文来佐证自己的所谓商业资本主义学说,但该文揭批陶希圣把商业资本称作"一只神秘莫测的魔手"违背了马克思主义,宣称:"我们平常说商人资本或商业资本的,它是采取的两个形态,即商品交易资本和货币交易资本,这两个形态我们知道在资本主义时代,只是产业资本再生产行程的并其总生产行程的一个阶段";"商业的作用及商业资本的发达,在古代是归结到奴隶经济,在中世纪是归结到农奴经济,在近世是归结到资本主义的生产方法。"又从三个层面说明了陶希圣把商业资本神秘化的错误及其发生上述错误的原因,声称:"(一)把商业资本和生产社会的本质分开地看;(二)不知商业资本及于社会的分解的影响,是在什么形式之下影响的,并其影响的程度;(三)只看到了'在将入资本主义社会的时候,是商业支配工业,现代社会恰恰相反'的一面,所以就有那种错误的结论。"②

由此可见,上述若干篇论文集中批判了陶希圣等人提出的商业资本主义学说这样一种错误言论,有利于帮助时人认清商业社会和资本主义社会的不同,看清商品经济和资本主义经济的不同。与此同时,左翼社会科学工作者还把对商业资本主义的理论批判推进到对中国社会史的讨论中。例如,郭沫若化名杜荃撰写了《读〈中国封建社会史〉》一文,批判陶希圣在其著《中国封建社会史》中提倡以"我们的国情不同"来反对马克思主义、否定马克思主义,尤其是批判陶希圣宣称的"中国的封建制度早已崩坏,封建势力还存在着"这一错误言论,直言不讳地说:"我仅仅读了那么一小段,便觉得差不多都有问题。以下我便不敢再读下去了。……特别是'中国的封建制度早已崩坏,封建势力还存在着'的这样的结论,这是有点奇怪的。这犹如说:'人的身体是早已死了,但人的精力还依然存在'的一样。这怕有点'反历史'罢!"③

---

① 丘旭:《中国的社会到底是什么社会——陶希圣错误意见之批评》,《新思潮》月刊第 4 期,1930 年 2 月 28 日。

② 逸厂:《陶希圣的商业资本的魔手》,《社会科学战线》第 1 期,1930 年 9 月 15 日。

③ 杜荃:《读〈中国封建社会史〉》,《新思潮》月刊第 2、3 合期,1930 年 1 月 20 日。

可以说,马克思主义与反马克思主义尤其是改良主义在关于商业资本主义的问题上存在着争论,而关于商业资本主义是否具有社会形态的意义亦成为马克思主义划清同反马克思主义尤其是改良主义界限的理论标志。很明显,陶希圣等改良主义者自称商业资本主义具有社会形态的意义,他们把简单商品经济同资本主义经济相混淆,把一般商业社会同资本主义社会相混淆,实际上资本主义经济是以产业资本而非商业资本主导的,资本主义社会是在机器大工业的基础上建立起来的,而他们这样做的目的是企图以中国已经进入商业资本主义社会取代中国社会是一个半殖民地半封建社会,妄图以中国商业资本主义经济的繁荣取消中国的资产阶级民主革命,这样一种错误言论是反对马克思主义的,也是危害马克思主义的,因而左翼社会科学工作者对其进行理论批判是必须的,也是及时的。通过对商业资本主义的理论批判,左翼社会科学工作者不仅宣传了马克思主义关于商业资本主义的科学认知,即商业资本主义并不具有社会形态的意义,近代中国社会并非属于商业资本主义社会,而只能属于半殖民地半封建社会,而且宣扬了马克思主义关于社会形态更替的准确研判,即人类社会发展是从原始社会、奴隶社会、封建社会到资本主义社会再到社会主义、共产主义社会的过程,而中国自古以来的社会发展是符合这一基本进程的。

## 四、对其他经济与社会问题的回答

左翼社会科学工作者在理论批判工作中着重回答了帝国主义问题和商业资本主义问题,但也把视线投向了土地问题、劳动问题、军阀混战问题与政权形式建构问题等,而对这些专题的关注补充性论证了中国经济具有的半殖民地性与半封建性,实际上是左翼社会科学工作者经济至上理论取向与进路的进一步延伸与继续。需要强调的是,如果说土地问题与劳动问题是唯物史观视野下考察我国半殖民地半封建社会经济基础的核心内容,那么军阀混战和政权形式建构问题则是唯物史观视野下对我国半殖民地半封建社会上层建筑的考察,而这些考察无疑成为左翼社会科学工作者进行理论批判工作的确凿证据。

吴黎平著《中国土地问题》一文专门考察了中国土地问题的由来与中国土

地革命的发生。该文首先揭示了土地问题在中国社会与革命问题中的重要意义,明确指出:"土地问题,是中国革命目前阶段上的一个中心问题。……对于土地问题的正确的了解,是先进阶级前锋能在目前革命中完尽其领导作用的一个先决条件。"紧接着,该文通过参考大量的统计报表及其翔实的数据,叙述了中国的土地所有权归属及中国农村中的阶级划分,描述了中国农村中存在的封建剥削关系主要是土地租佃关系及其纳租形式,还论述了高利贷资本及商业资本在中国农村中的作用是使土地集中到地主及一部分富农手中,实际上是扶助封建剥削关系而非破坏封建剥削关系,进而批判了托洛茨基主义者提出的"中国农村经济的性质是资本主义的,封建剥削在农村已不占统治地位"这一错误说法,反过来论证了"现在中国农村租佃制度下的剥削关系,是封建式的剥削关系"这一正确说法。在该文看来,"我们并不否认中国农村中也存在着资本主义的剥削,不过这种剥削的范围和封建剥削比较起来,真是微乎其微。……马克思主义只指示社会中最主要的现象。如果有人连这点都不懂,而以为我们说封建剥削关系是否认任何资本主义剥削的存在,那么他非但不知马克思主义,而且简直连简单的科学常识也都没有了。"

在此基础上,该文指明了近代以来中国土地关系上发生的若干重要倾向,包括:地主对农民的剥削加重;农民的贫困加深;农民的离村;荒地的增加;资本主义的发展极端缓慢,说明了中国农村经济生产力的衰落,以及中国农村经济总危机的出现,强调:"中国农村经济生产力的低落,以及农村经济危机之基本原因,就是封建的剥削关系,这种剥削关系,是建筑在土地关系之上的。土地问题一日不解决,中国农村经济的发展,中国农民的解放,一日没有希望。所以土地革命,是农民群众的切身的急迫的要求,是中国革命目前阶段上的中心问题,是中国资产阶级民主革命的关键。"接下来,该文转向探讨中国土地问题的出路在于土地革命而非土地改良,进而探讨中国土地革命的阶级性及其发展前途,论证只有土地国有才能从根本上肃清中国农村的封建剥削关系,即:"土地国有,于是就成为土地革命的顶点","只有土地的国有,能够真实地解决中国土地问题,畅快地刺激农村生产力的发展";"土地革命即使达到其顶点——土地国有——也不能跳出资产阶级民主革命的范围,只是资产阶级民主革命的主要内容";"在土地问题解决之后,只有走上社会主义发展的道路,才能完全的彻底的最后的解决数千年来所不能解决的农民问题"。①

与土地问题并存的是劳动问题。李一氓著《中国劳动问题》专门考察了中国劳动问题的现状与中国劳动运动的发展。该文首先揭示了中国劳动问题的根本特质,指出:"帝国主义对殖民地的掠夺关系是表现在掠夺殖民地人民的剩余劳动上","中国劳动问题(根本地的)有它自己的特质:就是,中国劳动问题是殖民地的劳动问题";"我们要了解中国劳动问题的根本特质,我们才能了解中国劳动问题的底面,即是它同帝国主义掠夺的关系及同中国资本家掠夺的关系。"紧接着,该文同样通过参考大量的统计报表及其数据,论述了中国劳动问题的一般状况包括工资、工时、女工与童工等内容,在此基础上回顾了中国劳动运动从发生到发展的历史进程,总结了中国劳动运动与中国革命的内在关系,说明了中国劳动运动与其他资本主义国家的劳动运动在性质上的根本不同,进一步强调:"中国劳动阶级的地位是处在帝国主义的剥削的下面的,封建势力受着帝国主义的卵翼还有它的社会作用,民族资产阶级是在脆弱的发展状态中,……就是说中国劳动阶级有三重任务,反帝国主义,反封建势力,反资产阶级,因此中国的劳动斗争,一开始就必然趋向政治斗争的前途。"在该文看来,"中国劳动阶级的现运动,必然要继续自己的阶级生存权的争取,这是毫无疑义的,其对于第二项任务,反帝国主义,反封建势力,反资产阶级的任务,必然加紧起来,不惟不要同那资产阶级联合战线去同帝国主义封建势力作斗争,而且要把资产阶级作为帝国主义封建势力同样的敌人去斗争,因为资产阶级已经背叛中国革命而投降了它的敌人,因此它也就不可避免地成了中国劳动阶级的敌人。"此外,该文还批判了社会改良主义在中国劳动问题上制造的各种错误言论,进而指明了中国劳动问题的出路在于革命而非改良,即:"中国劳动问题在中国革命问题中,是非常重大的问题。中国劳动阶级是中国革命的主力。中国革命的对象是帝国主义。因此,中国劳动问题必得从中国革命这个视角来了解,也就不得不从打倒帝国主义这上面来求解决。"②

吴黎平著《军阀混战的社会基础》与朱破云著《军阀混战成绩一览》两文主要考察了中国军阀混战现象的由来、现状及其前途,尤其是考察了中国军阀混

---

① 吴黎平:《中国土地问题》,《新思潮》月刊第 5 期,1930 年 4 月 15 日。
② 李一氓:《中国劳动问题》,《新思潮》月刊第 5 期,1930 年 4 月 15 日。

战现象出现的社会基础,包括三个基本原因:首先,"帝国主义是全中国政治经济生活的统治者,帝国主义本身的矛盾和冲突,是军阀混战的最大的根本的原因,不了解帝国主义对于中国的统治及其本身的冲突,那末我们就不能明白了解军阀混战的实质";其次,"帝国主义统治中国的结果,把中国割成好多经济区域;而在这个经济基础上,形成利益不同,常相冲突的各个阶级集团,使之成为军阀混战的另一个主要原因";再次,"在这样的经济基础上,在各省就产生中国特殊的军阀制度。这些军阀,是封建式的政治代表,他们一方面代表该区域统治阶级集团的利益,他方面又是帝国主义统治中国的工具。帝国主义利益及各阶级集团利益的冲突,就由军阀来具体的执行"。在他们看来,"帝国主义对于中国的经济及政治的统治,存在一日,军阀混战,也就一日不能消灭。……如果各帝国主义依旧保持着它们对于中国的经济及政治的统治,则中国的军阀制度,永不会消灭;这样中国只能根据各帝国主义的势力,划分成许多经济区域,而中国的真正统一,也决没有希望。……要消灭军阀的混战,只有根本推翻帝国主义及其走狗的统治,完全改变中国的经济关系。这就是说只有反帝国主义战争与土地革命的完全胜利,才能根本消灭军阀混战,才能造成中国的真正统一而使全国民众获得一条生路。"[1]

翟平子著《目前国家两种政权形式之对立及其前途》一文则考察了中国国家的政权形式建构问题。该文从唯物史观的基本原理出发首先探讨了国家这一社会现象,回答了国家发生的原因及其存在的意义,即:"国家是阶级的社会的产物,是一阶级统治其他阶级的一种机关";"政治是经济之集中的表现,政治是达到经济目的之手段,也可以说政治的最后目的不外是经济的榨取。……我们便只有从经济的构造上才能说明国家,只有把国家这一社会现象,联系在生产诸力的发展与阶级斗争的过程去观察,才能探究出国家之本质"。紧接着,该文着重探讨了当时国家的两种政权形式建构,比较了这两种政权形式的不同点尤其是在政治目的上的根本不同。在该文看来,"社会主义的国家,它是一种原则上与资本主义国家根本不同的国家形式。……资本主义国家,是资产阶级的政权形式,社会主义国家,是无产阶级的政权形式";"这

---

① 吴黎平:《军阀混战的社会基础》,《新思潮》月刊第 6 期,1930 年 5 月 15 日;朱破云:《军阀混战成绩一览》,《新思潮》月刊第 6 期,1930 年 5 月 15 日。

也就是说政治上之最后目的,不是政治的,而是经济的。资本主义的政治目的是经济的榨取,社会主义的政治目的是经济的榨取之否定"。此外,该文还探讨了这两种政权形式在对待民主主义上的各自表现,论证了资产阶级的政权形式非但不能代表民主主义,反而使民主主义转向自己的反面——法西斯主义,而只有无产阶级的政权形式才能代表民主主义,如是说:"资产阶级的民主主义,实际上是极少数人对于大多数民众的专政;无产阶级专政,实际上是大多数的无产阶级及一切劳苦群众对于极少数人的统治,也就是真的民主主义。"在此基础上,该文转向探讨这两种政权形式在中国的对立局面及其前途。在该文看来,"中国国民党的政权是帝国主义扶持起来的豪绅资产阶级的政权,也可以说是帝国主义的世界反动政权之一环";"中国的无产阶级领导一切劳动贫民由群众斗争所产生出来的革命政权,也可以说是世界无产阶级政权的革命政权的一环";"这样两种对立的政权的对比,无疑的要使广大群众认识谁是敌人的政权,谁是自己的政权,如何起来推翻敌人的政权,拥护与扩大自己的政权"。[1]

---

[1]  瞿平子:《目前国家两种政权形式之对立及其前途》,《社会科学战线》第 1 期,1930 年 9 月 15 日。

## 第五章

# 社联推进马克思主义哲学大众化

## 第一节　哲学大众化、通俗化运动的发生

### 一、社联与哲学大众化、通俗化运动

　　哲学大众化、通俗化运动是左翼社会科学运动的高潮一幕，其发生的时间节点同社联与社研发生合并大体一致，也就是说从"中国社会科学联盟"改称"中国社会科学者联盟"开始。哲学大众化、通俗化运动是左翼社会科学运动从酝酿、准备到推进再到壮大的必然结果，是左翼文化运动大众化在哲学社会科学领域的集中体现，而哲学大众化又与文学大众化、美术大众化、戏剧大众化、电影大众化以及音乐大众化保持有机联动与紧密配合。

　　具体而言，哲学大众化、通俗化运动的发生是一个在三

重主要因素驱动下自我酝酿与摸探的过程,这三重主要因素共同把左翼社会科学运动引向了哲学大众化、通俗化运动,将左翼社会科学工作者调集到哲学大众化、通俗化运动中,包括:社联领导机关在哲学大众化、通俗化运动的发生中发挥思想与组织领导作用;读书生活出版社及其前身《申报》流通图书馆读书指导部在哲学大众化、通俗化运动的发生中提供思想阵地与平台;社联盟员艾思奇在哲学大众化、通俗化运动的发生中成为奠基者与带头人,直接负责哲学大众化、通俗化的计划制定与执行,从事哲学大众化、通俗化的理论创作与创新,进行哲学大众化、通俗化的思想推广与普及。

1931年秋,瞿秋白在沪上指导左翼文化工作。他在给中央文委起草的一个文件中率先提出了大众化的命题,指示各左翼文化团体:"革命的文化运动的大众化,就是目前最重要的中心问题","要在大众之中,发展普洛的文学、戏剧、美术、音乐等的运动。要在大众之中,反对一切宗教迷信以及资产阶级的科学和哲学的理论,而进行马列主义的科学大众化的运动。革命的普洛的文艺运动和科学运动,必须和大众的斗争以及日常生活联系起来"。①可以说,瞿秋白的这一重要指示反映了中共中央对左翼文化工作提出的新要求,显现了大众文化已经成为左翼文化运动的新战略构想。

自瞿秋白向中央文委提出大众化的命题以来,各左翼文化团体注重把文化大众化提上自己的工作日程,纳入自己的工作布局,社联也认识到社会科学大众化的重要性,在其内部提出了社会科学大众化的宣传口号,正如时任社联党团书记的史存直在回忆录中说:"当我初参加社联的时候,社联的成员大约只有四五十人,但不久党向我们提出了'社会科学大众化'的口号。如何贯彻这个口号,本也是应该好好研究的。但当时文委指示我们首先要扩大社联的组织,要使社联成为大众的组织。于是社联就把接受盟员的标准放低,接纳了大量的大学生加入社联。这样一来,社联很快就发展到大约二百人。"②由此可见,社联已经确立左翼社会科学运动的大众化立场,准备建立左翼社会科学运动的大众化组织,而这一点集中体现在把社联与社研这两个组织合并上,也就是说社联开

① 瞿秋白:《苏维埃的文化革命》,《瞿秋白文集·政治理论编》第7卷,人民出版社1991年版,第231、233—234页。

② 史存直:《回忆三十年代的中国社联》,上海市哲学社会科学学会联合会编:《中国社会科学家联盟成立55周年纪念专辑》,上海社会科学院出版社1986年版,第116—117页。

启哲学大众化、通俗化运动是和社联自身组织规模的扩大化同步推进的。当然，在这一时期左翼社会科学工作者的哲学大众化、通俗化创作还没有全面展开。

值得注意的是，北平社联较早地把社会科学大众化的宣传口号写进自己的纲领，于1932年5月率先在其发布的斗争纲领中提出了"加紧社会科学大众化运动"这一宣传口号，明确指出："深入工厂农村兵营，使马克思列宁主义深入一般大众；努力无产阶级的教育工作，提高劳动大众斗争的文化水平；吸收工农前进分子，巩固本盟阶级基础；帮助劳苦大众经济政治的斗争，及文字上宣传与鼓动。"①很明显，这一则史料证实了北平社联对社会科学大众化的格外关注与重视，尤其是对社会科学大众化的一系列内在要求进行了相应分类与总结。由于北平社联纲领的号召，北平左翼社会科学运动就此走向大众化的新阶段，推进社会科学大众化成为北平左翼社会科学工作者的思想共识与行动目标，这为哲学大众化、通俗化运动在北平的启动创造了有利的思想条件，提供了必要的组织基础。

1935年10月，社联常委会发布的《中国社会科学者联盟纲领草案》正式提出了社会科学大众化的宣传口号，向时人宣告了社会科学必然也必须实现大众化，强调指出："中国社会科学运动的第二个特点便是它所依据的中国大众的文化水平的非常低落，……因此中国社会科学运动，不能不开展广大的教育运动和自我教育运动"，"中国社会科学者联盟的盟员，为发挥马克思列宁主义的中国社会科学，要进行社会科学的通俗化与大众化的工作，要向工人、农民、小市民学生和自由职业者仔细的明白的指出帝国主义资本主义的破产，中国和中国文化的出路，苏联和中国苏维埃的艰苦的奋斗和伟大的胜利，一切政治经济斗争的经验和教训；耐心的教育他们，提高他们的认识，使他们成为马克思列宁主义的拥护者乃至理论上的战斗者"。②至此，社联倡导的社会科学大众化思想被与时俱进地写进了社联新纲领，社联发动哲学大众化、通俗化运动的理论依据在社联新纲领中体现出来。正是在这一纲领的思想指引下，也

① 《中国社会科学家联盟北平分盟斗争纲领》，《大众文化》创刊号，1932年5月1日。转引自史先民编：《中国社会科学家联盟资料选编》，中国展望出版社1986年版，第50页。
② 《中国社会科学者联盟纲领草案》，《文报》第11期，1935年10月25日。转引自上海市哲学社会科学学会联合会编：《中国社会科学家联盟成立55周年纪念专辑》，上海社会科学院出版社1986年版，第255—256页。

是在这一纲领的精神振奋下,左翼社会科学工作者日益参加哲学大众化、通俗化运动,左翼社会科学运动日渐转向普通民众并与普通民众相结合。

## 二、从读书指导部到读书生活出版社

哲学大众化、通俗化运动的发生不仅建立在社联的思想领导与组织领导基础上,而且联络了各种人际关系与社会关系,争取了各种书刊出版业的机会与间隙,才建立哲学大众化、通俗化运动的思想阵地与平台。其中,最具代表性的是《申报》流通图书馆与读书生活出版社。

进入《申报》流通图书馆读书指导部及其读书问答副刊是社联发动哲学大众化、通俗化运动的初始动作。1932 年 12 月 1 日,正值《申报》创刊 60 周年纪念,文人李公朴接受报人史量才要求其筹建《申报》流通图书馆的委托。1933 年秋,由史量才创建、李公朴出任馆长的《申报》流通图书馆在位于南京路的大陆商场开业,该图书馆不仅设立了一个读书指导部,而且在《申报》开辟了一个副刊——读书问答,于 1934 年春由社联盟员艾思奇、柳湜和左联盟员夏征农实际负责。到了 1934 年 11 月,由于史量才被国民党杀害,李公朴在艾思奇、柳湜两人的帮助下推出了《读书生活》半月刊,由李公朴担任社长,艾思奇、柳湜担任主编,这样一来《申报》的读书问答副刊便转移到《读书生活》半月刊的读书问答栏目,成为该刊的一个特色和优势专栏。到了 1936 年 11 月,七君子事件爆发,李公朴被国民党逮捕,受七君子事件的影响,《读书生活》半月刊随即被国民党查封。于是,艾思奇、柳湜约请文人陈子展改名《读书》半月刊和《生活学校》半月刊重新出版,继续回答读者在读书过程中发现的各种理论与实践问题。①

实际上,《申报》流通图书馆读书指导部及其读书问答副刊的工作是一项极其繁琐的浩大工程,涉及读者提出的各种读书问题、学习问题甚至生活问题,而更棘手的是,这项工作面向的对象在哲学社会科学尤其是在马克思主义上基础薄弱,正如《申报》流通图书馆在一次工作检讨中承认:"我们已提出的问题,已日趋专门化,并非普通店员学徒所能理解,以致实际上,能读懂读书问

---

① 刘大明、范用:《一个战斗在白区的出版社》,范用编:《战斗在白区:读书出版社(1934—1948)》,生活·读书·新知三联书店 2001 年版,第 4—10、11、26、33 页。

答的,还是少数的文化水平较高的读者,我们的工作,要达到普遍化,相差实在还有很大的距离。"①除了在专门的读书问答栏目中回答某些具有普遍性与现实意义的读者提问,负责编辑工作的同志还要处理来自全国各地的读者来信,他们或是直接邮寄信件详细答复读者,或是在报刊中特设代邮或信箱一栏简要答复读者。曾在《申报》流通图书馆担任助理编辑的王笠夫回忆当时的情景,他感慨地说:"读书指导部每天要收到近百封读者来信,其中大部分是读者在学习中碰到的一些疑难问题,要求解答;其次是读者要求我们介绍一些较好的文学、社会科学和自然科学方面的作品。……关于读者在学习中的疑难问题,照例是由编辑们来负责回答。具有普遍性而又有现实意义的问题在报刊上公开答复,至于非普遍性问题都通过邮信个别回复,这一部分占的数量最大。"②

正是在《申报》流通图书馆读书指导部及其读书问答副刊的工作过程中,哲学大众化、通俗化运动的群众基础与社会基础开始积累,民众无论是个体还是集体对哲学大众化、通俗化运动的兴趣与情绪也开始高昂,社联由此探索出了一条编者联系读者、读书联系生活与理论联系实际的哲学大众化、通俗化道路。这一点可以从以下史料中得到验证。以《申报》流通图书馆读书指导部来说,该部创设两个半月就已"接受了 500 封读者讨论学问的通信",而"正式请求登记,作为本部经常研究员的已过 200 人了";《申报》读书问答副刊收到的来信更多,自称:"中国各省除粤、桂、滇、黔外,凡本报所到之地,我们都收到读者来信,他们都一致的赞成我们这种工作。"③一名叫邓保夫的在校学生曾对读书指导部的读书问答副刊表示:"在报上,看见了贵图书馆设了贵栏,我真是说不出的快乐。我虽然不是贵图书馆的读书会员,我虽然住在这样闭塞的乡间,但我很侥幸:我在读《申报》时,我就可以揩油。……贵栏之创设,对于现在的中国文化运动上是值得赞美的,而且也是急须的啊!"④经过一年多的精心指导,读书指导部惊奇地发现:"低级趣味的读物,在借书统计上垂直的下落,高尚文艺书籍却笔直的上涨,同时在自然科学社会科学两栏上也有巨大的

---

① 《读书消息(第十二期)》,《申报》第 14 版,1934 年 6 月 5 日。
② 王笠夫:《艾思奇同志在申报流通图书馆》,艾思奇文稿整理小组编:《一个哲学家的道路——回忆艾思奇同志》,云南人民出版社 1981 年版,第 62—63 页。
③ 《读书消息(第一期)》,《申报》第 14 版,1934 年 3 月 20 日。
④ 《读书问答》,《申报》第 14 版,1934 年 2 月 24 日。

增长。"仅在 1934 年间,读书指导部共回复学术内容的信件 1800 余件,而读书问答涉及的民众范围已包括店员学徒、工人、农民、士兵、警察、小贩、和尚、大中小学生与职业妇女等。①

1935 年 12 月,读书生活出版社在《读书生活》半月刊的基础上创建。读书生活出版社的创建不仅是李公朴精心策划与亲自推行的结果,而且是社联、左联盟员在书刊出版业建立统一战线的结果。早在《申报》流通图书馆读书指导部(即读书生活出版社的前身)时期,社联盟员艾思奇、柳湜与左联盟员夏征农已经参与其中,使社联、左联与《申报》流通图书馆读书指导部发生了紧密的组织联系,积累了丰富的编辑、出版与发行工作经验。当读书生活出版社进入筹备阶段时,汪仑出任筹备处主任,艾思奇、柳湜全程参与筹备工作,经常与汪仑商讨筹备工作的细节事宜。而当读书生活出版社正式营业时,李公朴出任总经理(1936 年 11 月,七君子事件爆发,李公朴被逮捕,黄洛峰继任总经理),汪仑出任经理兼业务部主任,艾思奇出任编辑部主任,柳湜出任出版部主任。②显而易见,社联盟员在读书生活出版社身居要职,在读书生活出版社从筹备到经营的过程中发挥了至关重要的先锋与中坚作用。

读书生活出版社选址于上海市静安寺路斜桥弄(今吴江路)71 号,在一个两层楼住宅内设立了编辑、出版与发行三个职能机构,但没有设立门市部。关于读书生活出版社的编辑与出版工作,时任读书生活出版社筹备处主任的汪仑在回忆录中记载了该社最早草拟的一个编辑与出版计划,包括:"(一)期刊——《读书生活》半月刊;(二)哲学、社会科学经典著作——除翻译原著外,还拟编译一些简易本;(三)通俗读物——除已出版的《哲学讲话》《社会相》《街头讲话》等外,还将继续出版一些新的作品。"③无论是从书刊的种类选择上看,还是从书刊的内容创作上看,或是从书刊的体系设计上看,这一编辑与出版计划都彰显了读书生活出版社内生的左翼社会科学属性,体现了社联发动

---

① 《申报流通图书馆读书指导部过去一年的工作和今后一年的计划》,《读书生活》第 1 卷第 10 期,1935 年 3 月 25 日。

② 刘大明,范用:《一个战斗在白区的出版社》,范用编:《战斗在白区:读书出版社(1934—1948)》,生活·读书·新知三联书店 2001 年版,第 8、11、15—16、26—27 页。

③ 汪仑:《读书生活出版社是怎样创建的》,范用编:《战斗在白区:读书出版社(1934—1948)》,生活·读书·新知三联书店 2001 年版,第 129 页。

的哲学大众化、通俗化运动对书刊出版业的深刻影响,而读书生活出版社推出的艾思奇撰写的《哲学讲话》与柳湜撰写的《街头讲话》这两本哲学社会科学通俗读物甚至得到了毛泽东的推崇与欣赏①。

至于读书生活出版社的发行工作,时任读书生活出版社邮购科练习生的刘大明在回忆录中指出:"读生当时没有设门市部,发行业务主要靠批发和邮购。"其中,批发是读书生活出版社最主要的一个发行渠道,"除了上海的许多书店门市部和我们订有合同,出书时按合同发货外,还和内地各大城市的一些书店订有经销合同。每逢新书新刊出版,我们就全体总动员,把书刊打成大小邮包,尽快发出去,以使全国各地读者能早日买到"。与此同时,邮购则是读书生活出版社的另一个发行渠道,各地读者若要预订或者直接购买都必须选择邮购,"记得当时每天约可收到邮购信件数十封,内附汇票及购书单,有的是几角几元,买一本两本本版书,有的则是数十元、上百元,开列一份很长的购书单。要购的书,有的是本版书,更多的是外版书(即非读生的出版物)。外版书则往往涉及上海各书店出版的任何一种新书或早就出过的书"。在此基础上,读书生活出版社也尽可能同这些邮购读者建立亲密的人际关系与正常的书信往来,"对邮购的读者,自第一次来函,我们就为他立了卡片,写明姓名、地址、来款若干、支出书刊邮资若干。……这样日积月累,组成了一个非常丰富的读者通讯录。这个通讯录,就成为我们宣传、联系的读者对象。……邮购的读者,有的是个人,有的是中等学校的图书馆。想到这些个人或单位,他们在国民党反动统治下,冒着很大风险来购买进步书刊,我们总是用最亲切、热诚的心情,为他们服务,使他们满意,从而建立较深的感情。"②

还必须看到,读书生活出版社的经营理念与实践不同于同一时期书刊出版业内的其他出版社,表现出了两个全新的经营特点。首先,读书生活出版社企

---

① 1936 年 10 月 22 日,毛泽东专门给叶剑英、刘鼎写信:"要买一批通俗的社会科学、自然科学及哲学书,大约共买 10 种至 15 种左右,要经过选择真正是通俗的而又有价值的(例如艾思奇的《大众哲学》,柳湜的《街头讲话》之类),每种买 50 部,共价不过 100 元至 300 元,请剑兄经手选择,鼎兄经手购买。"参见毛泽东:《致叶剑英、刘鼎》,中央文献研究室编:《毛泽东书信选集》,中央文献出版社 2003 年版,第 68 页。
② 刘大明:《我在读书出版社》,范用编:《战斗在白区:读书出版社(1934—1948)》,生活·读书·新知三联书店 2001 年版,第 151—153 页。

图打造一种出版社、作者与读者三位一体的经营模式,即"它的主要对象是店员学徒,及一切连学校那张铁门都不能走进的人",倡导"读书是读活书","是把读书融化在生活中",尤其是"一定要读我们生活需要的书","一定是配合我们的生活实践的读书","一定是有正确方法的指针的读书"①,因而它的"主要工作是理论的通俗化","理论的日常生活化","把日常生活的事例应用到理论的说明上,或用理论来指导日常生活。"②从这样一种经营模式出发,读书生活出版社着实推进了社联发动的哲学大众化、通俗化运动,无疑有利于社联在传播马克思主义的过程中把文本的理论知识同民众的现实生活相结合。此外,由于社联盟员主导甚至控制了读书生活出版社的经营全过程,读书生活出版社不仅捐弃了以往出版社单纯追求经济利益与收入的考量,而且确立了崇高的政治理想与信念,自觉接受中国共产党的组织领导,积极宣传中国共产党的革命思想。例如,在读书生活出版社邮购科工作的李自强"看见了一些党在地下发行的秘密刊物、书籍,听到了不少关于党中央领导的中国工农红军为红色政权艰苦卓绝的斗争故事,以及经过长征胜利会师陕北的重要消息",最终确立了"只有共产党才能救中国,到延安去,到党中央身边去,到斗争的最前线去的决心"。③

## 三、哲人艾思奇与他的《哲学讲话》

不容置疑的是,哲学大众化、通俗化运动的奠基者与带头人是社联盟员艾思奇。在讨论艾思奇的哲学创作以前,我们有必要首先回顾艾思奇的早年生平与革命生涯。

艾思奇本名李生萱,于1910年出生在云南腾冲。艾思奇早年随父兄勤学苦读并深思熟虑,继而东渡日本求学,考入日本福冈工业专门学校。关于艾思奇在国内的学习与思考,他的亲属在回忆录中感慨地说:"二哥自幼喜欢读哲学,受父亲和大哥的影响不小。在私塾、小学时,父亲在家,就教二哥读《老子》《庄子》这些书,并且一面读,一面讲解其中意思,那些深奥的哲理,使二哥受到

---

① 仝人:《创刊辞》,《读书生活》第1卷第1期,1934年11月10日。
② 李公朴:《两年来的回顾》,《读书生活》第5卷第1期,1936年11月10日。
③ 李自强:《上海斜桥弄读书生活出版社》,范用编:《战斗在白区:读书出版社(1934—1948)》,生活·读书·新知三联书店2001年版,第132页。

哲学的启蒙教育。我们大哥在南京东南大学也是学哲学,他学的是西洋哲学,思想进步,见二哥对哲学有兴趣,也常常给他介绍外国哲学的思想,有好的材料,常寄回家来。"但与其父兄相比,艾思奇更专注于阅读马克思主义著作,钻研马克思主义哲学,正如他的亲属这样评价:"二哥到日本留学太刻苦,生活又不注意,得了胃病,不得不回到了昆明养病。回来时,带来了许多外文的马克思主义著作,诸如《共产党宣言》《费尔巴哈论》《反杜林论》《唯物论与经验批判论》《论列宁主义基础》等,主要是马列主义的哲学著作,有日本的、德文的、英文的各种版本。"①

在日本留学期间,艾思奇参加中共东京支部组织的社会主义学习小组,学习马克思主义理论尤其是马克思主义哲学,因而在政治上紧密追随中国共产党,在思想上坚定信仰马克思主义。关于艾思奇在日本的学习与交际,他的留日同学张天放在回忆录中这样描绘:

> 我同艾思奇是在日本共同生活中认识的。……他处处不同于一般的青年人,最突出的特点,就是沉默寡言,勤苦朴实,坚韧顽强。他时时在思索,时时在学习,没有任何轻佻和虚浮。他沿着真理的道路,一步一个脚印地探索、追求,终于接受和领悟了一些马克思主义真谛。

> 艾思奇是向往真理、追求进步的。……他始终是爱读书,爱思考,很少出去玩,更不把时间花在无聊的胡扯乱谈或嬉戏之中。他平时话很少,言语简练,对任何事物,不会轻易乱发议论,不轻易乱表态度。但他对当时的政治、社会,却是很关心注意的。他是一个内涵丰富的人,常常不言则已,言必有中。当时在学生中对马克思主义的讨论,对社会主义形态的争论,他不时发表一些看法,虽然很简单,但总是有道理、有见地。

> 艾思奇为了直接阅读马恩的著作,他下决心一面学日语,一面学德语。……他终于掌握了德语和日语,为深入研究马、恩经典著作,打下了基础。……他在东京,一方面刻苦学习,一方面重视实践,学习理论总是把着眼点和落脚点放在解决实际问题上。他爱读书,但并不是死读书;他爱思考问题,总是踏踏实实地把问题相通,化为自己的血肉,而且还能为

---

① 李生葭、李贤贞:《忆二哥青少年时代》,艾思奇文稿整理小组编:《一个哲学家的道路——回忆艾思奇同志》,云南人民出版社1981年版,第8页。

群众所接受。……有时还把他从群众中、社会上调查感受到的体会,运用理论作深刻的解释。①

从上述回忆看,艾思奇早年已经具备了一名左翼社会科学工作者需要的知识结构与科研素养。他勤于阅读马克思主义经典著作,学习马克思主义基本理论,还精通日文与德文两种外语。但更重要的是,他善于从书本知识以外的现实生活中发现问题、思考问题,在此基础上寻找理论与实践的结合点,运用书本知识回答实际问题。

1932年春,艾思奇抵沪从事哲学社会科学工作,既参加了中国共产党领导的革命团体——上海反帝大同盟,又经人推荐在上海泉漳中学任教,开始创作兼具专业性与通识性的哲学论文,备受社联党团及其领导人的关注,进而与社联发生了组织联系。时任社联研究部长的许涤新在回忆录中叙述了当时的情景:"大约是在1933年初,杜老(即杜国庠——引者注)在一次同我谈论当时左翼的青年理论家的时候,就提到老艾,并称赞老艾的哲学水平。那时,老艾是'上海反帝大同盟'的盟员,因为'上反'经常忙于写标语、散传单,搞飞行集会,这种情况对于老艾的做好理论研究,是有影响的。因此,杜老通知我,要把老艾的关系从'上反'转到'社联'来。"②

1933年夏,艾思奇在社联盟员张耀华、蔡馥生任正副主编的《正路》综合性月刊上发表了《抽象作用与辩证法》与《进化论与真凭实据》两文。他的《抽象作用与辩证法》从中国古代公孙龙的"白马非马"论写起,揭露形式论理学否定思维的抽象作用,割裂概念与个物的辩证关系,并批判直观反映论否定思维的推理作用,割裂直观与理知的辩证关系,指出:"概念是随着事物的变化而变化,抽象作用在特殊性中抽出了较一般的东西,抽象作用随着事物的变化而随时抽出了不同的概念,人们知性中的规定不是永远固定的,它不断地更动,不断地加富其内容,其加富的来源,却是那客观世界的物质的发展。"③紧接着,他的《进化论与真凭实据》则从欧洲达尔文的生物进化论写起,对生物学各个

---

① 张天放:《勤奋的学者 坚韧的战士》,艾思奇文稿整理小组编:《一个哲学家的道路——回忆艾思奇同志》,云南人民出版社1981年版,第13—15页。

② 许涤新:《老艾在上海》,艾思奇文稿整理小组编:《一个哲学家的道路——回忆艾思奇同志》,云南人民出版社1981年版,第34页。

③ 艾思奇:《抽象作用与辩证法》,《正路》月刊第1期,1933年6月1日。

领域中已经证明出来的进化论作出了哲学上的归纳与总结,说明生物进化论符合辩证唯物主义,并批判自然发生说陷入机械唯物主义,强调:"科学的进化论在这些反对声中被打倒了么? 没有! 在科学的领域里它的宝座已丝毫不能动摇,除却枝叶的问题外,真理的存在是已稳固了的。"[1]可以说,上述两文彰显了艾思奇的马克思主义哲学研究水平及其运用程度,反映了他立足马克思主义哲学回答传统文化或自然科学问题的写作笔法与文风。

　　1934年春,艾思奇正式接任社联研究部长,因《申报》流通图书馆读书指导部柳湜要求社联派人支持,经社联党团安排从上海泉漳中学前往《申报》流通图书馆读书指导部,再由许涤新引荐在南京路"冠生园"楼上与柳湜见面。由此,艾思奇、柳湜实际负责《申报》流通图书馆读书指导部和读书问答副刊的工作。[2]在读书指导部,与他结交的读者具有各种教育背景与社会职业,这使他认识到哲学大众化、通俗化牵一发而动全身,正如他的同事王笠夫回忆:"艾思奇同志对待工作严肃认真,一丝不苟。他不但严格要求自己,而且也很关心别人的工作。他曾要求我们不能单纯向读者随意开列书目。向读者推荐的作品,必须首先自己好好学习领会,拟出学习提纲,帮助读者学习时进行思考。这种做法,不但促使我们本身更好地学习,提高水平,而且受到了读者的普遍欢迎。艾思奇同志从不追逐名利地位,当时他并无固定工资收入,生活也不宽裕。他写过许多读者回信,既不得名又不获利。可是,他并没有把这当作苦差事。他常对我说,读书指导部的工作很有意义,我们每天给读者发出那么多回信,这都是革命的宣传品。"[3]又如他的同事郑易里回忆:"他深深知道,这一时期弥漫在广大知识青年心中的时代苦闷,是由于没有正确的世界观。所以他决心用马克思主义思想冲破哲学迷宫,用'深入浅出'手法,通俗的语言,浅近的事例叙述辩证唯物主义理论,冲破了千百年来的这一神秘禁地,使哲学以全新的姿态展现在广大群众面前,成为广大人民群众日常生活和思想中天天可以照见自己的一面镜子。"[4]

---

[1] 艾思奇:《进化论与真凭实据》,《正路》月刊第2期,1933年7月20日。

[2] 许涤新:《老艾在上海》,艾思奇文稿整理小组编:《一个哲学家的道路——回忆艾思奇同志》,云南人民出版社1981年版,第35页。

[3] 王笠夫:《艾思奇同志在申报流通图书馆》,艾思奇文稿整理小组编:《一个哲学家的道路——回忆艾思奇同志》,云南人民出版社1981年版,第64页。

[4] 郑易里:《艾思奇和他的〈大众哲学〉》,艾思奇文稿整理小组编:《一个哲学家的道路——回忆艾思奇同志》,云南人民出版社1981年版,第46页。

　　同年 11 月,左翼文化人士李公朴主编的《读书生活》创刊,艾思奇负责编写该刊的《哲学讲话》专栏,接连撰写了一系列哲学大众化、通俗化论文(见下表),由此拉开了哲学大众化、通俗化运动的帷幕。在《哲学讲话》专栏发文的同时,他还编写《读书生活》的《科学讲话》《读书问答》与《名词浅释》等专栏。例如,他署名李崇基在《科学讲话》专栏中发表了一批可读性较强的科普文与科学小品文。鉴于《哲学讲话》专栏深受读者的喜爱,《读书生活》又不定期设置了《经济学讲话》专栏,把哲学大众化、通俗化向政治经济学大众化、通俗化推进。此外,《哲学讲话》专栏也在《读书生活》的接续期刊《读书》半月刊与《生活学校》上保存下来。

艾思奇在《哲学讲话》专栏发文一览表

| 题　目 | 刊出期号 | 相关哲理 | 导引事例 |
|---|---|---|---|
| 哲学并不神秘 | 《读书生活》半月刊第 1 卷第 1 期 | 哲学与日常生活的关系 | 无 |
| 哲学也有不空洞的 | 第 1 卷第 2 期 | 哲学与日常生活的关系 | 无 |
| 哲学的真面目 | 第 1 卷第 3 期 | 哲学的研究对象 | 用对失业的看法揭示哲学是人们对事物的根本认识与态度 |
| 两大类的世界观 | 第 1 卷第 4 期 | 哲学的基本问题 | 用对失业的不同看法揭示观念论与唯物论的根本对立 |
| 一块招牌上的种种花样 | 第 1 卷第 5 期 | 哲学的基本问题 | 用一块正反两面颜色不同的招牌揭示二元论与一元论的对立 |
| 客观的东西是什么 | 第 1 卷第 6 期 | 物质与意识的关系 | 从追问石头是否会飞批判观念论、机械唯物论,论证辩证唯物论 |
| 不如意的事 | 第 1 卷第 7 期 | 物质与运动的关系 | 用遭遇不如意的事说明世界是物质的,物质是运动的 |
| 用照相作比喻 | 第 1 卷第 8 期 | 能动反映论 | 用照相机与人的认识作比较,批判不可知论、直观反映论,论证能动反映论 |
| 卓别林和希特勒的分别 | 第 1 卷第 9 期 | 感性认识与理性认识的关系 | 用卓别林、希特勒揭示感性认识与理性认识既对立又统一 |
| 抬杠的意义 | 第 1 卷第 10 期 | 感性认识与理性认识的关系 | 用抬杠这一动作说明感性认识发展到理性认识,而理性认识也依赖于感性认识 |

续表

| 题　目 | 刊出期号 | 相关哲理 | 导引事例 |
|---|---|---|---|
| 这次由胡桃说起罢 | 第1卷第11期 | 实践与认识的关系 | 用打开胡桃看揭示实践是认识的前提与基础,实践对认识具有决定作用 |
| 我们所能认识的真理 | 第1卷第12期 | 真理的客观性、绝对性与相对性 | 从船动还是风动的争论批判主观真理论、相对真理论与绝对真理论 |
| 天晓得! | 第2卷第1期 | 认识的运动及其规律 | 通过批判"天晓得"这一说法论证人的认识是一个发展的运动过程 |
| 不是变戏法 | 第2卷第2期 | 对立与统一的关系 | 用魔术师变戏法批判机械运动论,论证矛盾是事物运动的根本原因 |
| 追论雷峰塔的倒塌 | 第2卷第3期 | 量变与质变的关系 | 从追问雷峰塔倒塌的原因揭示事物的发展是一个由量变引起质变的过程 |
| 没有了! | 第2卷第4期 | 肯定与否定的关系 | 用樱桃买卖过程揭示事物的发展是一个包含辩证否定的扬弃过程 |
| 思想的秘密 | 第2卷第5期 | 概念与范畴 | 从考察樱桃买卖关系论证概念与范畴在辩证思维中的作用 |
| 青年就是青年 | 第2卷第6期 | 形式论理学与辩证法 | 通过批判"青年就是青年"这一说法说明形式论理学与辩证法的不同点 |
| 两种态度 | 第2卷第7期 | 机械唯物论与观念论 | 从考察人对待环境的两种不同态度批判机械唯物论与观念论 |
| 七十二变 | 第2卷第8期 | 现象与本质的关系 | 用二郎神识破孙悟空的七十二般变化揭示现象既不同于本质又反映本质 |
| 侵略的内容和形式 | 第2卷第9期 | 形式与内容的关系 | 用侵略者戴着亲善的假面具揭示内容决定形式,形式具有相对独立的作用 |
| 规规矩矩 | 第2卷第10期 | 原因与结果的关系 | 用遵守日常生活的规矩论证规律的客观性,并用青年失业现象说明因果法则的辩证关系 |
| 在劫者难逃 | 第2卷第11期 | 必然性与偶然性的关系 | 从考察灾难的发生批判宿命论与机械论,论证内因与外因的关系,说明必然性与偶然性的关系 |

续表

| 题　目 | 刊出期号 | 相关哲理 | 导引事例 |
|---|---|---|---|
| 猫是为吃老鼠而生的 | 第2卷第12期 | 可能性与现实性的关系 | 从考察猫吃老鼠的原因批判目的论的世界观，论证自由与必然的关系，说明可能性与现实性的关系 |
| 吃了亏的人的哲学 | 第3卷第1期 | 哲学与人生的关系；理论与实践的关系 | 用对吃亏的两种看法揭示哲学是指导人生的科学理论，论证理论必须与实践相结合 |
| 人生的三大真理 | 第3卷第2期 | 人与社会的关系；社会存在决定社会意识；社会意识反作用于社会存在 | 无 |
| 各式各样的生活 | 第3卷第3期 | 生产力与生产关系的关系 | 从考察各国民众不同的生活情形揭示生产力与生产关系的各自内涵及其关系 |
| 有冤无处诉 | 第3卷第4期 | 经济基础与上层建筑的关系 | 从考察人们在现实社会中无处申冤说明经济基础与上层建筑的各自内涵及其关系 |
| 民族解放运动的镜子 | 第3卷第7期 | 能动反映论 | 用镜子的反映作用批判对待民族解放运动的观念论与机械论立场 |
| 除去着色眼镜 | 《读书》半月刊第1卷第1期 | 物质与意识的关系 | 用戴有色眼镜批判观念论，论证客观存在决定主观思维 |
| 旧戏不够反映生活 | 第1卷第2期 | 社会存在与社会意识的关系；辩证的否定观 | 用旧戏人物的装扮批判机械决定论，论证社会发展是一个辩证否定的过程 |
| 老虎打架和人类打仗 | 《生活学校》半月刊第1卷第2期 | 自然规律与社会规律 | 用老虎打架、人类打仗揭示自然规律与社会规律的不同点 |
| 从二加二等于四说起 | 第1卷第3期 | 真理的普遍性与具体性 | 用二加二等于四未必正确揭示真理的适用范围是有条件的 |
| 命运的时代 | 第1卷第5期 | 经济基础与上层建筑的关系 | 通过揭穿算命先生相命批判宿命论，并用穿衣服、农民交租论证经济基础决定上层建筑 |
| 河为什么向前流 | 第1卷第7期 | 社会形态的更替 | 用河流的运动机理说明人类社会的发展动力与发展规律 |

从艾思奇在《哲学讲话》专栏的发文看,他的哲学大众化、通俗化创作具有以下若干特点:其一,他善于把对马克思主义哲学的诠释与社会实践相结合,与人民群众相结合,使马克思主义哲学得以面向普通民众、走进日常生活并联系实际问题,注重运用马克思主义哲学的基本原理指导时人尤其是青年人建立正确的世界观与人生观;其二,他善于选择人民群众经常熟悉的自然现象与社会现象,或是寻找中国古代典故、中华传统文化与现代科学技术的具体事例,运用马克思主义哲学的相关知识点予以回答,反过来又运用这些现象或事例论证马克思主义哲学的科学性与真理性;其三,他尽可能回避繁文缛节式的文字,使用通俗明白、平易近人与充满真情实意的文字,以便争取更多哲学社会科学基础知识薄弱的人阅读,尽可能发挥自身的文学修养与艺术情操,使用生动形象而人民群众喜闻乐见的话语,以便实现从生硬的概念、判断与推理到文体软化与理论软化的具体的合理的统一,并尽可能站在读者的立场与视角,使用编者与读者平等对话与交流的写作笔法,以便打动读者、鼓舞读者与感染读者,引导读者真学、真信马克思主义的普遍真理。

## 第二节　哲学大众化、通俗化运动的发展

### 一、哲学大众化系列作品的出现

哲学大众化、通俗化运动从发生到发展的标志是哲学大众化系列作品的问世。1936 年 1 月,读书生活出版社将艾思奇在《哲学讲话》专栏发表的一系列论文结集出版,这是对艾思奇从事哲学大众化、通俗化创作的认可与支持。除艾思奇本人外,左翼社会科学工作者包括柳湜、沈志远、陈唯实、李平心与胡绳等陆续推出了一系列哲学大众化、通俗化作品,把哲学大众化、通俗化运动推向一个巅峰状态。现将代表性作品列表如下:

**左翼社会科学工作者的哲学大众化代表性作品一览表**

| 姓　名 | 类型 | 书　名 | 出版社（出版年月） |
|---|---|---|---|
| 艾思奇 | 专著 | 《哲学讲话》（第四版改名《大众哲学》） | 读书生活出版社（1936 年 1 月；1936 年 6 月第四版） |
| | | 《知识的应用》 | 读书生活出版社（1936 年 3 月） |
| | | 《哲学与生活》 | 读书生活出版社（1937 年 4 月） |
| | | 《如何研究哲学》 | 读书生活出版社（1936 年 8 月） |
| | | 《民族解放与哲学》 | 大众文化出版社（1937 年 2 月） |
| 柳湜 | 专著 | 《街头讲话》 | 上海生活书店（1936 年 4 月） |
| | | 《怎样研究政治经济学》 | 上海生活书店（1937 年 3 月） |
| 沈志远 | 专著 | 《现代哲学的基本问题》 | 上海生活书店（1936 年 6 月） |
| | | 《妇女社会科学常识读本》 | 上海生活书店（1936 年 9 月） |
| 陈唯实 | 专著 | 《通俗辩证法讲话》 | 新东方出版社（1936 年 6 月）；大众文化出版社（1936 年 10 月） |
| | | 《通俗唯物论讲话》 | 大众文化出版社（1936 年 9 月） |
| | | 《新哲学世界观》 | 上海作家书店（1937 年 3 月） |
| | | 《新哲学体系讲话》 | 上海作家书店（1937 年 4 月） |
| 李平心 | 专著论文集期刊 | 《历史唯物论讲话》 | 上海生活书店（年月不详） |
| | | 《社会科学研究法》 | 上海生活书店（1936 年 5 月） |
| | | 《社会科学论文选集》 | 上海生活书店（1936 年 9 月） |
| | | 《哲学知识座谈》（载《自修大学》） | 上海美华书馆（1937 年 1 月至 1937 年 7 月） |
| 沈志远李平心 | 论文集 | 《通俗哲学讲话》 | 上海一心书店（1937 年 3 月） |
| 胡绳 | 专著期刊 | 《新哲学的人生观》 | 上海生活书店（1937 年 2 月） |
| | | 《哲学漫谈》（载《新知识》与《新学识》） | 上海生活书店（1936 年 12 月至 1937 年 7 月） |

　　艾思奇撰写的《哲学讲话》因关注现实、贴近生活与面向民众，在哲学大众化的系列作品中居于核心地位，从第一版问世至 1938 年 2 月共出十版。需要指出的是，由读书生活出版社出版的《哲学讲话》专著是经过艾思奇本人修订

的,他选取《读书生活》第 1 卷与第 2 卷刊登的 24 篇《哲学讲话》专栏论文,并在各篇论文中增加副标题与文内提示,标注相关哲学知识点;但他未把《读书生活》第 1 卷第 2 期刊登的《哲学也有不空洞的》一文编进专著,而是从《读书生活》第 1 卷第 9 期刊登的《科学讲话》专栏中选取一篇科普文,比较哲学上的物质概念与物理学上的物质概念。

1935 年 12 月,读书生活出版社发起人李公朴亲自在《哲学讲话》第一版中作序,情不自禁地发出了"哲学就在人的生活中,每个人都有他自己的哲学"这一倡议,揭示了《哲学讲话》的出版背景与动机,说明了《哲学讲话》的写作笔法与内容,指出:

> 这本书是用最通俗的笔法,日常谈话的体裁,溶化专门的理论,使大众的读者不必费很大气力就能够接受,……我们不能说它已经做到了理想的大众读物,但普通哲学著作的艰深玄妙的色彩,至少已经在这本书里扫除干净了。这里的哲学,已经算是一般人可以懂得的哲学,而不必是专门家书斋里的私有物了。

> 这本书的内容,全是站在目前新哲学的观点上写成的,……这书给新哲学做了一个完整的大纲,从世界观,认识论到方法论,都有浅明的解说。……作者对于新哲学中的许多问题,有时解释得比一切其他的著作更明确。……作者对于新哲学的理论系统,也不是完全照抄外国著作的,……使理论的前后有更自然的连贯。①

1936 年 6 月,艾思奇又草拟了《大众哲学》代序《关于哲学讲话》,在《读书生活》第 4 卷第 8 期上发表。在这篇代序中,他不仅批驳了《清华周刊》第 44 卷第 1 期刊登的一篇书评对《哲学讲话》的攻击,而且澄清了某些读者针对《哲学讲话》写法与理论内容的诘问,尤其是幽默风趣地把《哲学讲话》比作"一块干烧的大饼"而非"装潢美丽的西点",重申了自己在《哲学讲话》中向读者灌输的哲学大众化、通俗化思想:

> 是的,我写这本书的时候,自始至终,就没有想到要它走到大学校的课堂里去,如果学生还能"安心埋头开矿","皇宫里的金色梦"没有"被打断了"的时候,如果他们没有"醒过来","发觉教科书对于生活上急待解决

---

① 李公朴:《序》,艾思奇:《哲学讲话》,读书生活出版社 1936 年版,第 1—3 页。

的问题毫不中用的时候",那我只希望这本书在都市街头,在店铺内,在乡村里,给那失学者们解一解智识的饿荒,却不敢妄想一定要到尊贵的大学生们的手里,因为它不是装潢美丽的西点,只是一块干烧的大饼,这样的大饼在吃草根树皮的广大中国灾民虽然已经没有能力享受,但形状粗俗,没有修饰剪裁,更不加香料和蜜糖,"埋头"在学院式的读物里的阔少们自然是要觉得不够味的。①

艾思奇撰写的《知识的应用》是他在《读书生活》半月刊的读书问答专栏发表的回答读者关于读书与生活问题的重要书信体论文结集。在他看来,"用自学的方法来求知识的青年们,常常感到种种的困难。困难的原因,并不是由于没有知识可求,而是不容易求到活的知识。死的知识是可以到处买得到的,只要肯把极低的生活费节省下来,就可以买得一些教科书之类的读物。然而教科书式的读物常常离生活很远,读了以后,知识是知识,自己还是自己,不晓得怎样拿来运用。这就是他们最大的困难。"②他撰写的《哲学与生活》是他在《读书生活》半月刊的读书问答专栏发表的回答读者关于哲学与生活问题的重要书信体论文结集,这些书信体论文具有鲜明的问题导向与强烈的问题意识,其中哲学类论文包括:《相对和绝对》《世界观的确立》《关于〈形式逻辑与辩证逻辑〉》《关于内因论和外因论》《真理的问题》《认识论上的问题》《〈哲学讲话〉批评的反批评》《哲学问题四则》《动物有没有本能?》。而他撰写的《民族解放与哲学》是他在抗日救亡运动高涨的背景下撰写的一部哲学大众化、通俗化作品,体现了哲学大众化、通俗化运动与抗日救亡运动相结合,向读者提供了民族解放运动的哲学依据尤其是哲学指导思想,即运用辩证唯物论与唯物辩证法的思想回答民族解放运动的若干理论与实践问题。

柳湜是艾思奇的亲密战友,他与艾思奇创作的不同在于把哲学大众化、通俗化运动推向了社会科学大众化、通俗化运动。他撰写的《街头讲话》是上海生活书店对他在《新生》周刊《街头讲话》专栏发表的一系列社会科学大众化、通俗化论文的结集出版,是一本运用马克思主义社会科学研究现实社会生活

---

① 艾思奇:《关于哲学讲话(四版代序)》,《大众哲学》,读书生活出版社1936年版,第2页;艾思奇:《关于哲学讲话》,《读书生活》第4卷第8期,1936年8月25日。
② 艾思奇:《序》,艾思奇:《知识的应用》,读书生活出版社1936年版,第1页。

及其现象的读物,也是一本通过回答现实社会生活及其问题普及马克思主义社会科学知识及其话语的读物。他在书中这样写道:"在中国,社会科学还未能变为街头的东西是不能否认的;同时街头人一天天急切的要求着它,也同样的是一件事实。《街头讲话》就是想按着目前街头人的需要,对于街头人应该知道的关于社会科学基础知识方面,作一点随随便便的讲话。……因为《街头讲话》是破天荒的第一次的工作;并且还是一种尝试。所以,这里面要讲的还不是整套街头人应学的系统知识,讲话的重心不能不专重在洗清街头人脑中的沉淀及不合色彩的映片,对日常从街头所感到的一切现象作正确简明的科学的分析。同时在解释现象时,提出我们应记忆的科学的法则,使'感觉的知识'与理论融合为一。……我对于来读这讲话的街头朋友有怎样的希望呢?我觉得,首先希望是大家从速从社会科学是难读的观念中解放出来。不! 社会科学并不难读。"①

此外,艾思奇和柳湜各自撰写《如何研究哲学》与《怎样研究政治经济学》这两本哲学和政治经济学大众化、通俗化工具书,希望改变读者社会科学基础知识薄弱的现实困境,指导读者学习社会科学知识及其话语,并且帮助读者正确领会社会科学的理论精髓。其中,艾思奇以笔名李崇基撰写的《如何研究哲学》最早在《读书生活》第 2 卷第 1、5、6、10 与 12 期上连载,倡导读者从学哲学转向用哲学甚至建立自己的哲学。他这样写道:"把握正确的意识,找寻正确的生活的道路,这正是我们所以要学哲学的目的;不是为了这个目的,我们就用不着学什么哲学了! ……我们借此可以得到正确的认识,变革自己的意识,更进而建立起健全的、合理的生活实践"②;"我们要建立的哲学,就是能指导自己的生活,和自己的生活密切地结合着的哲学,……现实生活中我们遇到的各种非常丰富的事物,没有一样不可以成为建立哲学的材料。小到个人的生活问题,我们可以从这儿建立起我们的人生哲学,大到民族国家所遇到的危险问题,我们可以从这儿建立自己的国家观或世界观。"③

沈志远曾任社联党团书记,在哲学大众化、通俗化运动中也发挥了自己的

---

① 柳湜:《街头讲话》,上海生活书店 1936 年版,第 3—5 页。
② 艾思奇:《怎样研究哲学》,《读书生活》第 2 卷第 1 期,1935 年 5 月 10 日。
③ 艾思奇:《怎样研究哲学》,《读书生活》第 2 卷第 10 期,1935 年 9 月 25 日。

推动与辅助作用。他撰写的《现代哲学的基本问题》从回答哲学的基本问题出发,着重探讨了在辩证唯物主义思想史、世界观与认识论,有利于读者认同唯物论、反对唯心论。该书同样坚持了哲学大众化、通俗化的创作立场,企图破除哲学的神秘玄幻性并还原哲学的经世致用性,把对哲学概念及其原理的诠释同现实问题、生活环境与民众需要相结合。他在自序中有感而发地说:"哲学在今日,跟一切科学理论一样,已经不是少数大学教授、学术家和特殊知识分子的'专利品'了。一切靠做活吃饭的大众,也有自己的新哲学,也有跟自己日常生活息息相关的哲学理论。这种哲学理论,不是死的,神秘奥妙的教条,像少数特权阶层所崇奉的经院学说那样;它是活的大众生活的精确真实的指导。"在他看来,"作者写这本小册子的目的,就在把这种指导大众生活和社会实践的哲学理论,作一番简略而扼要的介绍,以便终日埋头苦干、时间经济两穷的大众朋友们,得在工作余暇当作消闲的读物来随便看看";"这本书是用极通俗的文字来写成的。……同时,这本书的每一章每一节中差不多都附着极简明的比喻和例证来帮助各项理论问题的说明。"①

而他撰写的《妇女社会科学常识读本》虽然是面向妇女群众而创作的一本社会科学大众化、通俗化读物,但其实却全面、完整地包含了马克思主义理论的三个重要组成部分,从社会科学的哲学基础(即辩证唯物主义)写到社会科学的基本问题(即历史唯物主义),再写到资本主义经济的运行法则(即政治经济学),进而写到社会形态的历史发展(即科学社会主义),当然他最看重的还是社会科学的哲学基础,强调哲学是在民众的日常生活中产生的,也应该回答民众日常生活中面对的问题。他这样写道:"社会科学,跟一切其他的知识部门一样,是有一定的哲学基础的。可是一般人一听到哲学二字往往会皱起眉头来,以为哲学是深奥得了不得的学问,它是学院派研究家的事情,跟我们这些平常人没有关系。然而实际上并不是那么一回事,哲学并不是什么深奥得了不得的学问,也不是跟普通人的生活没有关系的知识部门。人生所需要的一切知识,社会科学的知识也在内,都无不有哲学做它们的'领导'的。"②

陈唯实于1935年在沪参加社联,是哲学大众化、通俗化运动中的一位重

---

① 沈志远:《自序》,《现代哲学的基本问题》,上海生活书店1936年版,第1—2页。
② 沈志远:《妇女社会科学常识读本》,上海生活书店1936年版,第1页。

要干将。他接连撰写了《通俗辩证法讲话》、《通俗唯物论讲话》、《新哲学世界观》与《新哲学体系讲话》这四部哲学专著,而其中的《通俗辩证法讲话》与《通俗唯物论讲话》合称上下篇。

以《通俗辩证法讲话》一书来说,陈唯实从辩证法的理论与实践意义出发,写到辩证法的基本法则及其在自然界、社会上与思维中的运用,写到中国古代哲学与西洋哲学尤其是黑格尔的辩证法,再写到马克思、恩格斯与列宁的唯物辩证法。以《通俗唯物论讲话》一书来说,他从唯物论与唯心论的起源出发,写到唯物论的复兴、近代唯物论哲学与机械论的唯物论批判,写到唯心辩证法与唯物辩证法、机械唯物论与辩证唯物论,再写到科学的辩证法唯物论、现阶段的战斗唯物论。毫无疑问的是,这两本哲学专著都体现了哲学大众化、通俗化的写作笔法,正如作者在自序中感慨地说:"新哲学应该是通俗的,具体的,战斗的,实践的,……我们决不应像书呆子那样的咬文嚼字,我们要把新的文化和实际生活打成一片,我们要尽可能的实行'哲学到大众去'";"本书的一点企图,是要一般的读者,对于新唯物论哲学有了相当的认识、理解,确信了辩证唯物论是最科学的哲学,是现代的世界观,是正确的客观真理,是伟大的精神武器,是战斗的实践指南,是大家所必研究的一种真实学问的宝库。"①

这里还要穿插叙述一个左翼社会科学工作者内部讨论的事件。时任《读书生活》编者的胡绳曾对《通俗辩证法讲话》一书的章节编排与行文进行了检讨与批评,尤其不认同关于辩证法基本法则的认识与看法,指责陈唯实"把'否定的否定'法则排除在辩证法基本法则之外",即:"作者虽然有好几次指出黑格尔和卡尔的辩证法基本定律之一是'否定之否定'律,但轮到他自己来讲的时候,却轻轻地把它抹掉了,这使我们觉得是作者对于'否定之否定'的一个疏忽。"②对此,陈唯实在给《读书生活》编辑部的来稿中回复了胡绳的上述诘问。针对辩证法的基本法则,他声言自己"把'矛盾的发展'当作'否定之否定'看",向胡绳诠释:"须要晓得:'对立的统一与斗争'是'现实的矛盾'状态。由此而产生的'否定之否定'却是'矛盾的发展'的过程。"③必须肯定的是,这样的一

---

① 陈唯实:《几句话》,《通俗唯物论讲话》,大众文化出版社1936年版,第1—2页。

② 胡绳:《评〈通俗辩证法讲话〉》,《读书生活》第4卷第7期,1936年8月10日。

③ 陈唯实:《读了评通俗辩证法讲话的答辩》,《读书生活》第4卷第8期,1936年8月25日。

种有益的学术问题讨论,体现出左翼社会科学工作者认真和严谨的治学态度,有利于哲学大众化、通俗化运动的进一步发展与深化。

李平心也参加哲学大众化、通俗化运动,与艾思奇、沈志远与陈唯实等人并肩战斗,是哲学大众化、通俗化运动的又一位杰出人物。例如,他曾经撰写《历史唯物论讲话》可谓通俗唯物史观讲话,该书从他自身的历史学背景和研究旨趣出发,紧密联系社会历史实际,向广大青年讲授马克思主义历史唯物主义的基本原理及其方法论。[1]又如,他撰写的《社会科学研究法》是一部社会科学大众化、通俗化工具书,向广大青年说明社会科学的研究对象、研究内容、研究方法、研究范围和研究步骤以及研究计划等问题。再如,他主编的《社会科学论文选集》与参编的《通俗哲学讲话》则是两本哲学大众化、通俗化论文集。其中,他主编的《社会科学论文选集》收录了李平心等人撰写的若干篇哲学社会科学大众化、通俗化论文;沈志远主编、他参编的《通俗哲学讲话》收录了包括沈志远、李平心与艾思奇等十几位作者撰写的哲学大众化、通俗化论文。此外,他还在《自修大学》半月刊上设立《哲学知识座谈》专栏,约请包括胡绳、冯定等在内的作者撰写一系列面向青年读者的哲学大众化、通俗化论文。

胡绳当时是在哲学大众化、通俗化运动期间显现出来的一位新兴小将。他撰写的《新哲学的人生观》是一部从世界观、社会观转向人生观探讨的哲学专著,站在辩证唯物主义的立场上回答青年面临的人生选择困境,从实践哲学的意境上说明哲学与人生的关系、人生的意义与价值以及评价人生的标准,并批判在社会上很有影响的科学的人生观与玄学的人生观,揭露机械唯物主义哲学与唯心主义哲学对人生的危害。在他看来,"我写这本书的主要的原因,并不是为了要结算十多年前的那一笔老账,因此在这本书中并没有直接批判到那一次的论战。我所最希望的是,这本书能够对于青年读者们的生活实践有相当的作用,帮助他们更结实地,更合理地处理身边的一切事情,渡过这个艰难的年头。"[2]与此同时,他又在《新知识》与《新学识》半月刊的《哲学漫谈》专栏上连续发表了十四篇书信体论文,通过书信体改变教科书式深奥而生硬

[1] 值得注意的是,李平心著《历史唯物论讲话》只在徐素华著《中国社会科学家联盟史》中提到,现今并未见到该书实物。参见徐素华:《中国社会科学家联盟史》,中国卓越出版公司1990年版,第114页。
[2] 胡绳:《自序》,《新哲学的人生观》,上海生活书店1937年版,第2页。

的写法,运用第二人称与读者建立平等而亲密的对话关系,进而引导读者自愿走进马克思主义哲学的思想高地与深处,体会马克思主义哲学的现实关照与济世情怀,号召读者在微小细节中发现真知,在日常生活中感受真理。

## 二、哲学大众化的思想与精神世界

在社联发动的哲学大众化、通俗化运动中,左翼社会科学工作者不仅陆续推出了一系列哲学大众化、通俗化作品,而且对哲学大众化的重要性、必要性与可能性尤其是哲学与日常生活的内在关系进行了有益思考,因而建构了一个哲学大众化的思想与精神世界。

马克思曾经说:"哲学把无产阶级当做自己的物质武器,同样,无产阶级也把哲学当做自己的精神武器。"①在这里,马克思深刻揭示了哲学大众化的目的与意义,即把无产阶级运动从一种自发运动发展到自觉运动,而实践上的自觉首先取决于理论上的自觉。这样一种把哲学融入日常生活的思想在左翼社会科学工作者撰写的哲学大众化系列作品中被反复推崇,可以说是左翼社会科学工作者的集体意识与声音,这在艾思奇等人的相关著述中鲜明体现出来。

首先,艾思奇揭示了哲学是与日常生活相联系的,说明了哲学是伴随普通民众左右的。正如他在《哲学讲话》一书中开门见山地指出:"哲学对于社会生活的关系,始终都是很密切的。在日常生活里,随时都有哲学的踪迹出现,但因为是日常生活,我们习惯了,所以就不觉察,不反省。"在他看来,"哲学和日常的感想是一方面有差异,而同时又是有共通点。说得学术化一点,就是一方面是对立的,而同时又是统一的。因为两者的统一,所以我们知道哲学与日常生活有着密切的联系,因为两者的差别,所以我们知道哲学不仅仅是零碎混杂的感想,而是更有系统,更深刻的知识,同时我们才了解,若要能够深刻地一贯地认识我们的生活,就必须有哲学的根本知识,使思想不至于混乱,不至于因偶然的事件发生而紊乱了思想的系统"。②

---

① 马克思:《〈黑格尔法哲学批判〉导言》,《马克思恩格斯文集》第1卷,人民出版社2009年版,第17页。
② 艾思奇:《哲学讲话》,读书生活出版社1936年版,第1、4—5页。

在此基础上,他进一步强调了哲学对日常生活具有的指导功能也就是其能动反作用,这不仅包括认识世界的思维指导功能,而且包括改造世界的实践指导功能,不仅包括改造客观世界的外向指导功能,而且包括改造主观世界的内向指导功能,如是说:"我们可以说,哲学思想是人们的根本思想,也可以说是人们对于世界一切的根本认识和根本态度","我们可以说,哲学上的认识和态度,是最普遍的,最有一般性的。所谓根本认识和态度,就是最能够普遍地应用于一般事物的认识和态度";"哲学的主要任务是要能够真正解决人类生活上事实上的问题,要能真正解决这些问题,才足以证明它是事实上的真理。我们说哲学是人类对于事物的根本认识和根本态度,其意义也就在此,哲学不能单只是说得好听的东西,还要能指导我们做事"。①

其次,艾思奇把对哲学与日常生活内在关系的论述运用到哲学与民族解放运动的内在关系上。他在《民族解放与哲学》一书中对哲学与日常生活的内在关系作出了符合抗日救亡运动背景的论说,发展了关于哲学大众化的重要性、必要性与可能性的思想,即:"哲学是有它的时代任务的。……明白地站在大众立场上的前进哲学,把'改变世界'和推进社会的问题,当做主要的研究课题,这自然是具有着最高的实践性,尽着最大的时代任务的。同时,就是那空理论的书斋哲学,它玩弄着文字和公式的魔术,使人们从现实离开,把心思空费在名词术语的推敲上,这样的哲学,在它的麻醉性上也未尝没有一定的社会作用,不同的只是:这种作用是有毒的。"在他看来,"我们现在当面的最大的实践问题,是民族解放运动的问题。在目前的阶段,民族危机更达到了生死存亡的最要紧的关头,解放运动已发展到非来一个广泛的武装抗争不可了。凡是不愿出卖民族的生存权的人,都不能不把一切活动集中在这一个抗争运动的推进和开展上。哲学在这时候,应该和这个运动联系起来,担负起一部分的任务。它应该在文化的战线上进行它的战斗。它应该对于救亡的战术和策略问题有正确的钻研和指示,它应该检讨和击破一切歪曲的有意或无意的汉奸理论"。②

值得注意的是,艾思奇还在该书中对辩证唯物主义哲学的地位与作用尤其是它在民族解放运动中的地位与作用予以诠释,强调:"它是全世界哲学史

---

① 艾思奇:《哲学讲话》,读书生活出版社 1936 年版,第 13—14、16—17 页。
② 艾思奇:《民族解放与哲学》,大众文化出版社 1937 年版,第 1—2 页。

上发展的最高成果";"它是跟着现代最前进的人们的实践活动而发展起来
的";"近代自然科学的发展也是辩证法唯物论哲学的'试金石'。"在他看来，
"辩证法唯物论是最前进的新哲学，是最高的实践的真理，在民族解放运动的
实践上我们必须把它当做唯一正确的指导理论来把握，这是毫无疑义的。这
一个哲学是唯物论哲学，因此它要反对一切的观念论；这一个哲学又是辩证法
的哲学，因此它要和一切形而上学和机械唯物论斗争"。与此同时，"新哲学本
来是实践的哲学。它的主要问题不是要'说明世界'，而是要'变革世
界'。……我们把新哲学从属在民族解放的实践问题上来研究，并不会降低了
新哲学的'纯理论'性，反而是可以发展它的理论的。半殖民地解放斗争的实
际经验，一定有许多新的宝物，可以让新的哲学去发掘的。我们一方面要用新
哲学来帮忙解决民族解放运动中的'变革'的问题，另一方面，这些问题也就反
过来帮着新哲学向前发展。在实践问题的解决中，新哲学的理论不但不会降
低，就是停止也不会。相反地，离开了人的行动问题，而以'纯理论'或'纯逻辑
公式'来夸耀的'哲学者'，才是把新哲学阻止在公式主义上了"。[1]

　　再次，沈志远重申了哲学与日常生活存在着紧密的联系，同样论证了哲学
大众化的重要性、必要性与可能性。在《现代哲学的基本问题》一书中，他叙述
了哲学贯穿于日常生活的全过程与各领域的事实，其主要思想如下："一般人
一听到哲学二字，不是眉头一皱，觉得头痛，便是眼睛一斜，表示冷淡。他们以
为哲学是学术家、大学教授、大学生们所谈的事情，跟我们这辈平庸人有什么
关系？或者以为哲学是非常奥妙高深的学问，不是我们普通人所能理解，而且
它跟普通人的实际生活毫不相干。这样的见解，实在是不对的。……要知道
哲学固然有玄奥的，神秘的，跟我们普通人没有关系的，但同时也有真实的，科
学的，跟大众现实生活息息相关的哲学。……实际上，不论我们怎样讨厌哲
学，漠视哲学，可是我们每个人都不自觉地受着某种哲学观念的支配。在社会
上所流行的许多观念中，都可以找出哲学的形迹来。同时在现实生活、现实世
界和一切知识部门中，都无不有哲学存在着。"[2]

　　不止于此。他还指明了哲学的科学定位："哲学是领导一切知识部门的总

---

① 艾思奇：《民族解放与哲学》，大众文化出版社 1937 年版，第 8—9、12—13 页。
② 沈志远：《现代哲学的基本问题》，上海生活书店 1936 年版，第 1—2 页。

方法论,它是宇宙间一切现象领域的研究中所抽出来的最普遍最一般的总结论和总法则,同时也是指导我们行动的总方针。因而也可以说哲学是研究自然、社会和人类思维(这是宇宙间的三大现象领域)的发展法则和指导人类改变世界的科学。"说明了哲学的基本问题及其阵营划分:"根据这个问题(世界的本质是物质还是精神?——引者注)的答案,哲学界就划分为唯心和唯物的两大阵营:断定思维(意识或精神)决定物质的,认定世界是精神的产物的,属于唯心论的哲学阵营;反之,断定物质决定思维的,认定世界是物质构成的,便属于唯物论的哲学阵营。"甚至探明了哲学的社会根据。在他看来,"一切的哲学思潮都是社会性的,每一哲学体系都很明显地代表某一社会集团的意识或理想;它总是适应着某一社会群的集团利益,而这一社会群则往往利用这种跟自己利益相适应的哲学,当作跟它的敌对社会群作斗争的武器。同时,某一时代的哲学(当然是指那时流行的或占统治地位的哲学而言),总是那时代的社会经济结构的产物,例如经院哲学是封建经济结构的产物,法西斯主义哲学是资本主义总危机的产物等"。①

此外,陈唯实也对哲学大众化的重要性、必要性与可能性这一问题作出了自己的回答。例如关于唯物辩证法的大众化,陈唯实如是说:"唯物辩证法可以指示我们,使得正确的人生观社会观宇宙观,同时得到科学的方法论。它确有极伟大的作用和重要性。"又进一步说:"唯物辩证法是我们的指导者,它是我们的指南针,它是一切的研究者,它是一切的改造者,它是人生、社会、世界观,它是一切问题的方法论。"②有鉴于此,"唯物辩证法的研究,不在抽象的理论上,而注重具体的应用","最要紧的,是熟能生巧,能把它具体化、实用化,多引例子或问题来证明它。同时语言要中国化、通俗化,使听者明白才有意义"。③也就是说,"须知辩证法是客观的真理,是世界事物的根本法则,辩证法就是一切事物的灵魂,无论古今中外都不能离开这个法则,辩证法不是由人头脑创造出来的怪说,而是存在于客观事物之中,世界一切都按照辩证法的法则进行,世界就是一个辩证法的世界"。④

---

① 沈志远:《现代哲学的基本问题》,上海生活书店 1936 年版,第 7、10、15 页。
② 陈唯实:《通俗辩证法讲话》,新东方出版社 1936 年版,第 3、33 页。
③ 同上书,第 7、43 页。
④ 同上书,第 161—162 页。

又如关于辩证唯物论的大众化,陈唯实视其同唯物辩证法大众化一样发挥指导与教育功能,两者共同构成哲学大众化的主体内容,亦强调:"唯物论哲学,并不是现代突然创造的,实是经过二千余年文化生活史的发展,由古代的唯物论,到十七世纪的唯物论,到十八世纪的机械唯物论,到十九世纪的费尔巴哈唯物论,完成为现代辩证法唯物论的新哲学体系,才成为最具体最正确最科学的人生观社会观世界观。唯物论哲学,决不是神秘的,决不是卑下的,更决不是剧烈性,危险物。它是一种光明正大具体实用的客观真理,是一种最有意义和价值的学说。唯物论的根本原理是很平凡的,就是教人研究一切,不要只凭自己的主观胡思乱想,必要脚踏实地的从客观的现实世界出发,从具体上去研究人生现象、社会现象、宇宙现象。从实际上,研究真理。不要矫揉造作,要拿真凭实据,求得真实的结论来。"①

## 三、在哲学大众化中继续理论批判

对反马克思主义的理论批判是社联传播马克思主义的一个重要内容与显著特点,而在社联发动的哲学大众化、通俗化运动中,理论批判也被传承下来。当时,张东荪、叶青(即任卓宣的笔名)等反马克思主义者跳出来对马克思主义的理论基础——马克思主义哲学进行篡改、歪曲与攻讦,企图从根本上取消马克思主义在社会科学界的领导权与话语权,祛除马克思主义在社会科学界的指导地位及其影响。于是,一些左翼社会科学工作者例如艾思奇、沈志远等对反马克思主义哲学尤其是张东荪哲学与叶青哲学进行了理论批判,进一步传播了辩证唯物论与唯物辩证法思想。

首先,艾思奇在哲学大众化中对戴着假马克思主义面具的叶青哲学进行了理论批判。20世纪30年代,叶青发难马克思主义哲学的第一个理论表现是炮制了极其荒唐可笑的"哲学消灭论"。针对叶青提出"辩证唯物论不是哲学,而是一种现实的实证知识"这一错误说法,艾思奇在《读书生活》半月刊上撰文予以批驳:"哲学是一门科学,叫做哲学科学。它和具体部门的科学研究不同,它的研究对象是自然、社会、人类思维的运动变化总法则,对这个总法则

---

① 陈唯实:《通俗唯物论讲话》,大众文化出版社1936年版,第1—2页。

的研究必须以各科学部门的具体研究为基础,同时它又反过来指导各科学部门的具体研究,因此哲学与科学之间是一般与具体的辩证统一关系。"针对叶青提出"随着科学的发展,哲学将被科学取代,失去其存在的意义"这一错误说法,艾思奇继续批驳叶青这样做的真实目的是"要消灭新唯物论而使唯心论哲学复活",指出:"在科学发展的情况下,哲学日益科学化,成为科学的哲学,但它毕竟还是哲学,不过不同于'非科学'的哲学而已。"①

叶青发难马克思主义哲学的又一个理论表现是提出了把形式逻辑与唯物辩证法的关系平等看待的说法,即:"形式逻辑在辩证法里仍有着地盘的,不过范围缩小了一点";"形式逻辑适用于静止的状态,辩证法适用于动的状况,二者各得其所,各有各的领域。"有鉴于此,艾思奇撰文批判叶青的错误在于"表面上好像是运用辩证法来扬弃形式逻辑,实质上却把辩证法消解在形式逻辑里"。在他看来,"辩证法吸收形式逻辑,是要经过消化,经过改作,溶化成自己的血肉的,不是简单地把它请进自己的房子里来,划给它一个地盘,就以为这是把它高扬了"。②也就是说,"把形式论理学和动的逻辑平等看待是不行的。在现在,真正的前进的思想里,决不能让形式论理学占据地盘。……形式论理学到现在是被动的逻辑扬弃了,否定了。如果现在还有人要把形式论理学和动的逻辑同等看待,那是开倒车,至少是和开倒车的势力妥协"。③

此外,叶青还通过捏造马克思主义哲学的核心意涵来诋毁马克思主义哲学的基本原理,尤其是提出了"内因与外因是一样重要的"的说法,指责艾思奇只强调了内因的作用,而忽略了外因的作用。对此,艾思奇批判叶青在对待内因与外因的关系上表面上是寻找某种综合与平衡,但实际上陷入了诡辩论,最终滑向了外因决定论,因而发生了同他在对待形式逻辑与唯物辩证法的关系上一样的哲学错误,即:"辩证法是把内因看做是一切事物发展的根本动力。辩证法对于外因虽然并不忽视,但强调内因是基础,是本质,是发展的必然性的决定的原因"。在他看来,"辩证唯物论的特点,不仅在于尊重事实,而在于能抓着事实的核心,能把握事实发展的内在的规律性。……中国近代历史的

---

① 艾思奇:《几个哲学问题》,《读书生活》第 2 卷第 12 期,1935 年 10 月 25 日。
② 艾思奇:《关于形式逻辑与辩证逻辑》,《读书生活》第 4 卷第 2 期,1936 年 5 月 25 日。
③ 艾思奇:《青年就是青年——形式论理学的批评》,《读书生活》第 2 卷第 6 期,1935 年 7 月 25 日。

发展,外力有很大的作用,这是不能否认的事实。外力的事实虽然要重视,但更要看到在这外力影响之下所进行着内部的发展。……说明中国历史发展的问题,就得以中国社会内部的矛盾作基础,研究这些外力是怎样通过这些内部矛盾而发生影响,研究中国在这些外力的影响之下是怎样发生自己的矛盾和运动"。[1]

与此同时,艾思奇、邓拓在哲学大众化中对歪曲马克思主义哲学的张东荪哲学进行了理论批判。针对张东荪、叶青等人抹杀马克思的辩证法对黑格尔的辩证法的先继承后批判的内在关系,艾思奇在《新中华》半月刊上撰文予以反击:"把马克思对黑格尔哲学的颠倒仅仅视作剥去黑格尔的唯心论外衣,把辩证法整个地拿过来现成应用的观点是错误的。他们共同的错误是歪曲了马克思'颠倒'黑格尔哲学的真正含义,把'颠倒'变成了一种屠户式的宰割。事实上,批判与宰割不同。批判的接受是要经过一番改造的。新唯物论创始者的'颠倒'黑格尔哲学,就适当地加以改造过,不仅是取消了'理性'观念论等等的形容词,而且也要改正那被压歪在黑格尔哲学里的辩证法的公式。"[2]

但在揭批张东荪哲学的反动性上,邓拓在《新中华》半月刊上发表的一篇论文比艾思奇一文更精密而深刻,揭露了张东荪企图以"黑格尔的辩证法来代替今日唯物辩证法",妄想以"讥骂"黑格尔的辩证法来"间接推翻马克思的唯物辩证法",而这样一种做法"只是企图蒙蔽问题的中心的一种烟幕",其理论表现包括绝对地否认唯物辩证法的客观性与科学性,机械地看待主观辩证法与客观辩证法的一致性,甚至把唯物辩证法等同于黑格尔创立的"正反合"公式,正如邓拓宣称:"黑格尔的辩证法是一回事,而马克思的辩证法却又是一回事。我们今日要谈唯物辩证法,就不能把它和黑格尔混杂起来。……马克思的辩证法既不是对黑格尔的'误解',更不是什么'倒过来'的问题。马克思的辩证法与黑格尔的辩证法是根本不同的两个体系。"在此基础上,他批驳了张东荪以形式逻辑来代替唯物辩证法,以形式逻辑来指导人们认识世界与改造世界,也就是说把形式逻辑应用于自然科学、社会科学与思维科学,将形式逻辑的作用从一定范围夸大到一切领域,强调"形式逻辑'居然'能够'对付'事物

---

① 艾思奇:《关于内因论和外因论》,《读书生活》第4卷第4期,1936年6月25日。
② 艾思奇:《论黑格尔哲学的颠倒》,《新中华》第3卷第21期,1935年11月10日。

界一切动的事实",反过来论证了形式逻辑已经让位于唯物辩证法,而唯物辩证法实际上比形式逻辑更符合事物发展的客观规律,强调形式逻辑"充其量只能够'叙述'事物现象的一段一片一点一面一节,根本还不能叙述事物发展的全过程,更不能够说明和解释事物运动变化的理路",但"在事物运动发展的过程中之某一阶段上的个别事实的研究上,还有它相当的作用"。在他看来,"唯物辩证法乃自然、人类社会及思维的一般的存在运动和发展的法则。人们应用它可以认识把握客观一切事物。唯物辩证法是从现实的历史运动变化的诸现象中而获得的,……客观的一切事物,本来就是唯物辩证法的。唯物辩证法从关联中去认识把握一切事物,就因为一切事物本来是相互关系的;唯物辩证法从对立与统一中,矛盾的运动与变化中,历史的发展中去认识把握一切事物,就因为一切事物本来是对立与统一的,矛盾的运动与变化的,因循发展的"。①

其次,沈志远在哲学大众化中对叶青撰写的《哲学往何处去?》一文进行了理论批判。他从叶青对哲学一般的理解开始,揭批了叶青"虽然高举着拥护新唯物论的旗帜,可是他在替哲学立界说时却完全依据新唯物论以前的形而上的(即非辩证法的)哲学精神来理解哲学的",尤其是居然把哲学、科学与宗教这三个截然不同的概念相混淆,"把蒙蔽知识,蒙蔽真理的神道说教都当作知识和真理看","不但把新唯物论的哲学看作'含糊不明的知识',而且不承认新唯物论是哲学,不承认新唯物论是哲学发展史中的最高峰(最高和最新的阶段)。"紧接着,他探讨了叶青在认识论上的主观主义错误,明确指出:"叶青先生偏要打着'新唯物论'的旗帜,挂起'思维科学'的招牌,招摇过市,以表示他是科学的思想家。实际上,我们看到,他在这种旗帜和招牌之下,不但在竭力地替神学宗教张目,而且还在替一切妖言邪说辩护宣扬。"②接下来,他指出了叶青对哲学与科学关系的错误认知,批评了叶青对辩证法若干基本原则的歪曲,还批驳了叶青对唯物史观若干基本范畴的歪曲,实现了对叶青哲学从头到尾的整体性批判,可以说他的理论批判是全面而深刻的,正如他这样总结:"叶青的哲学定义是形而上的,同时他关于哲学的概念是神学观的";"叶青的认识

① 邓云特:《形式逻辑还是唯物辩证法?》,《新中华》第 1 卷第 23 期,1933 年 12 月 10 日。
② 沈志远:《叶青哲学往何处去?(上)》,《读书生活》第 4 卷第 4 期,1936 年 6 月 25 日。

论是康德主义的,是主观唯心论的";"他的哲学与科学的关系观又是形而上的";"在辩证法的运用上和理解上是完全错误的,完全是机械论的立场";"对唯物史观诸基本问题的解说也是机械论的,不过同时又带着唯心论的色彩"。①

此外,还有人在哲学大众化中对张东荪、傅统先等人提倡的腐败哲学进行了理论批判。

## 四、哲学大众化书写理论传播新境界

社联发动的哲学大众化、通俗化运动在 20 世纪 30 年代的中国社会科学界书写了浓墨重彩的一笔,不仅落实了社联新纲领关于社会科学大众化与通俗化的指示,使左翼社会科学运动得以转向面向大众、面对现实并引领时代,而且迎合了普通民众对哲学社会科学基础知识的迫切渴望与需求,从此开辟了马克思主义在中国传播的新境界。

其一,哲学大众化、通俗化运动推动马克思主义哲学与中国情境相结合,推进了马克思主义从俄德日等外国话语向中国话语的转变。

话语是理论的外壳与表现形式,对理论本身的传播具有至关重要的作用。马克思主义在不同的文化土壤产生了不同的话语。马克思主义在中国的传播实效既取决于马克思主义理论能否经受社会实践的检验,也取决于传播马克思主义的话语能否符合中国情境的要求。社联发动的哲学大众化、通俗化运动把马克思主义哲学与中国情境相结合,从世界与中国命运走向的政治视野中谱写了马克思主义哲学的中国故事,重构了马克思主义哲学的叙事结构,真实、立体与全面地反映了中国的实际国情,尤其是二十世纪三十年代中国遭遇的经济恐慌、军阀混战、日本侵略与世界大战等困境,打破了长期以来外国话语在哲学社会科学领域的主导权,赋予哲学社会科学以鲜明的中国特色、中国智慧与中国精神,实现了马克思主义从俄德日等外国话语向中国话语的转变。

与此同时,马克思主义哲学与中国情境相结合必然衍生马克思主义哲学

---

① 沈志远:《叶青哲学往何处去?(下)》,《读书生活》第 4 卷第 5 期,1936 年 7 月 10 日。

与大众生活相结合。对此,毛泽东曾经指出:"许多同志爱说'大众化',但什么叫做大众化呢? 就是我们的文艺工作者的思想感情和工农兵大众的思想感情打成一片。而要打成一片,就应当认真学习群众的语言。如果连群众的语言都有许多不懂,还讲什么文艺创造呢?"①以艾思奇撰写的《哲学讲话》来看,哲学大众化、通俗化正是一个面向大众生活的过程:一是从经典文本话语的马克思主义哲学转向现实生活话语的马克思主义哲学,关注并回答与民众日常生活紧密相关的理论与实践问题,从民众日常生活面临的理论与实践问题中探寻哲学创作的依据;二是从科学话语的马克思主义哲学转向文学、艺术话语的马克思主义哲学,运用文学、艺术写法把书面语言同民众的生活语言与口语相衔接,使高大上的理论内容同接地气的表现形式相融合。正如艾思奇在审视自己的哲学创作时强调:"通俗的文章却要求我们写得具体,轻松,要和现实生活打成一片。……我要把专门研究者的心情放弃了,回复到初学时候的见地来写作。说话不怕幼稚,只求明白具体。……如果每一句理论的说话都要随伴着一句事例的解释,在专门家看起来是浅薄幼稚,通俗读物所要求的却正是那样的东西。通俗读物要求从头到尾都有明白具体的解释,因此每一篇把一件具体的事例做中心,而每一篇的题目也就不用哲学的题目。"②

其二,哲学大众化、通俗化运动促进马克思主义文本与革命需要相对接,催生了马克思主义文本从教科书形态向通俗读物的转变。

在传播马克思主义的过程中,马克思主义文本是马克思主义理论的载体。在哲学大众化、通俗化运动以前,中国人面对的马克思主义文本主要是教科书,包括马克思主义经典著作,或者国外马克思主义学者撰写的相关著作,以及中国学者自己撰写的马克思主义社会科学讲稿和教材。社联发动的哲学大众化、通俗化运动拓宽了马克思主义文本的种类与范围,在中国社会科学界推出了一系列马克思主义社会科学通俗读物,这些通俗读物在体裁设计上打破既有体系,在文句选择上追求简洁明快,在理论探讨上结合现实案例,但丝毫没有改变马克思主义本身的科学性与真理性。不可否认的是,这些通俗读物

① 毛泽东:《在延安文艺座谈会上的讲话》,《毛泽东选集》第3卷,人民出版社1991年版,第851页。
② 艾思奇:《我怎样写成〈哲学讲话〉的?》,《新认识》第1卷第4期,1936年10月20日。

的出现促进了马克思主义文本与革命需要相对接,真正落实了文委尤其是社联倡导的社会科学大众化与通俗化的要求,紧密配合了中国共产党领导的新民主主义革命对马克思主义大众化与化大众的需求,给左翼社会科学工作者推进理论传播提供了全新的文本依据,也给广大工农群众接受理论搭建了便捷的认识途径。

当然,马克思主义文本通俗读物形态的出现并非是要取代教科书形态,而是更好地实现两者珠联璧合。在推进哲学大众化、通俗化运动的同时,左翼社会科学工作者又不失时机地翻译了一批苏联马克思主义学者撰写的哲学与政治经济学教科书,包括:米丁等著、艾思奇和郑易里合译《新哲学大纲》(于1936年6月在读书生活出版社出版);米丁著、沈志远译《辩证唯物论与历史唯物论》(于1936年12月在商务印书馆出版);西洛可夫等著、李达和雷仲坚合译《辩证法唯物论教程》(于1932年9月在笔耕堂书店出版);拉比托斯等著、李达和熊得山合译《政治经济学教程》(于1932年9月在笔耕堂书店出版);拉比托斯等著、温健公和李正文等译《经济学教程》(于1934年9月在骆驼丛书出版部出版)。其中,艾思奇和郑易里合译的《新哲学大纲》是对马克思主义哲学发展史的阶段性总结,体现了艾思奇的翻译水平及其对编写教科书的重视,正如他这样评价该书:"这本书有两个很显著的特点:第一,是对于几千年的哲学史有深刻而简要的论述,使我们明白辩证法唯物论是怎样从过去发展过来,准备过来。其次,是第八章对于人类的认识过程的具体的阐明,使我们对伊里奇的'辩证法,认识论,论理学的一致'的问题得到极明确的理解。这两个特点,是现阶段的一切新哲学著作里都不曾有过的。"[1]此外,艾思奇还对继续翻译马克思主义经典著作寄予希望,代表读书生活出版社支持青年学者郭大力、王亚南翻译马克思著《资本论》三卷本中文全译本。[2]

其三,哲学大众化、通俗化运动引导一大批有理想、有知识的青年自学马克思主义,助推了马克思主义在中国传播的受众从精英向大众的转变。

自从马克思主义在中国传播以来,马克思主义的传播对象主要面向社会

---

[1]　艾思奇:《译者序》,米丁等著、艾思奇等译:《新哲学大纲》,读书生活出版社1936年版,第1—2页。

[2]　刘大明、范用:《一个战斗在白区的出版社》,范用编:《战斗在白区:读书出版社(1934—1948)》,生活·读书·新知三联书店2001年版,第32—33页。

精英,尚未与绝大多数普通民众建立直接联系。社联发动的哲学大众化、通俗化运动把马克思主义在中国的传播对象指向有理想、有知识的青年,引导他们科学认识马克思主义,并且从对马克思主义的自发学习转向对马克思主义的自觉认同。而社联推出的哲学大众化、通俗化系列作品也得到了这些青年读者的一致好评,尤其是艾思奇的《哲学讲话》曾在书业市场上一度畅销,引发了时人的思想共识与心理共鸣。

正如李凡夫在回忆录中饱含深情地说:"哲学并不神秘,更不是少数专门家的私有品。哲学是人类社会的共同财富。马克思主义哲学则是无产阶级战胜资产阶级的锐利武器。它是从社会实践中概括起来的一门科学。……艾思奇同志就是这样对待马克思主义哲学的。"[1]林默涵也在回忆录中刻骨铭心地说:"只有他第一个用那样通俗而饶有兴味的形式去宣传和讲解辩证唯物主义的思想,适应了时代的需要,吸引了广大青年接近马克思主义以至走上革命的道路,这个功绩却是谁也抹煞不了的。"[2]吴伯箫则把该书称作"指向马克思列宁主义哲学大道的一个鲜明的路标",揭示了该书在读者心目中的神圣地位及其引发的思想转向:"当《大众哲学》成为知识青年学习哲学的必读书的时候,老艾同志才二十几岁。那本书像在读者心里点了一把火,引起许多青年对学习马克思主义发生了炽烈的兴趣。使他们初步认识了什么叫观念论、唯物论,什么叫形而上学、辩证法。那本书引谚语、成语,用通俗的文字,采取谈话、讲故事的体裁,使抽象的观念趣味化;生动,形象,浅显易懂。把哲学从神秘玄妙的宫殿里拉向了十字街头、日常生活。纸贵洛阳,影响很大。"[3]

由于全民族抗日救亡运动的全面兴起和发展,艾思奇除撰写《民族解放运动与哲学》,在哲学上论证抗日救亡运动的必然性、必要性与可能性外,还亲自创建并领导哲学社会科学领域的抗日救亡组织,团结并引导左翼社会科学工作者把目光投向抗日救亡运动,宣讲中国共产党的抗日救国思想。据时任读

① 李凡夫:《怀念艾思奇同志》,艾思奇文稿整理小组编:《一个哲学家的道路——回忆艾思奇同志》,云南人民出版社1981年版,第41页。
② 林默涵:《怀念艾思奇同志》,艾思奇文稿整理小组编:《一个哲学家的道路——回忆艾思奇同志》,云南人民出版社1981年版,第73页。
③ 吴伯箫:《我所知道的老艾同志》,艾思奇文稿整理小组编:《一个哲学家的道路——回忆艾思奇同志》,云南人民出版社1981年版,第87页。

书生活出版社总经理的黄洛峰回忆："上海文化界成立了许多救亡组织，其中有个'哲学座谈会'，就是由思奇同志领导的。会员有柳湜、陈楚云等十几人，我也是其中之一。这个座谈会，也是'全国各界救国联合会'的团体会员之一。哲学座谈会不仅限于学习、研究哲学问题，也涉及其他政治运动等问题。会期每月一、二次，每次都是由思奇主持的。"①林默涵也在回忆录中重申此事："一九三六年，在艾思奇同志领导下，在上海成立了一个哲学研究会，参加的是一些青年文化工作者，每周或两周举行一次座谈会，由艾思奇同志主讲西洋哲学史。"②实际上，这些哲学座谈会、研究会等读书会的出现更有利于哲学大众化、通俗化运动的推进，也有利于引导青年认知马克思主义的科学真理、接受马克思主义的政治信仰。

其四，哲学大众化、通俗化运动彰显实践在马克思主义理论体系中的基础性地位，加速了马克思主义从"批判的武器"向"武器的批判"的转变。

马克思主义哲学不同于以往旧哲学的最大特征在于实践是其首要而根本的思想，它不仅能帮助人们认识世界，而且能指导人们改造世界，甚至在改造客观世界的过程中改造主观世界。社联发动的哲学大众化、通俗化运动彰显了实践在马克思主义理论体系中的基础性地位，尤其是从实践与认识内在关系的视角重新传授并诠释了马克思主义哲学，进而把在实践基础上的认识论与唯物论、辩证法相提并论，使马克思主义在中国的传播弘扬了实践这一首要而根本的哲学思想，使中国人在自己的思想与精神世界推崇了实践这一首要而根本的哲学思想，正如艾思奇在《哲学讲话》中明确指出："实践就是去改变事物，这是最重要的一点。我们常把实践称做'变革的实践'或'批判的实践'，就是这个意思。只有在实践中可以得到最高的真理。"并进一步说："在实践中，我们一方面是依着理论去改变事物，是我们的主观和客观的事物在对立，在斗争，一方面就在这斗争中可以矫正主观中的错误，使它和客观的事物一致。这样，实践是主观和客观的'对立的统一'，只有它能使理论更接近客观的

① 黄洛峰：《思想战线上的卓越战士——回忆艾思奇同志三十年代在上海的战斗生活》，艾思奇文稿整理小组编：《一个哲学家的道路——回忆艾思奇同志》，云南人民出版社1981年版，第58页。
② 林默涵：《怀念艾思奇同志》，艾思奇文稿整理小组编：《一个哲学家的道路——回忆艾思奇同志》，云南人民出版社1981年版，第74页。

真理。"在他看来，"理论决不能与实践脱离，离开了实践，就是空论。哲学不是书斋里的东西。只有站在改变世界的立场上，在实践中去磨炼出来的哲学，才是真的哲学。最进步的哲学，一定是代表着最进步的实践的立场，没有进步的立场，决不能得到进步的真理。"①

由于实践在马克思主义理论体系中的地位日益凸显，马克思主义不再只具有文本阅读的理论价值，而是具备了指引人生道路选择的实践价值，真正走进普通民众的公共生活甚至私人生活领域。反过来说，民众对马克思主义的看法也不再停留在一种认识自然界与人类社会的科学工具上，而是看作一种改变自身命运、变革现实社会的思想武器。实际上，正是在哲学大众化、通俗化运动中，马克思主义这一政治革命的科学理论同民众这一政治革命的实践主体相结合，马克思主义本身的革命逻辑与战斗属性得以最大限度地发挥，号召民众走上中国共产党领导的新民主主义革命道路，奠定了新民主主义革命的思想与心理基础，正如李平心在《社会科学研究法》一书中强调："我们学习社会科学并不是要把理论做装饰品，使自己好摆无聊的'学者'架子，最主要的却是向着两个目标进行的：消极方面是要训练自己对社会现实和历史发展的认识，以便能够适应时代的需要而生存，不致背反或乖离现实；积极方面是要养成自己变革现实的能力，以便为争取民族解放和创造新社会而努力。"在他看来，"单靠理论的学习是决不够的，必须要通过具体的实践，……才能最有效地学习社会科学，使它成为我们的日常生活的工具和实际斗争的武器"；"我们特别看重实践对于社会科学学习的效果。学习和应用，理论和实践，不是机械地可以隔开截断的，它们必须要统一起来。唯有一面努力学习理论，一面随时参加实践，才能够使社会科学成为有用的知识。"②

---

① 艾思奇：《哲学讲话》，读书生活出版社 1936 年版，第 90—91、94 页。
② 李平心：《社会科学研究法》，上海生活书店 1936 年版，第 16—17、19 页。

## 第六章

# 社联传播马克思主义的历史意义与当代启示

## 第一节　社联传播马克思主义的历史意义

### 一、社联历史使命的完成及其精神的传承

随着日本帝国主义加紧侵略中国，全国人民的抗日救亡运动日益高涨，中国共产党根据形势的变化和发展，提出了建立抗日民族统一战线的主张，这要求宣传思想文化战线作出调整。1935 年末，根据萧三来信的指示，文委、文总领导层作出决定，要求文总连同下属各左翼文化团体自行解散。于是，社联执行文委、文总的决定，同左联等其他左翼文化团体一道自行解散，完成了自己的历史使命，结束了自己的组织运作，但左翼社会科学运动同其他左翼文化运动一样延续到全民族抗战爆发。

在全民族抗战爆发的背景下,左翼社会科学工作者投身中华民族抗日战争的历史洪流中去,一些人例如艾思奇前往党中央所在地——延安工作,另一些人例如朱镜我前往新四军、八路军部队驻地或者根据地工作,还有一些人例如许涤新则继续留在国民党统治区工作。但无论身处何地,这些左翼社会科学工作者始终传承社联的革命精神、弘扬社联的优良传统,为夺取抗日战争的胜利进而实现新民主主义革命的胜利作出了自己应有的努力,其中还有不少同志付出了自己年轻的生命,例如皖南事变中壮烈牺牲的朱镜我。

中华人民共和国成立以来,左翼社会科学工作者投身社会主义现代化建设的时代洪流中去,他们铭记社联的光荣历史、谱写社联的崭新篇章,奋斗在社会主义革命和建设时期以至于社会主义改革开放新时期。1985 年 5 月 20 日,上海社联隆重举行纪念中国社会科学家联盟成立 55 周年大会,邀请当年的社联盟员抵沪参加纪念活动。这次纪念大会不仅对半个世纪以前的社联及其领导的左翼社会科学运动作出了高度评价,而且对改革开放以来党领导的哲学社会科学工作进行了有益探讨。令人感慨的是,这些当年的社联盟员虽已步入自己人生的晚年,却依然心念哲学社会科学工作、情系哲学社会科学战线,他们联名给党中央领导同志(邓小平和胡耀邦)写汇报信,对我国的哲学社会科学事业提出建议、进行展望:"今天,我国已进入一个新的历史时期。我国哲学社会科学工作者肩负着比过去更为艰巨的任务,这就是结合新时期的实际,运用和发展马克思主义,为实现四化,建设有中国特色的社会主义服务。面对新形势、新任务,我们深感按照中共中央(1982)48 号文件精神成立全国社联,已为当务之急。这样有利于进一步加强党对哲学社会科学事业的领导,协调各全国性学会的工作,从纵向和横向上,促进信息交流,组织协作攻关;有利于加强对各地社联的指导,帮助他们解决目前实际存在的各方面的困难;也有利于促进党的'百家争鸣'和学术自由的方针的贯彻执行,更好地发动与组织分布在各条战线上的理论工作者开展科研和科普工作,充分发挥其积极性和创造性,开创哲学社会科学战线大鼓劲、大团结、大繁荣的新局面,推动两个文明建设,为实现党在新时期的总目标、总任务而奋斗。"①

---

① 《参加纪念活动的中国社联老会员给党中央领导同志的汇报信》(1985 年 5 月 24 日)。上海市哲学社会科学学会联合会编:《中国社会科学家联盟成立 55 周年纪念专辑》,上海社会科学院出版社 1986 年版,第 48—49 页。

新时代新征程,习近平总书记高度重视党领导的哲学社会科学工作。2016 年 5 月 17 日,习近平总书记在北京主持召开哲学社会科学工作座谈会,他在会上发表的重要讲话中,回顾了中国哲学社会科学事业的发展进程,肯定了运用马克思主义进行哲学社会科学研究的历史功绩,特别是高度评价艾思奇等一大批名家大师为我国当代哲学社会科学发展进行的开拓性努力。[①]2020 年 1 月 19 日下午,正在云南考察的习近平总书记来到位于腾冲和顺古镇的艾思奇纪念馆,高度评价艾思奇为党的理论宣传和马克思主义哲学大众化、中国化作出的积极贡献,强调:"我们现在就需要像艾思奇那样能够把马克思主义本土化讲好的人才。我们要传播好马克思主义,不能照本宣科、寻章摘句,要大众化、通俗化。这就是艾思奇同志给我们的启示。"[②]

站在新的历史起点上,我们这一代哲学社会科学工作者需要学习老一辈左翼社会科学工作者的革命历史,发扬老一辈左翼社会科学工作者的革命精神,以自己的实际行动接续推进我国哲学社会科学事业取得新的、更大的进步和发展。

## 二、社联通过领导左翼社会科学运动推动了马克思主义在中国的传播与应用

马克思主义在中国的传播是一个过程的集合体,贯穿于中国共产党百年奋斗史的全过程,只有进行时,没有完成时。在中国共产党人看来,马克思主义既可谓洞察自然界与人类社会的理论工具,又堪称认识世界与改造世界的思想武器,因而坚持以马克思主义指导哲学社会科学工作。早在中国共产党创建与大革命时期,中国共产党已经开始把马克思主义传入中国并与工人运动相结合。到了土地革命战争时期,中国共产党不仅在农村根据地传播马克思主义,而且在国统区传播马克思主义;不仅从正面传播马克思主义,而且站出来批判反马克思主义。令人感慨的是,在白色恐怖笼罩的国统区,尽管中国共产党的生存与运作被迫处于隐秘状态,但中国共产党并没有停留在间接支援

---

① 习近平:《在哲学社会科学工作座谈会上的讲话》,《人民日报》2016 年 5 月 19 日第 2 版。
② 《习近平强调要把马克思主义本土化讲好》,新华社"新华视点"微博 2020 年 1 月 20 日。

与鼓动左翼社会科学运动上,而是进行了有组织、有策略地直接引领与操控。

社联的创建与左翼社会科学运动的发生推动了 20 世纪 30 年代马克思主义在中国的传播尤其是在国统区的传播,在当时的社会科学界点燃了一把燉天烁地的思想怒火,鸣响了一阵振聋发聩的思想惊雷。具体而言,围绕在社联周围的左翼社会科学工作者通过从正面宣介与译介马克思主义,翻译了一批马克思主义经典著作与国外马克思主义学者撰写的相关著作,引领着国内社会科学界在马克思主义著作翻译工作上继续向前推进,奠定了马克思主义在中国持续传播的文本基础;与此同时,他们向时人论说了马克思主义的基本理论与观点,诠释了马克思主义的核心概念与范畴,进而讲授了马克思主义的思想精髓与要义,而这些内容包括马克思主义哲学、政治经济学与科学社会主义,其重点内容在于马克思主义哲学即辩证唯物论、唯物辩证法与唯物史观。

更值得一提的是,他们能够在传播马克思主义的过程中应用马克思主义,把马克思主义在中国的传播从宣介与译介的层面发展到应用的层面上来,不仅认识到建构马克思主义社会科学知识及其话语体系的重要性,而且意识到坚持理论联系实际、运用理论观照实际的必要性,不仅在马克思主义的指导下研究国际政治经济局势,回答国际政治经济问题,而且在马克思主义的指导下探究中国政治经济形势,回答中国政治经济问题,这就使马克思主义在应用的过程中寻找到新的理论增长点与思想创新点,使马克思主义真正成为一种理论工具而不只是一种理论学说,成为一种思想武器而不只是一种思想产品。而到了哲学大众化、通俗化运动期间,他们还在传播马克思主义的过程中推进马克思主义哲学大众化,开始把工作重心转向哲学大众化、通俗化创作,推出了一系列哲学大众化、通俗化作品,满足了民众对哲学大众化、通俗化的渴求,尤其是哲人艾思奇走出了一条受普通民众欢迎与喜爱的传播马克思主义的新路径,把马克思主义在中国的传播推向了大众化的新阶段,将马克思主义在中国的传播同关注现实、贴近生活与面向民众相结合,使马克思主义在中国传播的对象、内容与话语发生了革命性变革。

还必须看到的是,社联通过领导左翼社会科学运动推动马克思主义在中国的传播与应用的进程影响着当时的社会思潮。虽然说 20 世纪 30 年代马克思主义思潮在中国的传播是由诸多政治和文化因素共同引发的,但毫无疑问社联是其中一种具有关键性意义的实践主体,同时也是其中充当主心骨角色的领导者和组织者,而它领导的左翼社会科学运动在整个 20 世纪 30 年代的马克思主义思潮中产生了一波巨大的能量和强劲的动力。事实上,20 世纪 30 年代的马克思主义思潮不仅是一种知识性思潮,即停留在思想文化领域尤其是哲学社会科学领域的知识及其话语,而且是一种精神性思潮,即扩展到市民社会中尤其是普通民众的日常生活中的理想与信念,直接关系到时人对国共两党政治势力及其信仰的选择,持续影响着国共两党在国内政治舞台上的生死抗衡与较量,甚至导致国共两党对决的天平已经在思想文化战线尤其是哲学社会科学战线上提前发生了逆转。从这一点上说,无论是社联对传播马克思主义的意义与影响,还是它领导的左翼社会科学运动对传播马克思主义的意义与影响,我们都必须永远铭记。

## 三、社联通过领导左翼社会科学运动促进了马克思主义中国化的思想史进程

马克思主义在中国的传播史与马克思主义中国化思想史是交织与融汇在一起的。马克思主义中国化是指把马克思主义基本原理同中国的具体实际与时代特征相结合,运用马克思主义回答中国革命、建设、改革和奋进新时代中的实际问题,在此基础上总结与提炼中国革命、建设、改革和奋进新时代的实践经验,进而创造中国自己的马克思主义思想,为马克思主义增添新的理论内容。进入土地革命战争时期,中国共产党被迫走上了一条农村包围城市、武装夺取政权的新型革命道路,而对这条革命道路的理论探索正是马克思主义中国化在这一时期的主题与主线。然而,要在马克思主义的指导下科学认识中国革命道路,就必须首先在马克思主义的指导下科学认识中国社会情境,尤其是科学认识半殖民地半封建社会这一近代中国的基本国情,而对上述问题的正确回答可谓马克思主义中国化在土地革命战争时期面临的一个重大理论与现实课题。

社联的创建与左翼社会科学运动的发生促进了 20 世纪 30 年代马克思主义中国化的思想史进程,探讨了中国共产党在土地革命战争时期面临的最首要的理论与现实课题——认清近代中国的基本国情。具体而言,围绕在社联

周围的左翼社会科学工作者对中国是否是半殖民地半封建社会这一问题进行了回答,不仅认识到回答这一问题是回答中国社会与革命问题的根本,而且意识到回答这一问题必须坚持经济至上的理论取向与进路,从审视中国社会的经济基础出发来回答;进而对中国已是半殖民地半封建社会这一事实进行了求证,通过考察近代以来中国工业、农业等国民经济各部门的发展情况,证实了中国经济兼具半殖民地性与半封建性,阻碍中国经济发展的罪魁祸首是帝国主义与封建主义,尤其是通过考察近代以来中国资本主义极端缓慢的发展情况,证明了资本主义经济绝非占主导地位,中国也绝非进入资本主义社会;再而对中国正处于半殖民地半封建社会这一思想进行了宣传,使中国正处于半殖民地半封建社会这一思想深入人心。

需要指出的是,在国统区的左翼社会科学工作者是在对反马克思主义的理论批判中回答中国社会与革命问题的,这是一个理论批判与理论探索相结合的过程,而不是像在农村根据地那样是一个实践探索与理论探索相结合的过程。在当时的社会科学界,马克思主义面临着反马克思主义从"左"到右的围攻,不仅非马克思主义谩骂马克思主义,而且假马克思主义也叫嚣马克思主义。聚焦到中国社会与革命问题上,反马克思主义虽然提出了各自不同的说法,例如改良主义说中国是商业资本主义社会,又如托洛茨基主义说中国是经典资本主义社会,但他们却异口同声地否定中国是半殖民地半封建社会,否决中国需要进行由无产阶级领导的资产阶级民主革命。可以说,正是在对反马克思主义进行理论批判的过程中,左翼社会科学工作者把马克思主义内在的理论批判特性与情怀发挥得淋漓尽致,打退了反马克思主义对马克思主义从"左"到右的围攻,尤其是挫败了反马克思主义在中国社会与革命问题上的挑衅与挑战,在马克思主义的指导下科学认识中国社会与中国革命,坚持并维护半殖民地半封建社会这一概念及其内在逻辑的科学性。

## 四、社联通过领导左翼社会科学运动深化了党对中国社会科学界的作用与影响

中国共产党是一个崇尚科学尤其是哲学社会科学的政党。早在社联创建与左翼社会科学运动发生以前,中国共产党已经率先进入哲学社会科学领域,

领导哲学社会科学工作,引导时人学习哲学社会科学并运用哲学社会科学。实际上,中国共产党进军社会科学界的过程正是马克思主义进军社会科学界的过程,以马克思主义引领社会科学知识及其话语体系的建构,这两个过程具有内在一致性。例如,瞿秋白曾把《新青年》称作"社会科学的杂志",建议"对于社会科学的研究,必定要由浅入深,有系统有规划的"①;又如,恽代英在《中国青年》上发表的《学术与救国》一文中提出了"社会科学救国论",倡议"要救中国,社会科学比技术科学重要得多"②;再如,中国共产党人在上海创建了上海大学社会学系这一共产党进军社会科学界的人才培养与储备基地,同时经营了人民出版社、上海书店与华兴书局这些共产党进军社会科学界的书刊出版与发行机构,还领导了创造社这一共产党进军社会科学界的文化与学术团体;等。

社联的创建与左翼社会科学运动的发生是中国共产党进军社会科学界的一系列动作的积累,也是中国共产党进军社会科学界的进一步接续与延展。因此,自社联创立以来,尽管共产党对左翼社会科学运动的领导通过社联这一中介来实现,但党对哲学社会科学工作的指示及其政策却直接决定了左翼社会科学运动的走向与进路。反过来看,社联的创立使左翼社会科学运动有了坚强的组织领导与一致的奋斗目标,使左翼社会科学工作者有了一个有组织、有纪律的战斗集体,使左翼社会科学工作者与普通民众发生了紧密的组织与思想联系,并引导他们从自发认同马克思主义到自觉信仰马克思主义。此外,社联出版与发行的左翼社会科学书刊也使左翼社会科学运动有了坚固的思想阵地与强大的舆论平台,有利于传播马克思主义、批判反马克思主义并推进马克思主义大众化、通俗化。也就是说,社联及其领导的左翼社会科学运动实际上深化了共产党在社会科学界已经发挥的作用与影响,进一步确立了马克思主义在哲学社会科学领域的指导思想地位,扫清了反马克思主义对哲学社会科学的思想污染,增强了党在哲学社会科学领域的领导权与话语权,巩固了党在哲学社会科学领域建立的统一战线,融通并搭建了哲学社会科学与新民主主义革命的政治联系。

---

① 瞿秋白:《〈新青年〉之新宣言》,《新青年》季刊第 1 期,1923 年 6 月 15 日。
② 代英:《学术与救国》,《中国青年》第 1 卷第 7 期,1923 年 12 月 1 日。

需要强调的是,中国共产党对社会科学界发生的作用与影响不仅涉及思想层面,而且涉及组织层面。在确立马克思主义在哲学社会科学领域指导思想地位的同时,中国共产党也有意识地引领、整合与团结哲学社会科学工作者,这一点集中体现在社联及其领导的左翼社会科学运动上。与左联等其他左翼文化团体相似,社联也是一个党内人士和党外人士共同奋斗的革命文化团体,是一个党员和非党员有机结合的统一战线组织,其中除了包括中国共产党自身的理论工作者,也包括在社会上有稳定职业的理论工作者尤其是学者,还包括虽无稳定职业但在大、中学校读书的学生,甚至包括一些从全国各省、地区聚集到上海的革命流亡者。可以说,这样一种组织是出现在中国共产党与市民社会中间的一个过渡地带,它既不同于中国共产党自身的组织,又不同于一般意义上的文化与学术团体,其存在以至于运作有利于左翼社会科学工作者在白色恐怖统治下坚持传播真理,有利于他们在失去同党组织联系的情况下继续参加革命,也有利于他们确认自己的政治依归、寻找自己的社会出路与实现自己的人生价值;反过来看,中国共产党正是通过这样一种组织对左翼社会科学工作者进行了组织关怀,使他们能够直接或间接地感受到党组织提供的物质与精神帮助,对他们实行了思想教育,使他们愈发坚定不移地向党组织靠拢进而参加党组织。

## 第二节　社联传播马克思主义的当代启示

### 一、马克思主义是哲学社会科学工作的
### 指导思想与研究重点

马克思主义是关于自然、社会与人类思维发展的一般规律的学说,是关于社会主义必然代替资本主义并最终实现共产主义的学说,是关于无产阶级解放、全人类解放和每个人自由而全面发展的学说,是人类思想史上的智慧结晶与知识成果,是人们认识与改造世界的理论工具与思想武器。但与推动自然

科学的发展与进步相比,马克思主义对哲学社会科学的作用更突出,对哲学社会科学的影响也更深刻,它不仅是哲学社会科学工作的指导思想,即在马克思主义的指导下进行哲学社会科学研究,而且是哲学社会科学工作的研究重点,即把传播马克思主义置于繁荣哲学社会科学的理论前提与基础。

回首社联及其领导的左翼社会科学运动,可以发现社联自创立以来坚定不移地把马克思主义视作左翼社会科学运动的指导思想与研究重点,正如社联纲领向时人宣告:"有系统地领导中国的新兴社会科学运动的发展,扩大正确的马克思主义的宣传。"①又如社联机关报《社会科学战线》发表的《中国社会科学家的使命》一文也通告:"自去年以来,国内新文化运动得着迅速的发展,最近由新兴文学领域而扩张到社会科学界。……在社会科学领域上,它要求马克思主义的领导,它要求对于布尔乔亚的社会学说的批判";"社会科学运动更是不可想象的社会产物,……它正表示新文化运动的进展,它证明旧式封建与资产阶级反动思想的破产,没落,它告诉我们中国社会思想界在开始了空前的变革。"②正是由于在指导思想上坚持马克思主义,同时在核心内容上体现马克思主义,围绕在社联周围的左翼社会科学工作者才得以在传播马克思主义的过程中坚守正确的政治立场与态度,得以在回答社会科学界面临的理论与现实问题的过程中运用马克思主义的社会科学知识及其话语,得以在繁荣哲学社会科学的过程中着重助推马克思主义理论研究与建设,这一优良传统值得我们今天继续发扬。

在今天的社会科学界,马克思主义依然是哲学社会科学工作的指导思想与研究重点,这是中国共产党领导哲学社会科学工作的一条最根本的经验,正如习近平总书记在哲学社会科学工作座谈会上的重要讲话指出:"坚持以马克思主义为指导,是当代中国哲学社会科学区别于其他哲学社会科学的根本标志,必须旗帜鲜明加以坚持。"③

① 《中国社会科学家联盟纲领》,《新地月刊》第 1 卷第 6 期,1930 年 6 月 1 日;《中国社会科学家联盟的成立及其纲领》,《新思想》月刊第 7 期,1930 年 7 月 1 日;《中国社会科学家联盟的现状》,《世界文化》第 1 期,1930 年 9 月 10 日;《中国社会科学家联盟纲领》,《社会科学战线》第 1 期,1930 年 9 月 15 日。
② 《中国社会科学家的使命》,《社会科学战线》第 1 期,1930 年 9 月 15 日。
③ 习近平:《在哲学社会科学工作座谈会上的讲话》,《人民日报》2016 年 5 月 19 日第 2 版。

在此基础上,哲学社会科学工作者必须坚持在马克思主义的指导下,接续繁荣中国哲学社会科学的历史重任,加快构建中国特色哲学社会科学。习近平总书记在中国人民大学考察调研期间提出:"加快构建中国特色哲学社会科学,归根结底是建构中国自主的知识体系。"①可以说,习近平总书记的指示明确了加快构建中国特色哲学社会科学的总目标和任务,要求哲学社会科学工作者按照继承性、民族性、原创性、时代性、系统性、专业性基本原则,以我们正在做的事情为中心,以我们坚守的魂脉和根脉为基础和前提,从我国改革发展的实践中挖掘新材料、发现新问题、提出新观点、构建新理论,特别是提出有标识性的新概念,概括出有学理性的新规律,构建具有中国特色、中国风格、中国气派的哲学社会科学体系,推进学术体系、学科体系、话语体系创造性建设与创新性发展。

## 二、马克思主义必须站出来对
## 反马克思主义进行理论批判

马克思主义的传播从来不是一帆风顺的。这就决定了马克思主义必须站出来对反马克思主义进行理论批判,同反马克思主义进行思想论争,在这一过程中实现拨乱反正与推陈出新。

回顾社联及其领导的左翼社会科学运动,可以发现社联在传播马克思主义的过程中非常注重理论批判工作,尤其是在文化"围剿"与反"围剿"的时空背景下,反马克思主义企图遏制并扼杀马克思主义在中国的传播,因而对反马克思主义进行理论批判就显得极其紧要而又急迫。正因如此,社联纲领指出:"严厉的驳斥一切非马克思主义的思想——如民族改良主义,自由主义,及假马克思主义的理论,如社会民主主义,托洛茨基主义及机会主义。"②而社联机

---

① 《坚持党的领导、传承红色基因、扎根中国大地,走出一条建设中国特色、世界一流大学新路》,《人民日报》2022年4月26日第1版。
② 《中国社会科学家联盟纲领》,《新地月刊》第1卷第6期,1930年6月1日;《中国社会科学家联盟的成立及其纲领》,《新思想》月刊第7期,1930年7月1日;《中国社会科学家联盟的现状》,《世界文化》第1期,1930年9月10日;《中国社会科学家联盟纲领》,《社会科学战线》第1期,1930年9月15日。

关报发表的《中国社会科学家的使命》一文也强调："中国社会科学家主要的任务，一方面坚决地与各种非马克思主义的理论斗争，揭破它的反科学性，阐明革命马克思主义的本质，他方面不客气地与各种假马克思主义的机会主义倾向奋斗，指出它妥协的、反动的本质，彻底铲除它的影响。"①正是通过开展上述理论批判工作，围绕在社联周围的左翼社会科学工作者不仅揭批了反马克思主义者在各种理论与现实问题上制造的错误思想，而且对这些问题作出了完全符合马克思主义的正确回答，这就捍卫了马克思主义的科学性与革命性，进而扩大了马克思主义对社会科学界的指导与引领作用，这一优良传统也值得我们今天借鉴与吸收。

在今天的社会科学界，善于并敢于斗争依然是马克思主义必须坚持的理论特长与优势，依然是哲学社会科学工作者必须具备的职业修养与操守，正如习近平总书记在中央党校（国家行政学院）中青年干部培训班开班式上发表的重要讲话指出："马克思主义产生和发展、社会主义国家诞生和发展的历程充满着斗争的艰辛。建立中国共产党、成立中华人民共和国、实行改革开放、推进新时代中国特色社会主义事业，都是在斗争中诞生、在斗争中发展、在斗争中壮大的。中华民族伟大复兴，绝不是轻轻松松、敲锣打鼓就能实现的，实现伟大梦想必须进行伟大斗争。在前进道路上我们面临的风险考验只会越来越复杂，甚至会遇到难以想象的惊涛骇浪。我们面临的各种斗争不是短期的而是长期的，至少要伴随我们实现第二个百年奋斗目标全过程。"②时至今日、综观寰宇，马克思主义面临的反马克思主义的怀疑与嘲讽丝毫不曾减少，马克思主义遭受的反马克思主义的造谣与诬蔑也一直没有停止，如果马克思主义不站出来对反马克思主义进行理论批判，从根本上打败反马克思主义及其衍生的各种歪理邪说，那么马克思主义就可能丧失自己在哲学社会科学领域的指导思想地位，中国共产党就可能丧失自己在哲学社会科学领域的领导权与话语权。

---

① 《中国社会科学家的使命》，《社会科学战线》第 1 期，1930 年 9 月 15 日。
② 《发扬斗争精神，增强斗争本领，为实现"两个一百年"奋斗目标而顽强奋斗》，《人民日报》2019 年 9 月 4 日第 1 版。

### 三、马克思主义应该同人民群众相结合并回答人民群众关注的理论与实践问题

马克思主义是人民群众自己的理论,它既从人民群众中来又到人民群众中去,因而人民性是马克思主义与生俱来的政治品格。站在人民的立场上传播马克思主义,把马克思主义在中国的传播推向马克思主义大众化,在实现马克思主义大众化的基础上引导人民群众坚定对马克思主义的政治信仰,这是中国共产党守初心与担使命的必然要求与应然追求。因此,马克思主义强调同人民群众相结合,人民群众是历史的创造者,人民群众是真正的英雄,在此基础上坚持问题导向、坚定问题意识,回答人民群众紧密关注的理论与实践问题,并把自己的生长与发展植根于人民群众的日常生活中。

回顾社联及其领导的左翼社会科学运动,可以发现社联发动的哲学大众化、通俗化运动正是一个推进马克思主义哲学大众化的过程,正如于 1935 年发布的社联新纲领宣称:"中国社会科学者联盟的盟员,为发挥马克思列宁主义的中国社会科学,要进行社会科学的通俗化与大众化的工作,要向工人、农民、小市民学生和自由职业者仔细的明白的指出帝国主义资本主义的破产,中国和中国文化的出路,苏联和中国苏维埃的坚苦的奋斗和伟大的胜利,一切政治经济斗争的经验和教训;耐心的教育他们,提高他们的认识,使他们成为马克思列宁主义的拥护者乃至理论上的战斗者。"[1]正是在这一纲领的思想指引下,围绕在社联周围的左翼社会科学工作者开始转向哲学大众化、通俗化创作,陆续推出了一系列哲学大众化、通俗化作品,尤其是艾思奇撰写的《哲学讲话》集中体现了马克思主义哲学的人民性及其问题导向与意识,由此融通了书本指示的意义世界与民众感知的生活世界,不仅探讨了 20 世纪 30年代民众对国家、社会与自身出路的普遍困惑与焦虑,而且提供了回答上述理论与实践问题的哲学依据与路径,反过来又引导民众认同了马克思主义

---

[1] 《中国社会科学者联盟纲领草案》,《文报》第 11 期,1935 年 10 月 25 日。转引自上海市哲学社会科学学会联合会编:《中国社会科学家联盟成立 55 周年纪念专辑》,上海社会科学院出版社 1986 年版,第 255—256 页。

哲学叙述的基本概念、范畴与原则，接受了马克思主义哲学彰显的科学立场、观点与方法。

在今天的社会科学界，马克思主义要持续发挥对哲学社会科学的指引，就要继续保持同人民群众的紧密结合，而中国共产党既然已经确立了实现人民对美好生活的向往这一奋斗目标，那么马克思主义自然必须回答事关人民对美好生活的向往的理论与实践问题，哲学社会科学自然必须因应事关人民对美好生活的向往的现实需要与利益需求，正如习近平总书记在哲学社会科学工作座谈会上的重要讲话中说："为什么人的问题是哲学社会科学研究的根本性、原则性问题。我国哲学社会科学为谁著书、为谁立说，是为少数人服务还是为绝大多数人服务，是必须搞清楚的问题。……我们的党是全心全意为人民服务的党，我们的国家是人民当家作主的国家，党和国家一切工作的出发点和落脚点是实现好、维护好、发展好最广大人民根本利益。我国哲学社会科学要有所作为，就必须坚持以人民为中心的研究导向。脱离了人民，哲学社会科学就不会有吸引力、感染力、影响力、生命力。"①又如习近平总书记在参加全国政协十三届二次会议文化艺术界与社会科学界委员联组会议时说："文学艺术创造、哲学社会科学研究首先要搞清楚为谁创作、为谁立言的问题，这是一个根本问题。……哲学社会科学工作者要走出象牙塔，多到实地调查研究，了解百姓生活状况、把握群众思想脉搏，着眼群众需要解疑释惑、阐明道理，把学问写进群众心坎里。"②

## 四、要进一步增强对中国社会科学界的组织领导及其建设

社联是中国共产党在中国社会科学界创建的第一个兼具专业性与组织性纪律性的社会科学团体，是中国共产党在中国社会科学界创建的第一个兼具中国共产党人与民主人士的统一战线组织。可以说，社联在中国共产党与左翼社会科学工作者中间建立了一个联络的渠道与沟通的平台，使具有革命倾向的左翼社会科学工作者紧密地团结在自身周围，并把他们传输到中国共产

---

① 习近平：《在哲学社会科学工作座谈会上的讲话》，《人民日报》2016年5月19日第2版。
② 习近平：《一个国家、一个民族不能没有灵魂》，《求是》2019年第8期。

党的理论工作者阵营当中。反过来说，中国共产党也正是通过社联这一中介来发生作用与影响，实现中国共产党对哲学社会科学工作的全面领导与规划，并确保马克思主义在哲学社会科学领域始终在场并发声。

回顾社联及其领导的左翼社会科学运动，尤其是回顾社联自创立以来的组织建构及其沿革进程，可以发现中国共产党非常重视对社联的领导，在社联内部建立了党团组织，通过党团来实现对社联机关的领导，进而实现对社联基层组织的领导，最终把党的意志、决定与主张传达并执行下去；可以发现社联非常重视对左翼社会科学工作者的领导，不仅在纵向上建立了自上而下的组织体系与链条，而且在横向上设立了种类齐全的职能机构与部门，把左翼社会科学运动从个体行动发展到集体行动；也可以发现社联非常重视左翼社会科学工作者的自身建设，指引他们坚守革命理想与信念，教导他们正确工作、学习与生活，要求他们同各种错误倾向作斗争，还在他们中间进行批评与自我批评。

在今天的社会科学界，党的领导与党的建设依然非常重要。党政军民学、东西南北中，党是领导一切的。坚持党对哲学社会科学工作的领导是坚持党对一切工作的领导在社会科学界的集中体现。必须坚持党对哲学社会科学工作的政治领导、思想领导与组织领导，自觉增强政治意识、大局意识、核心意识与看齐意识，自觉维护党中央权威和集中统一领导，自觉在思想上政治上行动上同党中央保持高度一致。与此同时，党的领导与党的建设是有机统一的。坚持党的领导必须加强党的建设尤其是党的政治建设、思想建设与组织建设，确保党自身始终成为哲学社会科学工作的坚强领导核心，在哲学社会科学工作中发挥党组织的战斗堡垒作用，发挥党员的先锋模范作用。

在政治、思想与组织领导中，组织领导是一个关键环节。在今天的社会科学界，社联依然是中国共产党领导哲学社会科学工作的一个重要组织载体，也是团结广大哲学社会科学工作者的一个重要组织机构。有鉴于此，无论是传播马克思主义还是繁荣哲学社会科学，中国共产党都需要增强对中国社会科学界的组织领导及其建设，确立社联在传播马克思主义中的主体性地位，树立社联在繁荣哲学社会科学中的主体性地位，通过社联的作用与影响在社会科学界传播理论、凝聚共识与培养人才，尤其需要重视哲学社会科学工作者的自身建设，对他们自身的政治素养与学术素养进行复合式培养锻炼，引导他们在学术研究与讨论中坚守马克思主义的政治立场与态度。这正如习近平总书记在中国人民大学考察调研期间所强调的："哲学社会科学工作者要做到方向明、主义真、学问高、德行正,自觉以回答中国之问、世界之问、人民之问、时代之问为学术己任,以彰显中国之路、中国之治、中国之理为思想追求,在研究解决事关党和国家全局性、根本性、关键性的重大问题上拿出真本事、取得好成果。"①

---

① 《坚持党的领导、传承红色基因、扎根中国大地,走出一条建设中国特色、世界一流大学新路》,《人民日报》2022 年 4 月 26 日第 1 版。

# 左翼社会科学运动大事记[*]

（1928 年 1 月—1937 年 8 月）

## 1928 年

**1 月**

**15 日**　由创造社出版的综合性理论刊物《文化批判》月

---

[*] 本大事记主要参考中共上海市委党史资料征集委员会编《中共
上海党史大事记（1919—1949）》（知识出版社 1989 年版）、中共
上海市委党史资料征集委员会编《上海革命文化大事记（1919—
1937）》（上海书店出版社 1995 年版）、史先民编《中国社会科学
家联盟资料选编》（中国展望出版社 1986 年版）、上海市哲学社
会科学联合会编《中国社会科学家联盟成立 55 周年纪念专辑》
（上海社会科学院出版社 1986 年版）、中央编译局编《马克思恩
格斯著作在中国的传播》（人民出版社 1983 年版）、夏衍著《懒寻
旧梦录》（生活·读书·新知三联书店 1985 年版）、许涤新著《风
狂霜峭录》（生活·读书·新知三联书店 1989 年版）、李一氓著
《李一氓回忆录》（人民出版社 2001 年版）、艾思奇文稿整理小组
编《一个哲学家的道路——回忆艾思奇同志》（云南人民出版社
1981 年版）、范用编《战斗在白区：读书出版社（1934—1948）》（生
活·读书·新知三联书店 2001 年版）等。

刊创刊,朱镜我、彭康、李铁声是该刊的主要撰稿人。该刊宣传马克思主义哲学的世界观及其方法论,这是创造社开始关注社会科学的重要信号。该刊共出 5 期。

**3 月**

**15 日** 由创造社出版的《流沙》半月刊创刊,李一氓是该刊的主要撰稿人。该刊共出 6 期。

**5 月**

**本月** 创造社出版部出版朱镜我翻译的《社会主义的发展》,即恩格斯著《社会主义从空想到科学的发展》的中译本。

**8 月**

**15 日** 由创造社出版的《思想》月刊创刊,朱镜我、彭康、李铁声是该刊的主要撰稿人。该刊继承《文化批判》月刊的理念和精神,同样宣传马克思主义哲学的世界观及其方法论。该刊共出 5 期。

**10 月**

**1 日** 陶希圣在周佛海主编的《新生命》月刊第 1 卷第 10 期上发表《中国社会到底是什么社会》一文,揭开中国社会科学界关于中国社会性质论战的序幕。

**本月** 创造社出版部出版杜国庠翻译的猪俣津南雄著《金融资本论》。

**11 月**

**5 日** 由创造社出版的《日出》旬刊创刊,李一氓是该刊的主要撰稿人。该刊共出 5 期。

**本年** 6—7 月,中共六大在莫斯科郊外秘密召开,确定党在土地革命战争时期宣传工作的总路线与基调。大会确认中国社会性质是半殖民地半封建社会,中国革命性质是反帝反封建的资产阶级民主革命。

**本年** 从 1928 年开始,以王学文为主要代表的左翼社会科学工作者通过张庆孚的关系在上海法政学院、上海艺术大学、中华艺术大学、群治大学与暨南大学等上海的一些大学任教,此外还在自己创建的一些学校如华南大学、文艺暑期补习班、现代学艺研究所、浦江中学、泉漳中学与外语学校等任教。

# 1929 年

**1 月**

**10 日**　国民党中央宣传部制定《宣传品审查条例》。

**本月**　创造社出版部出版杜国庠翻译的佐野学著《旧唯物论的克服》。

**本月**　创造社出版部出版彭芮生翻译的萨克思著《科学的社会主义的基本原理》。

**2 月**

**7 日**　创造社出版部被国民党查封,改称江南书店继续进行出版与发行工作。

**4 月**

**本月**　光华书局出版杜国庠翻译的德波林著《唯物辩证法与自然科学》。

**5 月**

**本月**　江南书店出版李铁声翻译的布哈林著《辩证法的唯物论》。

**本月**　江南书店出版杜国庠翻译的佐野学著《无神论》。

**6 月**

**15 日**　国民党中央秘书处批准国民党中央宣传部草拟的《关于取缔销售共产书籍各书店办法》。

**25 日**　中共六届二中全会通过《宣传工作决议案》,根据"我党同志参加各种科学文学及新剧团体"的中共六大会议精神,要求"党应当参加或帮助建立各种公开的书店,学校,通信社,社会科学研究会,文学研究会,剧团,演说会,辩论会,编译新书刊物等工作"。并根据中央通告第四号提出创设"一普通的文化机关以指导和批判全国的思想和文艺"的要求,决定在中央宣传部内专门设立文化工作委员会,负责"指导全国高级的社会科学的团体,杂志,及编辑公开发行的各种刊物书籍"。

该决议案还根据中共六大"加紧党员群众的教育,增加他们的政治程度,有系统的宣传马克思列宁主义"的会议精神,以及中央通告第四号发出"首先就要求提高全党的理论程度和政治水平"的指示要求,重申不仅要"扩大马克思列宁主义的宣传并且要普遍这种宣传到工人群众中去",而且要"加强党内马克思列宁主义的理论教育",决定在中央宣传部内专门设立翻译科,负责"翻译各种马克思列宁主义的著作,国际上之关于政治经济革命运动苏联状况及各兄弟党的材料"。

**本月** 新生命书局出版杨贤江翻译的《家族私有财产及国家之起源》,即恩格斯著《家庭、私有制和国家的起源》的首个中文全译本。

**本月** 南强书局出版杜国庠翻译的普列汉诺夫著《史的一元论》。

**7 月**

**11 日** 国民党中央通令各级党部并函国民政府通饬各机关一体严密查禁左翼文艺和社会科学书刊。

**本月** 南强书局出版柯柏年翻译的狄慈根著《辩证法的逻辑》。

**本月** 昆仑书店出版熊得山等翻译的山川均、石滨知行和河野密合著《唯物史观经济史》(上册)。

**8 月**

**5 日** 由创造社出版的《新兴文化》月刊创刊,朱镜我是该刊的主要撰稿人。该刊只出 1 期便停刊。

**同日** 陈独秀发出《关于中国革命问题致中共中央信》,这是他转变成为托派成员的一个重要标志。

**13 日** 中共中央发布中央通告第四十四号,要求全党同党内反对派即托陈取消派作思想上理论上以至于组织上的斗争。

**9 月**

**本月** 南强书局出版杜国庠翻译的亚克色列罗德著《社会学的批判》。

**本月** 联合书店出版柯柏年翻译的狄慈根著《辩证法唯物论》。

**本月** 昆仑书店出版熊得山等翻译的山川均、石滨知行和河野密合著《唯物史观经济史》(中册)。

**本月** 昆仑书店出版社邓初民著《政治科学大纲》,这是一部马克思主义政治学教科书,建构体现马克思主义的政治学体系及其概念与范畴。

**10 月**

**5 日** 中共中央政治局通过《中央关于反对党内机会主义与托洛斯基主义反对派的决议》,揭露托陈取消派关于中国社会与革命问题的认识偏差,批评托陈取消派暴露出来的取消主义错误观点与路线。

**本月**　江南书店出版李一氓翻译的李阿萨诺夫著《马克思恩格斯合传》。

**本月**　南强书局出版彭康翻译的考茨基著《新社会之哲学的基础》。

**本月**　昆仑书店出版熊得山等翻译的山川均、石滨知行和河野密合著《唯物史观经济史》(下册)。

**11 月**

**13 日**　中共中央向各级党部及全体同志发出第一封公开信,号召全党反对托陈取消派。

**15 日**　由江南书店出版的综合性理论刊物《新思潮》月刊创刊,朱镜我、彭康、吴黎平、王学文、李一氓等是该刊的主要撰稿人。该刊是左翼社会科学工作者集体参加当时社会科学论战的思想阵地,不仅从正面宣传马克思主义科学真理,而且批判反马克思主义错误思想,具有非常鲜明的理论批判色彩。该刊共出 7 期,1930 年 7 月第 7 期改名《新思想》月刊。

**本月**　南强书局出版杜国庠、柯柏年、王慎名合编《新术语辞典》。

**12 月**

**本月**　南强书局出版彭康翻译的《费尔巴哈论》,即恩格斯著《路德维希·费尔巴哈和德国古典哲学的终结》的中译本。

**本月**　水沫书店出版李一氓翻译的伐尔茄著《1928 年世界经济与经济政策》。

**本年**　8—9 月,国民党中央决定在全国重要城市实行邮件检查,下一年又决定把邮件检查制度从重要都市延伸到基层县市。

**本年**　从 1929 年至 1936 年,国民党中央宣传部连续数年编制并公布取缔社会科学书刊一览表,依表查禁或查扣一系列左翼社会科学书刊。

**本年**　秋,中共中央宣传部根据中共六届二中全会通过的《宣传工作决议案》,组建文化工作委员会(简称"文委"),潘汉年任文委书记,朱镜我、王学文、杜国庠、彭康、吴黎平、李一氓等任文委委员,朱镜我于下一年任文委书记,潘梓年于下一年任文委委员。

**本年**　中国共产党在上海康脑脱路(今康定路)762 号创立华兴书局,该书局是中国共产党的一个地下出版机构。在 1929 年至 1931 年期间,华兴书局专门出版与发行马克思主义著作或俄共(布)党史、革命史著作,将其汇编"上海社会科学研究学会丛书"或"中外研究学会丛书"。

# 1930 年

**1 月**

**20 日** 《新思潮》月刊第 2、3 合期发表李一氓草拟的《关于马克思及马克思主义中文译著书目试编》一文,该文整理与统计出版界现有的马恩译著,并且依据出版社发布的消息预告准备出版的马恩译著。

该刊同期发表署名君素的《一九二九年中国关于社会科学的翻译界》一文,该文描绘了中国社会科学界进入黄金时期及其正在发生左转的情景,证实了中国社会科学界在 1929 年出现翻译年的现象,尤其是列举了 1929 年间出版的 155 种新兴社会科学书籍目录。

**同日** 联合书店出版郭沫若著《中国古代社会研究》,这是一部运用马克思主义研究中国古代社会的代表作,揭开中国社会科学界关于中国社会史论战的序幕。

**2 月**

**28 日** 《新思潮》月刊编辑部在该刊第 4 期发布《新思潮社第一次征文题目并缘起》,面向社会科学界的志士仁人征求论文,回答社会科学论战中的相关问题,其中第一个问题是"中国是资本主义的经济,还是封建制度的经济?"

**本月** 上海社会科学研究会出版(但由沪滨书店经销)李一氓翻译的《马克思论文选译》第一集,该书由李一氓根据美国国际书店出版的英译本翻译而来,收录若干马克思的重要著作或著作节选。

**3 月**

**2 日** 左联成立大会在上海窦乐安路 233 号(今多伦路 201 弄 2 号)中华艺术大学举行,朱镜我、彭康、杜国庠参加左联成立大会。在社联的筹备阶段,左联发挥了某种过渡性作用,集结了一批左翼社会科学工作者在其内部进行哲学社会科学著述译介。

**本月** 昆仑书店出版陈启修翻译的马克思著《资本论》第一卷第一分册,该译本系根据德文原版并对比日本著名经济学者河上肇的日译本翻译而来。

**本月** 南强书局出版杜国庠翻译的德波林著《辩证法的唯物论入门》。

**本月** 南强书局出版柯柏年著《怎样研究新兴社会科学》,该书是左翼社会科学的指导性读物,明确回答左翼社会科学是什么和怎样研究左翼社会科学这两大基本问题。

**本月**　国民政府根据国民党中央宣传部指示制定《出版法》。

**本月**　中共中央宣传部长李立三在《布尔塞维克》第 3 卷第 2、3 合期上发表《中国革命的根本问题》一文,反击托陈取消派的错误言论。

**4 月**

**1 日**　鲁迅在《萌芽》月刊第 4 期上发表《我们要批评家》一文,明确提出自 1929 年以来中国的出版界已在转向社会科学。

**11 日**　中共中央向各级党部及全体同志发出第二封公开信,号召全党反对托陈取消派。

**15 日**　《新思潮》月刊编辑部推出该刊第 5 期暨《中国经济研究》专号,把该刊第 4 期的征文收集到的论文陆续收录在第 5 期、第 6 期与《新思想》月刊即《新思潮》月刊第 7 期。这些论文强调经济至上的学理与思路,论证中国社会性质是半殖民地性与半封建性,批判国民党新生命派、托陈取消派等在这一问题上的错误言论。在该刊编辑部看来,"为了解现代中国的实际社会的阶段性,必须分析中国社会的经济的构造及其特殊的性质,这,要是知道社会学的人们,相信唯物的历史观的人们,无论谁都是承认的,而且是不得不承认的!"

**同日**　《新思潮》月刊第 5 期发表《统一译语草案》,旨在推动社会科学界翻译工作标准化和规范化。

**本月**　江南书店接连出版向省吾翻译的恩格斯著《费尔巴哈与古典哲学的终末》(即恩格斯著《路德维希·费尔巴哈和德国古典哲学的终结》的中译本)与马克思恩格斯合著《马克思恩格斯关于唯物论的片断》。

**本月**　江南书店出版彭康翻译的普列汉诺夫著《马克思主义的根本问题》。

**本月**　神州国光社出版朱镜我翻译的米哈列夫斯基著《经济学入门》(上册)。

**本月**　光华书局出版张如心著《无产阶级的哲学》。

**本月**　江南书店出版张如心著《辩证法学说概论》。

**本月**　彭康在公共租界被逮捕。

**5 月**

**1 日**　左联出版的《萌芽》月刊第 5 期刊登了《社会科学讲座》的出版预

告,公布了该书的创作目的、作者姓名与编撰内容,实际上对该书进行了一次推销式宣传。

**20 日** 社联成立大会在上海举行,当时到会参加人员的数量大约在 30 余至 43 人间。筹备委员会宣布开会后,公推举宁敦伍担任主席(社联主席实际上由邓初民担任),筹备委员潘汉年报告筹备经过,左联代表田汉等人发表演说,随即通过社联的纲领《中国社会科学家联盟纲领》和组织章程《中国社会科学家联盟简章》。

社联成立大会规定社联的组织机构如下:社联的最高权力属于全体会员大会,由会员大会选举七个执行委员,组织执行委员会,处理大会所委定的任务;执行委员会中设有秘书部、宣传部、组织部、总务部;又设有中国政治经济委员会、国际政治经济委员会、书报审查委员会、编辑出版委员会、基金筹募委员会和青年问题委员会。并规定社联的机关杂志为《社会科学战线》。

中国共产党在社联内部设立党团,接受中央文化工作委员会领导。社联首届党团成员包括朱镜我、王学文、潘梓年、杜国庠和彭康,其中朱镜我担任社联首任党团书记。此外,吴黎平、李一氓代表中央参加社联工作。

**21 日** 左联出版的《巴尔底山》第 5 期发表子西的《中国社会科学家联盟的成立》一文,报道社联成立大会的情况。

**本月** 神州国光社出版李一氓翻译的伐尔茄著《1929 年世界经济与经济政策》。

**本月** 辛垦书店出版任白戈翻译的德波林著《伊里奇的辩证法》。

**本月** 国民政府内政部依据《出版法》相关条文发布《出版法施行细则》。

**本月** 中共中央宣传部长李立三在《布尔塞维克》第 3 卷第 4、5 合期上发表《中国革命的根本问题》(续)一文,反击托陈取消派的错误言论。

**本月** 光华书局出版张如心著《苏俄哲学潮流概论》。

**6 月**

**1 日** 左联出版的《新地》月刊即《萌芽》月刊第 6 期在国内文艺消息栏目中发表子西的《中国社会科学家联盟的成立》一文,并最先发布社联的纲领《中国社会科学家联盟纲领》。

**22 日** 社联举行第一次全体盟员大会,这次大会为庆祝全国苏维埃区域代表大会的成功而召开。首先由出席苏区代表大会的代表作报告,进而当场讨论和决定今后的工作方针,再由社联秘书作工作报告,汇报社联内部的工作经过及现状,以及社联和各革命团体过去的关系及现状。

**本月**　一本综合性哲学社会科学论文集《社会科学讲座》第一卷以社会科学讲座社的名义编辑与出版,同时由上海光华书局发行,这是在左翼社会科学运动史上最具有代表性的一次集体创作。

《社会科学讲座》第一卷共收录社会科学著译十二篇,主要撰稿人包括朱镜我、吴黎平、杜国庠、王学文、郭沫若、潘文郁、冯乃超及李一氓。当时,左翼社会科学工作者除编排中文目录外,还编排英文目录,但中英文标题并不完全一致,例如该书英文名叫 *Under The Banner of Marxism*。该书包括左翼社会科学工作者撰写的体现马克思主义社会科学知识及其话语的论文,也包括他们翻译的马克思主义经典著作或者其他相关著作的中译文。

**本月**　华兴书局重新出版与发行瞿秋白的《社会科学概论》,署名德国人布浪得耳著、杨霄青译,并更名为《社会科学研究初步》。

**7 月**

**1 日**　《新思想》月刊即《新思潮》月刊第 7 期发表《中国社会科学家联盟的成立及其纲领》一文,同样报道社联成立大会的情况(内含《中国社会科学家联盟纲领》)。

**同日**　《新思想》月刊即《新思潮》月刊第 7 期继续发表《统一译语草案》,旨在推动社会科学界翻译工作标准化和规范化。

**15 日**　托陈取消派的严灵峰在《动力》第 1 期发表《"中国是资本主义的经济,还是封建制度的经济?"?》一文,推翻《新思潮》月刊关于中国经济具有半殖民地性与半封建性的说法,认为中国经济是由资本主义占领导地位。

**本月**　明日书店出版陈韶奏和朱泽淮合译的列宁著《唯物论与经验批判论》,这是列宁著《唯物主义和经验批判主义》的首个中文全译本。

**本月**　南强书局出版柯柏年著《社会问题大纲》。

**8 月**

**15 日**　社联与左联合作出版的《文化斗争》第 1 期发表社联通过的《拥护苏维埃代表大会宣言》,宣传全国苏维埃区域代表大会的内容及其精神;发表社联通过的《反社会民主主义宣传纲领》,批判社会民主主义、托洛茨基主义暴露出来的思想错误及其政治危害。

**9 月**

**10 日**　左联的机关杂志《世界文化》创刊,该刊在世界文化消息栏目中报道社联创立以来的现状(内含《中国社会科学家联盟纲领》),并且发表朱镜我起草的《中国思想界的解剖》和吴黎平起草的《中国社会科学运动的意义》两文,考察中国社会科学界的思想动态及其阵营分野。该刊只出 1 期便停刊。

**15 日**　社联的机关杂志《社会科学战线》创刊,该刊除发表左翼社会科学政论性文章例如李一氓起草的《社会民主党政纲批评》外,还发布《中国社会科学家联盟纲领》(包括中、英、德文三个版本)、社联的宣言《中国社会科学家的使命》和社联的组织工作记录《联盟记事》。该刊只出 1 期便停刊。

**30 日**　托陈取消派的严灵峰在《动力》第 2 期发表《再论中国经济问题》一文,重申他在该刊第 1 期上发表的《"中国是资本主义的经济,还是封建制度的经济?"?》一文的思想观点。

**本月**　为广泛团结进步文化工作者,推进左翼文化运动的开展,中国左翼文化界总同盟(简称"文总")成立,由中央文委直接领导。文总统一领导左联、社联,以及继后成立的美联、剧联、语联、记联、教联、电影小组、音乐小组等左翼文化团体。

**本月**　昆仑书店出版熊得山等翻译的拉法格著《宗教及正义善的观念之起源》。

**10 月**

**本月**　神州国光社出版朱镜我翻译的米哈列夫斯基著《经济学入门》(下册)。

**11 月**

**14 日**　国民党浙江省党部组织部向中央组织部呈交《浙江省中等以上学校内党部或党员侦查校内共产分子办法》。

**本月**　江南书店出版吴黎平翻译的恩格斯著《反杜林论》,这是该书在中国的首个中文全译本。

**本月**　吴黎平在公共租界被逮捕。

**12 月**

**本月**　昆仑书店出版钱铁如翻译的《反杜林格论》(上册),但其只包括《反杜林论》的绪论与第一编"哲学",还缺少第二编"经济学"与第三编"社会主义"。

**本月** 心弦书社出版吴黎平翻译的芬格尔特和薛尔文特合著《辩证法唯物论与唯物史观》,这是一部哲学与社会学教科书,反映了苏联学者对马克思主义哲学的研究动态。

**本年** 9、11月,国民党中央执行委员会秘书长陈立夫签署第15889号公函(9月20日)和第17739号公函(11月8日),要求查封包括社联在内的各左翼文化团体并且"通缉"其主持分子。

**本年** 下半年,社研成立大会在上海举行,会上选举王学文、朱理治、陈孤风负责社研工作,成立领导班子,其中王学文担任社研第一任党团书记。社研是社联的兄弟组织,专注于锻炼与培训青年,向社联输送政治站位正确而理论根基扎实的青年社会科学工作者。

**本年** 杜国庠引荐上海劳动大学的许涤新与上海邮政储汇局的蔡馥生参加社联。

# 1931 年

**1 月**

**15 日** 社联出版的《书报评论》创刊,由柯柏年担任该刊主编,标志着社联书报评论工作的全面兴起。该刊的创刊动机包括:其一,尽可能减少读者择书的困难,介绍与批评新近出版的社会科学书籍,实事求是地评价这些书籍在译文与内容上的优点与缺点,供读者参考与比较;其二,培养读者阅读社会科学书籍的兴趣与爱好,共享读者自己的读书心得与读书体会。该刊共连续出版6期。

**2 月**

**5 日** 国民党中央宣传部向省市党部发出指示,提出"应将三民主义应用到社会科学、社会问题及文艺的领域里去","同时应用学术上的新发明以证实三民主义,使智识分子深刻的接受本党主义"。

**4 月**

**1 日** 神州国光社出版的《读书杂志》创刊,该刊由王礼锡担任主编。该刊曾经在1931年至1933年期间推出4辑《中国社会史论战》专号,标志着中国社会科学界关于中国社会史论战达到高潮。

**7 月**

**15 日** 王学文在《读者》月刊第 1 期上发表《中国经济的性质是什么？——评中国几位社会科学家的见解》一文，批判托陈取消派的严灵峰在《动力》第 1 期和第 2 期上接连发表的诋毁《新思潮》月刊的两篇论文。

**10 月**

**2 日** 社研召开第三次代表大会，50 余个分会和 70 至 80 人代表出席，文总及社联代表列席，并作详细政治报告。

**11 月**

**20 日** 国民党四大专门审议、通过一则《关于党义教育案》，建议把三民主义与社会科学知识及其话语相结合，融入社会科学课程体系与教材体系，要求"一扫过去特设党义课程之弊病，而渗透党义于各种社会科学书籍中"。

**本月** 9—11 日，国民党三届中央第二次临时全体会议召开，提议从单纯的政治宣传转向思想文化复合式宣传，从依靠其自身宣传机构运作转向整合多种文化主管机构运作。

**12 月**

**本月** 神州国光社出版郭沫若翻译的马克思著《政治经济学批判》，其主要内容与马克思著《资本论》第一卷第一篇大体一致。

**本年** 1—3 月，国民党根据相关情报决定查封华兴书局，由淞沪警备司令部下令上海市公安局会同公共租界警务处前往，发现华兴书局已经关门停业。

**本年** 4—5 月，国民党调查员章超奉命秘密监视北平各大高校的共产党组织与学生社团组织，索取这些组织的内部信息与情报，其中涉及北平社联与社研的相关信息与情报。

**本年** 秋，朱镜我卸任社联党团书记，转去上海中央局宣传部任职。从朱镜我离任到沈志远回国上任期间，社联党团书记的人选包括王学文、杜国庠、刘芝明与张庆孚，但张庆孚的领导作用更大。

**本年** 秋，瞿秋白在上海指导左翼文化工作。他在给中央文委起草的一个文件中率先提出大众化的命题，其中包括实现社会科学大众化的设想。由此，社联在其内部提出社会科学大众化的宣传口号。

# 1932 年

**1 月**

**18 日** 左联出版的《文艺新闻》周刊第 45 期报道社研召开第三次代表大会的情况。

**本月** 光华书局再次出版张如心著《无产阶级的哲学》,改名《辩证法与唯物论》。

**2 月**

**本月** 中国公学的校址从吴淞迁移到法租界辣斐德路(今复兴中路)1260号,该校社会学系主任李剑华请聘何思敬来校任教,但教务长樊仲云利用职权把何思敬除名。何思敬于本年 6 月 6 日在《申报》刊登《何畏启事》,揭露事实真相、证明自身清白。

**4 月**

**1 日** 社联出版的综合性理论刊物《研究》创刊,由柯柏年担任该刊主编。该刊编辑部宣称首先"要介绍正确的社会科学的理论",再"应用正确的理论于实际的社会问题",但更重要的是"要批评各式各样的带有欺骗性质的不正确的理论,使读者不会误被他们走上绝路去"。该刊只出 1 期便停刊。

**20 日** 社联出版的《社会现象》周刊创刊,由许涤新担任该刊主编,同时他也是该刊主要撰稿人,专注于批评国际国内的政治经济形势及其危机。该刊共出 7 期。

**同日** 毛泽东领导红军打下漳州,后来他在漳州龙溪中学图书馆内亲自收集到吴黎平翻译的恩格斯著《反杜林论》。

**25 日** 左联出版的《文艺新闻》周刊第 52 期对社联出版的《研究》创刊号进行报道。

**5 月**

**1 日** 北平文总出版的《大众文化》创刊号发表北平社联的理论纲领《斗争纲领》和组织章程《组织大纲》。

**同日** 北平文总出版的《大众文化》创刊号发表北平社联编辑的《马克思列宁主义的战线》出版预告,这实际上是一本回击国际托洛茨基主义与国内取消主义错误思想的论文集,其理论批判色彩非常浓重。

**本月**　昆仑书店出版杨东莼和宁敦伍合译的恩格斯著《机械论的唯物论批判》,即恩格斯著《路德维希·费尔巴哈和德国古典哲学的终结》的中译本。

**7月**

**本月**　辛垦书店出版任白戈翻译的史托里雅诺夫著《机械论批判》。

**本月**　昆仑书店出版张如心著《哲学概论》。

**8月**

**本月**　北平东亚书局出版潘文郁翻译的马克思著《资本论》第一卷第二分册。

**本月**　笔耕堂书店出版沈志远《黑格尔与辩证法》。

**9月**

**本月**　笔耕堂书店出版李达和雷仲坚合译的西洛可夫等著《辩证法唯物论教程》。

**本月**　笔耕堂书店出版李达和熊得山合译的拉比托斯等著《政治经济学教程》。

**11月**

**24日**　国民党中央宣传部制定《宣传品审查标准》。

**本月**　上海社会主义研究社出版裴丽生翻译的恩格斯著《费尔哈巴论》,即恩格斯著《路德维希·费尔巴哈和德国古典哲学的终结》的中译本。

**12月**

**1日**　正值《申报》创刊60周年纪念,李公朴接受史量才要求其筹建《申报》流通图书馆的委托。

**本年**　2—3月间,社联在大中中学楼上教室召开第二次全体盟员大会,由沈志远主持会议。

**本年**　春,艾思奇抵沪从事哲学社会科学工作,既参加上海反帝大同盟,又经人推荐在上海泉漳中学任教,开始创作兼具专业性与通识性的哲学论文,备受社联党团及其领导人杜国庠的关注。

**本年**　夏,沈志远因故突然失踪,不再担任社联党团书记。

**本年**　秋,受党内"左"倾错误影响,社联主席邓初民被开除盟籍。

**本年**　秋,吴黎平、李一氓从上海启程前往瑞金。

**本年**　张磐石担任北平社联党团书记,负责领导北平社联。

312

# 1933 年

**1 月**

**本月**  中共临时中央从上海迁往瑞金,上海建立中共上海中央局。

**本月**  北平东亚书局出版潘文郁翻译的马克思著《资本论》第一卷第三分册。

**2 月**

**本月**  南强书局出版杜国庠、柯柏年、王慎名合编《新术语辞典》(续篇)。

**3 月**

**8 日**  国民御侮自救会在上海八仙桥基督教青年会举行成立大会,李剑华是当天大会的主席。

**本月**  社联筹备出版马克思逝世 50 周年论文集,这项工作由吴觉先负责,但因故未能出版。

**本月**  社联出版的《现象》月刊创刊,由李剑华主持该刊工作,主要撰稿人既包括社联盟员,也包括左联盟员。其中,李剑华在该刊创刊号上发表《国际反战大会与巴比塞调查团来华》一文,说明世界反战委员会的相关情况。该刊在 1933 年 3 月至 12 月期间出版与发行。

**5 月**

**14 日**  潘梓年同丁玲一道在上海被国民党逮捕。

**15 日**  北平社联召开第八届代表大会的消息由《北平文化》创刊号报道,这次大会表明北平社联领导的左翼社会科学运动开始与抗日救亡运动紧密结合。

**6 月**

**本月**  文总出版的《正路》月刊创刊,由张耀华、蔡馥生担任该刊正副主编,得到湖风书店老板的支持,主要撰稿人包括朱镜我、杜国庠、许涤新、张耀华、蔡馥生、马纯古、艾思奇等。其中,艾思奇在该刊发表《抽象作用与辩证法》和《进化论与真凭实据》两文。该刊只出 2 期便停刊。

**8 月**

**本月**  在远东国际反战大会召开前夕,史存直、张耀华、刘芝明与蔡馥生等被国民党逮捕。

**本月** 生活书店出版李平心著《社会哲学概论》。

**9 月**

**30 日** 远东国际反战大会在上海召开,巴比塞本人未能来华,改由英国马莱爵士率领调查团来沪,社联随同其他左翼文化团体参加大会。

**11 月**

**本月** 南强书局出版柯柏年、杜国庠、王慎名合编《经济学辞典》。

**本月** 王府井立达书店出版《世界文化讲座》,其中刊登李正文著《唯物辩证法讲座》与《经济学讲座》。

**12 月**

**本月** 国民党军警在上海进行搜捕,社联的组织系统被国民党破坏,直接导致其基层组织及其盟员遭受重大损失,其日常工作被迫暂缓甚至暂停。在此期间,李剑华于 12 月 24 日被国民党逮捕。

**本月** 陈瀚笙在上海发起建立左翼民间学术团体——中国农村经济研究会(简称"农研会"),该团体在中国左翼文化总同盟领导下工作。到下一年钱俊瑞担任文总宣传委员时,由他代表文总与农研会联系。

**本年** 自下半年以来,社联与社研发生合并,社联自身的组织规模扩大,因而由"中国社会科学家联盟"改称"中国社会科学者联盟"。正是在社联与社研发生合并的关键节点,《社联盟报》(社联内部油印刊物)创刊,专门刊登社联领导机关与基层组织的工作计划或报告,刊登社联盟员的工作建议或意见,并刊登社联盟员的思想言论或自白,旨在依靠该刊助推自身的组织运作及其建设,增强自身从上至下的组织性与纪律性。该刊在 1933 年至 1935 年期间连续出版与发行,共计 29 期。

**本年** 秋,由史量才创建、李公朴出任馆长的《申报》流通图书馆在位于南京路的大陆商场开业,该图书馆不仅设立读书指导部,而且在《申报》开辟副刊——读书问答。

**本年** 冬,杜国庠指示许涤新接替金则人,担任社联党团书记,重组新一届社联党团。

**本年** 杜国庠安排在上海泉漳中学任教的艾思奇参加社联,进而出任社联研究部长。

**本年** 李正文、宋劭文与裴丽生等人担任北平社联执委,李正文担任研究部长,宋劭文担任党团书记,裴丽生担任出版部长,负责领导北平社联。这套北平社联领导班子从 1933 年维持到 1934 年。

# 1934 年

**4 月**

**5 日** 国民党中央宣传委员会专门设立中央图书杂志审查委员会,出台《中央图书杂志审查委员会组织规程》。

**5 月**

**本月** 《申报》流通图书馆读书指导部出版李公朴主编的《读书问答集》第一集。

**本月** 北平经济学社出版沈志远著《新经济学大纲》,这是一部探讨马克思主义政治经济概念及其原理的教科书。

**8 月**

**本月** 骆驼丛书出版部出版温健公著《现代哲学概论》。

**9 月**

**本月** 骆驼丛书出版社出版温健公、李正文等合译的拉比托斯等著《经济学教程》。

**10 月**

**10 日** 农研会的机关杂志《中国农村》月刊创刊,由薛暮桥担任该刊主编,该刊与资产阶级改良派进行的中国农村社会性质论战中发挥重要作用。

**本月** 中国农村经济研究会成立,由该会创办的《中国农村》创刊。该刊在与资产阶级改良派进行的中国农村社会性质论战中发挥重要作用。

**11 月**

**10 日** 《读书生活》半月刊创刊,由李公朴担任该刊主编,该刊实际上成为社联占领的旨在传播左翼社会科学思想的中间地带。该刊在 1934 年 11 月至 1936 年 11 月期间连续出版与发行 50 期。

**13 日** 史量才乘自备汽车从杭州返回上海,途经浙江海宁县翁家埠附近时,被戴笠所指挥的军统特务杀害。

**本月** 由于史量才被国民党杀害,李公朴在艾思奇、柳湜两人的帮助下推出《读书生活》半月刊,把《申报》的读书问答副刊转移到《读书生活》的读书问答栏目。

**本月** 艾思奇开始负责编辑《读书生活》半月刊的《哲学讲话》专栏,接连撰写一系列哲学大众化、通俗化论文,由此拉开哲学大众化、通俗化运动的帷幕。与此同时,他还编写《读书生活》半月刊的《科学讲话》《读书问答》与《名词浅释》等专栏。

**12月**

**本月** 陈翰笙著《广东农村生产关系与生产》一书在上海由中山文化教育馆出版,该书由他根据在广东的农村经济调查写出。

**本年** 春,艾思奇正式接任社联研究部长,因《申报》流通图书馆读书指导部柳湜要求社联派人支持,经社联党团安排从上海泉漳中学前往《申报》流通图书馆读书指导部,再由许涤新引荐在南京路"冠生园"楼上与柳湜见面。由此,艾思奇、柳湜实际负责《申报》流通图书馆读书指导部和读书问答副刊的工作。

在《申报》流通图书馆读书指导部及其读书问答副刊的工作过程中,开始积累哲学大众化、通俗化运动的群众基础与社会基础,民众对哲学大众化、通俗化运动的兴趣与情绪开始高昂,社联由此探索出一条编者联系读者、读书联系生活与理论联系实际的哲学大众化、通俗化道路。

**本年** 春,马纯古接替许涤新担任社联党团书记。

**本年** 秋,陈处泰接替马纯古担任社联党团书记。

# 1935 年

**2月**

**19日** 中共上海中央局与中国左翼文化总同盟机关遭到国民党的破坏,朱镜我、杜国庠、许涤新、田汉与阳翰笙等重要负责人被捕,史称"二一九"大破坏,对包括左翼社会科学运动在内的左翼文化运动造成影响。

**5月**

**4日** 《新生》周刊发表易水(即艾寒松的笔名)的杂文《闲话皇帝》,招致日本帝国主义的无理"抗议"。

**7月**

**本月**　国民党当局屈从日方压力,判处《新生》周刊主编杜重远 14 个月徒刑,封闭《新生》周刊,引起国内外舆论哗然,社联等左翼文化团体开展抗议活动。

**9月**

**本月**　中国农村经济研究会汇编成册的《中国农村社会性质论战》一书,由新知书店出版。

**10月**

**25 日**　文总出版的《文报》第 11 期发表文总及其下属各左翼文化团体重新制定的新纲领,其中包括社联常委会制定的社联新纲领《中国社会科学者联盟纲领草案》。

**本月**　薛暮桥著《中国农村经济常识》和钱俊瑞著《中国经济问题讲话》两书,由新知书店出版。

**本月**　文委、文总相继得到恢复与重建,社联开始接受新文委与重组的文总的领导。

**12月**

**30 日**　《社联盟报》第 29 期刊登社联常委会起草的《展开中国文化界的统一战线》,同期刊登社联宣传部起草的《反对日本帝国主义占领华北宣传纲领》,这是左翼社会科学运动对抗日救亡运动高涨作出的反应。

**本月**　读书生活出版社在《读书生活》半月刊的基础上创建,选址于静安寺路斜桥弄(今吴江路)71 号,在一个两层楼住宅内设立编辑、出版与发行三个职能机构,未设门市部,李公朴出任总经理,汪仓出任经理兼业务部主任,艾思奇出任编辑部主任,柳湜出任出版部主任。

**本月**　国民党中央训示宣传部普遍推行三民主义的社会科学化,提出"应会同教育部中央研究院依据总理遗教,编著哲学教育政治经济社会诸理论学说,使本党理论完全渗透贯彻于各种学说之中,以收潜移默化之效"。

**本年**　冬,陈处泰因其同伴暗杀蒋介石、汪精卫而受牵连,被国民党逮捕,李凡夫接任社联党团书记。

**本年**　北平大学法商学院印行李达撰写的《社会学大纲》与《经济学大纲》。

**本年**　末,根据萧三来信的指示,执行文委、文总领导层的决定,社联同左联等其他左翼文化团体开始相继自行解散。

# 1936 年

**1 月**

**本月**　读书生活出版社出版艾思奇著《哲学讲话》,即对《读书生活》半月刊《哲学讲话》专栏连载艾思奇一系列哲学大众化、通俗化论文的结集出版。

**3 月**

**本月**　读书生活出版社出版李公朴主编的艾思奇著《知识的应用》,此为读书问答集第二集。

**4 月**

**本月**　生活书店出版柳湜著《街头讲话》,即对《新生》周刊《街头讲话》专栏连载的柳湜一系列进行社会科学大众化、通俗化宣传文章的结集出版。

**5 月**

**本月**　生活书店出版李平心著《社会科学研究法》。

**6 月**

**本月**　读书生活出版社第四次出版艾思奇著《哲学讲话》,该书从第四版开始改名《大众哲学》。

**本月**　生活书店出版沈志远著《现代哲学的基本问题》。

**本月**　新东方出版社出版陈唯实著《通俗辩证法讲话》。

**本月**　读书生活出版社出版艾思奇和郑易里合译的米丁等著《新哲学大纲》。

**8 月**

**本月**　读书生活出版社出版艾思奇著《如何研究哲学》。

**9 月**

**本月**　书店出版社沈志远著《妇女社会科学常识读本》。

**本月**　大众文化出版社出版陈唯实著《通俗唯物论讲话》。

**本月**　生活书店出版李平心主编的《社会科学论文选集》。

**10 月**

**22 日**　毛泽东专门给叶剑英、刘鼎写信,要他们买一批通俗的社会科

318

学、自然科学及哲学的书,其中点名要买艾思奇的《大众哲学》和柳湜的《街头讲话》。

**本月**  大众文化出版社出版陈唯实著《通俗辩证法讲话》。

**11 月**

**23 日**  国民党当局以"危害民国"的罪名在上海将全国各界救国联合会领导人沈钧儒、李公朴等七人逮捕,史称七君子事件。受七君子事件的影响,《读书生活》半月刊随即被国民党查封。

**12 月**

**本月**  从 1936 年 12 月至 1937 年 7 月,胡绳在生活书店出版的《新知识》与《新学识》半月刊的《哲学漫谈》专栏上连续发表书信体论文。

**本月**  商务印书馆出版沈志远翻译的米丁著《辩证唯物论与历史唯物论》。

**本年**  艾思奇领导主持哲学座谈会,会员包括柳湜、陈楚云等十几人。这个座谈会是全国各界救国联合会的团体会员之一,不仅限于学习、研究哲学问题,也涉及其他政治运动等问题。

# 1937 年

**1 月**

**本月**  从 1937 年 1 月至 7 月,李平心在美华书馆出版的《自修大学》半月刊设立《哲学知识座谈》专栏,约请胡绳、冯定等撰写面向青年读者的哲学论文。

**本月**  生活书店出版何干之著《中国社会性质问题论战》,该书对中国社会性质论战作出了比较系统的总结性论述。

**2 月**

**本月**  《读书》半月刊创刊,由陈子展担任该刊主编,该刊是对《读书生活》半月刊的延续。该刊只出 2 期。

**本月**  大众文化出版社出版艾思奇著《民族解放与哲学》,这是艾思奇针对抗日救亡运动高涨而撰写的哲学大众化、通俗化作品。

**本月**  生活书店出版胡绳著《新哲学的人生观》。

**3 月**

**本月** 《生活学校》半月刊创刊,由陈子展担任该刊主编,该刊是对《读书》半月刊的延续。该刊共出 7 期。

**本月** 作家书店出版陈唯实著《新哲学世界观》。

**本月** 一心书店出版沈志远主编、李平心参编的《通俗哲学讲话》。

**本月** 生活书店出版柳湜著《怎样研究政治经济学》。

**4 月**

**本月** 读书生活出版社出版艾思奇著《哲学与生活》,即对艾思奇在《读书生活》半月刊《读书问答》专栏回答读者关于哲学与生活问题的重要书信体论文的结集出版。

**本月** 作家书店出版陈唯实著《新哲学体系讲话》。

**5 月**

**本月** 笔耕堂书店出版李达著《社会学大纲》,这是一部探讨马克思主义哲学概念及其原理的教科书,被毛泽东称作“中国人自己写的第一部马列主义的哲学教科书”。

**6 月**

**15 日** 由艾思奇担任主编的《认识》月刊第一期出版,该期是《思想文化问题特辑》。

**7 月**

**7 日** 卢沟桥事变发生,全民族抗战爆发。

**本月** 生活书店出版何干之著《中国社会史问题论战》,该书对中国社会史论战作出了比较系统的总结性论述。

**8 月**

**1 日** 由艾思奇担任主编的《认识》月刊第二期出版,该期是《中国经济性质特辑》。

**本年** 艾思奇代表读书生活出版社支持郭大力和王亚南合译马克思著《资本论》中文三卷本全译本的工作,该著由读书生活出版社于 1938 年 8 月 31 日、9 月 15 日与 9 月 30 日依次出版。

# 主要参考文献

## 一、经典著作类

1　《马克思恩格斯文集》第 1 卷，人民出版社 2009年版。

2　[德]恩格斯著，朱镜我译：《社会主义的发展》，上海创造社出版部 1928 年版。

3　[德]恩格斯著，李膺扬译：《家族私有财产及国家之起源》，上海新生命书局 1929 年版。

4　[德]恩格斯著，彭嘉生译：《费尔巴哈论》，上海南强书局 1929 年版。

5　[德]马克思等著，李一氓译：《马克思论文选译》，上海社会科学研究会 1930 年版。

6　[德]恩格斯著，吴黎平译：《反杜林论》，上海江南书店 1930 年版。

7　[德]马克思著，郭沫若译：《政治经济学批判》，上海神州国光社 1931 年版。

8　[德]马克思著,陈启修译:《资本论》第一卷第一分册,上海昆仑书店1930 年版。

9　[德]马克思著,潘冬舟译:《资本论》第一卷第二分册,北平东亚书局1932 年。

10　[德]马克思著,潘冬舟译:《资本论》第一卷第三分册,北平东亚书局1933 年。

11　[苏]列宁著,笛秋、朱铁笙译:《唯物论与经验批判论》,上海明日书店1930 年版。

12　《毛泽东选集》第 3 卷,人民出版社 1991 年版。

13　中央文献研究室编:《毛泽东书信选集》,中央文献出版社 2003 年版。

## 二、书 刊 史 料 类

### (一) 书籍史料类

1　《瞿秋白文集・政治理论编》第 7 卷,人民出版社 1991 年版。

2　《李达文集》第 1 卷,人民出版社 1980 年版。

3　《艾思奇文集》第 1 卷,人民出版社 1981 年版。

4　《何干之文集》第 2 卷,北京出版社 1993 年版。

5　[德]布浪得耳著,杨霄青译:《社会科学研究初步》,上海华兴书局1930 年版。

6　社会科学讲座社编:《社会科学讲座》第一卷,上海光华书局 1930 年版。

7　柯柏年:《怎样研究新兴社会科学》(增订本),上海南强书局 1930 年版。

8　柯柏年:《社会问题大纲》,上海南强书局 1930 年版。

9　邓初民:《政治科学大纲》,上海昆仑书店 1929 年版。

10　李达:《社会学大纲》,笔耕堂书店 1937 年版。

11　艾思奇:《哲学讲话》,读书生活出版社 1936 年版。

12　艾思奇:《大众哲学》,读书生活出版社 1936 年版。

13　艾思奇:《知识的应用》,读书生活出版社 1936 年版。

14　艾思奇:《哲学与生活》,读书生活出版社1937年版。

15　艾思奇:《如何研究哲学》,读书生活出版社1936年版。

16　艾思奇:《民族解放与哲学》,大众文化出版社1937年版。

17　柳湜:《街头讲话》,上海生活书店1936年版。

18　柳湜:《怎样研究政治经济学》,上海生活书店1937年版。

19　张如心:《无产阶级的哲学》,上海光华书局1930年版。

20　张如心:《苏俄哲学潮流概论》,上海光华书局1930年版。

21　张如心:《辩证法学说概论》,上海江南书店1930年版。

22　张如心:《哲学概论》,上海昆仑书店1932年版。

23　沈志远:《新经济学大纲》,北平经济学社1934年版。

24　沈志远:《黑格尔与辩证法》,笔耕堂书店1932年版。

25　沈志远:《现代哲学的基本问题》,上海生活书店1936年版。

26　沈志远:《妇女社会科学常识读本》,上海生活书店1936年版。

27　陈唯实:《通俗辩证法讲话》,新东方出版社1936年版。

28　陈唯实:《通俗唯物论讲话》,大众文化出版社1936年版。

29　陈唯实:《新哲学世界观》,上海作家书店1937年版。

30　陈唯实:《新哲学体系讲话》,上海作家书店1937年版。

31　温健公:《现代哲学概论》,骆驼丛书出版部1934年版。

32　赵一萍:《社会哲学概论》,上海生活书店1933年版。

33　李圣悦:《现代社会学理论大纲》,上海光华书局1930年版。

34　李平心:《社会科学论文选集》,上海生活书店1936年版。

35　李平心:《社会科学研究法》,上海生活书店1936年版。

36　沈志远、李平心:《通俗哲学讲话》,上海一心书店1937年版。

37　胡绳:《新哲学的人生观》,上海生活书店1937年版。

38　吴理屏编:《辩证法唯物论与唯物史观》,上海心弦书社1930年版。

39　吴黎平编:《社会主义史》,上海江南书店1930年版。

40　[俄]普列汉诺夫著,彭嘉生译:《马克思主义的根本问题》,上海江南书店1930年版。

41　[德]考茨基著,彭嘉生译:《新社会之哲学的基础》,上海南强书局1929年版。

42 ［苏］米哈列夫斯基著,朱镜我译:《经济学入门》(上、下册),上海神州国光社 1930 年版。

43 ［苏］李阿萨诺夫著,李一氓译:《马克思恩格斯合传》,上海江南书店 1929 年版。

44 ［苏］伐尔茄著,李一氓译:《1928 年世界经济与经济政策》,上海水沫书店 1929 年版。

45 ［苏］伐尔茄著,李一氓译:《1929 年世界经济与经济政策》,上海神州国光社 1930 年版。

46 ［苏］德波林著,林伯修译:《唯物辩证法与自然科学》,上海光华书局 1929 年版。

47 ［俄］蒲列哈诺夫著,吴念慈译:《史的一元论》,上海南强书局 1930 年版。

48 ［苏］亚克色利罗德著,吴念慈译:《社会学的批判》,上海南强书局 1929 年版。

49 ［苏］德波林著,林伯修译:《辩证法的唯物论入门》,上海南强书局 1930 年版。

50 ［日］猪俣津南雄著,林伯修译:《金融资本论》,上海创造社出版部 1928 年版。

51 ［日］佐野学著,林伯修译:《旧唯物论的克服》,上海创造社出版部 1929 年版。

52 ［日］佐野学著,林伯修译:《无神论》,上海江南书店 1929 年版。

53 ［德］狄慈根著,柯柏年译:《辩证法的逻辑》,上海南强书局 1929 年版。

54 ［德］狄慈根著,柯柏年译:《辩证法唯物论》,上海联合书店 1929 年版。

55 ［法］拉法格著,熊得山等译:《宗教及正义善的观念之起源》,上海昆仑书店 1930 年版。

56 ［日］山川均等著,熊得山等译:《唯物史观经济史》(上、中、下册),上海昆仑书店 1929 年版。

57 ［苏］德波林著,任白戈译:《伊里奇的辩证法》,上海辛垦书店 1933 年版。

58 ［苏］史托里雅诺夫著,任白戈译:《机械论批判》,上海辛垦书店 1932 年版。

59 [苏]米丁等著,艾思奇等译:《新哲学大纲》,读书生活出版社 1936年版。

60 [苏]米丁著,沈志远译:《辩证唯物论与历史唯物论》,商务印书馆1936 年版。

61 [苏]西洛可夫等著,李达等译:《辩证法唯物论教程》,笔耕堂书店1932 年版。

62 [苏]拉比托斯等著,李达等译:《政治经济学教程》,笔耕堂书店 1932年版。

63 [苏]拉比托斯等著,温健公等译:《经济学教程》,骆驼丛书出版部1934 年版。

**(二) 期刊史料类**

1 《文化批判》月刊(1928 年)。

2 《思想》月刊(1928 年)。

3 《流沙》半月刊(1928 年)。

4 《日出》旬刊(1928 年)。

5 《新兴文化》(1929 年)。

6 《萌芽》月刊(1930 年)。

7 《新地》月刊(1930 年)。

8 《巴尔底山》旬刊(1930 年)。

9 《文化斗争》(1930 年)。

10 《世界文化》(1930 年)。

11 《社会科学战线》(1930 年)。

12 《自由运动》(1930 年)。

13 《新思潮》月刊(1929—1930 年)。

14 《新思想》月刊(1930 年)。

15 《读者》月刊(1931 年)。

16 《书报评论》月刊(1931 年)。

17 《研究》(1932 年)。

18 《社会现象》周刊(1932 年)。

19 《文艺新闻》周刊(1932 年)。

20　《社会生活》周刊(1932 年)。

21　《现象》月刊(1933 年)。

22　《正路》月刊(1933 年)。

23　《新中华》半月刊(1933 年、1935 年)。

24　《申报》(1934 年 1—9 月)。

25　《读书生活》半月刊(1934—1936 年)。

26　《读书》半月刊(1937 年)。

27　《生活学校》半月刊(1937 年)。

28　《新认识》半月刊(1936 年)。

29　《自修大学》半月刊(1937 年)。

30　《新知识》半月刊(1936—1937 年)。

31　《新学识》半月刊(1937 年)。

32　《认识》半月刊(1937 年)。

33　《大众文化》(1932 年)。

34　《北平文化》(1933 年)。

35　《世界文化讲座》(1933 年)。

36　《文报》(1935 年)。

37　《社联盟报》(1933—1935 年)。

38　《新青年》季刊(1923 年)。

39　《中国青年》(1923 年)。

40　《布尔塞维克》(1930 年)。

41　《中国农村》月刊(1934—1935 年)。

(三) 资料与回忆录类

1　中央档案馆编:《中共中央文件选集》第 4 册,中共中央党校出版社1989 年版。

2　中央档案馆编:《中共中央文件选集》第 5 册,中共中央党校出版社1990 年版。

3　中央档案馆编:《中共中央文件选集》第 6 册,中共中央党校出版社1989 年版。

4　中央档案馆编:《中共中央文件选集》第 9 册,中共中央党校出版社

1991 年版。

5　中共中央党史研究室第一研究部译:《联共(布)、共产国际与中国苏维埃运动(1927—1931)》第 8 卷,中央文献出版社 2002 年版。

6　中共中央党史研究室第一研究部编:《共产国际、联共(布)与中国革命文献资料选辑(1927—1931)》下,中央文献出版社 2002 年版。

7　中国第二历史档案馆编:《中华民国史档案资料汇编》第 5 辑第 1 编"文化(一)",凤凰出版社 1994 年版。

8　中国第二历史档案馆编:《中华民国史档案资料汇编》第 5 辑第 1 编"政治(二)",凤凰出版社 1994 年版。

9　中国第二历史档案馆编:《中华民国史档案资料汇编》第 5 辑第 1 编"政治(四)",凤凰出版社 1994 年版。

10　中央编译局编:《马克思恩格斯著作在中国的传播》,人民出版社1983 年版。

11　史先民编:《中国社会科学家联盟资料选编》,中国展望出版社 1986年版。

12　上海市哲学社会科学联合会编:《中国社会科学家联盟成立 55 周年纪念专辑》,上海社会科学院出版社 1986 年版。

13　上海市档案馆编:《社联盟报》,档案出版社 1990 年版。

14　中国社会科学院文学研究所编:《左联回忆录》(上),中国社会科学出版社 1982 年版。

15　夏衍:《懒寻旧梦录》,生活·读书·新知三联书店 1985 年版。

16　许涤新:《风狂霜峭录》,生活·读书·新知三联书店 1989 年版。

17　李一氓:《李一氓回忆录》,人民出版社 2001 年版。

18　郑伯克:《白区工作的回顾与探讨——郑伯克回忆录》,中共党史出版社 1999 年版。

19　中共上海市委党史研究室编:《潘汉年在上海》,上海人民出版社1995 年版。

20　艾思奇文稿整理小组编:《一个哲学家的道路——回忆艾思奇同志》,云南人民出版社 1981 年版。

21　艾思奇同志纪念文集编辑组编:《人民的哲学家:艾思奇纪念文集》,

云南人民出版社 1997 年版。

 22 范用编:《战斗在白区:读书出版社(1934—1948)》,生活·读书·新知三联书店 2001 年版。

 23 上海图书馆编:《近代中文第一报〈申报〉》,上海科学技术文献出版社 2013 年版。

 24 浙江省新四军研究会等编:《朱镜我纪念文集》,中共党史出版社 2001 年版。

 25 朱镜我著,王慕民编:《朱镜我文集》,海洋出版社 2007 年版。

 26 西安交通大学编:《彭康纪念文集》,西安交通大学出版社 2009 年版。

 27 彭康文集编委会编:《彭康文集》(上卷),上海交通大学出版社 2018 年版。

 28 吴亮平著,杜凌远编:《吴亮平文选》,中国广播电视出版社 1992 年版。

 29 吴亮平:《吴亮平文集》(上),中共中央党校出版社 2009 年版。

 30 王学文:《王学文经济学文选(1925—1949)》,经济科学出版社 1986 年版。

## 三、专　著　类

 1 徐素华:《中国社会科学家联盟史》,中国卓越出版公司 1990 年版。

 2 徐素华:《马克思主义哲学在中国:传播·应用·形态·前景》,北京出版社 2002 年版。

 3 周子东等:《民主革命时期马克思主义在上海的传播(1898—1949)》,上海社会科学院出版社 1994 年版。

 4 周子东等:《三十年代中国社会性质论战》,知识出版社 1987 年版。

 5 唐弢:《晦庵书话》,生活·读书·新知三联书店 2007 年版。

 6 孔海珠:《左翼·上海(1934—1936)》,上海文艺出版社 2003 年版。

 7 陶柏康、谭力:《中国共产党与左翼文化运动》,上海人民出版社 2011 年版。

 8 崔凤梅、毛自鹏:《左翼文化运动与马克思主义中国化研究》,人民出版社 2015 年版。

9　张华:《马克思主义哲学大众化史论》,人民出版社 2013 年版。

10　耿彦君:《唯物辩证法论战研究》,社会科学文献出版社 2005 年版。

11　邱少明:《民国马克思主义经典著作翻译史(1912—1949)》,南京大学出版社 2014 年版。

12　王海军:《马克思主义中国化进程中经典著作编译与传播研究(1919—1949)》,中国人民大学出版社 2019 年版。

13　王海军:《学科、学术与话语:中国马克思主义哲学社会科学体系建构研究(1919—1949)》(上、下卷),中国人民大学出版社 2002 年版。

14　龚育之等:《毛泽东的读书生活》,生活·读书·新知三联书店 2010 年版。

15　王慕民:《朱镜我评传》,宁波出版社 1998 年版。

16　雍桂良等:《吴亮平传》,中央文献出版社 2009 年版。

17　张云:《潘汉年传奇》,上海人民出版社 1996 年版。

18　杨苏:《艾思奇传》,云南教育出版社 2002 年版。

19　王梅清:《艾思奇与马克思主义大众化》,中国社会科学出版社 2017 年版。

20　王红梅:《艾思奇与马克思主义大众化》,中国社会科学出版社 2017 年版。

21　庄福龄:《中国马克思主义哲学传播史》,中国人民大学出版社 1988 年版。

22　李其驹等:《马克思主义哲学在中国(从清末民初到中华人民共和国成立)》,上海人民出版社 1991 年版。

23　郭建宁:《20 世纪中国马克思主义哲学》,北京大学出版社 2005 年版。

24　安启念:《马克思主义哲学中国化研究》,中国人民大学出版社 2006 年版。

25　陶德麟、何萍:《马克思主义哲学中国化的理论与历史研究》,北京师范大学出版社 2011 年版。

26　陈富国:《马克思主义哲学中国化(1927—1949):理论的选择、阐释与运用》,江西人民出版社 2015 年版。

27  罗永剑:《艾思奇与马克思主义哲学中国化研究》,中央编译出版社 2016 年版。

28  汪信砚:《马克思主义哲学中国化:传统与创新》,北京师范大学出版社 2017 年版。

29  龚育之等:《马克思主义中国化研究——历史进程和基本经验》(上),北京出版集团公司北京人民出版社 2009 年版。

30  丁俊萍:《马克思主义中国化史》第一卷(1919—1949),中国人民大学出版社 2015 年版。

31  丁晓强:《近世学风与毛泽东思想的起源》,贵州人民出版社 1992 年版。

32  杨奎松:《马克思主义中国化的历史进程》,河南人民出版社 1994 年版。

33  郭德宏:《中国马克思主义发展史》,中共中央党校出版社 2001 年版。

34  王继停:《马克思主义中国化:早期进程与启示》,上海社会科学院出版社 2009 年版。

35  王先俊等:《马克思主义中国化历史进程和基本经验研究》,安徽师范大学出版社 2012 年版。

36  高正礼:《民主革命时期马克思主义中国化中的论争》,安徽师范大学出版社 2013 年版。

37  崔耀中:《中国马克思主义大众化研究——历史进程和基本经验》,中国人民大学出版社 2013 年版。

38  邵新顺:《马克思主义大众化研究——对新民主主义革命时期的考察》,人民出版社 2020 年版。

39  周利生等:《民主革命时期马克思主义大众化研究》,中国社会科学出版社 2017 年版。

40  任阿娟等:《马克思主义哲学大众化研究》,中国社会科学出版社 2017 年版。

41  中共中央党史研究室著:《中国共产党历史》第一卷(上册),中共党史出版社 2011 年版。

42  中共上海市委党史研究室著:《中国共产党上海历史(1921—1949)》

第一卷（上册），中共党史出版社 2022 年版。

43 中共上海市委党史研究室著：《王明"左"倾冒险主义在上海》，上海远东出版社 1994 年版。

44 戴知贤：《十年内战时期的革命文化运动》，中国人民大学出版社 1988 年版。

45 饶良伦：《土地革命战争时期的左翼文化运动》，黑龙江人民出版社 1986 年版。

46 盖军等：《中国共产党白区斗争史》，人民出版社 1996 年版。

# 四、论 文 类

1 唐小兵：《"新革命史"语境下思想文化史与社会文化史的学术路径》，《中共党史研究》2018 年第 11 期。

2 唐小兵：《民国时期中小知识青年的聚集与左翼化——以二十世纪二三十年代的上海为中心》，《中共党史研究》2017 年第 11 期。

3 冯淼：《〈读书生活〉与三十年代上海城市革命文化的发展》，《文学评论》2019 年第 4 期。

4 史先民、任守春：《中国社会科学家联盟成立的意义及其历史地位》，《史学月刊》1985 年第 3 期。

5 徐素华、于良华：《中国社会科学家联盟概况》，《近代史研究》1986 年第 2 期。

6 徐素华：《中国共产党与中国社会科学家联盟》，中国社会科学院科研局编：《中国共产党与中国社会科学——中国社会科学院纪念中国共产党成立七十周年论文集》，社会科学文献出版社 1991 年版。

7 武克全：《30 年代中国社联的活动及其历史功绩》，《学术月刊》2000 年第 8 期。

8 张太原：《二十世纪三十年代的马克思主义思潮》，《中共党史研究》2011 年第 7 期。

9 张太原：《二十世纪三十年代国民党主流报刊上的马克思学说之运用》，《中共党史研究》2014 年第 2 期。

10　向燕南：《新社会科学运动与中国社会科学的发展》，《学术研究》2005年第4期。

11　向燕南：《中国社会科学家联盟与中国马克思主义史学的发展》，《史学史研究》1997年第4期。

12　向燕南：《20世纪二三十年代中国新社会科学运动与史学发展的新境界》，《江海学刊》2008年第3期。

13　卢毅：《20世纪30年代的"唯物辩证法热"》，《党史研究与教学》2007年第3期。

14　王海军：《土地革命战争时期社会科学工作者对马克思主义经典著作的翻译与传播》，《马克思主义研究》2013年第6期。

15　张新强：《1927—1937年的"禁书"：马克思主义著作的出版和流通》，《党史研究与教学》2015年第5期。

16　张国伟：《思想、文化与市场：上海中小型出版社的马克思主义著作出版（1927—1937）》，《党史研究与教学》2019年第1期。

17　刘雨亭：《阅读与革命：二十世纪二十年代中共马克思主义著作经典化的发生》，《中共党史研究》2019年第10期。

18　刘辉：《民国时期中共党人的"社会科学"观初探》，《人文杂志》2008年第6期。

19　龚云：《中国共产党新民主主义革命时期领导哲学社会科学的成就与经验》，《中共杭州市委党校学报》2011年第3期。

20　宋友文、雷冰洁：《中国共产党的社会科学观发轫及其方法论启示》，《北京行政学院学报》2020年第3期。

21　吕惠东：《1930年代左翼社会科学家群体的多维考察》，《南通大学学报（社会科学版）》2015年第3期。

22　王海军、王栋：《中国共产党领导创建哲学社会科学的历程与经验——以新民主主义革命时期为例》，《马克思主义理论学科研究》2018年第3期。

23　刘爱章：《社联"马列主义的大众化"的意涵、指向及其能力建构——以〈社联盟报〉为重点的考察》，《四川师范大学学报（社会科学版）》2022年第5期。

24 朱时雨：《朱镜我与马克思主义在中国的传播》，《社会科学》1983 年第 7 期。

25 朱时雨：《朱镜我与左翼文化》，《浙江学刊》1989 年第 1 期。

26 王慕民：《朱镜我思想研究》，《近代史研究》1988 年第 5 期。

27 龚诞申：《彭康：从文学青年到党的宣传、教育干部》，上海市新四军暨华中抗日根据地历史研究会编：《新四军与上海》2013 年。

28 杨国光：《经济学家王学文的传奇革命生涯》，《百年潮》2012 年第 7 期。

29 叶世唱、丁孝智：《王学文在民主革命时期的经济思想》，《江西财经大学学报》1999 年第 3 期。

30 吴冷西等：《悼念马克思主义理论家吴亮平老师》，《理论月刊》1986 年第 11 期。

31 戴小江：《延安时期吴亮平与马列著作的翻译宣传》，《兰台世界》2015 年第 25 期。

32 李曙新：《列宁〈唯物论与经验批判论〉的首译者》，《红岩春秋》2014 年第 9 期。

33 邱汉生：《杜国庠传略》，《史学史研究》1984 年第 3 期。

34 王治功：《杜国庠的生平及其学术贡献》，《汕头大学学报（人文社会科学版）》1989 年第 3 期。

35 周云之：《潘梓年传略》，《晋阳学刊》1983 年第 1 期。

36 周云之：《老一辈马克思主义哲学家——潘梓年》，《社会科学管理与评论》2000 年第 2 期。

37 吴伯就：《邓初民传略》，《晋阳学刊》1982 年第 1 期。

38 王照光：《邓初民一生的求索与抉择》，《山西大学学报（哲学社会科学版）》1992 年第 3 期。

39 沈骥如：《沈志远传略（上）》，《晋阳学刊》1983 年第 2 期。

40 沈骥如：《沈志远传略（下）》，《晋阳学刊》1983 年第 3 期。

41 沈骥如：《马克思主义哲学的宣传家——沈志远》，《哲学研究》1985 年第 12 期。

42 罗竹风：《回忆往事，悼念沈志远同志》，《社会科学》1980 年第 5 期。

43　熊泽初、胡提春:《何思敬传略》,《晋阳学刊》1991 年第 4 期。

44　张友仁:《许涤新的生平和学术》,《西安财经学院学报》2013 年第 5 期。

45　叶世昌、欧阳文和:《许涤新在民主革命时期的经济思想》,《复旦学报(社会科学版)》2014 年第 4 期。

46　叶佐英、卢国英:《艾思奇同志三十年代在上海的哲学活动》,《云南社会科学》1982 年第 1 期。

47　王梅清:《上海时期艾思奇对马克思主义大众化的贡献及其启示》,《江西社会科学》2012 年第 12 期。

48　于良华:《马克思主义哲学战线上的忠诚战士——张如心》,《国内哲学动态》1986 年第 3 期。

49　辛拓:《为哲学通俗化奋斗终生的陈唯实》,《国内哲学动态》1985 年第 11 期。

50　赵枫等:《陈唯实哲学著述论评》,《华南师范大学学报(社会科学版)》1986 年第 4 期。

51　王必胜:《邓拓同志的生平和文学活动》,《新文学史料》1981 年第 4 期。

52　刘炼:《何干之的一生革命和史学思想》,《史学史研究》1982 年第 1 期。

53　耿化敏:《何干之与二十世纪三十年代的左翼文化运动》,《中共党史研究》2012 年第 12 期。

54　吴黎平:《同国民党文化"围剿"进行坚决斗争的潘汉年同志》,《新文学史料》1983 年第 2 期。

55　陶柏康:《潘汉年同志在"左联"成立前后的革命活动》,《上海大学学报(社会科学版)》1986 年第 2 期。

56　欧阳奇:《毛泽东与艾思奇的哲学互动》,《党的文献》2013 年第 1 期。

57　张正光:《抗战时期党的理论工作者与毛泽东的理论互动》,《中共党史研究》2014 年第 4 期。

58　崔凤梅、毛自鹏:《论左翼文化运动对延安时期马克思主义中国化的贡献》,《学术探索》2014 年第 11 期。

59　毛自鹏、崔凤梅:《论左翼文化运动对新民主主义革命道路的贡献》,《河南师范大学学报(哲学社会科学版)》2015年第2期。

60　计高成、刘小清:《从左联到新四军——兼论上海进步文化人对新四军文化建设的贡献》,上海市新四军暨华中抗日根据地历史研究会编:《新四军与上海》2017年。

61　郭若平:《新民主主义理论的学理探源》,《中共党史研究》2003年第4期。

62　陆俊青:《20世纪30年代中国社会性质论战对于毛泽东提出新民主主义革命思想的历史影响》,上海市新四军暨华中抗日根据地历史研究会编:《毛泽东新民主主义革命思想产生的历史研究》2011年。

63　王中平:《中国社会性质论战与中国马克思主义经济学的发展》,《党史研究与教学》2011年第6期。

64　吴怀友、刘艳:《中国社会性质论战与中共对国情认识的变化》,《党史研究与教学》2013年第6期。

65　叶桂生:《郭沫若与中国社会史论战》,中国郭沫若研究会编:《郭沫若研究(第8辑)》1990年。

66　叶桂生、刘茂林:《中国社会史论战与马克思主义历史学的形成》,中国郭沫若研究会编:《郭沫若研究:学术座谈会专辑》1984年。

67　李曙新:《对中国"半殖民地半封建社会"理论的历史考略》,《毛泽东思想研究》1997年第5期。

68　龙心刚:《对毛泽东使用与认识"半殖民地半封建"概念的历史考察》,《党史研究与教学》2007年第3期。

69　鲁振祥:《毛泽东使用和认识"半殖民地半封建"概念的历史情况的进一步考察》,《党史研究与教学》2007年第5期。

70　龚云:《马克思主义学者与中国化——以"半殖民地半封建社会"概念的论证、把握为例》,《马克思主义研究》2013年第9期。

71　于良华:《马克思主义哲学在中国的通俗化、大众化》,《毛泽东邓小平理论研究》1987年第6期。

72　张华:《20世纪30年代马克思主义哲学大众化内涵》,《贵州社会科学》2013年第2期。

73　侯静:《20 世纪 30 年代学术界对马克思主义大众化的探索和推进》,《党的文献》2011 年第 6 期。

74　吴倬:《〈大众哲学〉与哲学的大众化》,《思想理论教育导刊》2006 年第 7 期。

75　樊宪雷:《〈大众哲学〉:马克思主义大众化的成功范例》,《党的文献》2011 年第 5 期。

76　欧阳军喜:《哲学与革命:艾思奇〈大众哲学〉的政治意义》,《中共党史研究》2013 年第 1 期。

77　耿彦君:《论艾思奇〈哲学讲话〉在唯物辩证法论战中的地位(上)》,《锦州医学院学报(社会科学版)》2006 年第 3 期。

78　耿彦君:《论艾思奇〈哲学讲话〉在唯物辩证法论战中的地位(下)》,《锦州医学院学报(社会科学版)》2006 年第 4 期。

79　李维武:《从唯物辩证法论战到马克思主义哲学大众化——对艾思奇〈大众哲学〉的解读》,《吉林大学社会科学学报》2011 年第 6 期。

80　赵德志:《中国马克思主义哲学运动的历史考察》,《哲学研究》1986 年第 12 期。

81　汪信砚:《马克思主义哲学在中国的传播与马克思主义哲学中国化》,《马克思主义研究》2013 年第 8 期。

82　耿春亮:《"马克思主义在中国传播"研究述论》,《中共党史研究》2016 年第 2 期。

83　朱法娟、张太原:《新中国成立以来的左翼文化运动研究》,《中共党史研究》2008 年第 2 期。

84　王翔:《中国社会科学家联盟对马克思主义的研究和普及》,武汉大学 2021 年硕士学位论文。

85　赖静华:《朱镜我推进马克思主义大众化研究(1927—1941)》,华东师范大学 2023 年硕士学位论文。

86　余游:《王学文推进马克思主义政治经济学中国化研究(1925—1949)》,湖北大学 2022 年硕士学位论文。

87　李爱华:《二十世纪二三十年代中国社会性质论战——以"马克思主义中国化"为视角》,南开大学 2014 年博士学位论文。

88　繆柏平:《艾思奇哲学道路研究》,中共中央党校 2004 年博士学位论文。

89　黄甲:《哲学批判中的艾思奇(1933—1947)》,福建师范大学 2014 年硕士学位论文。

90　王梅清:《艾思奇与马克思主义大众化》,武汉大学 2013 年博士学位论文。

91　王红梅:《艾思奇与马克思主义大众化研究》,陕西师范大学 2013 年博士学位论文。

92　庄祺:《张如心与马克思主义哲学》,中共中央党校 2015 年博士学位论文。

93　王延华:《沈志远与马克思主义哲学》,中共中央党校 2014 年博士学位论文。

94　赵文丹:《陈唯实与马克思主义哲学大众化》,中共中央党校 2012 年博士学位论文。

95　张华:《"新哲学"大众化运动研究》,扬州大学 2011 年博士学位论文。

96　耿彦君:《唯物辩证法论战研究》,中国社会科学院研究生院 2003 年博士学位论文。

97　邱少明:《民国马克思主义经典著作翻译史(1912—1949 年)》,南京航空航天大学 2011 年博士学位论文。

98　张新强:《马克思主义著作在中国的出版、流通与阅读(1927—1937)》,中共中央党校 2015 年博士学位论文。

# 后　记

　　要说写这本书的缘起，不得不从我的母校同济大学说起。同济大学是一所具有光荣革命历史传统的院校，特别是与 20 世纪 30 年代的上海左翼文化运动具有紧密的历史关联，左联的文化战士殷夫就是同济大学的杰出校友，曾经就读于同济大学德文补习科，殷夫的革命事迹及其精神无疑是同济大学的一笔宝贵的红色历史文化资源。我在同济大学求学期间，已经对上海左翼文化运动这段波澜壮阔的革命历史充满好奇和兴趣，被像殷夫这样为革命抛头颅洒热血的文人震撼和感动，但如果没有专门从事上海左翼文化运动研究，恐怕我也只能成为一个上海左翼文化运动"迷"或者说"粉丝"而已。

　　机缘巧合的事情还是发生了。当时，上海市委党史研究室正在开展上海左翼文化研究系列课题工作，他们找到时任同济大学马克思主义学院院长也就是我的导师丁晓强教授，提出一个关于"'社联'与左翼社会科学运动"即上海左翼文化研究系列课题子课题的合作研究项目，而我的导师把这个研究项目交给我来完成。这对我本人而言确实是一件使命光荣、责任重大的任务。时光岁月转瞬即逝,不过上述场景至今在我的记忆中难以忘却,这是我走上上海左翼文化运动研究以至于党的宣传思想文化工作史研究学术道路的起点。

虽说承担"'社联'与左翼社会科学运动"这一研究项目是非常荣幸的,但是等到我真正开始进入研究状态,才发现这一研究项目绝非易事,导致我的研究进度一再拖延。最关键的问题是我关于研究对象——左翼社会科学运动的界定在很长一段时期并不是很明确,通过查阅以往的研究论著,我发现学术界罕有人使用左翼社会科学运动这一概念进行研究,但涉及左翼社会科学运动相关历史的研究却已经在多方面展开,这就需要我首先确定左翼社会科学运动的限度(包括横向的内容限度和纵向的时间限度),在此基础上才能收集、整理与总结史料加以研究。然而,上述最关键的问题实际上并没有在一开始解决,而是贯穿于我的研究始终:例如,左翼社会科学指马克思主义社会科学,但反过来说传播马克思主义社会科学的阵营及其人士并非只有左翼,左翼社会科学运动研究是否需要包括非左翼阵营及其人士;又如,左翼社会科学运动是由中国共产党领导的,而中国共产党主要通过社联这一左翼文化团体来领导,但其实还有其他团体或者个人也在中国共产党领导下进行相关工作,左翼社会科学运动研究是否需要包括这些团体或者个人;再如,左翼社会科学工作者的身份也需要确定,除社联盟员外,还有一些没有参加社联的哲学社会科学工作者是否归属左翼社会科学工作者。当然,尽管我的学术功底还不是很扎实,我的学术眼界还不是很宽阔,我还是努力给出了对上述问题的自己的答案。

推进"'社联'与左翼社会科学运动"这一研究项目的过程是持续追踪跟进学术界一系列先行研究成果的过程,但摆在我面前可以借鉴吸收的先行研究成果莫过于 20 世纪末中国社会科学院哲学研究所研究员徐素华著《中国社会科学家联盟史》。该书无论是在总体研究结构及其内在逻辑上,还是在具体研究内容及其细节上,都对我本人的研究带来一定的启发意义,使我本人的研究进入正确的发展方向。正是在徐素华研究员的拓荒性研究基础上,我得以建立自己的研究框架、探索自己的研究进路,即围绕社联的中心工作来管窥左翼社会科学运动,聚焦社联在左翼社会科学运动中的主体性地位,而我本人的研究只是对徐素华研究的进一步深化和补充,包括选取全新的研究视野、揭开尘封的历史真相、引用翔实的参考资料。值得注意的是,原中共中央顾问委员会常委李一氓同志是社联发起人,他临终前一年为徐素华著《中国社会科学家联盟史》作序,在文末这样写道:"'社联'的历史任务完成之后,回顾它的存在和它的经历,我觉得它对于马克思主义在中国的传播,即或是很初步的、很浅率的,但对于中国社会的前进还是作出了历史的贡献。潦草地以'极左'两个字把它一笔勾销,是不正确的。"①上述这段文字可谓当事人对社联历史作出的实事求是的评价,我也是根据上述这段文字的精神要义推进自己的研究工作的。

在推进"'社联'与左翼社会科学运动"这一研究项目的过程中,对既有上海左翼文化研究系列成果的学习、参考和利用也是我非常注重的一个环节,这些研究成果包括左翼文学、左翼美术、左翼戏剧、左翼电影和左翼音乐运动等。其中,《"电影小组"与左翼电影运动》等是我在撰写《"社联"与左翼社会科学运动》时的对标参照物,我本人对左翼社会科学运动的研究在很大程度上也是从中得到灵感,因而从谋篇布局到落笔行文都有针对性地在进行转化和运用。遥想20世纪80年代,三联书店曾经出版两部左翼文化运动当事人的长篇叙事性回忆录,即左翼电影运动当事人夏衍撰写的《懒寻旧梦录》和左翼社会科学运动当事人许涤新撰写的《风狂霜峭录》,分别成为左翼电影运动研究和左翼社会科学运动研究的重量级史料。我是有多么希望自己的左翼社会科学运动研究学到左翼电影运动研究的精髓,就像当年许涤新模仿夏衍撰写《懒寻旧梦录》那样精彩地撰写《风狂霜峭录》,但是我目前的研究水平还不足以达到这样的高度,只能在将来有机会再精进修行。

通过推进"'社联'与左翼社会科学运动"这一研究项目,我自然收获了不少学术心得与体会。首先是对上海左翼文化运动的历史建立了全景式认知。左翼文化运动是包括文学艺术和哲学社会科学等各领域在内的整体性文化现象,左翼社会科学运动是左翼文化运动的重要组成部分,是左翼文化运动在哲学社会科学领域的集中体现,也成为文化反"围剿"中的哲学社会科学战线。还有是对党领导宣传思想文化工作的历史形成了贯通式印象。左翼文化运动是党领导宣传思想文化工作的一次伟大实践,同样左翼社会科学运动是党领

---

① 李一氓:《序》,《中国社会科学家联盟史》,中国卓越出版公司1990年版,第5页。

导哲学社会科学工作的一次伟大实践，由于历史、现实与未来是相通的，因而可以从学习历史的经典案例及其经验中坚定历史自信、增强历史主动、增长历史智慧。此外，也对自己的乡土历史产生了更加深刻而又浓厚的感情。左翼文化运动中的许多人物出自宁波，宁波籍人物的云集成为左翼文化运动中一道绚丽的风景线，他们发挥各自的优势和特长为左翼文化运动的兴起和发展作出自己的贡献。在这里，我必须提到社联首任党团书记朱镜我同志，这位以笔为刃的宁波籍文化战士在上海时期投身党领导的左翼文化运动，到全民族抗战时期又在新四军中继续从事党的宣传思想文化工作，"为真理四处奔波宣传马列，誓抗日皖南突围捐躯祖国"是他人生的真实写照，让我发自内心地敬佩和服膺，成为激励我推进自己的研究工作的精神支柱。

这本书即将付印了，首先要感谢我的导师丁晓强教授。丁教授是中共党史研究专家，自师从先生研习中共党史以来，虽然我表现愚钝并且倔强，但先生从未因此放弃对我的栽培，相反对我格外关注和照顾，引导我既学会读书又学会研究，教导我既懂得做人又懂得做事。可以说，没有先生的背书，就不可能有我负责完成这一研究项目；没有先生的指点，就不可能有我突破研究中的疑难和困惑；没有先生的管教，就不可能有我克服研究中的延宕和疏漏。

同时要感谢上海市委党史研究室的领导严爱云主任和王旭杰、唐洪涛副主任，以及该丛书编委会成员吴海勇、陈彩琴。他们不仅向我提供上海左翼文化研究的学术平台和渠道，而且在我推进研究工作的过程中给予温暖的关怀和爱护，以至于当我的研究成果呈现出来时，还不辞辛劳、不厌其烦地审稿、批注和修改，建议我尽可能完善研究成果的学术规范，帮助我尽可能提高研究成果的学术质量，这种严谨的治学态度及其精神着实令我钦佩。

还要感谢上海人民出版社的马瑞瑞、杨清两位编辑老师。由于我的工作和生活等各种原因，这本书的出版进度推迟了一段时间，但她们却保持着极大的耐心和善意提醒我按照各项出版程序走好最后一公里路，这是我人生中第一次和出版社的编辑打交道，感谢两位老师对我的包容和支持。

作 者

2024 年 12 月 4 日

**图书在版编目(CIP)数据**

"社联"与左翼社会科学运动 / 中共上海市委党史
研究室编 ; 周鎏刚著. -- 上海 : 上海人民出版社,
2024. -- (上海左翼文化研究丛书). -- ISBN 978-7
-208-18981-2

Ⅰ. G322.235.1

中国国家版本馆 CIP 数据核字第 2024FP6787 号


**责任编辑** 马瑞瑞　杨　清
**封面设计** 范昊如　夏　雪等


上海左翼文化研究丛书
**"社联"与左翼社会科学运动**
中共上海市委党史研究室 编
周鎏刚 著

出　　版　上海人民出版社
　　　　　（201101　上海市闵行区号景路 159 弄 C 座）
发　　行　上海人民出版社发行中心
印　　刷　上海商务联西印刷有限公司
开　　本　720×1000　1/16
印　　张　22
插　　页　2
字　　数　340,000
版　　次　2024 年 12 月第 1 版
印　　次　2024 年 12 月第 1 次印刷
ISBN 978 - 7 - 208 - 18981 - 2/D · 4344
定　　价　88.00 元